材料现代分析与测试技术

（第2版）

主　编　王晓春　张希艳

副主编　卢利平

国防工业出版社

·北京·

内 容 简 介

本书讲述 X 射线衍射分析、电子显微分析、热分析、振动光谱分析、电子能谱分析、发光材料光谱分析、核磁共振分析的基本理论、仪器结构原理、实验技术和测试结果的分析处理及应用,在分析测试方法应用方面增加了测试方法知识体系再整合。将以测试方法为模块的知识体系整合成按测试项目选择和使用各种分析测试方法,并采用了三个比较完整的实例讲述分析测试方法的实际应用。

电子显微分析中编写了扫描隧道显微镜和原子力显微镜分析;热分析中,近年来示差扫描量热分析(DSC)取代差热分析(DTA),以DTA 为基础扩充了 DSC 内容;对光电子能谱分析的原理、谱图判读进行了系统的整理和论述;增加了发光材料光谱分析内容,用光谱分析研究发光材料的能级结构。

本书可作为高等学校各材料专业的教材,也可供相关专业的科技人员参考。

图书在版编目(CIP)数据

材料现代分析与测试技术 / 王晓春,张希艳主编
. —2 版. —北京:国防工业出版社,2022.9(2025.1 重印)
ISBN 978 − 7 − 118 − 12612 − 9

Ⅰ.①材… Ⅱ.①王… ②张… Ⅲ.①工程材料—分析方法②工程材料—测试技术 Ⅳ.①TB3

中国版本图书馆 CIP 数据核字(2022)第 155383 号

※

国防工业出版社出版发行
(北京市海淀区紫竹院南路 23 号 邮政编码 100048)
北京凌奇印刷有限责任公司印刷
新华书店经售

*

开本 787×1092 1/16 印张 22¾ 字数 522 千字
2025 年 1 月第 2 版第 2 次印刷 印数 2001—3000 册 定价 78.00 元

前　言

材料是人类文明和科技进步的物质基础,材料的性能取决于其组成和结构,因此,材料组成、结构的分析测试在材料科学中占有重要地位,甚至制约材料科学技术的发展。本书即是讲授材料组成、结构分析测试的教材。

在本书编写过程中,编者秉持"从学理认知到信念生成的转化,增强使命担当"的铸魂育人思想,书中尽可能采用我们的科研成果做案例,通过这些科研成果,引导学生在学习科学知识的同时,厚植爱国主义情怀,理解科学技术作为国家发展战略支撑的重大意义。

本书是国家级精品课、国家级精品资源共享课及省一流课程"材料现代分析与测试技术"的配套教材,也是长春理工大学国家级特色专业、国家一流专业建设点——无机非金属材料工程专业所用教材,曾获吉林省高等学校优秀教材二等奖、兵工高校优秀教材一等奖。

本次修订,注重与分析测试技术的发展前沿相结合,充实完善和增加了一些内容。增加了发光材料光谱分析内容,将光谱分析研究材料能级结构引入本教材,可以说是一个新的尝试,这部分还有待于进一步充实一些基本理论和分析方法,希望相关专家、读者提出宝贵建议和意见。本书前7章是以各种分析测试方法为模块的知识体系,为了适应工程教育专业认证的"以成果为导向的教育"理念,培养学生利用所学分析测试方法解决复杂工程问题的能力,本书增加了第8章"分析测试方法知识体系再整合",将分析测试方法为模块的知识体系整合成按测试项目选择和使用各种分析测试方法,并采用实例讲述了分析测试方法的实际应用,增强了本书的实用性。另外,还对一些内容的论述进行了分条整理,使其层次和条理更清晰,便于读者理解和掌握。

本书由长春理工大学材料科学与工程学院材料现代分析与测试技术课程组编写,卢利平、孙海鹰编写第1章,王能利编写第2章,米晓云、王晓春编写第3章,孙海鹰编写第4章,王晓春编写第5章,柏朝晖、张希艳编写第6章,郭艳艳编写第7章,王晓春、刘全生编写第8章。

由于编者水平所限,书中难免存在一些缺点和疏漏,恳请广大读者和专家批评指正。

值此本书出版之际,谨向国防工业出版社表示衷心的感谢! 在此对所引用文献资料的作者致以诚挚的谢意!

编者
2022 年 1 月

第❶章

X射线衍射分析

　　1912年,德国物理学家劳厄(M. Von Laue)发现了X射线在晶体中的衍射现象,英国物理学家布拉格父子(W. H. Bragg 和 W. L. Bragg)利用X射线衍射方法测定了NaCl晶体的结构,一方面证实了X射线与可见光一样是一种电磁波;另一方面开辟了用X射线衍射对材料晶体结构等方面进行分析和研究的方法。

　　1927年,戴维森(Davisson)和革末(Germer)用电子衍射证明了电子的波动性,并建立了电子衍射试验装置。1936年,又发现了中子衍射,建立了中子衍射的材料研究方法。至此,建立了X射线衍射、电子衍射和中子衍射的衍射分析的材料研究方法。3种衍射分析在运动学衍射理论,特别是几何理论方面基本相同,动力学衍射理论的出发点基本相同,3种衍射存在内在联系和许多共同规律。3种衍射分析在原理、方法和应用方面各有特点,X射线衍射分析广泛应用于晶体结构等方面的分析研究中,电子衍射可进行微区结构分析、表面结构分析和薄膜研究,中子衍射是磁结构测定的主要手段,还可用非弹性法研究晶体动力学,中子衍射分析特别适用于测定中轻原子(包括氢原子)在晶胞中的位置。

　　在X射线衍射、电子衍射和中子衍射3种衍射分析方法中,X射线衍射分析在物理、化学、材料科学、地质学、生命科学和各种工程技术中应用最为广泛。由于3种衍射分析方法具有相同的运动学衍射理论和基本相同的动力学衍射理论的出发点,所以本章将介绍X射线衍射分析的基本原理、方法和应用。

◤ 1.1　X射线的性质及X射线的产生

1.1.1　X射线的性质

　　X射线与可见光一样,也是电磁波,其波长范围为0.001～10nm,介于紫外线和γ射线之间,但没有明显的分界线,如图1-1所示。

　　X射线与其他电磁波一样,也具有波粒二象性。在解释X射线与传播过程有关的干涉、衍射等现象时,把它看成波。描述波动性方面,主要物理参数有波长λ、频率ν以及传播速度c,在真空中的传播速度为$3.0 \times 10^8 \mathrm{m/s}$,它们之间的关系为

$$c = \nu\lambda \tag{1-1}$$

　　在考虑X射线与其他物质的相互作用时,则将它看作微粒子流,这种微粒子通常称为光子,用光子的能量E及动量p来表征它们。波动与粒子的二重性可以通过下列经验公

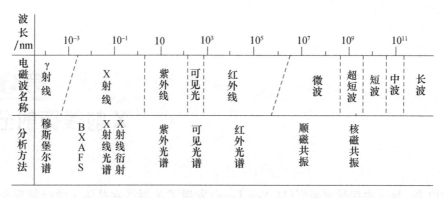

图 1-1　电磁波谱及其在分析技术中的应用

式联系起来，即

$$E = h\nu = h\frac{c}{\lambda} \tag{1-2}$$

$$p = h\boldsymbol{K} \tag{1-3}$$

式(1-2)和式(1-3)称为二象性公式。其中，h 为普朗克常数；$\boldsymbol{K}$ 为沿波的传播方向的矢量，称为波矢，其长度等于波长 λ 的倒数，即

$$\boldsymbol{K} = \frac{1}{\lambda} \tag{1-4}$$

　　X 射线作为一种电磁波，在其传播过程中是携带着一定能量的，所带能量的多少，即表示其强弱的程度。通常以单位时间内通过垂直于 X 射线传播方向的单位面积上的能量来表示其强度。当将 X 射线当作波时，根据经典物理学，其强度 I 与电场强度向量的振幅 E_0 的平方成正比，即

$$I = \frac{c}{8\pi}E_0^2 \tag{1-5}$$

　　当将 X 射线看作光子流时，则它的强度为光子流密度和每个光子能量的乘积。

　　正因为 X 射线有一定的能量，所以它能使荧光屏发光，使底片感光，还可使气体电离。而且荧光屏的发光亮度、底片感光黑度以及气体电离的程度都与 X 射线的强度有关。据此，可以利用这些效应来检测 X 射线的存在及其强度。

1.1.2　X 射线的产生

　　利用 X 射线可对材料进行衍射分析，在实验室中使用最多的 X 射线源是 X 射线机，其他还有同步辐射源和放射性同位素 X 射线源。

　　1. X 射线机与 X 射线管

　　实验室中的 X 射线机包括 X 射线管、高压变压器及电压、电流的调节稳定系统等部分。其主要部件是 X 射线管，图 1-2 所示为封闭式 X 射线管及结构示意图。

　　X 射线管由一个热阴极和一个阳极（又称为"靶"）构成，热阴极由绕成螺线形的钨丝制成，通电炽热后放出热电子，阴极灯丝外面还有一个金属聚焦罩，聚焦罩上的电压比灯丝低 300V 左右，这样可以使电子束聚焦。X 射线管的阳极通常是在 Cu 质底座上镶嵌以阳极靶材料制成，常用的靶材有 W、Ag、Mo、Cu、Ni、Co、Fe、Cr 等。为保证热发射电子的自

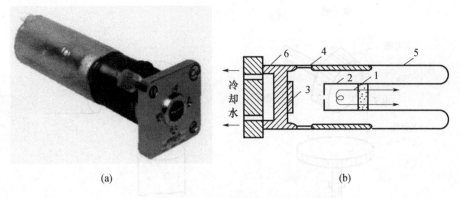

图 1-2　封闭式 X 射线管及结构示意图
1—灯丝;2—聚焦罩;3—阳极;4—窗口;5—管壳;6—管座。

由运动,X 射线管内抽到 10^{-5}Pa 的高真空,这样的 X 射线管是由管壳密封的,称为封闭式 X 射线管。

X 射线管的工作原理:将 X 射线管的阳极接地,在 X 射线管的热阴极上加负高压,形成高压电场。热阴极上由炽热灯丝发出的电子在此高电压电场的作用下,以极快速度撞向阳极,就产生 X 射线。

X 射线管工作时,高速电子束打到靶上以后,一部分能量转化为 X 射线,而大部分能量却变为热能,使靶(阳极)的温度急剧升高。因此,为防止 X 射线管损坏,必须对阳极以适当方式进行冷却,通常是通水冷却,对小功率的 X 射线管也可以通风冷却。

一般的 X 射线管在 35~50kV、10~35mA 的范围内工作,允许负荷为 100W/mm^2 左右。要进一步加大功率密度,主要问题是电子束轰击阳极所产生的热能不能及时散发出去。为了解决这一问题,采用的办法是使阳极靶以 3000 r/min 左右的高速度旋转。阳极靶上受电子束轰击的点不断改变,热量就有充分的时间散发出去,这样的 X 射线管称为旋转阳极 X 射线管。图 1-3 所示为旋转阳极结构示意图。这种旋转阳极的 X 射线管最大功率密度可达到 5000W/mm^2 左右,最大管流可达到 5000mA 左右,其发出的 X 射线束强度可比通常的 X 射线管大很多倍。

阳极靶上被电子束轰击的区域称为焦点,X 射线正是从焦点上发出来的,焦点的形状和大小对 X 射线衍射图样的形状、清晰度和分辨力都有较大的影响,是 X 射线管的重要质量指标之一。焦点形状是由阴极灯丝的形状和金属聚焦罩的形状决定的,一般 X 射线管的焦点是 1mm 宽、10mm 长的长方形,如图 1-4 所示。而 X 射线管的窗口总是开在与焦点的长边和短边相垂直的位置,并使 X 射线束能以与靶面成3°~6°的角射出。这样,在与焦点的短边相垂直的方向上的两个窗口,得到的表观面积为 1mm×1mm 的正方形点焦点。而在与焦点长边相垂直的方向上的两个窗口,所得到的是表观面积为 0.1mm×10mm 的线焦点。从点焦点窗口发出的 X 射线,其单位立体角内的 X 射线强度高,适于拍摄粉末照片和劳厄照片等,而从线焦点窗口发出的 X 射线适用于衍射仪的工作。

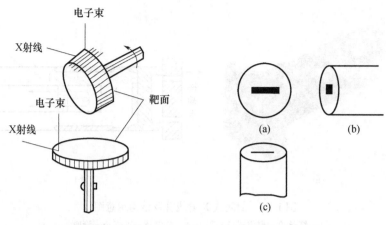

图 1 – 3　旋转阳极结构示意图　　　　图 1 – 4　X 射线管焦点

2. 同步辐射 X 射线源

　　根据电动力学理论可知,带电粒子做加速运动时,会辐射光波。同步辐射是速度接近光速的带电粒子在做曲线运动时沿切线方向发出的电磁辐射,也称同步光。这种光是 1947 年在美国通用电气公司的一台 70MeV 的同步加速器中被首次观察到的,因此命名为同步辐射。同步辐射光的特点是高强度、频谱宽、方向性好、脉冲性、偏振性。例如,用 X 射线机拍摄一幅晶体缺陷照片,通常需要 7 ~ 15 天的感光时间,而利用同步辐射光源只需要十几秒到几分钟,工作效率提高了几万倍。同步辐射的频谱范围从红外线、可见光、真空紫外、软 X 射线一直延伸到硬 X 射线,是目前唯一能覆盖这样宽的频谱范围又能得到高亮度的光源,利用单色器可以选择所需要的波长,进行单色光的试验。利用同步辐射光学元件引出的同步辐射光源具有高度的准直性,经过聚焦可大大提高光的亮度,可进行极小样品和材料中微量元素的研究。同步辐射光是由储存环中周期运动的电子束团辐射发出的,具有纳秒至微秒的时间脉冲结构,利用这种特性,可研究与时间有关的化学反应、物理激发过程、生物细胞的变化等。与可见光一样,储存环发出的同步辐射光根据观察者的角度可具有线偏振或圆偏振性,可用来研究样品中特定参数的取向问题。

　　人们认为同步辐射源是影响人类生活的四大革命性光源之一。这四大革命性光源:第一种是 1879 年美国发明家爱迪生发明的电光源;第二种是 1895 年德国科学家伦琴发现的 X 射线,这是一种人类肉眼看不见的神秘的光,但它却可使人类看到肉眼看不到的事物;第三种是 20 世纪 60 年代由美国和苏联的一批科学家研制成的激光光源,这是一种单色性与平行性极好且功率可以极高的光源,它不仅在科学研究中使用,在日常生活中也已广泛使用,高功率的激光源还被用于军事目的;第四种即为同步辐射,1998 年美国的第三代高能同步辐射源(advanced photon source, APS) 的投入使用曾被美国《Science》杂志评为继克隆羊多利及"探路者"火星之旅以后的当年世界十大发明的第三位,可见同步辐射的重要性。

1.1.3　X 射线谱

　　X 射线机发出 X 射线光谱如图 1 – 5 所示。

X 射线机发出的 X 射线谱可看作由两部分叠加而成,如图 1-6 所示。其中,一部分具有从某个最短波长 λ_0(称为短波极限)开始的连续的各种波长的 X 射线,如图 1-6(b)所示,称为连续 X 射线谱,或称为白色 X 射线谱;另一部分是由若干条特定波长的谱线构成的,这种谱线只有当管电压超过一定的数值(称为激发电压)时才会产生,而这种谱线的波长与 X 射线管的管电压、管电流等工作条件无关,只取决于阳极材料,不同元素制成的阳极将发出不同波长的谱线,因此称为特征 X 射线谱或标识 X 射线谱。下面分别讨论连续 X 射线谱与特征 X 射线谱。

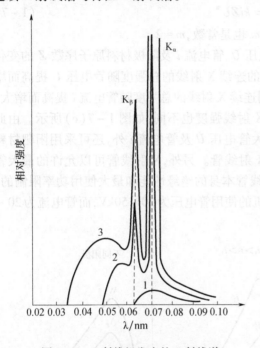

图 1-5　X 射线机发出的 X 射线谱

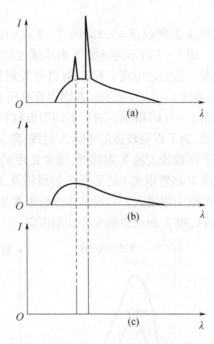

图 1-6　X 射线谱构成

1. 连续 X 射线谱

近代物理学从理论和试验两方面都证明,任何高速运动的带电粒子突然减速时,都会产生电磁辐射。在 X 射线管中,从阴极发出的带负电荷的电子在高电压的作用下以极大的速度向阳极运动,当撞到阳极时突然减速,其大部分动能都变为热能而损耗,但一部分动能就以电磁辐射——X 射线的形式放射出来。由于撞到阳极上的电子数极多,如当管电流为 16mA 时就有每秒 10^{17} 个电子,这些电子与阳极碰撞的时间和条件各不相同,而且有的电子还可能与阳极做多次碰撞而逐步转移其能量,情况复杂,从而使产生的 X 射线也就有各种不同的波长,构成连续谱。

在极限情况下,电子将其在电场中加速得到的全部动能转化为一个光子,则此光子的能量最大、波长最短,相当于短波极限波长的 X 射线。此光子的能量为

$$E = eU = h\frac{c}{\lambda_0}$$

短波极限波长为

$$\lambda_0 = \frac{hc}{eU}$$

式中：e 为电子电荷；U 为 X 射线管管电压；h 为普朗克常数；c 为光速。

连续 X 射线的总强度是对连续 X 射线谱曲线进行积分，也就是图 $1-6(b)$ 中曲线下的面积，即

$$I_{连续} = \int_{\lambda_0}^{\infty} I(\lambda) \,\mathrm{d}\lambda \qquad (1-6)$$

试验证明，连续 X 射线的总强度与管电压 U、管电流 i 及阳极材料的原子序数 Z 有下面的关系，即

$$I_{连续} = kiZU^m \qquad (1-7)$$

式中：k 为常数，$k = 1.1 \times 10^{-9} \sim 1.4 \times 10^{-9}$；$m$ 也是常数，$m \approx 2$。

图 $1-7$ 所示为连续 X 射线强度随管电压 U、管电流 i 及阳极材料原子序数 Z 的变化情况。若固定电流 i 不变，对钨靶 X 射线管的连续 X 射线的总强度随管电压 U 提高而增大，如图 $1-7(a)$ 所示。若固定管电压 U，则连续 X 射线的总强度随管电流 i 提高而增大，如图 $1-7(b)$ 所示。对于不同阳极材料的 X 射线强度也不同，如图 $1-7(c)$ 所示。由此可见，为了得到较强的连续 X 射线，除了加大管电压 U 及管电流 i 外，还可采用阳靶材料原子序数较大的 X 射线管，通常是用钨靶 X 射线管。另外，X 射线管可以允许的最大管电压 U 和管电流 i 是受到 X 射线机及 X 射线管本身的绝缘性能和最大使用功率限制的，不可以无限增大。一般晶体分析用 X 射线机的使用管电压为 $30 \sim 50\mathrm{kV}$，而管电流为 $20 \sim 40\mathrm{mA}$，视 X 射线管的允许功率而定。

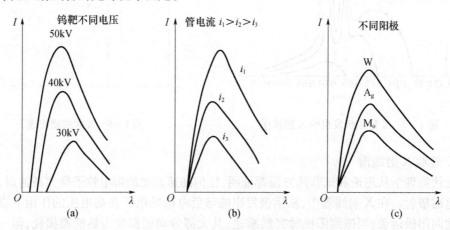

图 $1-7$　各种条件对连续 X 射线强度的影响

2. 特征 X 射线谱

特征 X 射线谱的产生机理可从玻尔的原子模型得到解释。玻尔的原子模型理论为：电子在一些特定的可能轨道上绕核做圆周运动，离核越远能量越高；可能的轨道由电子的角动量（必须是 $h/2\pi$ 的整数倍）决定；当电子在这些可能的轨道上运动时电子不发射也不吸收能量，只有当电子从一个轨道跃迁到另一个轨道时电子才发射或吸收能量，而且发射或吸收的辐射是单频的（量子化的），辐射的频率和能量之间关系由 $E = h\nu$ 给出，$h = 6.626 \times 10^{-34}(\mathrm{J \cdot s})$。

按照玻尔的原子模型，原子中的电子分布在以原子核为中心的若干轨道上，光谱学中依次称为 K、L、M、N…壳层，对应的主量子数分别为 $n = 1,2,3,4$…每个壳层中最多只能容

纳 $2n^2$ 个电子。处在主量子数为 n 的壳层中的电子能量为

$$E_n = \frac{-Rhc}{n^2}(Z - \sigma)^2 \tag{1-8}$$

式中:R 为里德伯常数;h 为普朗克常数;c 为光速;Z 为此原子的原子序数;σ 为屏蔽常数。

　　式(1-8)表明,主量子数为 n 的壳层中电子的能量 E_n 随主量子数 n 的平方增大而增大。K 层电子离原子核最近,主量子数最小($n=1$),故能量最低,其余 L、M、N、…层中的电子,能量依次递增,从而构成一系列能级。在正常状况下,电子总是先占满能量最低的壳层,如 K、L 层等,如图 1-8 所示。

　　当高能电子撞击到阳极靶上时,若 X 射线管的管电压超过某一临界值 U_K 时,U_K 这个高压电场就会使电子有足够的能量,足以将阳极靶物质原子中的 K 层电子撞击出来。于是,在 K 层中就形成了一个空位,这一过程称为激发。而 U_K 称为 K 系激发电压。按照能量最低原理,电子总是具有处于最低能级的趋势,所以当 K 层中有空位出现时,L、M、N…层中的电子就会跃入此空位,同时将它们多余的能量以 X 射线光子的形式放出来。由于不同壳层的主量子数不同,电子的能量不同,跃迁时释放出的能量就不同,发出 X 射线光子的波长就不同。当 L 层电子跃入 K 层空位时发出的 X 射线称为 K_α 谱线;M 层电子跃入 K 层空位时发出的 X 射线称为 K_β 谱线;N 层电子跃入 K 层空位时发出的 X 射线称为 K_γ 谱线;…;这样 K_α、K_β、K_γ、…谱线,共同构成 K 系特征 X 射线。

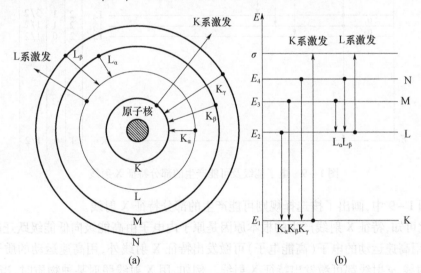

图 1-8　原子壳层模型及特征 X 射线产生原理示意图

　　同样,当 L、M…层电子被激发时,就会产生 L 系(L_α、L_β)、M 系(M_α)特征 X 射线。而 K 系、L 系、M 系…特征 X 射线又共同构成此原子的特征 X 射线谱。

　　原子的实际能级结构远较上述复杂,根据量子力学的计算,L 壳层的能级实际上是由 L_1、L_2、L_3 等 3 个子能级构成的,它们分别对应于 3 个子壳层,而 M 壳层的能级由 5 个子能级即 M_1、M_2、…、M_5 构成。N 层由 7 个子能级构成。这些能级分别对应于主量子数 n、角量子数 l 和内量子指数 j 的不同数值,如图 1-9 所示。电子在各能级之间的跃迁还要服从以下选择规则,即

$$\Delta n \neq 0$$
$$\Delta l = \pm 1$$
$$\Delta j = \pm 1 \text{ 或 } 0$$

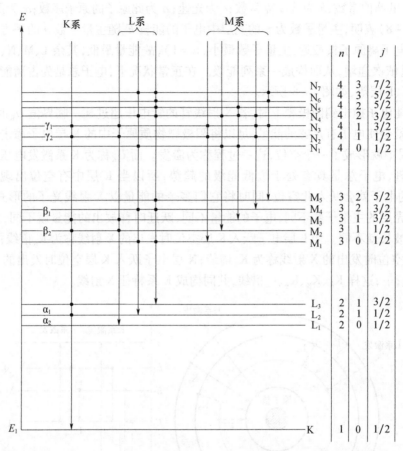

图 1-9　电子能级及可能产生的部分特征 X 射线

在图 1-9 中,画出了按选择规则可能产生的部分特征 X 射线。

至此可知,特征 X 射线产生的根本原因是原子内电子由高能级向低能级跃迁的结果。因此,除用高速运动的电子(高能电子)可激发出特征 X 射线外,用高速运动的质子、中子以及 X 射线、γ 射线都可激发出特征 X 射线。例如,用 X 射线照射某种物质时,当 X 射线的光子能量大于该物质的 E_k 时,就能激发出该物质的 K 系特征 X 射线,这种由 X 射线激发而产生的次级特征 X 射线又称为荧光 X 射线。

特征 X 射线谱中各条谱线的波长可由电子空位和跃迁电子所处的壳层确定。当 n_2 壳层的电子跃入 n_1 壳层的电子空位时,释放的能量由式(1-8)得

$$E_{n_2} - E_{n_1} = Rhc (Z - \sigma)^2 \left(\frac{1}{n_1^2} - \frac{1}{n_2^2} \right) \tag{1-9}$$

该能量转变为发出 X 射线光子能量,即

$$E_{n_2} - E_{n_1} = E_{\lambda} = h \frac{c}{\lambda} \tag{1-10}$$

该 X 射线光子的波长为

$$\lambda = \frac{hc}{E_{n_2} - E_{n_1}} = \frac{1}{R (Z - \sigma)^2 \left(\frac{1}{n_1^2} - \frac{1}{n_2^2} \right)} \qquad (1 - 11)$$

以 K_α 谱线为例，K_α 谱线是 L 层电子跃入 K 层空位，K 层、L 层对应的主量子数分别为 $n_1 = 1$、$n_2 = 2$，K_α 谱线 λ_{K_α} 可表示为

$$\lambda_{K_\alpha} = \frac{c}{\nu_{K_\alpha}} = \frac{4}{3} \frac{1}{R (Z - \sigma)^2} \qquad (1 - 12)$$

由式（1 - 12）可知，K_α 波长与原子序数的平方近似成反比关系。同理，可推出其他谱线的波长也具有同样的关系，即对于一定线系的某条谱线而言，其波长与原子序数的平方近似成反比关系，这就是著名的莫塞莱定律。莫塞莱定律说明了特征 X 射线谱与元素之间的一一对应关系。

特征 X 射线的绝对强度随 X 射线管电流 i 和管电压 U 的增大而增大，对 K 系谱线而言，有下列近似关系，即

$$I_K = Bi(U - U_K)^n \qquad (1 - 13)$$

式中：B 为常数；n 也是常数，$n \approx 1.5$；U_K 为 K 系激发电压，只有当 $U > U_K$ 时才会产生特征 X 射线。因为当 $U < U_K$ 时，电子受电场加速所得到的动能 eU 不足以将电子从 K 层上取出来。U_K 实际上是与 K 电子能级 E_K 的数值对应的，即

$$eU_K = E_K \qquad (1 - 14)$$

由式（1 - 14）可知，增加管电压 U 和管电流 i 可以提高特征 X 射线的强度。但应当注意，管电压增加时，与特征 X 射线同时产生的连续 X 射线强度也提高了，这对只要单色 X 射线的试验工作是不利的，适宜的工作电压为 U_K 的 3 ~ 5 倍。

特征 X 射线在材料研究工作中有两个方面的应用：一方面是采用特征 X 射线谱中的 K_α 的谱线获得单色 X 射线，用于 X 射线衍射分析；另一方面是应用特征 X 射线谱与元素一一对应关系，即每种元素都有其特定波长的特征 X 射线谱。正如每种元素都有其特有的可见光谱一样，可从特征 X 射线的波长来识别化学元素，进行成分分析，这就是 X 射线电子探针分析的原理。

1.1.4　X 射线的吸收和单色 X 射线的获得

当 X 射线穿过物体时，由于 X 射线与物质相互作用，强度将会衰减，这种现象称为 X 射线的吸收。

1. X 射线的吸收

当 X 射线穿过物体时，其强度是按指数规律下降的。若以 I_0 表示入射 X 射线强度，I 表示穿过厚度为 x 的匀质物体后的强度，则

$$I = I_0 e^{-\mu_l x} \qquad (1 - 15)$$

式中：μ_l 为线吸收系数，它相应于单位厚度的该种物体对 X 射线的吸收，μ_l 与吸收体的密度 ρ 成正比，即 $\mu_l = \mu_m \rho$，μ_m 为质量吸收系数，它只与吸收物体的原子序数 Z 及 X 射线波长 λ 有关，因此有

$$I = I_0 e^{-\mu_m \rho x} \qquad (1 - 16)$$

元素的质量吸收系数 μ_m 与 X 射线的波长 λ 的关系如图 1-10 所示,它是由一系列吸收突变点和这些突变点之间的连续曲线段构成的,在曲线的突变点处的波长称为吸收限。如同各种元素有 K 系、L 系、M 系特征 X 射线一样,吸收限也有 K 系(包含一个)、L 系(包含 L_1、L_2、L_3 等 3 个)、M 系(包含 5 个)吸收限之分,分别以 λ_K、λ_{L_1}、λ_{L_2}、$\cdots$ 来表示。

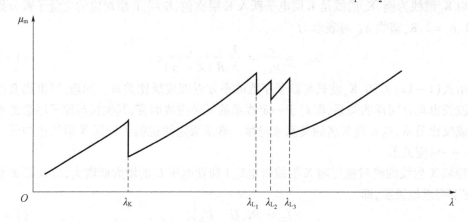

图 1-10 质量吸收系数 μ_m 与波长 λ 的关系

吸收限的存在,是因为随着入射 X 射线波长的减小,光子能量越来越大,穿透力也越大,即吸收系数减小。但是,当波长短于某一临界值 λ_K 时,则光子的能量大到足以将对应能级 E_K 上的电子打出来。这时光子就被大量吸收,造成吸收系数的突然增加,光子的能量转变为光电子、荧光 X 射线及俄歇电子的能量了。当波长继续减小时,虽然它已能撞出内层电子,但由于穿透力相应增加了,所以 μ_m 又趋向减小。这样就造成在长波方向具有明显边缘的吸收带。可见,吸收限波长 λ_K、λ_{L_1}、λ_{L_2}、$\cdots$ 分别是与能量 E_K、E_{L_1}、E_{L_2}、$\cdots$ 对应的,λ_K 与 E_K 有下列关系,即

$$E_K = h\frac{c}{\lambda_K} \tag{1-17}$$

则

$$\lambda_K = \frac{hc}{E_K} \tag{1-18}$$

2. 单色 X 射线的获得

在对材料进行 X 射线衍射分析时,除劳厄法采用连续 X 射线外,其他衍射分析方法均采用单色 X 射线。

由图 1-5 可知,在特征 X 射线谱中,K_α 谱线的强度较其他谱线高很多,对一般条件下使用的 X 射线管而言,K_α 线的强度约是其紧邻的连续谱线强度的 90 倍。因此,当要用单色 X 射线时,一般总是选用 K_α 谱线,再利用吸收限两边吸收系数相差十分悬殊的特点,选取另一种适当的材料,使其 K 吸收限波长 λ_K 正好位于所用靶材的 K_α 与 K_β 线的波长之间。当将此材料制成的薄片放入原 X 射线束中时,它将 K_β 线及连续谱大部分吸收掉,而对 K_α 线的吸收却较小,从而得到单色 X 射线。在选择滤波片时,滤波片材料的原子序数一般比 X 射线管靶材料的原子序数小 1 或 2。例如,铜靶用镍作滤波片,钴靶用铁作滤波片等。图 1-11 所示为滤波片的原理示意图。

滤波片的厚度要适当选择:太厚则 X 射线强度损失太大;太薄则滤波片作用不明显,一般控制厚度使滤波后的 K_α 线和 K_β 线的强度比为 600∶1 左右。这时,K_α 线的强度也将降低 30% ~ 50% 。表 1 - 1 中列出了一些常用滤波片的数据资料。

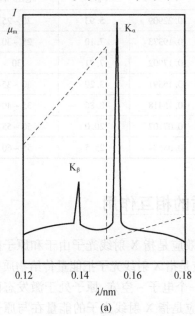
(a)

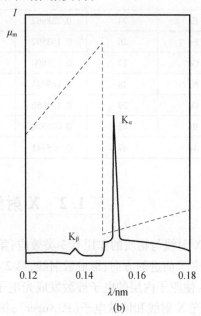
(b)

图 1 - 11　滤波片原理示意图

表 1 - 1　常用滤波片数据

靶子元素	原子序数	λ_{K_α}/nm	λ_{K_β}/nm	滤波片				
				材料	Z	λ_K/nm	厚度/mm	$I/I_0(K_\alpha)$
Cr	24	0.22909	0.20848	V	23	0.22690	0.016	0.50
Fe	26	0.19373	0.17565	Mn	25	0.18964	0.016	0.46
Co	27	0.17902	0.16207	Fe	26	0.17429	0.018	0.44
Ni	28	0.16591	0.15001	Co	27	0.16072	0.013	0.53
Cu	29	0.15418	0.13922	Ni	28	0.14869	0.021	0.40
Mo	42	0.07107	0.06323	Zr	40	0.06888	0.108	0.31
Ag	47	0.05609	0.04970	Rh	45	0.05338	0.079	0.29

在此要特别指出的是,由图 1 - 5 可知,K_α 谱线是由 K_{α_1} 和 K_{α_2} 两条谱线构成的,它们分别是电子从 L_3 和 L_2 能级跳入 K 层空位时产生的。由于能级 L_3 和 L_2 的能量值相差很小,因此 K_{α_1} 和 K_{α_2} 线的波长很相近,仅差 0.0004nm 左右,通常无法分辨。为此,常以 K_α 来代表它们,并以 K_{α_1} 和 K_{α_2} 谱线波长的计权平均值作为 K_α 线的波长。根据试验测定,K_{α_1} 线的强度是 K_{α_2} 的 2 倍,故取其权重也是 K_{α_2} 的 2 倍,即

$$\lambda_{K_\alpha} = \frac{2}{3}\lambda_{K_{\alpha_1}} + \frac{1}{3}\lambda_{K_{\alpha_2}} \tag{1-19}$$

在表 1 - 2 中列出了常用的几种特征 X 射线的波长以及其他有关数据。

表 1-2　常用 X 射线管波长

靶子元素	原子序数	K_{α_1}/nm	K_{α_2}/nm	$K_{\alpha*}$/nm	激发电压 U_K/kV	适宜工作电压/kV
Cr	24	0.228962	0.229352	0.22909	5.93	20~25
Fe	26	0.193597	0.193991	0.19373	7.10	25~30
Co	27	0.178890	0.179279	0.17902	7.71	30
Ni	28	0.165783	0.166168	0.16591	3.29	30~35
Cu	29	0.154050	0.154434	0.15418	8.86	35~40
Mo	42	0.070926	0.071354	0.07107	20.0	50~55
Ag	47	0.055941	0.056381	0.05609	25.5	55~60

1.2　X 射线与物质的相互作用

X 射线与物质的作用有 3 类效应:第 1 类散射效应是指 X 射线光子由于和原子碰撞而改变了前进的方向,形成散射线;第 2 类光电效应是指 X 射线光子把能量传给物质中的原子,使原子内层的电子被激发成光电子,并产生一个电子-空穴,原子处于激发态而发出荧光 X 射线和俄歇电子(P. Auger);第 3 类热效应是指 X 射线光子的能量在与原子碰撞过程中传递给原子,成为热振动能量。X 射线与物质的相互作用如图 1-12 所示。

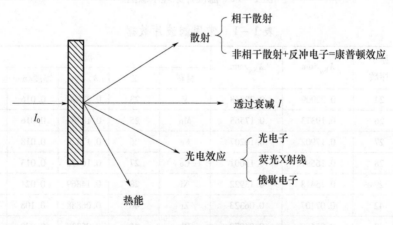

图 1-12　X 射线与物质的相互作用

1.2.1　散射效应

物质对 X 射线的散射可以分为相干散射与非相干散射两类。

1. 相干散射

当 X 射线与原子内的紧束缚电子相互作用时,X 射线光子能量 $h\nu$ 与电子的能量($m_0c^2 = 0.5MeV$)相比小得多,可认为电子在 X 射线的电磁场作用下,在初始的位置上发生受迫振动,振动着的电子以本身为散射中心向周围辐射与入射 X 射线波长相同的次级 X 射线,这个过程也可简单理解为 X 射线光子与原子中紧密束缚电子发生弹性碰撞,X 射线只改变方向,不改变能量和波长。由于散射的次级 X 射线具有相同的波长,如果散射物质内的原子或分子排列具有周期性(晶体物质),则会发生相互加强的干涉现象,这种散射即为相干散射,相干散射又称为弹性散射。因为汤姆逊(J. J. Thomson)首先用经典电动力学方法研究相干散射现象,故又称为汤姆逊散射或经典散射。汤姆逊研究结果表明,当一束强度为 I_0 的偏振光照射到一个电子上时,散射光的强度为

$$I_e = I_0 \frac{e^4}{m^2 c^4 R^2} \sin^2\alpha \tag{1-20}$$

式中: e 为电子电荷; m 为电子质量; c 为光速; R 为散射线上观测点与电子的距离; α 为散射方向与入射线电场方向的夹角。

相干散射是 X 射线衍射分析的基础。

2. 非相干散射

当 X 射线光子与自由电子或束缚很弱的电子作用时,尤其是 $h\nu \geq m_0 c^2$ 时,便会产生非相干散射。由于这种散射现象是由康普顿(A. H. Compton)和我国物理学家吴有训首先发现的,所以称为康普顿或康普顿 - 吴有训散射。又因为这种非相干散射过程是 X 射线的粒子性的突出表现,必须用量子理论来说明,因此又称为量子散射。康普顿用量子力学的观点解释了非相干散射:当 X 射线光子与自由电子或束缚很弱的电子作用时,正如弹性体的碰撞,电子被碰撞而改变方向,成为反冲电子,同时在 ϕ(入射线与散射线的交角 $\phi = 2\theta$)角度方向上产生一个新 X 射线光子,如图 1 - 13 所示。

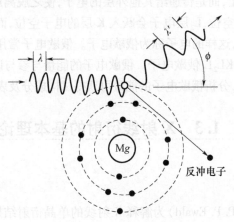

图 1 - 13　非相干散射

根据动量和能量守恒定律计算出波长的变化量 $\Delta\lambda$。计算表明, $\Delta\lambda$ 与散射角 2θ 等有关,即

$$\Delta\lambda = \lambda' - \lambda = \frac{h}{m_0 c}(1 - \cos 2\theta)$$

将普朗克常数 h、光速 c 和电子的静止质量 m_0 的数值代入上式,可得

$$\Delta\lambda = 0.0243(1 - \cos\theta) \tag{1-21}$$

由此可见,随着散射角的不同,散射波的波长也不相同。

非相干散射线由于波长各不相同,因此不会互相干涉形成衍射,所以它们散布于各个方向,强度一般很低,它们在衍射工作中只形成连续的背景。

3. 散射系数

为了衡量物质对 X 射线的散射能力，在此定义质量散射系数 σ_m，它表示单位质量的物质对 X 射线的散射，由经典物理理论可求出 σ_m 的表达式（只考虑相干散射的情况）为

$$\sigma_m = \frac{8\pi N e^4 Z}{3m^2 c^4 A} \qquad (1-22)$$

式中：Z 和 A 为散射体的原子序数和原子量；N 为阿伏加德罗常数；c 为光速；m 和 e 为电子的质量和电荷。

上述没有考虑散射体中电子与电子、电子与原子核之间的相互作用等因素。实验表明，它对原子序数小的轻元素比较适用，对 Au、Ag 等重元素而言，σ_m 的实测值比理论计算值可以大几倍甚至十几倍。

1.2.2 光电效应

当 X 射线的波长足够短时，X 射线光子的能量就足够大，以至能把原子中处于某一能级上的电子打出来，而它本身则被吸收，它的能量就传给了该电子，使之成为具有一定能量的光电子，并使原子处于高能的激发态。这种过程称为光电效应或光电吸收。

伴随光电效应而发生的有荧光 X 射线和俄歇电子。因为光电吸收后，原子处于高能激发态，内层出现了电子空位，这时外层电子将向此空位跃迁，就会产生特征 X 射线，这种由 X 射线激发出的 X 射线称为荧光 X 射线。另外，当外层电子跃入内层空位时，其能量也可以不以 X 射线的形式释放出，而是传递给其他外层的电子，使之脱离原子。例如，当 K 层电子被打出后，K 层留下电子空位，L_2 层电子会跃入 K 层的电子空位，而将它的多余能量传递给 L_3 层电子，使之脱离原子，这样的电子称为俄歇电子。俄歇电子常用参与俄歇过程的 3 个能级来命名，如上述的即为 KL_2L_3 俄歇电子。俄歇电子的能量与参与该过程的 3 个能级能量有关，因此也是有一定值的，分析俄歇电子的能量可获得试样成分及表面状态等很多信息。

■ 1.3 X 射线衍射的基本理论

1.3.1 倒易点阵

1913 年，厄瓦尔德(P. P. Ewald)为解释 X 射线的单晶衍射结果，提出了厄瓦尔德球的概念，同时引进了倒易点阵和倒易空间的概念。

晶体点阵是晶体内部结构基元在三维空间周期性排列这样一个客观实在的数学抽象，它反映晶体内部结构这一最重要和基本特点的晶体点阵，它不仅是数学的表达，而且具有特定的物理意义。倒易点阵是晶体点阵的倒易，它并不是一个客观实在，也没有特定的物理概念和意义，它纯粹是一种数学抽象。然而，X 射线在晶体中的衍射与光学衍射十分相似，衍射过程中作为主体的光栅与作为客体的衍射像之间存在着一个傅里叶(Fourier)变换的关系。同样，把晶体的结构作为正空间，而晶体对 X 射线的衍射看成倒易空间，因而，晶体点阵与其倒易点阵之间也必然存在一个傅里叶变换的关系。

倒易点阵对于解释 X 射线衍射及电子衍射图像的成因极为有用，并能简化晶体学中一些重要参数的计算公式。

1. 倒易点阵

1) 倒易点阵定义

以 $\boldsymbol{a}$、$\boldsymbol{b}$、$\boldsymbol{c}$ 表示正点阵的基矢,与之对应的倒易点阵基矢 $\boldsymbol{a}^*$、$\boldsymbol{b}^*$、$\boldsymbol{c}^*$ 可以定义为

$$\begin{cases} \boldsymbol{a}^* = \dfrac{\boldsymbol{b} \times \boldsymbol{c}}{\boldsymbol{a}(\boldsymbol{b} \times \boldsymbol{c})} \\[2mm] \boldsymbol{b}^* = \dfrac{\boldsymbol{c} \times \boldsymbol{a}}{\boldsymbol{a}(\boldsymbol{b} \times \boldsymbol{c})} \\[2mm] \boldsymbol{c}^* = \dfrac{\boldsymbol{a} \times \boldsymbol{b}}{\boldsymbol{a}(\boldsymbol{b} \times \boldsymbol{c})} \end{cases} \tag{1-23}$$

式中:$\boldsymbol{a}(\boldsymbol{b} \times \boldsymbol{c}) = V_{\mathrm{P}}$ 为正点阵晶胞体积。

正点阵基矢与倒点阵基矢的关系可表示为

$$\begin{cases} \boldsymbol{a}^*\boldsymbol{a} = \boldsymbol{b}^*\boldsymbol{b} = \boldsymbol{c}^*\boldsymbol{c} = 1 \\ \boldsymbol{a}^*\boldsymbol{b} = \boldsymbol{a}^*\boldsymbol{c} = \boldsymbol{b}^*\boldsymbol{a} = \boldsymbol{b}^*\boldsymbol{c} = \boldsymbol{c}^*\boldsymbol{a} = \boldsymbol{c}^*\boldsymbol{b} = 0 \end{cases} \tag{1-24}$$

从倒易点阵的定义式(1-23)可看出,正点阵和倒易点阵是互为倒易的,即 $\boldsymbol{a}^*$ 垂直于 $\boldsymbol{b} \times \boldsymbol{c}$;$\boldsymbol{b}^*$ 垂直于 $\boldsymbol{c} \times \boldsymbol{a}$;$\boldsymbol{c}^*$ 垂直于 $\boldsymbol{a} \times \boldsymbol{b}$,如图 1-14 所示。

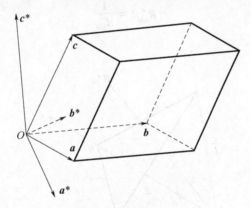

图 1-14　倒易点阵基矢

从倒易点阵的定义经运算后还可得出倒易点阵原胞参数 a^*、b^*、c^*、α^*、β^*、γ^* 和正点阵原胞参数 a、b、c、α、β、γ 之间的关系为

$$\begin{cases} a^* = \dfrac{bc\sin\alpha}{V_{\mathrm{P}}} \\[2mm] b^* = \dfrac{ca\sin\beta}{V_{\mathrm{P}}} \\[2mm] c^* = \dfrac{ab\sin\gamma}{V_{\mathrm{P}}} \end{cases} \tag{1-25}$$

$$\begin{cases} \cos\alpha^* = \dfrac{\cos\beta\cos\gamma - \cos\alpha}{\sin\beta\sin\gamma} \\[2mm] \cos\beta^* = \dfrac{\cos\alpha\cos\gamma - \cos\beta}{\sin\alpha\sin\gamma} \\[2mm] \cos\gamma^* = \dfrac{\cos\alpha\cos\beta - \cos\gamma}{\sin\alpha\sin\beta} \end{cases} \tag{1-26}$$

另外,还可通过矢量运算证明,正点阵的原胞体积 $V_{\mathrm{P}} = \boldsymbol{a}(\boldsymbol{b} \times \boldsymbol{c})$ 和倒易点阵的原胞体积 $V_{\mathrm{P}}^* = \boldsymbol{a}^*(\boldsymbol{b}^* \times \boldsymbol{c}^*)$ 具有互为倒数关系,即

$$V_{\mathrm{P}}^* = \frac{1}{V_{\mathrm{P}}} \qquad (1-27)$$

按照式(1-23)、式(1-25)和式(1-26)可从 $\boldsymbol{a}$、$\boldsymbol{b}$、$\boldsymbol{c}$ 唯一地求出 $\boldsymbol{a}^*$、$\boldsymbol{b}^*$、$\boldsymbol{c}^*$(包括方向和长度),正、倒点阵是一一对应的。

2)倒易点阵矢量的重要性质

倒易点阵矢量即从倒易点阵原点到另一个倒易点阵结点的矢量,倒易点阵矢量具有以下两个重要性质。

(1)倒易点阵矢量和相应正点阵中同指数晶面相互垂直,并且它的长度等于该平面簇的面间距倒数。

如图 1-15 所示,用 $\boldsymbol{R}_{hkl}^*$ 表示从倒易点阵原点到坐标为 h、k、l 的倒结点的倒易点阵矢量,即 $\boldsymbol{R}_{hkl}^* = h\boldsymbol{a}^* + k\boldsymbol{b}^* + l\boldsymbol{c}^*$,则

$$\boldsymbol{R}_{hkl}^* \perp (hkl) \qquad (1-28)$$

$$|\boldsymbol{R}_{hkl}^*| = \frac{1}{d_{hkl}} \qquad (1-29)$$

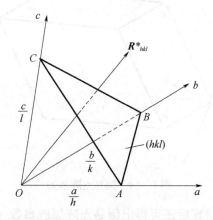

图 1-15 倒易点阵矢量 $\boldsymbol{R}_{hkl}^*$ 垂直于相应的晶面 (hkl)

(2)倒易点阵矢量与正点阵矢量的标积必为整数。若以 $\boldsymbol{R}_{hkl}^*$ 代表正点阵原点至 (l, m, n) 结点的矢量,而以 $\boldsymbol{R}_{HKL}^*$ 代表倒易点阵原点到 (H, K, L) 倒结点的矢量,则有

$$\boldsymbol{R}_{lmn}^* \boldsymbol{R}_{HKL}^* = (l\boldsymbol{a} + m\boldsymbol{b} + n\boldsymbol{c})(H\boldsymbol{a}^* + K\boldsymbol{b}^* + L\boldsymbol{c}^*) = lH + mK + nL \qquad (1-30)$$

因 l、m、n 和 H、K、L 均为整数,所以式(1-30)也等于整数。

2. 晶面间距和晶面夹角的计算

利用倒易点阵方法还可以方便地导出晶面间距、晶面夹角的计算公式。

根据式(1-29),(hkl) 晶面的面间距 d_{hkl} 与倒易点阵矢量 $\boldsymbol{R}_{hkl}^*$ 有下列关系,即

$$\frac{1}{d_{hkl}^2} = \boldsymbol{R}_{hkl}^* \boldsymbol{R}_{hkl}^*$$

$$= (h\boldsymbol{a}^* + k\boldsymbol{b}^* + l\boldsymbol{c}^*)(h\boldsymbol{a}^* + k\boldsymbol{b}^* + l\boldsymbol{c}^*)$$

$$= h^2 \boldsymbol{a}^{*2} + k^2 \boldsymbol{b}^{*2} + l^2 \boldsymbol{c}^{*2} + 2hk\,\boldsymbol{a}^* \boldsymbol{b}^* + 2hl\,\boldsymbol{a}^* \boldsymbol{c}^* + 2kl\,\boldsymbol{b}^* \boldsymbol{c}^* \qquad (1-31)$$

将式(1-26)、式(1-27)代入式(1-31),经适当运算后,即得到适用于任何晶系的晶面间距表达式,这就是表1-3中三斜晶系的公式。对于立方、四方、六方等对称性较高的晶系,由于某些基矢的长度相等或互成直角,面间距公式可大大简化,七大晶系的面间距计算公式都列在表1-3中。

表 1-3　计算面间距 d_{hkl} 的公式

	晶系	晶轴平移	晶轴夹角	d_{hkl}
1	立方	$a = b = c$	$\alpha = \beta = \gamma = 90°$	$d = \dfrac{a}{\sqrt{h^2 + k^2 + l^2}}$
2	四方	$a = b \neq c$	$\alpha = \beta = \gamma = 90°$	$d = \dfrac{1}{\sqrt{\dfrac{h^2 + k^2}{a^2} + \dfrac{l^2}{c^2}}}$
3	正交	$a \neq b \neq c$	$\alpha = \beta = \gamma = 90°$	$d = \dfrac{1}{\sqrt{\dfrac{h^2}{a^2} + \dfrac{k^2}{b^2} + \dfrac{l^2}{c^2}}}$
4	六方	$a = b \neq c$	$\alpha = \beta = 90°,$ $\gamma = 120°$	$d = \dfrac{1}{\sqrt{\dfrac{4}{3} \cdot \dfrac{h^2 + hk + k^2}{a^2} + \dfrac{l^2}{c^2}}}$
5	三方	$a = b = c$	$\alpha = \beta = \gamma \neq 90°$ $< 120°$	$a\left[\dfrac{(h^2 + k^2 + l^2)\sin^2\alpha + 2(hk + hl + kl)(\cos^2\alpha - \cos\alpha)}{1 + 2\cos^3\alpha - 3\cos^2\alpha}\right]^{-1/2}$
6	单斜	$a \neq b \neq c$	$\alpha = \gamma = 90°,$ $\beta > 90°$	$\left[\dfrac{(h^2/a^2) + (l^2/c^2) - (2hl/ac)\cos\beta}{\sin^2\beta} + \dfrac{k^2}{b^2}\right]^{-1/2}$
7	三斜	$a \neq b \neq c$	$\alpha \neq \beta \neq \gamma \neq 90°$	$\left[\dfrac{h}{a}\begin{vmatrix} h/a & \cos\gamma & \cos\beta \\ k/b & 1 & \cos\alpha \\ l/c & \cos\alpha & 1 \end{vmatrix} + \dfrac{k}{b}\begin{vmatrix} 1 & h/a & \cos\beta \\ \cos\gamma & k/b & \cos\alpha \\ \cos\beta & l/c & 1 \end{vmatrix} + \dfrac{l}{c}\begin{vmatrix} 1 & \cos\gamma & h/a \\ \cos\gamma & 1 & k/b \\ \cos\beta & \cos\alpha & l/c \end{vmatrix} \middle/ \begin{vmatrix} 1 & \cos\gamma & \cos\beta \\ \cos\gamma & 1 & \cos\alpha \\ \cos\beta & \cos\alpha & 1 \end{vmatrix}\right]^{-1/2}$

晶面之间夹角的计算公式也可用相似办法求得。由于晶面($h_1 k_1 l_1$)和($h_2 k_2 l_2$)之间的夹角 φ 等于相应的倒易点阵矢量 $\boldsymbol{R}^*_{h_1 k_1 l_1}$ 和 $\boldsymbol{R}^*_{h_2 k_2 l_2}$ 之间的夹角,则

$$\cos\varphi = \frac{\boldsymbol{R}^*_{h_1 k_1 l_1} \boldsymbol{R}^*_{h_2 k_2 l_2}}{|\boldsymbol{R}^*_{h_1 k_1 l_1}||\boldsymbol{R}^*_{h_2 k_2 l_2}|} \qquad (1-32)$$

将式(1-26)、式(1-27)代入式(1-32),经过运算可得到适用于各晶系的晶面夹角公式,这个公式较为复杂,但对立方、四方、六方晶系,该式可简化如下。

立方晶系简化为

$$\cos\varphi = \frac{h_1 h_2 + k_1 k_2 + l_1 l_2}{\sqrt{(h_1^2 + k_1^2 + l_1^2)(h_2^2 + k_2^2 + l_2^2)}} \qquad (1-33)$$

四方晶系简化为

$$\cos\varphi = \frac{\dfrac{h_1 h_2 + k_1 k_2}{a^2} + \dfrac{l_1 l_2}{c^2}}{\sqrt{\left(\dfrac{h_1^2 + k_1^2}{a^2} + \dfrac{l_1^2}{c^2}\right)\left(\dfrac{h_2^2 + k_2^2}{a^2} + \dfrac{l_2^2}{c^2}\right)}} \tag{1-34}$$

六方晶系简化为

$$\cos\varphi = \frac{h_1 h_2 + k_1 k_2 + \dfrac{1}{2}(h_1 k_2 + h_2 k_1) + \dfrac{3a^2}{4c^2} l_1 l_2}{\sqrt{\left(h_1^2 + k_1^2 + h_1 k_1 + \dfrac{3a^2}{4c^2} l_1^2\right)\left(h_2^2 + k_2^2 + h_2 k_2 + \dfrac{3a^2}{4c^2} l_2^2\right)}} \tag{1-35}$$

表 1-4 中列出了立方晶系主要晶面之间的夹角。在立方晶系中,由于指数相同的晶面与晶向互相垂直,故晶面间的夹角也就等于对应的晶向之间的夹角。

表 1-4　立方晶系中 $\{h_1 k_1 l_1\}$ 与 $\{h_2 k_2 l_2\}$ 的晶面夹角

$\{h_2 k_2 l_2\}$	$\{h_1 k_1 l_1\}$						
	100	110	111	210	211	221	310
100	0 90.0						
110	45.0 90.0	0 60.0 90.0					
111	54.7 90.0	35.3 70.5	0 70.5 109.5				
210	26.6 63.4 90.0	18.4 50.8 71.6	39.2 75.0	0 36.9 53.1			
211	35.3 65.9	30.0 54.7 73.2 60.0	19.5 61.9 90.0	24.1 43.1 56.8	0 33.6 48.2		
221	48.2 70.5 76.4	19.5 45.0 78.9 90.0	15.8 54.7 53.4	26.6 41.8 47.1	17.7 35.3	0 27.3 38.9	
310	18.4 71.6 90.0	26.6 47.9 63.4	43.1 68.6	8.1 32.0 45.0	25.4 40.2 58.9	32.5 42.5 58.2	0 25.9 36.9

续表

$\{h_2k_2l_2\}$	$\{h_1k_1l_1\}$						
	100	110	111	210	211	221	310
311	25.2	31.5	29.5	19.3	10.0	25.2	17.6
	72.5	64.8	58.5	47.6	42.4	45.3	40.3
	90.0	80.0	66.1	60.5	59.8	55.1	
320	33.7	11.3	36.8				
	56.3	54.0	80.8				
	90.0	66.9					
321	36.7	19.1	2.22				
	57.7	40.9	51.9				
	74.5	5.55	72.0				
			90.0				
331	46.5	13.1	22.0				
510	11.4						

1.3.2　X 射线衍射几何条件

德国物理学家劳厄首先根据理论预见到衍射,在他的指导下,利用连续 X 射线作为光源,天然晶体(硫酸铜)作为"光栅",成功地验证了 X 射线照射晶体会产生衍射现象,如图 1-16 所示。用 X 射线照到一薄片晶体上,在晶体后面的照相底片上除了可看到透射束斑点以外,还可看到有其他许多斑点,这些斑点的存在表明有部分 X 射线遇到晶体后,改变其前进的方向,与原来的入射方向不一致了,这些 X 射线实际上是晶体中各个原子对 X 射线的相干散射波干涉叠加而成的衍射线。在试验基础上,劳厄推导出了著名的劳厄方程——X 射线衍射必须满足的几何条件。此后不久,英国物理学家布拉格父子推导出了比劳厄方程更简洁的表达产生衍射必要条件的布拉格方程,并首次利用 X 射线衍射技术测定了 NaCl、KCl、KBr 与 KI 的晶体结构,从而为 X 射线衍射理论和技术的发展奠定了坚实的基础。

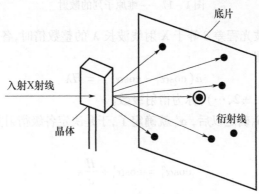

图 1-16　晶体对 X 射线产生衍射

X射线运动学衍射理论的主要内容包括衍射方向和衍射线强度的大小及其分布(线性)。在此只研究X射线衍射的方向问题,即X射线衍射的几何条件。

当X射线与物质作用发生相干散射时,如果散射物质内的原子或分子排列具有周期性(晶体物质),则会发生相互加强的干涉现象,这种干涉即为衍射。这种衍射并不是在所有方向上都能发生,只能在某些方向上由于位相相同(位相差为零或2π的整数倍)才发生相互加强的衍射。这些方向是由晶体点阵参数、点阵相对于入射线的方向及X射线波长之间的关系所决定的。这种关系的具体表现为劳厄方程式、布拉格定律和倒空间衍射公式(厄瓦尔德图解)。

X射线运动学衍射理论在推导3个衍射方程时,做出以下几点假设。

(1)入射X射线只经过样品中原子的一次散射,不考虑散射波的再散射。

(2)散射线的强度远低于入射线的强度,不考虑散射波与入射波之间的干涉作用。

(3)入射线和衍射线都是平面波。由于晶体与衍射线源及观察地点的距离远比原子间距大,因此实际上球面波可以近似地看成平面波。

(4)原子的尺寸忽略不计,原子中各电子发出的相干散射是由原子中心点发出的。

1. 劳厄方程

首先推导一维劳厄方程。设有一个原子间距为a的一维原子列,用一束波长为λ的X射线以与该一维原子列成α_1'角的方向投射到原子列上(图1-17)。根据假设,相邻两原子的散射线的光程差为

$$\delta = OQ - PR = OR(\cos\alpha_1'' - \cos\alpha_1') = a(\cos\alpha_1'' - \cos\alpha_1') \tag{1-36}$$

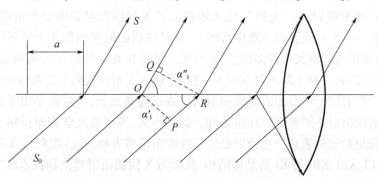

图1-17　一维原子列的散射

当各原子的散射波光程差δ等于X射线波长λ的整数倍时,各原子的散射波互相干涉加强,形成衍射线,即

$$a(\cos\alpha_1'' - \cos\alpha_1') = H\lambda \tag{1-37}$$

式中:H为整数$(0, \pm1, \pm2, \cdots)$,称为衍射级数。

当入射线的方向S_0确定以后,α_1'就确定了,于是决定各级衍射方向的α_1''角可以从下式求出,即

$$\cos\alpha_1'' = \cos\alpha_1' + \frac{H}{a}\lambda \tag{1-38}$$

因为只要α_1''满足式(1-38)就能产生衍射,所以衍射线将分布在以原子列为轴、以α_1''为半顶角的一系列圆锥面上,每一个H值对应一个圆锥。

推广到三维晶体,设入射 X 射线的单位矢量为 S_0,与三晶轴 a、b、c 的交角分别为 α_1'、α_2' 和 α_3',这时,若要有衍射线产生,则衍射方向的单位矢量 S 与三晶轴的交角 α_1''、α_2'' 和 α_3'' 必须满足下列联立方程组,即

$$\begin{cases} a(\cos\alpha_1'' - \cos\alpha_1') = H\lambda \\ b(\cos\alpha_2'' - \cos\alpha_2') = K\lambda \\ c(\cos\alpha_3'' - \cos\alpha_3') = L\lambda \end{cases} \quad (1-39)$$

式中:H、K、L 都为整数;a、b、c 分别为三晶轴方向的点阵常数,式(1-39)即是劳厄方程。

需要注意,劳厄方程组中的角 α_1''、α_2''、α_3'' 不是完全独立的,因为它们是衍射线方向的单位矢量 S 与三晶轴的交角,有一定的相互约束关系,如对三晶轴互相垂直的立方晶系而言,这种约束关系为

$$\cos^2\alpha_1'' + \cos^2\alpha_2'' + \cos^2\alpha_3'' = 1 \quad (1-40)$$

因此,对于给定的一组整数 H、K、L 而言,式(1-39)和式(1-40)实际上是由 4 个方程决定 3 个变量 α_1''、α_2'' 和 α_3'',一般说来不一定有解,只有选择适当的波长 λ 或选取适当的入射方向 S_0(即适当的 α_1'、α_2' 和 α_3'),才能使方程得以满足。

式(1-39)还可以改写成为以下的矢量形式,即

$$\begin{cases} a(S - S_0) = H\lambda \\ b(S - S_0) = K\lambda \\ c(S - S_0) = L\lambda \end{cases} \quad (1-41)$$

用劳厄方程虽可以确定衍射线的方向,但计算过程繁琐,使用很不方便。1912 年,英国物理学家布拉格父子推导出了一个确定衍射线方向的形式简单、使用方便的方程,称为布拉格方程。

2. 布拉格方程及布拉格定律

1)布拉格方程的推导

布拉格在推导衍射几何条件时,采用了"光学镜面反射"条件思想,即当一束 X 射线照射到晶体上时发生镜面反射,散射线、入射线与晶面法线共面,且在法线两侧,散射线与晶面的交角等于入射线与晶面的交角。

设晶体中有一晶面指数为(hkl)的晶面族,晶面之间的距离为 d_{hkl}(简写为 d),如图 1-18 所示,其中阿拉伯数字 1,2,3,…表示第 1,2,3,…个晶面。

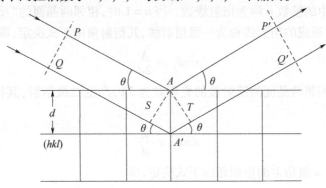

图 1-18　布拉格方程推导

当入射 X 射线 PA 和 QA' 分别照射到相邻的两个晶面 1 和晶面 2 上,它们的"反射"线分别为 AP' 和 $A'Q'$。它们之间的光程差为

$$\delta = QA'Q' - PAP' = SA' + A'T$$

因为 $SA' = A'T = d\sin\theta$,所以 $\delta = 2d\sin\theta$。只有当此光程差为波长 λ 的整数倍时,相邻晶面的"反射"波才能干涉加强形成衍射线,所以产生衍射的条件为

$$2d\sin\theta = n\lambda \tag{1-42}$$

式中:n 为整数。

式(1-42)是著名的布拉格方程,布拉格方程是 X 射线晶体学中最常用的基本方程。它与光学反射定律加在一起,就是布拉格定律。布拉格定律说明,当波长为 λ 的 X 射线照射到晶面间距为 d 的晶体上时,只有在 X 射线与晶面交角 θ 满足 $\sin\theta_n = \dfrac{n\lambda}{2d}$ 时才能发生衍射,衍射线的方向在与入射线的方向交角为 2θ 的方向。

2)布拉格方程的讨论

(1)衍射方向和衍射角。

通常将入射线与衍射线的交角 2θ 称为衍射角,而将式(1-42)中的 θ 角称为半衍射角或布拉格角。图 1-19 所示为衍射角示意图。

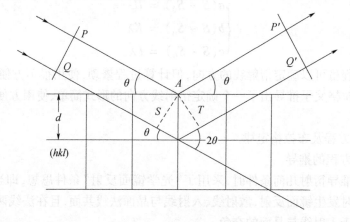

图 1-19　衍射角示意图

(2)衍射级数。

布拉格公式中的整数 n 称为衍射级数。当 $n=1$ 时,相邻两晶面的"反射线"的光程差为一个波长,这时所成的衍射线称为一级衍射线,其衍射角由下式决定,即

$$\sin\theta_1 = \frac{\lambda}{2d}$$

当 $n=2$ 时,相邻两晶面的反射波的光程差为 2λ,产生二级衍射,其衍射角由下式决定,即

$$\sin\theta_2 = \frac{\lambda}{d}$$

依此类推,第 n 级衍射的衍射角由下式决定,即

$$\sin\theta_n = \frac{n\lambda}{2d} \tag{1-43}$$

但是，n 可取的数值不是无限的，因为 $\sin\theta$ 的值不可能大于 1，则

$$\sin\theta = \frac{n\lambda}{2d} \leqslant 1$$

即

$$n \leqslant \frac{2d}{\lambda}$$

当 X 射线的波长和衍射面选定以后，λ 和 d 的值都确定了。可能有的衍射级数 n 也就确定了。所以，一组晶面只能在有限的几个方向"反射"X 射线。

为方便计，往往将晶面族 (hkl) 的 n 级衍射作为设想的晶面族 (nh,nk,nl) 的一级衍射来考虑。实际上，布拉格方程 $2d\sin\theta = n\lambda$ 可以改写为

$$2\left(\frac{d_{hkl}}{n}\right)\sin\theta = \lambda \tag{1-44}$$

而根据晶面指数的定义，可知指数为 (nh,nk,nl) 的晶面是与 (hkl) 面平行且面间距为 $\dfrac{d_{hkl}}{n}$ 的晶面族。

所以，布拉格方程又可写为

$$2d_{nh,nk,nl}\sin\theta = \lambda$$

指数 (nh,nk,nl) 称为衍射指数，用 (HKL) 表示它，与晶面指数的不同点是可以有公约数。应用衍射指数的概念后，布拉格方程中的衍射级数 n 就可省掉了。实际上，为书写方便，往往把上式中的衍射指数也省略了，布拉格方程就简化为

$$2d\sin\theta = \lambda \tag{1-45}$$

（3）晶面间距 d 和入射 X 射线波长 λ。

在确定的晶体点阵中可以找到许多晶面族，但是对于一定入射波长的 X 射线而言，晶体中能产生衍射的晶面数是有限的。根据布拉格方程 $\sin\theta = \lambda/2d$，因为 $\sin\theta$ 的值不能大于 1，则

$$\frac{\lambda}{2d} \leqslant 1$$

即

$$d \geqslant \frac{\lambda}{2}$$

只有面间距大于 $\lambda/2$ 的晶面才能产生衍射。

对于一定面间距 d 的晶面而言，由于 $\sin\theta \leqslant 1$，因此 λ 必须满足 $\lambda \leqslant 2d$ 才能产生衍射。然而 $\lambda/2d \leqslant 1$ 时，由于 θ 太小而不容易观察到（与入射线重叠），因此，实际上衍射分析用的 X 射线波长应与晶体的晶格常数相差不多。

3. 倒易空间衍射方程和厄瓦尔德图解

1）倒易空间衍射方程

如图 1-20 所示，O 为晶体点阵原点上的原子，A 为晶体中另一任意原子，其位置可用位置矢量 $\boldsymbol{OA}$ 来表示，即

$$\boldsymbol{OA} = l\boldsymbol{a} + m\boldsymbol{b} + n\boldsymbol{c}$$

式中：$\boldsymbol{a}$、$\boldsymbol{b}$ 和 $\boldsymbol{c}$ 为点阵的 3 个基矢，而 l、m、n 为任意整数。

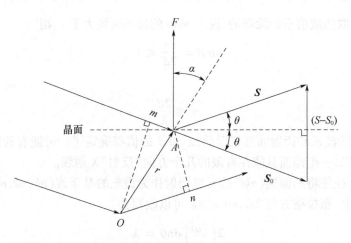

图 1-20 倒易空间衍射条件矢量方程推导

假设一束波长为 λ 的 X 射线,以单位矢量 S_0 的方向照射在晶体上,现在来考察单位矢量 S 的方向产生衍射的条件。

首先确定由原子 O 和 A 的散射光线之间的相位差,如图 1-20 所示,以 Om 和 An 分别表示垂直于 S_0 和 S 的波阵面,则经过 O 和 A 的散射线的光程差为

$$\delta = On - Am = OA \cdot S - OA \cdot S_0 = OA \cdot (S - S_0) \qquad (1-46)$$

根据光学原理,两个波互相干涉加强的条件为光程差 δ 等于波长 λ 的整数倍,即

$$OA \cdot (S - S_0) = \mu\lambda(\mu = 0, \pm 1, \pm 2, \cdots)$$

$$OA\left(\frac{S - S_0}{\lambda}\right) = \mu \qquad (1-47)$$

由图 1-20 可知,矢量 $\dfrac{S - S_0}{\lambda}$ 与晶面 (HKL) 之间有以下关系,即

$$\frac{S - S_0}{\lambda} \perp (HKL)$$

$$\left|\frac{S - S_0}{\lambda}\right| = \frac{2\sin\theta}{\lambda}$$

由布拉格方程 $2d\sin\theta = \lambda$ 和 $2\sin\theta = \dfrac{\lambda}{d_{HKL}}$,则

$$\left|\frac{S - S_0}{\lambda}\right| = \frac{1}{d_{HKL}}$$

即矢量 $\dfrac{S - S_0}{\lambda}$ 与晶面 (HKL) 相垂直,其长度等于 (HKL) 晶面族面间距的倒数 $\dfrac{1}{d_{HKL}}$。因此,据倒易点阵矢量的性质:倒易点阵矢量和相应正点阵中同指数晶面相互垂直,并且它的长度等于该平面族的面间距倒数,可知矢量 $\dfrac{S - S_0}{\lambda}$ 就是晶面 (HKL) 对应的倒易空间中的倒易点阵矢量 R^*_{HKL},即

$$\left(\frac{S - S_0}{\lambda}\right) = R^*_{HKL} = Ha^* + Kb^* + Lc^* \qquad (H、K、L \text{ 为整数}) \qquad (1-48)$$

将式(1-48)代入式(1-47),得

$$OA\left(\frac{S-S_0}{\lambda}\right)=(la+mb+nc)(Ha^*+Kb^*+Lc^*)=lH+mK+nL=\mu$$

$$(1-49)$$

令 $K=\dfrac{S}{\lambda}$、$K_0=\dfrac{S_0}{\lambda}$ 表示衍射方向和入射方向的波矢量,于是式(1-48)写成

$$K-K_0=R_{HKL}^*\qquad(1-50)$$

式(1-50)是倒易空间衍射条件矢量方程,其意义是:当散射波矢和入射波矢的差为一个倒易点阵矢量时,散射波矢之间相互干涉,产生衍射。

劳厄方程,布拉格定律及倒易空间的衍射方程是从3个不同角度推导出来的衍射条件方程,实际上它们是统一的。

2)厄瓦尔德图解

衍射矢量方程的几何图解如图1-21所示,入射线单位矢量 K_0 与反射晶面(HKL)倒易矢量 R_{HKL}^* 及该晶面反射线单位矢量 K 构成矢量三角形(称衍射矢量三角形)。该三角形为等腰三角形($|K_0|=|K|$);K_0 终点是倒易点阵原点 O^*,而 K 终点是 R_{HKL}^* 的终点,即(HKL)晶面对应的倒易点阵结点。K 与 K_0 之间夹角为 2θ,即为衍射角。

晶体中每一个可能产生衍射的(HKL)晶面均有各自的衍射矢量三角形,各衍射矢量三角形的关系如图1-22所示。K_0 为各三角形的公共边,若以 K_0 矢量起点 O 为圆心,$|K_0|$ 为半径作球面,则各三角形的另一腰即 K 的终点也在此球面上。因 K 的终点为 R_{HKL}^* 的终点,即反射晶面(HKL)的倒易点也落在此球面上。这种图解法是德国物理学家厄瓦尔德首先提出来的,因此该球称为厄瓦尔德球或反射球。由上述分析可知,可能产生衍射的晶面对应的倒易点阵矢量结点必落在厄瓦尔德球上。

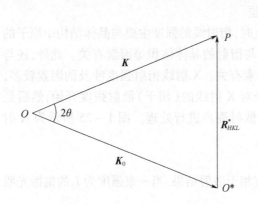

图1-21　衍射矢量三角形

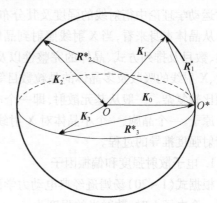

图1-22　晶体各晶面矢量三角形关系

厄瓦尔德球做法如图1-23所示,作一长度等于 $1/\lambda$ 的矢量 K_0,使它平行于入射光束。取该矢量的端点 O 作为倒易点阵的原点,用与矢量 K_0 相同的比例尺作倒易点阵。以矢量 K_0 的起始点 C 为圆心,以 $1/\lambda$ 为半径作一个球,则对(HKL)晶面族产生衍射的条件是对应的倒结点 HKL(图1-23中的 P 点)必须处于此球面上,而衍射线束的方向即是 C 点至 P 点的连接线方向,即图1-23中的矢量 K 的方向。当上述条件满足时,矢量 $K-K_0$ 就是倒易点阵原点 O 至倒结点 P(HKL)的连接矢量 OP,即倒易点阵矢量 R_{HKL}^*。于是衍射方程式(1-50)得到了满足。以 C 为圆心、$1/\lambda$ 为半径所作的球称

为反射球,这是因为只有在这个球面上的倒结点所对应的晶面才能产生衍射(反射),也称此球为干涉球。

以 O 为圆心、$2/\lambda$ 为半径所作的球称为极限球,如图 1 – 24 所示。当入射线波长取定后,不论晶体相对于入射线如何旋转,可能与反射球相遇的倒结点都局限在此球体内。实际上,凡是在极限球之外的倒结点,它们所对应的晶面的面间距都小于 $\lambda/2$,因此是不可能产生衍射的。

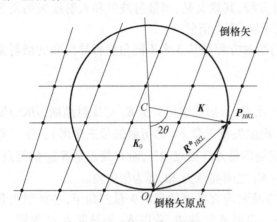

图 1 – 23 厄瓦尔德图解

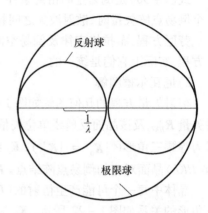

图 1 – 24 $2/\lambda$ 为半径的极限球

1.3.3 X 射线衍射线束的强度

1.3.2 节讨论了 X 射线衍射运动学理论中衍射条件及衍射的方向问题,本节将介绍衍射运动学理论中衍射线的强度及其分布问题。

从晶体本身来看,当 X 射线照射到晶体上时,衍射线的强度主要与晶体结构中原子的种类、数目及排列方式、晶体的完整性以及参与衍射的晶体体积等因素有关。此外,还与温度、X 射线的吸收及多晶体的晶粒数目等因素有关。X 射线衍射强度涉及的因素较多,问题比较复杂。一般从基元散射,即一个电子对 X 射线的(相干)散射强度开始,然后是一个原子、一个晶胞、一个小晶体对 X 射线的散射逐步进行处理。图 1 – 25 所示为 X 射线衍射强度推导的过程。

1. 电子散射强度和偏振因子

根据式(1 – 20)汤姆逊经典电动力学研究相干散射结果:当一束强度为 I_0 的偏振光照射到一个电子上时,散射光的强度为

$$I_e = I_0 \frac{e^4}{m^2 c^4 R^2} \sin^2 \alpha$$

材料衍射分析工作中,通常采用的是非偏振的 X 射线。当一束非偏振的 X 射线照射到电子上时,如图 1 – 26 所示,设电子位于 O 点,入射 X 射线沿 OX 方向,散射线沿 OP 方向,散射线方向 OP 与 OX 之间的夹角为 2θ。为方便计,取坐标轴 Z 在 OX、OP 平面上,即 OP 在 XOZ 平面上。设入射波的电场矢量为 E_0,因 E_0 垂直于传播方向 OX,所以 E_0 必在 YZ 平面上,并且存在着 YZ 平面上沿任何方向偏振的电场矢量。这时可以把它们分解为沿 Y 方向的分量和沿 Z 方向的分量,然后求得它们在 Y 方向的合成矢量

E_{0y} 和 Z 方向合成矢量 E_{0z}。由于电场矢量沿各方向偏振的概率相等,因此 $E_{0y} = E_{0z}$。由式(1-5)I 得

$$I_{0y} = I_{0z} = \frac{1}{2}I_0$$

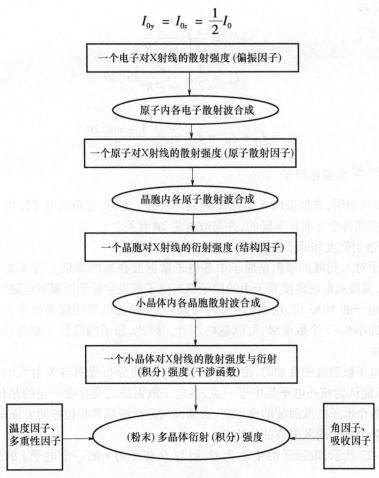

图 1-25　衍射线强度推导过程

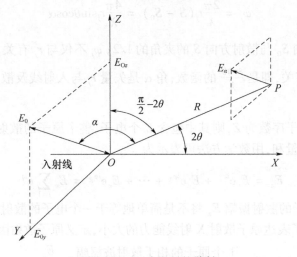

图 1-26　一个电子的散射

从图 1 – 26 中可以看出，E_{0y} 与 OP 的夹角为 $\dfrac{\pi}{2}$，E_{0z} 与 OP 的夹角为 $\dfrac{\pi}{2} - 2\theta$，因此由式(1 – 20)可得

$$I_{ey} = \frac{1}{2}I_0\,\frac{e^4}{m^2c^4R^2}$$

$$I_{ez} = \frac{1}{2}I_0\,\frac{e^4}{m^2c^4R^2}\cos^2 2\theta$$

于是有

$$I_e = I_{ey} + I_{ez} = I_0\,\frac{e^4}{m^2c^4R^2}\,\frac{1 + \cos^2 2\theta}{2} \tag{1 – 51}$$

式中：$\dfrac{1 + \cos^2 2\theta}{2}$ 为偏振因子。

式(1 – 51)表明，非偏振的 X 射线照射到一个电子上时，在距该电子距离 R 的 P 点的散射强度在空间各个方向是不同的，并与散射角 2θ 有关。

2. 原子散射强度和原子散射因子

一个原子对 X 射线的散射是原子中各电子散射波叠加的结果。当 X 射线照射到一个原子上时，其振动电场将使原子中的原子核与电子都发生振动而辐射电磁波，但因原子核的质量是电子的 1836 倍，由式(1 – 20)可知，原子核的散射强度是电子的散射强度的 $1/(1836)^2$，即小 6 ~ 7 个数量级，可以忽略不计。因此，原子的散射主要是原子中的电子散射波的叠加。

在考虑电子散射波的叠加时，由于原子中电子云的分布范围与 X 射线波长具有相同的数量级，不能认为核外电子集中于一点，各电子散射线之间存在一定的相位差。因此，考虑原子中各个电子的散射波的叠加时，必须同时考虑振幅和相位差两方面的因素，为此要首先计算各个电子的散射波的位相差。

如图 1 – 27 所示，取原子的中心为 O，则与 O 相距为 r_j 的一个电子 j 的散射波的相位为

$$\varphi_j = \frac{2\pi}{\lambda}r_j(\boldsymbol{S} - \boldsymbol{S}_0) = \frac{4\pi}{\lambda}r_j\sin\theta\cos\alpha \tag{1 – 52}$$

式中：θ 为入射方向 $\boldsymbol{S}_0$ 与散射方向 $\boldsymbol{S}$ 的夹角的 1/2；φ_j 不仅与 $\boldsymbol{r}_j$ 有关，而且还与散射角 θ 及 X 射线波长 λ 有关，即是 $\dfrac{\sin\theta}{\lambda}$ 的函数；角 α 是矢量 $\boldsymbol{r}_j$ 与入射线及散射线交角的角平分线之间的夹角。

设该原子的原子序数为 Z，则其中包含 Z 个电子，整个原子的散射振幅 E_a 为 Z 个电子的散射振幅的矢量和，用数学方法可表示为

$$E_a = E_e\mathrm{e}^{\mathrm{i}\varphi_1} + E_e\mathrm{e}^{\mathrm{i}\varphi_2} + \cdots + E_e\mathrm{e}^{\mathrm{i}\varphi_Z} = E_e\sum_{j=1}^{Z}\mathrm{e}^{\mathrm{i}\varphi_j} \tag{1 – 53}$$

因此，整个原子的散射振幅 E_a 将不是简单地等于一个电子的散射振幅 E_e 的 Z 倍，而是 $E_a \leqslant ZE_e$。为了表达原子散射 X 射线能力的大小，定义原子散射因子为

$$f = \frac{1\ \text{个原子的相干散射波振幅}}{1\ \text{个电子的相干散射波振幅}} = \frac{E_a}{E_e} \tag{1 – 54}$$

则

$$E_a = f E_e$$

原子散射强度由式(1-5)得

$$I_a = f^2 I_e \qquad (1-55)$$

由式(1-52)，φ_j 是 $\dfrac{\sin\theta}{\lambda}$ 的函数；再由式(1-53)和式(1-54)可知，f 也是 $\dfrac{\sin\theta}{\lambda}$ 的函数。当 $\theta = 0°$ 时，各个 $\varphi_j = 0°$，这时各个电子的散射波无位相差，于是，$f = Z$；而其他情况下 $f < Z$，如图 1-28 所示。

各种元素的原子和离子的散射因子的数值可从国际 X 射线晶体学表第四卷及有关参考文献中查到。

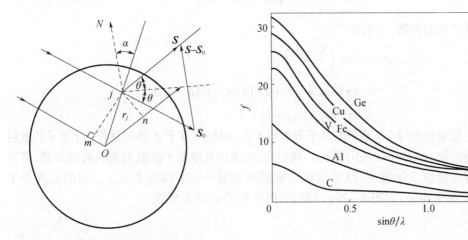

图 1-27　原子中电子散射波的合成　　　图 1-28　原子散射因子 f—$\sin\theta/\lambda$ 曲线

3. 晶胞散射强度和结构因子

1) 晶胞散射强度和结构因子的概念

与原子散射强度是原子中各电子散射波叠加的结果相同，晶胞对 X 射线的散射也是晶胞中各个原子的散射波叠加的结果，因此也必须考虑各原子散射波的振幅和位相两方面因素。同理，为了表述晶胞的散射能力，定义结构因子 F，其绝对值为

$$|F_{hkl}| = \frac{1\ \text{个晶胞的相干散射振幅}}{1\ \text{个电子的相干散射振幅}} = \frac{E_b}{E_e} \qquad (1-56)$$

由于同一个晶胞在不同的方向具有不同的散射能力，为了表述散射能力的这种方向性，对结构因子加注脚 hkl 用 F_{hkl} 表示沿着 (hkl) 晶面族的反射方向的散射能力。至于其他一些与布拉格定律不符合的方向，因为不可能产生衍射，也就不必考虑了。则晶胞散射强度 I_b 与电子散射强度 I_e 之间的关系，可表达为

$$I_b = |F_{hkl}|^2 I_e \qquad (1-57)$$

2) 结构因子计算

结构因子可用求晶胞中各原子的散射振幅的矢量和的办法求得，设晶胞中共有 n 个原子，它们的散射因子分别为 f_1、f_2、$\cdots$、f_n，而它们的位置以晶胞角顶到这些原子的位矢 r_1、r_2、$\cdots$、r_n 表示，其中任意一个原子 j 的位矢又可用它的原子坐标 x_j、y_j、z_j 来表示，即

$$r_j = x_j\boldsymbol{a} + y_j\boldsymbol{b} + z_j\boldsymbol{c}$$

式中：$\boldsymbol{a}$、$\boldsymbol{b}$ 和 $\boldsymbol{c}$ 为晶胞的基矢，如图 $1-29(a)$ 所示。

若以 S_0 和 S 代表入射与散射方向的单位矢量，λ 代表波长，则 j 原子与处在晶胞角顶上的原子的散射波之间的位相差为

$$\varphi_j = \frac{2\pi}{\lambda}r_j(S - S_0) = 2\pi r_j\left(\frac{S - S_0}{\lambda}\right)$$

在前面已经证明，当满足布拉格定律时，矢量 $\dfrac{S - S_0}{\lambda}$ 必定是与某一晶面族 (hkl) 对应的倒结点矢量，即

$$\frac{S - S_0}{\lambda} = h\boldsymbol{a}^* + k\boldsymbol{b}^* + l\boldsymbol{c}^*$$

式中：h、k、l 均为整数，于是有

$$
\begin{aligned}
\varphi_j &= 2\pi r_j\left(\frac{S - S_0}{\lambda}\right) \\
&= 2\pi(x_j\boldsymbol{a} + y_j\boldsymbol{b} + z_j\boldsymbol{c})(h\boldsymbol{a}^* + k\boldsymbol{b}^* + l\boldsymbol{c}^*) \\
&= 2\pi(hx_j + ky_j + lz_j)
\end{aligned}
$$

现在可取长度等于 j 原子的原子散射因子 f_j，而幅角等于 φ_j 的矢量作为 j 原子的散射波的振幅矢量，如图 $1-29(b)$ 所示。相似地，可求出其他原子的散射波的振幅矢量，将这些矢量用矢量加法加起来，就可求出合成振幅矢量——结构因子 F_{hkl}。它的长度等于 $|F_{hkl}|$、而幅角为 φ，如图 $1-29(c)$ 所示，图中画了 $n = 4$ 的情况。

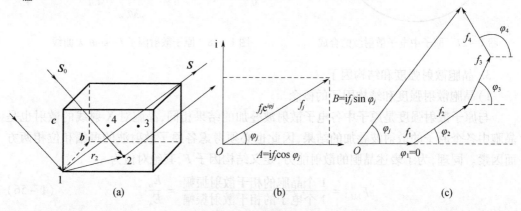

图 $1-29$ 结构因子推导

在数学上，矢量加法可以用复数求和来表示。长度为 f_j、幅角为 φ_j 的矢量可以用复数 $f_j\cos\varphi_j + if_j\sin\varphi_j$ 来表示，也可以用复指数函数 $fe^{i\varphi_j}$ 来表示，而矢量加法则以这种形式的复数之和来代替。于是，结构因子的表达式为

$$
\begin{aligned}
F_{hkl} &= f_1 e^{i\varphi_1} + f_2 e^{i\varphi_2} + \cdots + f_n e^{i\varphi_n} \\
&= \sum_{j=1}^{n} f_j e^{i\varphi_j} \\
&= \sum_{j=1}^{n} f_j e^{i2\pi(hx_j + ky_j + lz_j)}
\end{aligned}
\tag{1-58}
$$

由于晶胞的散射强度及衍射线的强度都与结构因子的绝对值(复数的模)的平方成正比,因此还必须求出 $|F_{hkl}|^2$。为此只要对式(1−58)乘以它的共轭复数就可以了,即

$$|F_{hkl}|^2 = \sum_{j=1}^n f_j e^{i2\pi(hx_j+ky_j+lz_j)} \cdot \sum_{j=1}^n f_j e^{-i2\pi(hx_j+ky_j+lz_j)} \quad (1-59)$$

而幅角为

$$\varphi = \arctan \frac{\sum_{j=1}^n f_j \sin 2\pi(hx_j+ky_j+lz_j)}{\sum_{j=1}^n f_j \cos 2\pi(hx_j+ky_j+lz_j)} \quad (1-60)$$

下面举例说明结构因子的计算方法,从中可以知道一些典型结构的系统消光规律。

(1)氯化铯(CsCl)结构。CsCl 属于立方晶系,简单立方点阵,每个晶胞中包含了一个 Cs^+ 离子和一个 Cl^- 离子,其坐标为

$$Cs: \quad 0 \quad 0 \quad 0 \,(晶胞角顶)$$
$$Cl: \quad \frac{1}{2} \quad \frac{1}{2} \quad \frac{1}{2} \,(晶胞体心)$$

于是结构因子为

$$F_{hkl} = f_{Cs} e^{i2\pi(0)} + f_{Cl} e^{i2\pi(\frac{h}{2}+\frac{k}{2}+\frac{l}{2})} = f_{Cs} + f_{Cl} e^{i\pi(h+k+l)}$$

因为 $e^{n\pi i} = e^{-n\pi i} = (-1)^n$($n$ 为整数),所以,当 $h+k+l$ 为偶数时,有

$$F_{hkl} = f_{Cs} + f_{Cl}$$
$$F_{hkl}^2 = (f_{Cs} + f_{Cl})^2$$

当 $h+k+l$ 为奇数时,有

$$F_{hkl} = f_{Cs} - f_{Cl}$$
$$F_{hkl}^2 = (f_{Cs} - f_{Cl})^2$$

由此可知,对氯化铯结构类型的晶体而言,衍射指数的和为偶数的衍射线,如(110)(200)(211)等,强度很高;而衍射指数的和为奇数的衍射线,如(100)(111)(210)等,强度很低。

在特殊情况下,当晶胞角顶和体心的原子属于同种原子时,则变为体心立方结构。金属单质钨(W)、铌(Nb)等就属于这种结构。这时衍射指数的和为奇数的(100)(111)(210)等衍射线的结构因子 $F_{hkl}=0$,所以衍射强度也等于零,即衍射线消失,发生系统消光了。

(2)氧化镁(MgO)结构。氧化镁属于立方晶系,面心立方点阵,氯化钠结构型。每个晶胞中包含 4 个镁离子和 4 个氧离子,它们的坐标应为

$$Mg: \quad 0\ 0\ 0;\quad \frac{1}{2}\ \frac{1}{2}\ 0;\quad \frac{1}{2}\ 0\ \frac{1}{2};\quad 0\ \frac{1}{2}\ \frac{1}{2};$$
$$O: \quad \frac{1}{2}\ \frac{1}{2}\ \frac{1}{2};\quad 0\ 0\ \frac{1}{2};\quad 0\ \frac{1}{2}\ 0;\quad \frac{1}{2}\ 0\ 0$$

或简写为

$$\left.\begin{array}{llll} Mg: & 0 & 0 & 0 \\ O: & \frac{1}{2} & \frac{1}{2} & \frac{1}{2} \end{array}\right\} + 面心平移$$

于是结构因子的表达式为

$$F_{hkl} = f_{Mg}\left[e^{(0)} + e^{i2\pi\left(\frac{h}{2}+\frac{k}{2}\right)} + e^{i2\pi\left(\frac{h}{2}+\frac{l}{2}\right)} + e^{i2\pi\left(\frac{k}{2}+\frac{l}{2}\right)}\right] + f_0\left[e^{i2\pi\left(\frac{h}{2}+\frac{k}{2}+\frac{l}{2}\right)} + e^{i2\pi\left(\frac{h}{2}\right)} + e^{i2\pi\left(\frac{k}{2}\right)} + e^{i2\pi\left(\frac{l}{2}\right)}\right]$$

$$= f_{Mg}\left[1 + e^{i\pi(h+k)} + e^{i\pi(h+l)} + e^{i\pi(k+l)}\right] + f_0\left[e^{i\pi(h+k+l)} + e^{i\pi h} + e^{i2\pi k} + e^{il\pi}\right]$$

$$= \left[f_{Mg} + f_0 e^{i\pi(h+k+l)}\right]\left[1 + e^{i\pi(h+k)} + e^{i\pi(h+l)} + e^{i\pi(k+l)}\right]$$

令

$$F_F = \left[1 + e^{i\pi(h+k)} + e^{i\pi(h+l)} + e^{i\pi(k+l)}\right]$$

则

$$F_{hkl} = \left[f_{Mg} + f_0 e^{i\pi(h+k+l)}\right]F_F$$

3）系统消光规则与衍射条件

经以上分析，可总结出下列规则。

（1）当 h、k、l 为异性数时，即3个数中既有奇数又有偶数时，则 $(h+k)(h+l)(k+l)$ 中必有两项为奇数，一项为偶数，此时 $F_F = l - l + l - l = 0$，因而 $F_{hkl} = 0$，即衍射线强度为零，系统消光了。这里把0作为偶数看待。

（2）当 h、k、l 三者全为奇数时，$(h+k+l)$ 必为奇数，而 $(h+k)(h+l)(k+l)$ 则全为偶数，此时 $F_F = 4$，而 $F_{hkl} = 4[f_{Mg} - f_0]$，$F_{hkl}^2 = 16[f_{Mg} - f_0]^2$。

（3）当 h、k、l 三者全为偶数时，$(h+k+l)(h+k)(k+l)(k+l)$ 也全为偶数，此时 $F_F = 4$，$F_{hkl} = 4[f_{Mg} + f_0]$，$F_{hkl}^2 = 16[f_{Mg} + f_0]^2$。

由此可见，对氧化镁等属于氯化钠结构型的晶体而言，h、k、l 三者全为偶数的衍射线，如（200）（220）（222）等，强度特别强；而 h、k、l 三者全为奇数的衍射线，如（111）（311）（331）等，强度特别弱；h、k、l 为异性数的衍射，如（110）（120）（112）等则强度为零（系统消光）。

上述氧化镁的结构因子中包含因式 F_F，实际上凡是属于面心点阵的结构，其结构因子中都包含该因式，这时凡是 h、k、l 为异性数的（即奇偶混合的）衍射都将消失。由此可知，凡是属于相同点阵类型的晶体，都具有相同的基本的系统消光规则。另外，结构因子 F_{hkl} 的表达式（1 - 59）中，并不包含有晶胞参数 a、b、c、α、β、γ。这说明结构因子不受晶胞形状和大小的影响，而只与晶胞中原子的种类、数目及位置有关。例如，虽然体心立方点阵、体心四方点阵和体心正交点阵属于不同的晶系，但因都属于体心点阵，系统消光规则都是一样的。表1 - 5列出了几种基本点阵类型的消光规则。

表1 - 5　几种基本点阵的系统消光规则

点阵类型	点阵符号	系统消光条件
简单点阵	P	无
体心点阵	I	$h + k + l = 2n + 1$（奇数）
C面带心点阵	C	$h + k = 2n + 1$
B面带心点阵	B	$h + l = 2n + 1$
A面带心点阵	A	$k + l = 2n + 1$
面心点阵	F	h、k、l 奇偶混杂
三方点阵（采用六方坐标）	R	$-h + k + l \neq 3n$

4. 小晶体衍射强度和干涉函数

小晶体即微小的单晶体,这些小晶体的尺寸一般在微米甚至纳米数量级。多晶体即由这些小晶体构成。在多晶体中这些小晶体称为晶粒或镶嵌块。小晶体内部可以认为结构是完整的,散射波的相干衍射效应得以存在。在粉末或多晶体中,小晶体之间由于是随机排列,存在着取向偏差和不规则的相对位置,因而没有一定的相位关系,不可能产生干涉效应。因此,小晶体的衍射强度即是粉末或多晶体的衍射强度。

1) 小晶体的散射强度和干涉函数

由于晶体是由晶胞在三维空间作周期性的重复排列而成,重复周期即是晶胞的基矢 $\boldsymbol{a}$、$\boldsymbol{b}$、$\boldsymbol{c}$。因此,晶体对 X 射线的衍射,可认为每个晶胞角顶上的原子是一个散射单元,其散射振幅等于结构因子 F_{hkl} 和电子的散射振幅的乘积 $E_e \cdot F_{hkl}$,而晶体的衍射波的振幅是各晶胞的散射波叠加。为便于考虑,作以下几点假设。

(1) 假设 X 射线在晶体中不被吸收,即照射到每个原子上的入射线强度都为 I。

(2) 假设晶体的尺寸比它与 X 射线源以及它与观测点之间的距离要小得多,这样入射线与反射线都可看作平行光束。

(3) 假设所考虑的小晶体是边长为 $N_1 a$、$N_2 b$、$N_3 c$ 的平行六面体,其中包含的总晶胞数为 $N = N_1 \cdot N_2 \cdot N_3$,小晶体完全处于入射光束中。

若任取一个晶胞角顶作为坐标原点,则另外任意晶胞的位置就可用位矢 $\boldsymbol{r} = m\boldsymbol{a} + n\boldsymbol{b} + p\boldsymbol{c}$ 来表示。可将这两个晶胞的散射波的位相差表示为

$$\varphi_{mnp} = 2\pi \frac{\boldsymbol{S} - \boldsymbol{S}_0}{\lambda} \boldsymbol{r} = 2\pi \boldsymbol{R}_{\xi\eta\zeta}^* \boldsymbol{r} = 2\pi (m\xi + n\eta + p\zeta) \tag{1-61}$$

式中:$\boldsymbol{R}_{\xi\eta\zeta}^* = \xi \boldsymbol{a}^* + \eta \boldsymbol{b}^* + \zeta \boldsymbol{c}^*$ 代表倒点阵中任意一个矢量;ξ、η、ζ 为流动坐标,可以是任意连续变数,当它们变为整数时,布拉格反射条件得以满足。

由于一个晶胞的相干散射振幅为 $E_e \cdot F_{hkl}$,所以一个晶体的相干散射波的振幅为

$$E_0 = E_e F_{hkl} \sum_N e^{i\varphi}$$

将式(1-61)代入上式,得

$$E_0 = E_e F_{hkl} \sum_{m=0}^{N_1-1} e^{2\pi i m\xi} \sum_{n=0}^{N_2-1} e^{2\pi i n\eta} \sum_{p=0}^{N_3-1} e^{2\pi i p\zeta} = E_e F_{hkl} G$$

小晶体的散射强度 I_0 与振幅的平方成正比,所以有

$$I_0 = F_{hkl}^2 |G|^2 I_e \tag{1-62}$$

式中:$|G|^2$ 为干涉函数,$G = \sum_{m=0}^{N_1-1} e^{2\pi i m\xi} \sum_{n=0}^{N_2-1} e^{2\pi i n\eta} \sum_{p=0}^{N_3-1} e^{2\pi i p\zeta}$。

G 由 3 项相乘而成,每一项都是一个等比级数,若令 $G_1 = \sum_{m=0}^{N_1-1} e^{2\pi i m\xi}$,则根据等比级数的求和公式,有

$$G_1 = \sum_{m=0}^{N_1-1} e^{2\pi i m\xi} = \frac{1 - e^{2\pi i (N_1-1)\xi} e^{2\pi N_1 \xi i}}{1 - e^{2\pi \xi i}} = \frac{1 - e^{2\pi N_1 \xi i}}{1 - e^{2\pi \xi i}}$$

$$|G_1|^2 = G_1 G_1^* = \frac{1 - e^{2\pi i N_1 \xi}}{1 - e^{2\pi \xi i}} \frac{1 - e^{-2\pi N_1 \xi i}}{1 - e^{-2\pi \xi i}} = \frac{2 - (e^{2\pi N_1 \xi i} + e^{-2\pi N_1 \xi i})}{2 - (e^{2\pi \xi i} + e^{-2\pi \xi i})} = \frac{2 - 2\cos 2\pi N_1 \xi}{2 - 2\cos 2\pi \xi}$$

而 $|G_1|^2$ 为 G_1 乘其共轭复数 G_1^*，即

$$|G_1|^2 = G_1 G_1^* = \frac{1-e^{2\pi i N_1 \xi}}{1-e^{2\pi \xi i}} \frac{1-e^{2\pi N_1 \xi i}}{1-e^{2\pi \xi i}} = \frac{2-(e^{2\pi N_1 \xi i}+e^{-2\pi N_1 \xi i})}{2-(e^{2\pi \xi i}+e^{-2\pi \xi i})}$$

$$= \frac{2-2\cos 2\pi N_1 \xi}{2-2\cos 2\pi \xi} = \frac{\sin^2 \pi N_1 \xi}{\sin^2 \pi \xi} \qquad (1-63)$$

同理，可得

$$|G_2|^2 = \frac{\sin^2 \pi N_2 \eta}{\sin^2 \pi \eta}；\quad |G_3|^2 = \frac{\sin^2 \pi N_3 \zeta}{\sin^2 \pi \zeta}$$

于是，有

$$|G|^2 = |G_1|^2 |G_2|^2 |G_3|^2 = \frac{\sin^2 \pi N_1 \xi}{\sin^2 \pi \xi} \frac{\sin^2 \pi N_2 \eta}{\sin^2 \pi \eta} \frac{\sin^2 \pi N_3 \zeta}{\sin^2 \pi \zeta} \qquad (1-64)$$

2）$|G|^2$ 的分布

$|G|^2$ 的分布影响到小晶体衍射强度对方向的分布。以 $|G_1|^2$ 为例，图 1－30 所示为 $N_1 = 5$ 时 $|G_1|^2$ 的函数曲线。由 $|G_1|^2 = \dfrac{\sin^2 \pi N_1 \xi}{\sin^2 \pi \xi}$ 可知，整个曲线由一些强度很高的主峰和强度很弱的副峰组成，副峰位于两主峰之间。当 $N_1 = 5$ 时，两主峰间的副峰数为 3，一般而言，两主峰之间的副峰数为 $N_1 - 2$ 个，副峰的强度要比主峰低得多，N_1 越大，则主峰越强，副峰越弱。对一般晶体而言，晶胞数 N 很大，因此全部强度几乎都集中在主峰上，副峰强度可忽略不计。

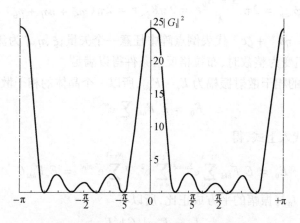

图 1－30 $N_1 = 5$ 时的 $|G_1|^2$ 函数曲线

当流动坐标 ξ、η、ζ 变为整数时，函数 $|G_1|^2$、$|G_2|^2$、$|G_3|^2$ 分别达到它们的最大值 N_1^2、N_2^2 和 N_3^2。最大值可以用洛必达法则求出，如对 $|G_1|^2$，将其分子和分母分别对 ξ 求导数，再次求导数得

$$N_1 \left[\frac{\dfrac{\mathrm{d}}{\mathrm{d}\xi}(\sin^2(\pi N_1 \xi))}{\dfrac{\mathrm{d}}{\mathrm{d}\xi}(\sin^2(\pi \xi))} \right] = N_1^2 \left[\frac{\cos^2(\pi N_1 \xi)}{\cos^2(\pi \xi)} \right] \quad (\xi = 0,1,2,\cdots) \qquad (1-65)$$

即当 ξ 取整数 $0,1,2,\cdots$ 时，得到 $|G_1|^2$ 的最大值 $|G_1|^2_{\max} = N_1^2$。

同样,可求得 $|G_2|^2_{\max} = N_2{}^2$, $|G_3|^2_{\max} = N_3{}^2$。当 3 个变数都取整数时,干涉函数 $|G|^2$ 具有最大值 $N_1{}^2 \cdot N_2{}^2 \cdot N_3{}^2 = N^2$,也即有衍射峰存在。一般来说,$N_1$、$N_2$ 和 N_3 由于都很大,所以衍射峰是非常尖锐狭窄的,也就是说,当 ξ、η 和 ζ 与整数稍有差异时,衍射强度很快消失。

为求得衍射线的角宽度,可以考察主峰的角宽度。以 $|G_1|^2$ 为例,当 $\xi = H$(整数)时,有最大值 $N_1{}^2$,而当 $\xi = H \pm \dfrac{1}{N_1}$ 时,$|G_1|^2 = 0$,即该主峰在 $\xi = H \pm \dfrac{1}{N_1}$ 的范围内均有值。所以主峰的角宽度正比于 $2/N_1$,反比于 N_1,也即晶体越大(晶胞数越大),衍射线宽度越小,对于针状的一维晶体和薄膜状的二维晶体,N_1、N_2 和 N_3 中有两个或一个变得很小,这时对应方向衍射线的角宽度就变大。

5. 其他因子

1)温度因子

在前面的讨论中,把原子看作静止不动的。实际上,晶体中的原子在不停地做热振动,热振动使原子脱离平衡结点位置,使晶面变得弯曲不平,衍射条件部分遭到破坏,导致衍射强度减弱。通常以指数形式的温度因子 e^{-2M} 来表示这种强度的衰减,其中 M 为一个与原子偏离其平衡位置的均方位移 $\bar{u}^2$ 有关的常数,即

$$M = \pi^2 \bar{u}^2 \frac{\sin^2\theta}{\lambda^2} \tag{1-66}$$

而均方位移 $\bar{u}^2$ 又与晶体所处的温度有关。因此,温度因子 e^{-2M} 是一个与晶体所处的温度及衍射角有关的因数。温度因子又称为德拜 - 瓦洛因子,可从专用的表上查得。

因此,一个小晶体的衍射强度可表示为

$$I_0 = I_e F_{HKL}^2 \, |G|^2 \mathrm{e}^{-2M} \tag{1-67}$$

2)重复因数

在粉末衍射中,试样内包含很多小晶体,而不同小晶体中属于同一晶型(HKL)的一些晶面,由于它们的面间距相等,因此衍射角也相等,它们的衍射线都重叠在同一衍射线环上。这样某一衍射线(HKL)的强度将正比于该晶型中的不同晶面数,一般称为重复因数或多重性因数。重复因数对不同晶系和不同晶面是不同的,见表 1 - 6。

表 1 - 6　重复因数与晶系及晶面的关系

重复性因数	HOO	OKO	OOL	HHH	HHO	HKO	OKL	HOL	HHL	HKL
立方	6			8	12	24*			24	48*
六角三角	6		2		6	12*	12*		12*	24*
四方	4		2		4	8*	8		8	16*
正交	2	2	2			4	4	4		8
单斜	2	2	2			4	4	2		4
三斜	2	2	2			2	2	2		2

注:有些晶体中有结构不同的两组晶面。

3)角因子

角因数 $\dfrac{1 + \cos^2 2\theta}{\sin^2\theta\cos\theta}$ 是表征衍射强度直接与衍射角有关的部分,这当中的分子 $1 + \cos^2 2\theta$ 就是前述的偏振因子,其余部分是与粉末衍射的几何关系、强度的定义和测量方法

等有关的因素。

4)吸收因子

试样对入射线及衍射线的吸收会对衍射线强度产生影响,有时这些影响是很大的,特别是对于粉末照相法来说,这种影响可以大到与原来的理论估计值完全不符合的程度。但对衍射仪法而言,若用的是平板状试样,而且试样足够厚,则吸收因数是一个与衍射角无关的常数。如图1-31所示,当一束强度为I_0、截面积为S的X射线照射到平板试样上时,若入射线与试样表面的夹角为布拉格角θ,衍射线也与试样表面成θ角,考虑距试样表面深度为x的一个薄层$\mathrm{d}x$的衍射。当入射线照到薄层$\mathrm{d}x$上时,由于已经过一段路程AB,所以其强度已变为$I_0\mathrm{e}^{-\mu(AB)}$,而衍射线在离开$\mathrm{d}x$经过距离BC到达表面时,因为吸收,强度又降低了一个因子$\mathrm{e}^{-\mu(BC)}$,因此薄层$\mathrm{d}x$的衍射强度为

$$\mathrm{d}I = QI_0\mathrm{e}^{-\mu(AB)}\mathrm{e}^{-\mu(BC)}\mathrm{d}V = QI_0\mathrm{e}^{-\mu(AB+BC)}\mathrm{d}V \tag{1-68}$$

式中:Q代表单位体积的反射本领,从图1-31可知

$$AB = BC = \frac{x}{\sin\theta}, \mathrm{d}V = \frac{S}{\sin\theta}\mathrm{d}x$$

将这些量代入并积分,即可得到衍射强度为

$$I = I_0QS\int_0^\infty \mathrm{e}^{-\frac{2\mu x}{\sin\theta}}\frac{1}{\sin\theta}\mathrm{d}x$$

当试样足够厚(厚度远大于$1/\mu$)时,积分限可取∞,于是有

$$I = I_0QS\int_0^\infty \mathrm{e}^{-\frac{2\mu x}{\sin\theta}}\frac{1}{\sin\theta}\mathrm{d}x = I_0QS\frac{1}{2\mu} \tag{1-69}$$

由此可见,衍射仪法中吸收因数为$1/2\mu$,是一个与衍射角θ无关的常数。

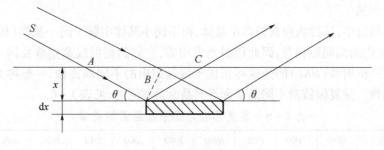

图1-31 平板试样的吸收因子推导

6. 粉末衍射的积分强度

粉末衍射线束强度的测量中,可以得到有关晶体结构、多相混合物中各物质的相对含量等多种信息,这对材料科学工作者是十分有用的。而劳厄法、转晶法等主要用来测定晶体的对称性、晶胞的形状和大小、晶体取向等,一般只要测量衍射线的方向,而不必测量其强度。

用衍射仪测量平板状粉晶试样的强度时,若试样足够厚,其强度公式为

$$I = I_0\frac{e^4}{m^2c^4}\frac{\lambda^3}{32\pi R}\frac{V}{V_0^2}F^2P\frac{1+\cos^2(2\theta)}{\sin^2\theta\cos\theta}\mathrm{e}^{-2M}\frac{1}{2\mu} \tag{1-70}$$

式中:前面 3 项是物理常数和仪器常数;I_0 为入射 X 射线的强度;m、e 分别为电子的质量和电荷;c 为光速;λ 为入射 X 射线的波长;R 为衍射仪半径;后几项是与晶体试样的结构和试验条件有关的因子,V 为参与衍射的试样体积;V_0 为晶胞的体积;F 为结构因子;P 为多重复性因子;$\dfrac{1 + \cos^2 2\theta}{\sin^2 \theta \cos \theta}$ 为角因子;θ 为衍射线的布拉格角;e^{-2M} 为温度因子;$\dfrac{1}{2\mu}$ 为吸收因子;μ 为试样的线吸收系数。

衍射线的绝对强度随入射 X 射线的强度而变化,从结构分析的观点看,并无很大意义。重要的是各衍射线的相对强度,即它们的强度比,从式(1 - 57)约去常数,可得相对强度表达式为

$$I_{相对} = F^2 P \frac{1 + \cos^2 (2\theta)}{\sin^2 \theta \cos \theta} e^{-2M} \tag{1 - 71}$$

1.4　X 射线衍射分析方法

根据 X 射线照射晶体发生干涉、产生衍射的条件,可设计出 3 种最基本的产生衍射的方法,即转动晶体法、粉末衍射法和劳厄法,见表 1 - 7。它们是根据倒易点阵与厄瓦尔德球面相交,满足劳厄条件,从而产生衍射的原理设计出来的。

表 1 - 7　X 射线衍射分析方法

衍射方法	试验条件	倒易点阵与厄瓦尔德球面相交	满足布拉格方程 $2d\sin\theta = \lambda$
转动晶体法	单色 X 射线照射转动的单晶试样	厄瓦尔德球半径($1/\lambda$)不变,倒易点阵绕 O 旋转	λ 不变,改变入射线与晶面的交角 θ,满足不同晶面间距 d
粉末衍射法	单色 X 射线照射粉末或多晶试样	厄瓦尔德球半径($1/\lambda$)不变,粉末或多晶试样中有许多随机取向的小晶粒,有许多倒易点阵	λ 不变,粉末或多晶试样中有许多随机取向的小晶粒,其入射线与晶面的交角 θ 与晶面间距 d 满足 $2d\sin\theta = \lambda$
劳厄法	连续 X 射线照射单晶试样	厄瓦尔德球半径($1/\lambda$)连续改变,不断有倒易点阵点与厄瓦尔德球相遇	入射线与晶面的交角 θ 不变,连续改变 λ,使不同晶面(晶面间距 d)满足布拉格方程 $2d\sin\theta = \lambda$

1. 转动晶体法(转晶法)

单色 X 射线照射转动的单晶试样,相当于厄瓦尔德球半径($1/\lambda$)不变,晶体旋转,倒易点阵绕 O 旋转,不断有倒易点阵点与厄瓦尔德球相遇,产生衍射;也可解释为在布拉格方程中,λ 不变,改变入射线与晶面的交角 θ,使不同晶面(晶面间距 d)满足布拉格方程 $2d\sin\theta = \lambda$ 而产生衍射。

2. 粉末衍射法(粉末法)

单色 X 射线照射粉末或多晶试样,相当于厄瓦尔德球半径($1/\lambda$)不变,粉末或多晶试样中有许多随机取向的小晶粒,有许多倒易点阵,总会有一些倒易点阵与厄瓦尔德球相遇产生衍射。也可解释为在布拉格方程中,λ 不变,粉末或多晶试样中有许多随机取向的小晶粒,其入射线与晶面的交角 θ 与晶面间距 d 满足布拉格方程 $2d\sin\theta = \lambda$ 而产生衍射。

3. 劳厄法

连续 X 射线照射单晶试样,相当于厄瓦尔德球半径($1/\lambda$)连续改变,不断有倒易点阵点与厄瓦尔德球相遇,产生衍射;也可解释为在布拉格方程中,入射线与晶面的交角 θ 不变,连续改变 λ,使不同晶面(晶面间距 d)满足布拉格方程 $2d\sin\theta = \lambda$ 而产生衍射。

转动晶体法、粉末衍射法和劳厄法均是用照相底片探测记录衍射线,可称为照相底片法。照相底片法可直观给出衍射花样(衍射线或斑点的分布)、强度特征,特别适合晶体的初步探测,如了解对称性等。照相法设备简单,操作方便。近年来发展了计算机指标化技术和强度的自动测光密度分析,大大提高了照相法收集衍射数据的价值。

转动晶体法、劳厄法等是用于单晶体研究的照相方法;德拜－谢乐法是用于粉末多晶体研究的照相方法。

随着科学技术的发展,在照相底片法的基础上,又发展了 X 射线衍射仪法。X 射线衍射仪法是用 X 射线探测器和测角仪来探测衍射线的强度和位置,并将它们转化为电信号;然后借助计算机技术对数据进行记录、处理和分析。衍射仪灵敏度和测量精度都很高,而且随着计算机技术的普及,现代的衍射仪已向全自动化方向发展,并配有各种软件和数据库,能自动收集、处理衍射数据和作图,数据处理和分析能力越来越强,因而应用也越来越广。

衍射仪按其结构和用途,主要可分为测定粉末试样的粉末衍射仪和测定单晶试样的四圆衍射仪,此外还有微区衍射仪和双晶衍射仪等特种衍射仪。

在晶体材料的研究和应用中,通常将晶体材料分为多晶体材料和单晶体材料,在此也按照多晶体材料衍射分析和单晶体材料的衍射分析来介绍 X 射线衍射分析方法。照相底片法和衍射仪法与单晶体、多晶体材料的对应关系见表 1 - 8。

表 1 - 8　研究方法与单晶体、多晶体材料的对应关系

	多晶体	粉末照相法	德拜－谢乐法
照相底片法	单晶体	劳厄法	
		转晶法	
衍射仪法	多晶体	粉末衍射仪	
	单晶体	四圆衍射仪	

1.4.1　多晶体材料衍射分析研究方法

对多晶体和粉末材料的 X 射线衍射分析研究,主要是进行物相定性、定量分析,测定晶体结构、精密测定晶格常数、晶粒大小及应力状态等。

对多晶体和粉末材料的 X 射线衍射分析研究方法,是采用单色 X 射线照射多晶体或粉末试样的衍射方法。若用照相底片来记录衍射图,则称为粉末照相法,简称粉末法或粉晶法。主要有德拜－谢乐法、针孔照相法等;若用 X 射线探测器和测角仪来记录衍射图,则称为衍射仪法。由于 X 射线衍射仪法用 X 射线探测器和测角仪来探测衍射线的强度和位置,并将它们转化为电信号,然后借助计算机技术对数据进行分析和处理(目前常用的软件有 High Score 和 MDI Jade),具有灵敏度和测量精度高、数据处理和分析能力强的特点,因而得到广泛应用。所以,在此只介绍衍射仪法,即粉末衍射仪法。

1. 多晶体或粉末衍射原理

粉末试样或多晶体试样是由无数多的小晶粒(小晶体)构成。当一束单色 X 射线照射到试样上时,对每一族晶面(hkl)而言,总有某些小晶体,其晶面族(hkl)与入射线的方位角 θ 正好满足布拉格条件而产生反射。由于试样中小晶粒的数目很多,满足布拉格条件的晶面族(hkl)也很多,它们与入射线的方位角都是 θ,从而可以想象成为是由其中的一个晶面以入射线为轴旋转而得到的。于是可以看出,它们的反射线将分布在一个以入射线为轴、以衍射角 2θ 为半顶角的圆锥面上,如图 1-32(a)所示;不同晶面族的衍射角不同,衍射线所在的圆锥的半顶角也就不同。各个不同晶面族的衍射线将共同构成一系列以入射线为轴的同顶点的圆锥,如图 1-32(b)所示。

应用厄瓦尔德图解法也很容易说明粉末衍射的这种特征。由于粉末试样相当于一个小单晶体绕空间各个方向做旋转,因此在倒易空间中,一个倒结点 P 将演变成一个倒易球面。很多不同的晶面就对应于倒空间中很多同心的倒易球面。这些倒易球面与反射球相截于一系列的圆上,而这些圆的圆心都是在通过反射球心的入射线上。于是,衍射线就在反射球球心与这些圆的连线上,也即在以入射线为轴、以各族晶面的衍射角 2θ 为半顶角的一系列圆锥面上,如图 1-33 所示。

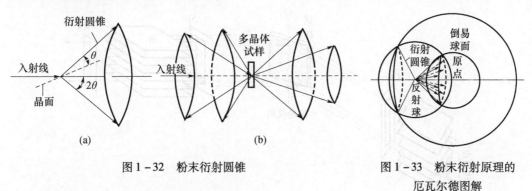

图 1-32　粉末衍射圆锥	图 1-33　粉末衍射原理的 厄瓦尔德图解

2. 粉末衍射仪的构造及衍射几何

衍射仪与照相法的衍射原理是相同的,只是衍射仪使用一个绕轴转动的探测器代替了照相底片,并应用了一种不断变化聚焦圆半径的聚焦法原理,采用了线状的发散光源和平板状试样,使衍射线具有一定的聚焦作用,增强了衍射线的强度。

图 1-34 所示为衍射仪的原理框图,衍射仪由 X 射线源、测角仪和数据记录系统组成。

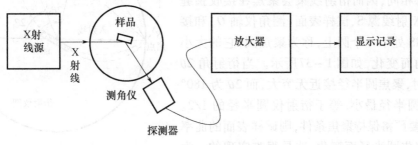

图 1-34　衍射仪的原理框图

1)测角仪及衍射几何

(1)测角仪。测角仪是 X 射线衍射仪的核心部件,如图 1-35 所示。测角仪上有两个同轴的转盘。小转盘中心装有样品台 H;大转盘上装有固定的 X 射线源 S 和可转动的摇臂 E,在摇臂上有探测器 D 及其前端的接收狭缝 RS。X 射线源 S 与接收狭缝 RS 都处在以 O 为中心的圆上,此圆称为衍射仪圆,其半径通常为 185mm。大、小转盘绕它们的共同轴线 O 转动,此轴称为衍射仪轴。样品台和探测器都可随转盘转动,转动的角度可从角度读出装置上读出,一般可精确到 0.01°以上。

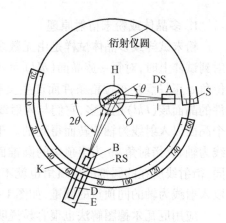

图 1-35　测角仪示意图

衍射仪通常使用线焦点的发散光束。试样是粉末填压在特制框架中制得的平板状试样,放置在样品台中心,并且试样表面经过测角仪轴线。从线焦点 S 发出的 X 射线,经发散狭缝 DS 后,成为扇形光束照射在平板试样上,衍射线通过接收狭缝 RS 进入探测器,然后被转换成电信号记录下来。图 1-36 所示为衍射仪光路图。

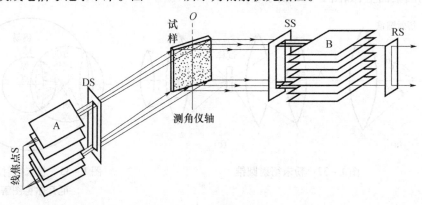

图 1-36　衍射仪光路图

(2)衍射几何。衍射仪中采用发散光束和平板试样,是为使衍射线束具有聚焦作用而增强探测器接收衍射线的强度。当扇形发散光束照到平板试样上,由于同一族晶面的衍射角 2θ 对试样表面各点都相同,因而衍射线束会聚焦在接收狭缝 RS 处。X 射线源 S、试样表面(测角仪轴 O)和接收狭缝 RS 处于一个圆上,称为聚焦圆,它的大小随衍射角而变化,如图 1-37 所示。当衍射角 2θ 接近 0°时,聚焦圆半径接近无穷大,而 2θ 为 180°时,聚焦圆半径最小,等于衍射仪圆半径的 1/2。因此,若要严格保持聚焦条件,则试样表面的曲率也要随聚焦圆半径而变化,这是很难实现的。为克服这一困难,将试样制成平板状,而且在衍射仪

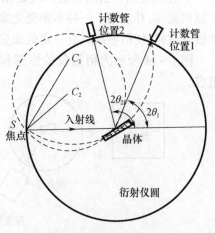

图 1-37　衍射仪的聚焦几何

运行过程中,使入射光束中心线和衍射光束中心线的角平分线始终与试样表面法线一致。这样试样表面可始终保持与聚焦圆相切,近似满足聚焦条件。为了达到此目的,衍射仪运行时,试样台和探测器要始终保持 1∶2 的转动速度比,这是靠专用的变速系统来实现的。测角仪以 X 射线源 S 至衍射仪轴 O 的入射方向为零位。探测器的扫描范围一般在 $-100°\sim+165°$ 之间。

2)X 射线源

X 射线源即 X 射线管,在前面已介绍。

3)测量记录系统

衍射仪的测量记录系统中包含有探测器、定标器、计数率仪等。

探测器是将 X 射线转换成电信号的部件。在衍射仪中常用的有正比计数管、盖革计数管、闪烁计数管和半导体硅(锂)探测器。

定标器可对脉冲进行累进计数,它的分辨能力可达 $1\mu s$,具有较高的计数精确度,可用于强度的精确测量。用定标器测量平均脉冲速率有两种工作方式:第一种是定时计数,即测量规定时间内的计数。选定某一时间量程以后,就可将这一时间间隔内的脉冲总数记录下来;第二种是定数计时,即测量某一选定的总脉冲数所需的时间。定时量程及定数量程均有多挡可供选择。

3. 衍射仪的工作方式

1)连续扫描

使探测器以一定的角速度在选定的角度范围内进行连续扫描,通过探测器将各个角度下的衍射强度记录下来,画出衍射图谱。从衍射图上可方便地看出衍射线的峰位、线形和强度等。扫描速度一般有 4(°)/min、2(°)/min、1(°)/min、0.5(°)/min、0.25(°)/min、0.125(°)/min、0.0625(°)/min 等几挡可供选择。

连续扫描法的优点是快速而方便。但是,由于机械运转及计数率仪等的滞后效应和平滑效应,使记录纸上描出的衍射信息总是落后于探测器接收到的,造成衍射线峰位向扫描方向移动、分辨力降低、线性畸变等缺点。当扫描速度快时,这些缺点尤为显著。

2)步进扫描

步进扫描又称阶梯扫描,也就是使探测器以一定的角度间隔(步长)逐步移动,对衍射峰强度进行逐点测量。探测器每移动一步,就停留一定的时间,并以定标器测定该时间段内的总计数,然后再移动一步,重复测量。通常工作时取 2θ 的步长为 $0.2°$ 或 $0.5°$。

与连续扫描法相比,步进扫描无滞后及平滑效应,因此衍射线峰位正确、分辨力好。而且由于每步停留时间是任选的,故可选得足够长,使总计数的值也足够大,以使计数的均方偏差足够小,减少统计涨落对强度的影响。

1.4.2　单晶体材料衍射分析研究方法

对单晶体的衍射研究主要是观测晶体的对称性、鉴定晶体是否是单晶、确定晶体的空间群、测定试样的晶胞常数、测定晶体的取向及观测晶体的完整性等方面。

对单晶体的衍射研究方法同样分为照相法和衍射仪法。照相法有劳厄法、转动晶体法、魏森堡照相法和旋进照相法等。衍射仪法是采用四圆衍射仪。其中劳厄法主要用来测定晶体的取向,还可以用来观测晶体的对称性,鉴定晶体是否是单晶以及粗略地观测晶体的完整性;转动晶体法主要用来测定单晶试样的晶胞常数,还可用来观察晶体的系统消光规律,以确定晶体的空间群。劳厄法虽然是一种传统的方法,但在一般的确定晶体取向的工作中还是经常使用,尤其是配以电荷耦合器件(CCD)图像采集系统以后,劳厄法又重新得到了广泛的应用。单晶四圆衍射仪法能够完成照相法的所有工作,并同样具有衍射仪的精确度高、数据处理能力强的特点。所以,在此仅介绍劳厄法和四圆衍射仪。

1. 劳厄法

劳厄法是用连续 X 射线照射固定单晶,用照相底片记录衍射花样的方法。在 X 射线衍射历史上第一张衍射花样照片就是由劳厄用这种方法得到的,因此得名。

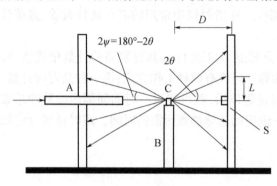

图 1-38　劳厄相机

1) 劳厄相机

劳厄相机有透射和背射两种,如图 1-38 所示。为提高连续谱线的强度,可选用原子序数 Z 较高的阳极(如 W 靶),并提高管电压(30~70kV)。X 射线经准直后照射在样品上产生衍射,在透射和背射位置的底片上产生衍射斑点(称劳厄斑点)。

2) 劳厄衍射花样

在劳厄法中,由于入射线束中包含着从短波极限开始的各不同波长的 X 射线,每一族晶面仍可以选择性地反射其中满足布拉格公式的特殊波长的 X 射线。这样,不同的晶面族都以不同方向反射不同波长的 X 射线,从而在空间形成很多衍射线,它们与底片相遇,就形成许多劳厄斑点。图 1-39 是两张典型的劳厄图。

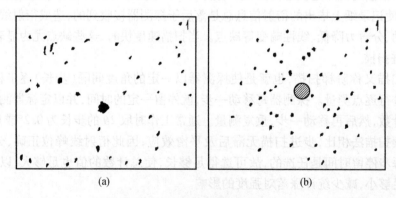

(a)　　　　　　　　　　(b)

图 1-39　劳厄衍射花样照片
(a)透射劳厄花样;(b)背射劳厄花样。

劳厄斑点都分布在一系列曲线上。在透射劳厄图中,斑点分布在一系列通过底片中心的椭圆或双曲线上;而在背射劳厄图中,斑点分布在一系列双曲线上。实际上,同一曲线上的斑点是由于同一晶带的各个晶面反射产生的。这是因为同一晶带的各个晶面的反射线位于以晶带为轴,以晶带轴与入射线的夹角 α 为半顶角的一个圆锥上的,如图 1-40 所示。因此,当它们与底片平面相交时就形成圆锥曲线上的劳厄斑点。当晶带轴与入射线的夹角$\alpha < 45°$时,所得圆锥曲线为椭圆;当$\alpha = 45°$时,得到抛物线;当$\alpha > 45°$时为双曲线;当$\alpha = 90°$时,则圆锥面变为平面,所以劳厄斑点就分布在过底片中心的直线上。

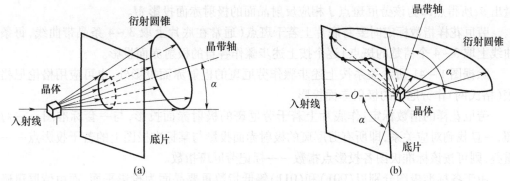

图1-40　劳厄衍射花样的形成
(a)透射;(b)背射。

根据劳厄斑点的位置,可以用下列公式直接求出对应晶面的布拉格角,在透射法中为

$$\tan 2\theta = \frac{r_1}{D_1} \tag{1-72}$$

式中:r_1为斑点与底片中心(入射光束与底片的相交点)的距离;D_1为试样与底片的距离。

在背射法中为

$$\tan(180° - 2\theta) = \frac{r_2}{D_2} \tag{1-73}$$

式中:r_2为斑点与底片中心的距离,底片中心一般取在光阑的圆形螺帽的影子圆心上;D_2为试样与底片的距离。

3)劳厄花样的指数标定

在用劳厄法测定晶体取向等工作中,需要确定劳厄斑点所对应的晶面,并以其晶面指数标识斑点。通常把确定各种衍射图上衍射斑点或衍射线的衍射指数的工作称为衍射图的指数标定或指标化。劳厄图的指数标定主要是用尝试法,为此必须先把劳厄图转化为极射赤面投影。

劳厄斑与其相应反射晶面极射赤面投影的关系:背射劳厄法劳厄斑与其相应反射晶面极射赤面投影的几何关系如图1-41所示。入射线($O'O$)照射单晶样品K使其某组晶面($P'P$)产生反射,反射线KJ与底片相交形成劳厄斑J。按以下关系作$P'P$的极射赤面投影:以K为球心、任意长为半径作参考球,$P'P$法线KS与参考球的交点S即为$P'P$的球投影(极点);以过K点且平行于底片的平面$A'A$为投影平面(赤道平面),以O为投射点,则OS与$A'A$的交点(S在$A'A$上的投影)M为晶面$P'P$的极射赤面投影。

由图1-41可知,球投影A与S的夹角$\angle AKS = 90° - \angle O'KS = 90° - \varphi = \theta$。由于$A$与$M$分别是球投影$A$与$S$的极射赤面投影,因而用乌氏网测量$A$与$M$两点距离($A$与$M$的夹角)应等于$\theta$。

综合上述分析,由劳厄斑确定其相应反射晶面极射赤面投影(即作劳厄斑的极射赤面投影)的步骤可归纳为:测量劳厄斑至底片中心距离,按式(1-73)计算θ角;将描有劳厄斑点J及底片中心的透明纸放在乌氏网上,使底片中心与乌氏网中心重合;转动透明纸,使J落在乌氏网赤道直线(赤道平面直径上)上;由乌氏网赤道直线边缘(端点)向中心方向量出θ,所得点即为该劳厄斑点J相应反射晶面的极射赤面投影M。

劳厄花样指数标定时要将底片上若干斑点(通常在底片上取3~4条晶带曲线,每条曲线上取3~4个清楚的斑点)逐个按上述步骤作各自的极射赤面投影。

除据图1-41所示关系按上述步骤作劳厄斑的极射赤面投影外,也可应用格伦尼格表(格氏网)作劳厄斑的极射赤面投影。

劳厄花样的指数标定:作底片上若干劳厄斑的极射赤面投影,与一套标准图一一对照,一旦找到对应关系,即所有劳厄斑的极射赤面投影与某标准极图上的若干投影点一一重叠,则可按该标准极图各投影点指数一一标记劳厄斑指数。

由于各标准极图分别以(001)和(011)等低指数重要晶面为投影平面,而由劳厄斑确定其极射赤面投影时以平行于底片的平面为投影平面。除非巧合,底片(平面)放置时一般不与样品中(001)和(011)等晶面平行,因而上述比较对照一般难以直接得到结果。为此,首先将所作劳厄斑的极射赤面投影进行变换;然后再重复上述对照比较工作。如仍不能得出结果,则需再次进行变换。一般地,底片上强劳厄斑点或位于两条或多条晶带曲线交点位置上的斑点相应的晶面往往是低指数晶面,因而可取其中任意一点的极射赤面投影点,以其相应晶面作为新投影面,进行一次投影变换。

图1-42所示为投影变换过程示例。将描有各劳厄斑极射赤面投影点(M_1、M_2等)的透明纸放在乌氏网上,底片中心与乌氏网中心重合;转动透明纸将选定的欲以其相应晶面作为新投影面的投影点(如图中的M_1)压在赤道平面直径线上;沿赤道直线将M_1点移至基圆中心O,此时M_1点相应晶面与赤道平面重合,即成为新的投影面;用乌氏网量出M_1移动至O点的角度α。由于M_1点移动α相当于其对应晶面连同整个晶体转动α,故其余各投影点(如M_2、M_3)沿各自所在的纬线小圆弧移动相同的角度,即得到各自的以M_1点对应晶面为投影面的新投影点(如M_2'、M_3')。

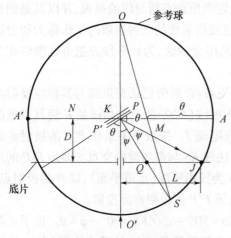

图1-41 劳厄斑与相应的
极射赤面投影关系(背射劳厄法)

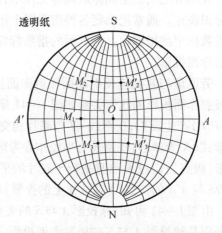

图1-42 利用乌氏网进行投影变换

2. 四圆衍射仪

前面介绍的粉末衍射仪属于两圆衍射仪,即只有计数管的旋转圆 2θ 和试样台的一个旋转圆 θ。在进行单晶体结构分析时,要收集晶体在空间各个方向的衍射数据,这时要用四圆衍射仪。

在四圆衍射仪中,除计数管可以绕 2θ 圆旋转外,试样台可以绕 θ、χ、φ 这 3 个圆转动,如图 1-43(a)所示。这种衍射仪大都由计算机控制,能自动记录空间各个方向的衍射强度数据。

若令入射方向为 X 轴,圆 θ 或 2θ 旋转的转动方向为 Z 轴,$\theta = 0$ 时,X 圆平行于 YOZ 平面。假设某晶面经过 4 个圆的适当转动后处于衍射位置,则与此晶面对应的倒易结点 P 在转动前的笛卡儿坐标系(x, y, z)可从转动角 χ、φ、θ 按下式算出,即

$$x = \frac{|\boldsymbol{R}^*|\cos\chi\sin\varphi}{\lambda}$$

$$y = \frac{|\boldsymbol{R}^*|\cos\chi\cos\varphi}{\lambda}$$

$$z = |\boldsymbol{R}^*|\sin\chi$$

式中:$\boldsymbol{R}^*$ 为与该晶面对应的倒结点矢量。

由于衍射条件满足时,$|\boldsymbol{R}^*| = 2\sin\theta/\lambda$,则

$$\begin{cases} x = \dfrac{2\sin\theta\cos\chi\sin\varphi}{\lambda} \\[2mm] y = \dfrac{2\sin\theta\cos\chi\cos\varphi}{\lambda} \\[2mm] z = \dfrac{2\sin\theta\sin\chi}{\lambda} \end{cases}$$

上述关系式可根据图 1-43(b)所示的衍射几何求得。

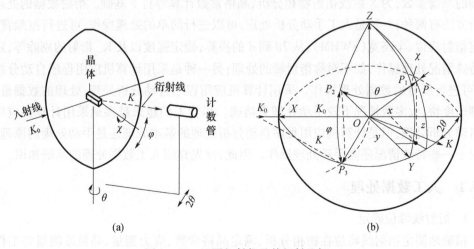

图 1-43　四圆衍射仪及其衍射几何

当测得 3 个不共面的倒易点阵基矢后,就可以首先决定倒易点阵原胞,然后把全部倒易点阵指标化,并根据其强度可算出晶体结构。

◤ 1.5　衍射数据的基本处理

X射线衍射的结果是由发生衍射角的角度,即衍射角2θ,和衍射线强度I描述的,在照相法中表现为衍射花样,在衍射仪法中表现为衍射图谱,图1-44所示为碳还原法经1000℃灼烧制备的电子俘获型红外上转换和光存储材料CaS:Eu,Sm的粉末衍射图。

由于衍射仪法应用广泛,在此仅介绍衍射图谱的数据处理与分析。

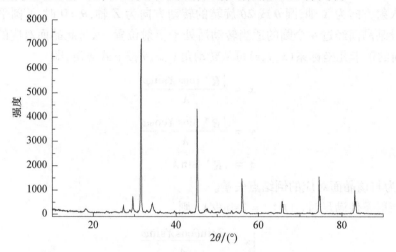

图1-44　CaS:Eu,Sm粉末衍射图

衍射数据的处理与分析是对试验获得的衍射图的处理,包括两个方面:一方面是进行数据平滑、去除噪声、抠除背底等数据处理;另一方面是确定衍射峰位、半高宽(FWHM)、从2θ到d的换算、确定强度(包括峰高强度、积分强度)等以及K_{α_2}衍射的剔除等,以获得精确的图谱参数,为X射线衍射物相分析、晶格常数计算等打下基础。衍射数据的处理与分析方法有两种:一种是人工手动分析处理,可以进行简单的处理操作,可进行抠除背底、确定衍射峰位、半高宽(FWHM)、从2θ到d的换算,确定强度以及K_{α_2}衍射的剔除等,还可对特殊情况处理操作,如不对称衍射峰的处理;另一种是采用计算机应用程序自动分析处理,可进行所有的数据处理操作。采用计算机应用程序自动分析处理,处理的数据量大,处理速度快,大多数情况下较手动处理更精确。尽管人们越来越多地采用计算机应用程序自动分析处理,但是计算机应用程序自动分析处理的基本原理还是手动处理的原理,尤其对于一些特殊情况还需手动处理操作。因此,首先介绍人工数据处理的基础知识。

1.5.1　人工数据处理

1. 衍射线峰位确定

精确地测定衍射线峰位在物相分析、测定晶格常数、应力测量、晶粒度测量等工作中都很重要。确定峰位时,对不同的峰形常用以下几种方法。

1)峰顶法

对于线形尖锐的衍射峰采用峰顶法。以衍射线形的表观极大值P的角位置为峰位,如图 1 – 45 所示。

2）切线法

对于线形顶部平坦但两侧直线性好的衍射峰可采用切线法。将衍射峰两侧的直线部分延长，其交点 P 作为峰位，如图 1 – 46 所示。

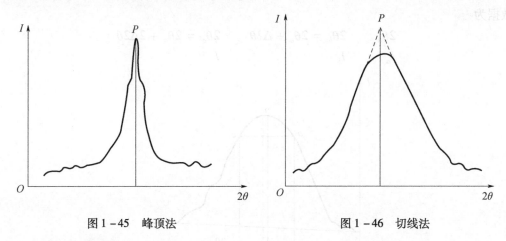

图 1 – 45　峰顶法　　　　　　　　　　　图 1 – 46　切线法

3）半高宽中点法

对于峰形顶部平坦、两侧直线性又不好的衍射峰，可采用半高宽中点法。首先连接衍射峰两边的背底，作出背底线 ab；然后从强度极大点 P 作记录纸边线的垂线 PP'，它交 ab 于 P' 点。则 PP' 的中点 O' 即是与峰值高度的 $1/2$ 对应的点。过 O' 作 ab 的平行线与衍射峰形相交于 M 和 N 点。直线 MN 的中点 O 的角位置即定作峰位。当衍射峰线形光滑、高度较大时，此法定峰重复性好、精度高，如图 1 – 47 所示。

4）7/8 高度法

当有重叠峰存在，但峰顶能明显分开时用 7/8 高度法。这种方法与半高宽中点法相似，只是与背底平行的线作在分高度处，如图 1 – 48 所示。

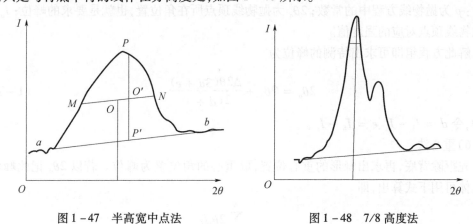

图 1 – 47　半高宽中点法　　　　　　　　图 1 – 48　7/8 高度法

5）抛物线拟合法

对于衍射峰线形漫散及 K_α 双线分辨不清的情况可用抛物线拟合法。此法首先用抛物线来拟合衍射线峰顶的线形；然后取抛物线对称轴的位置作峰位。常用的有三点抛物线法和五点抛物线法，现以三点抛物线法为例加以说明。

如图 1-49 所示:首先用扫描法描出峰顶部分,找出近似的强度最大点 b。以 b 点为中心,在其左、右各取 a、c 两点,它们与 b 点的角距离都等于 $\Delta 2\theta$,$\Delta 2\theta$ 的值可根据实际情况取 $0.2°$、$0.5°$ 等数值,但通常必须使这三点的强度都在峰值强度的 85% 以内;然后将探测器置于此 3 个角位置,测出这三点的强度 I_a、I_b、I_c。于是,得到 3 组角度和强度的数据为

$$2\theta_a \qquad 2\theta_b = 2\theta_a + \Delta 2\theta \qquad 2\theta_c = 2\theta_a + 2\Delta 2\theta$$
$$I_a \qquad\qquad I_b \qquad\qquad\qquad I_c$$

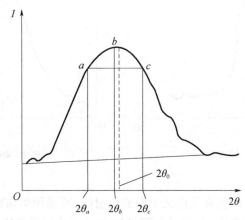

图 1-49　抛物线拟合法

若设这 3 组数据都满足 $x^2 = 2py$ 形式的抛物线方程,则有下列联立方程组,即

$$\begin{cases} (2\theta_a - 2\theta_o)^2 = 2p(I_o - I_a) \\ (2\theta_b - 2\theta_o)^2 = 2p(I_o - I_b) \\ (2\theta_c - 2\theta_o)^2 = 2p(I_o - I_c) \end{cases}$$

式中:p 为抛物线方程中的常数;$2\theta_o$ 为抛物线顶点所在角位置,也就是要求的峰位;I_o 为与抛物线顶点对应的强度值。

解此方程组即可求出待测的峰位为

$$2\theta_o = 2\theta_a + \frac{\Delta 2\theta(3d + e)}{2(d + e)} \tag{1-74}$$

其中,令 $d = I_b - I_a$、$e = I_b - I_c$。

6)重心法

先抠除背底,再求出峰形的重心位置,取重心的角位置为峰位。若以 $2\theta_o$ 记此峰位,则具体可用下式算出,即

$$2\theta_o = \frac{\sum\limits_{i=2}^{N} 2\theta_i I_i}{\sum\limits_{i=1}^{N} I_i} \tag{1-75}$$

式中:N 为将衍射峰所占区间等分的间隔数;$2\theta_i$ 和 I_i 为各等分点的角度和强度。

重心法适用于各种峰形。重心法利用了衍射峰的全部数据,因此所得峰位受其他因

素的干扰小、重复性好。但是重心法计算量大,宜配合计算机使用。

2. 衍射线积分强度测量

在进行定量相分析等工作时,要测量衍射线的积分强度,常用以下几种方法。

(1)使探测器以很慢的角速度(如 0.25(°)/min)扫描,通过计数率仪和纸带记录仪描出衍射曲线。然后根据衍射曲线画出背底线,并将各个衍射峰形以下、背底线以上区域的面积测量出来,这些面积既可代表各衍射线的相对积分强度,也可用剪刀把各个峰的图形剪下来,用精密天平称它们的质量作为相对强度。

(2)用步进扫描法把待测衍射峰所在角度范围内的强度逐点测出来,相加得到总计数,然后扣除背底,则所得计数即可代表衍射线的相对强度。扣除背底时,可在衍射峰两侧测出相同时间量程内的计数,取其平均值,然后乘以所用的步数,即为要扣除的总背底计数。为保证精度,步长要取得小,一般可取 0.01° 或 0.02°。

(3)首先使探测器从衍射峰的起始点缓慢匀速扫描至衍射峰终止点,并使定标器在扫描开始时起动,扫描结束时停止,测出其累计的计数;然后扣除背底,即求出衍射峰两侧每分钟的平均计数,乘以扫描时间,即为点的背底计数。

3. 重叠峰的分离

衍射图中常会出现衍射峰的重叠,最常见的是 K_α 双峰的重叠,在多相试样中,还会出现自由峰的重叠。为测出正确的峰位和积分强度,常需把重叠分离开来。可以有两种方法:一是 Rachinger 提出的图解法,这类方法是以几个近似假定为基础,不太严格,但此法较简单,便于手工操作;二是 Gangulee 提出的傅里叶变换法,没有很多的假定,相对来说比较严格。在此以 K_α 双峰分离为例介绍图解法,傅里叶变换法数据处理量大,适合采用计算机应用程序处理,在此暂不做介绍。自由峰分离与 K_α 双峰分离方法相同。

1)Rachinger 图解法(R 法)

从 X 射线管发出的标识谱线中,K_{α_1} 和 K_{α_2} 双线总是同时存在,K_{α_1} 和 K_{α_2} 的波长是不同的,在样品上它们各自会产生一套衍射谱,实际得到的谱是这两套谱的叠加。$\lambda_{K_{\alpha_1}}$ 和 $\lambda_{K_{\alpha_2}}$ 相差是不大的,如对 Cu 靶,$\lambda_{K_{\alpha_1}} = 0.154051nm$,$\lambda_{K_{\alpha_2}} = 0.154433nm$,$\Delta\lambda = 0.000382nm$。对于同一个样品,在低角度区,它们产生的衍射峰的布拉格角($2\theta_1$、$2\theta_2$)是很近的,衍射峰分不开,几乎是完全重叠的。随着 θ 角的增加,$2\theta_1$ 和 $2\theta_2$ 角的差别逐渐增大,两个衍射峰逐渐分开,不完全重叠,使总的衍射峰加宽,变得不对称。在高角度区,两个衍射峰分开了(部分重叠),θ 角相当大时,两个峰可以完全分开。在什么角度两峰开始分离或完全分开,并不是确定不变的,与样品有关,并与衍射峰的宽度有关。一般来说,衍射峰越宽,两个峰分离的角就越大。

由于 K_{α_2} 的存在,给衍射峰的辨认和峰位的确定带来困难和误差。曾经采用混合波长 $\left(\lambda_{K_\alpha} = \dfrac{2}{3}\lambda_{K_{\alpha_1}} + \dfrac{1}{3}\lambda_{K_{\alpha_2}} = 0.154186nm\right)$ 来计算布拉格角。这在小角度范围,可在一定程度上抵消因 K_{α_2} 存在引起峰位漂移造成的误差,但在高角度区,K_{α_1} 和 K_{α_2} 已经分开,就不能再用,如仍使用混合波长去计算,就会造成误差。对于比较精确的工作,一般需要将由 K_{α_2} 造成的衍射分离出来并减去,以得到单纯 K_{α_1} 的衍射谱。

R 法有以下几个假设。

（1）由 K_{α_1} 和 K_{α_2} 形成的衍射峰的强度比为 $2:1$，即

$$\frac{I_{K_{\alpha_1}}}{I_{K_{\alpha_2}}} = 2 \qquad (1-76)$$

（2）K_{α_1} 和 K_{α_2} 两个衍射峰有相同的峰形，即它们有相同的峰宽和强度分布。

（3）混合辐射的波长 λ_{K_α} 用下式近似，即

$$\lambda_{K_\alpha} \approx \frac{2}{3}\lambda_{K_{\alpha_1}} + \frac{1}{3}\lambda_{K_{\alpha_2}} \qquad (1-77)$$

（4）K_{α_1} 和 K_{α_2} 两峰的分离度 $\Delta\theta$ 可由微分布拉格方程 $2d\sin\theta = \lambda$ 得到

$$2\Delta d\sin\theta + 2d\cos\theta\Delta\theta = \Delta\lambda$$

由于 K_α 双峰系由同一晶面族产生，故 $\Delta d = 0$，于是有

$$\Delta\theta = \frac{\Delta\lambda}{2d\cos\theta} = \frac{\Delta\lambda}{\lambda}\tan\theta \qquad (1-78)$$

式中：$\Delta\lambda = \lambda_{K_{\alpha_1}} - \lambda_{K_{\alpha_2}}$，而 λ 可取为 K_{α_1} 和 K_{α_2} 的计权平均值。

由于 $\Delta\lambda$ 很小，如对 Cu 的 K_α 而言，$\Delta\lambda = 0.000382\text{nm}$，因此在低角度区，双线不能分开，成为重叠峰。

因 K_α 双峰是由同一试样的同一晶面族衍射产生，故可认为这两个峰的线形是相似的，只是对应点之间有一定角距离 $\delta = \Delta 2\theta = \frac{2\Delta\lambda}{\lambda}\tan\theta$。又因为 K_{α_1} 和 K_{α_2} 谱线的原始强度比近似为 $2:1$，所以双峰对应点之间的强度比也应是 $2:1$。若以 $I_1(2\theta)$ 和 $I_2(2\theta)$ 分别表示 K_{α_1} 和 K_{α_2} 峰的强度曲线，则有 $I_2(2\theta) = \frac{1}{2}I_1(2\theta - \delta)$。

图 1-50 画出了 $I_1(2\theta)$、$I_2(2\theta)$ 及其合成强度曲线 $I(2\theta)$。图中的 $oabcde$ 曲线代表 $I_1(2\theta)$，$o'a'b'c'd'e'$ 代表 $I_2(2\theta)$。

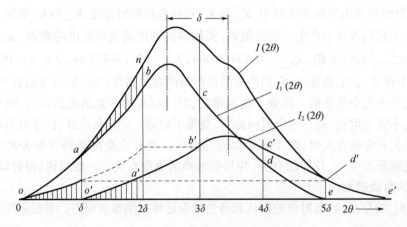

图 1-50　K_α 双峰分离-作图法

由图 1-50 可知，从 $I_1(2\theta)$ 的起点 o 开始到 $2\theta = \delta$ 之间，K_{α_2} 线的成分是不存在的，故这一范围内的 $I(2\theta)$ 就是 $I_1(2\theta)$，即 oa 是 $I_1(2\theta)$ 第一段。

从 δ 到 2δ 之间，$I(2\theta)$ 由 $I_1(2\theta)$ 和 $I_2(2\theta)$ 叠合而成。$I_2(2\theta)$ 的第一段 $o'a'$ 首先可从 oa 求得，只要将 oa 的各对应点的强度除以 2 就可以了；然后从 $I(2\theta)$ 的第二段 an 减去

$o'a'$ 就可得到 $I_1(2\theta)$ 的第二段 ab。

从 2δ 到 3δ 区间，K_{α_2} 的强度曲线 $a'b'$ 可从曲线段 ab 求出，只要将 ab 的各点强度除以 2，再平移到该区间就行了。采用这种办法可将强度曲线 $I_1(2\theta)$ 和 $I_2(2\theta)$ 都求出来，达到从试验测定的强度曲线 $I(2\theta)$ 分离出 $I_1(2\theta)$ 和 $I_2(2\theta)$ 的目的。

在 R 法中存在两个问题：一是假设 $\Delta 2\theta$ 在衍射峰范围内不变；二是假设强度比是 2∶1。这与实际衍射情况存在误差，Delhez 和 Ladell 已做了相应的改进，由于现在大多使用计算机进行分离处理，在此不再介绍。

2）傅里叶变换法

Ladell 等曾研究过用 Stokes 的傅里叶变换法来改进 R 法。Gangulee 发展了傅里叶变换法。

设 $I(x)$、$I_1(x)$、$I_2(x)$ 分别为试验测得的混合峰形、α_1 辐射的衍射峰形和 α_2 辐射的衍射峰形，x 是一种合适的变量，Δ 为 α_1 和 α_2 衍射峰的角分离度，则

$$I(x) = I_1(x) + I_2(x) \tag{1-79}$$

$$I_2(x) = RI_1(x - \Delta) \tag{1-80}$$

将 $I(x)$ 在周期 $-\alpha/2 \sim \alpha/2$ 之间展开为傅里叶级数，即

$$I(x) = \sum_{n=-\infty}^{+\infty} A'_n\cos\frac{2\pi ns}{\alpha} + \sum_{n=-\infty}^{+\infty} B'_n\sin\frac{2\pi nr}{\alpha} \tag{1-81}$$

将式（1-81）代入式（1-80），得

$$I_2(x) = \sum_{n=-\infty}^{+\infty} R\left(A'_n\cos\frac{2\pi n\Delta}{\alpha} - B'_n\sin\frac{2\pi n\Delta}{\alpha}\right)\frac{2\pi nx}{\alpha} + \sum_{n=-\infty}^{+\infty} R\left(A'_n\sin\frac{2\pi n\Delta}{\alpha} + B'_n\cos\frac{2\pi n\Delta}{\alpha}\right)\sin\frac{2\pi nx}{\alpha} \tag{1-82}$$

实测强度也展开为傅里叶级数，即

$$I(x) = \sum_{n=-\infty}^{+\infty} A'_n\cos\frac{2\pi nx}{\alpha} + \sum_{n=-\infty}^{+\infty} B'_n\sin\frac{2\pi nx}{\alpha} \tag{1-83}$$

按式（1-79），将式（1-81）和式（1-82）相加，再与式（1-83）比较，可得下列系数间的关系，即

$$A_n = A'_n + R\left(A'_n\cos\frac{2\pi n\Delta}{\alpha} - B'_n\sin\frac{2\pi n\Delta}{\alpha}\right) = A'_n\left(1 + R\cos\frac{2\pi n\Delta}{\alpha}\right) - RB'_n\sin\frac{2\pi n\Delta}{\alpha}$$

$$B_n = B'_n + R\left(A'_n\sin\frac{2\pi n\Delta}{\alpha} + B'_n\cos\frac{2\pi n\Delta}{\alpha}\right) = B'_n\left(1 + R\cos\frac{2\pi n\Delta}{\alpha}\right) + RA'_n\sin\frac{2\pi n\Delta}{\alpha}$$

设

$$P_n = 1 + R\cos\frac{2\pi n\Delta}{\alpha} \tag{1-84}$$

$$q_n = R\sin\frac{2\pi n\Delta}{\alpha} \tag{1-85}$$

则

$$A_n = A'_n P_n - B'_n q_n \tag{1-86}$$

$$B_n = B'_n P_n + A'_n q_n \tag{1-87}$$

解这两个方程可得

$$A'_n = \frac{A_n P_n + B_n q_n}{P_n^2 + q_n^2} \tag{1-88}$$

$$B'_n = \frac{-A_n P_n + B_n q_n}{P_n^2 + q_n^2} \tag{1-89}$$

至此可知,对某一试验测得的、位于 2θ 的衍射,将其用傅里叶级数展开,可得 A_n、B_n。Δ 可用式(1-78)求得,而 R 如果是知道的,则可利用式(1-84)、式(1-85)求得 P_n 和 q_n。再用式(1-88)、式(1-89)求得 A'_n、B'_n。就可按式(1-81)求得 $I_1(x)$,把 $I_2(x)$ 分离出去了。

1.5.2　计算机数据处理

1. 数据平滑

数据平滑的目的是排除各种随机波动和信号干扰。干扰信号可分为两类:一类是随机的波动,如光源的发射波动、空气散射、电子电路中的电子噪声等,这些信号一般表现为幅度不大的随机高频振荡,统称为噪声,可以用平滑的方法去除;另一类为确定的可重复信号,如非晶体材料的散射,这是为数不多的、宽大低矮的"馒头"峰,与陡峭、众多的衍射峰是完全不同的,可以用拟合法来排除。这类非随机高频振荡就称背底。噪声和背底这两个概念并不是很明确,不同的人对此也有不同的理解,有人把背底并入噪声或把噪声算作背底。

数据平滑的方法有多种,最著名的是 Savitzky 和 Golay 在 1964 年提出的方法,简称为 S-G 方法。S-G 方法主要用在计算机中对各种数字光谱进行滤波(平滑)和微分,也适用于多晶体衍射,已成为多晶体衍射数据处理常用的方法。简言之,此法是用一个简单的数组去卷积数据点,以进行平滑、去噪和微分,此做法等于用多项式对一段数据点进行最小二乘方拟合。被处理的数据谱必须是等间隔采集的,而且是连续的。

1) 移动平均取代法

移动平均取代法是一种最简单的用来平滑随机波动的方法。具体做法是:取奇数个 N 相邻的数据点构成平均域,把与这些点对应的测量数据 y 相加,并除以所用的点数 N,得到它们的平均值 y_j^*,j 为平均域中间一点在整个数据谱中的顺序号。首先,用此值取代 j 点原有的测量值 y_j 这就完成了平均取代的工作;然后,将此平均域向一个方向移动一个数据点,也就是在域的一端,去掉一个数据点,而在另一端扩充一个数据点,再作平均,得到了 y_{j+1}^*(或 y_{j-1}^*,决定于移动方向),对 $j+1$ 点的原数据进行取代。从整个谱的一端开始,移动平均取代到另一端,就完成一次平滑。这种移动平均实质上就是一种卷积操作。

更复杂一点的移动平均是权重移动平均,取平均时,不是将平均域中的各数据简单相加平均,而是要将各数先乘上一个权重系数 C,然后相加平均,此做法可归结为下列数学式表达,即

$$y_j^N = \frac{1}{N} \sum_{i=-m}^{m} C_i y_{j+1} \tag{1-90}$$

2) 最小二乘方多项式拟合法

最小二乘方多项式拟合法中,用最小二乘方将一个高次多项式

$$y = \sum_{i=o}^{n} a_i x^2 \tag{1-91}$$

去拟合平均域中的各数据。所谓最小二乘方就是式(1 – 92)中的 M 最小,即

$$M = \sum_{j=p}^{n} (y_i^c - y_j^0)^2 \qquad (1-92)$$

式(1 – 92)是通过调整式(1 – 91)中的各 a_i 来达到的。此式的意义是用多项式计算出的数据域中各点值与各点原实测数据间的差的平方和最小。在达到 M 最小时,得到一个系数组 a_i,也即得到了多项式 y。将数据域中各点的 x 坐标代入多项式 y、计算出 y_j^*,并用此 y_j^* 代替原有的 y_j。移动平均域一个点,重复进行上述拟合过程。先求出系数组,再求另一个 y^* 并取代原有的 y。对谱上全部数据点进行这样的拟合及计算取代,以完成一次平滑。

3)最小二乘方权重数组平滑法

最小二乘方多项式拟合平滑法是一个比较好的平滑方法,但是计算工作量巨大。Savitzky 和 Golay 对最小二乘方做了仔细的研究,得出用最小二乘方多项式拟合来求平均域中点的平滑值的方法可以用一个简单的权重数组对平均域中对应各点作卷积的方法来代替。这一权重数组在使用不同阶次的多项式,使用不同 N(N 为平滑时所用平均域内包括的数据点的数目)时是不同的。使用这种权重数组进行数据平滑的具体做法与权重移动平均法完全一样,但其结果却精确地等于最小二乘方多项式拟合的结果。

2. 背底的测定与扣除

有多种原因可形成背底,如狭缝、样品及空气的散射等;样品中所含非晶态成分会形成大角度范围内的鼓包,也属背底,需去除。

为了测定平滑的背底,Sonneveld 和 Visser 认为不需太密集的数据点,只要取 5% 的数据点(n 个)就够了。考虑第 i 个数据点,其值为 P_i,取其相邻两点的值并取平均 m_i,即

$$m_i = \frac{1}{2}(P_{i+1} + P_{i-1}) \qquad (1-93)$$

将 P_i 与 m_i 相比较,若 $P_i > m_i$,说明是中间点 i 值很可能比相邻两点的值都大。也可能有一个相邻点的值比它的值小很多,而另一点则大不了许多。因此,i 点与比它稍大那点有可能是在峰上,而不是在背底上,则用 m_i 代替 P_i。反之,若 $P_i < m_i$,说明 P_i 的值比相邻两点之值都小,或它比一个相邻点小得多,而另一相邻点比它小不了许多,故此 i 点与更小的相邻点在峰上的可能性较小,n_j 能在背底上,故保留 P_i 值。对所有 n 个数据点都进行这样的计算(仅两端的两个点无法计算),得到一个新的数据组,一部分原来在衍射峰上的具有较高强度值的点向背底靠近。反复进行这样的平均计算,经过若干次迭代,高值点最终落到背底线上,新得到 m_i 与 P_i 接近了,停止计算,得到了背底线。

若背底线和 2θ 的关系是线性的,则迭代的结果是一根直线,如图 1 – 51(a)所示。这种低 θ 角背底增强的现象有可能是狭缝、样品及空气散射等造成的。但是背底不一定是线性的,可能是一根曲线、一个凸起,如图 1 – 51 (b)所示,这可能是因试样中含有非晶成分所致。对这种情况就不能用式(1 – 93)来求背底,而要用下式计算,即

$$m_i = \frac{1}{2}(P_{i+1} + P_{i-1}) + C \qquad (1-94)$$

式中:常数 C 与背底的曲率半径有关。曲率半径小,C 值要大;反之,C 值就小。

计算中要调整 C 值使所得曲线能与试验谱的背底很好符合。在获得背底线以后,将

它从试验谱中减去,就获得无背底图谱。

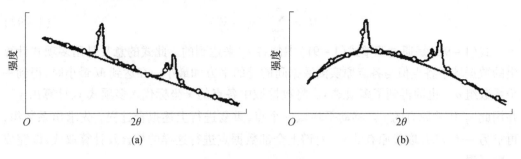

图 1-51 测定背底
(a)直线背底;(b)凸起背底。

3. 寻峰

Sonneveld 和 Visser 提出的寻峰方法是在扣除背底以后定出噪声水平,把高出噪声水平的信号定为衍射峰的方法。

确定噪声水平的做法如下。

(1)从减去背底以后的图谱中等距取 N 个点,如 500 个点,不论这些点是不是在峰上。

(2)计算这些点的平均值 μ_1 和平均标准偏差 δ_1。

(3)从 500 点的数组中排除所有强度值大于 $\mu_1 + 3\delta_1$ 的数据点,留下 N_1 个点。

(4)计算余下的点的平均值 μ_2 和平均标准偏差 δ_2。

(5)在 N_1 中再减去所有数值大于 $\mu_2 + 3\delta_2$ 的点,留下 N_2 个点。

(6)比较前后两次所得 μ 和 δ 的值。若相差还比较大,则返回(2)再循环计算和扣除。若经几次计算和扣除,所得 μ_n 和 δ_n 与前次所得相比差别已很小,就得到最终的 μ_n 和 δ_n。然后,选择一个适当的噪声水平,如 $3\delta_n$ 或 $5\delta_n$。可以认为在此以上的信号和背底信号是有很大不同的,可以认为是在衍射峰上。从无背底谱中减去噪声水平,就得到衍射谱。

减去噪声水平以后留下的谱是由一些明锐的峰或宽大的峰组成的。但这些峰并非都是衍射峰,有一些所谓的"火花"噪声,就是一些窄而高的噪声,高度可以超过噪声水平,不能将此误认为是衍射峰,需特别注意。为此,提出了第二个判据,就是面积。要设定一个最小面积 S_{min},只有面积大于 S_{min} 的才被认为是真正的衍射峰。在扣除那些面积小于 S_{min} 的伪峰后才得到真正的衍射图谱。

4. 峰位及峰形参数的测定

这里讲的峰位是指衍射峰峰顶的 2θ 位置,而峰形参数主要是峰高、峰宽等参数。峰高一般是指峰顶处的强度计数值,峰宽是指峰高 1/2 处的全宽度(FWHM),用角度表示;也常用峰两侧的两个拐点间的角宽度来表示。

1)二次导数法

(1)二次导数法求峰位、峰宽和峰高。

求峰位和峰形参数的一个常用方法是导数法。从数学上知道,极值的导数是零,拐点的导数是极值,即极大或极小。如再求二次导数,则零值再次变为极值,而由拐点变来的极值变为零。这种变化关系如图 1-52 所示。

　　从图 1 – 52 可以看到,用一次导数似乎已可以很快地从零值定出峰位,从两个极值的位置差定出峰宽。但是从图 1 – 53 可以看出,若两个峰重叠,且在重叠峰上可以分辨出两个峰时(图 1 – 53(a)),在一次导数中,这两个峰都可由零值定出(图 1 – 53(b)),峰宽也可定出。但是,峰谷也会出现零值,零值的个数比峰值个数多,会引起混淆。另外,如两峰重叠严重,在重叠峰上不能出现两个峰,只是在一侧微微鼓起(图 1 – 53(d)),则一次导数中只有一个零值,只能检出一个峰,无法检出两个峰(图 1 – 53(e))。可是,二次导数对拐点却十分敏感。在二次导数中出现了两个极小值,可以检出两个峰(图 1 – 53(f))。因此,一般都用二次导数来确定峰的位置和求峰宽。

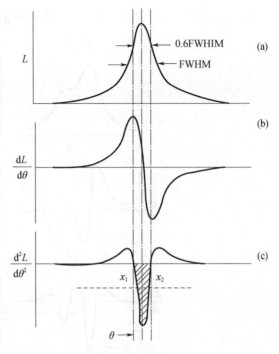

图 1 – 52　信号峰的微分
(a)原信号峰;(b)一次导数;(c)二次导数。

　　Sonneveld 和 Visser 推出了一个利用二次导数求衍射峰极大值和半峰宽的公式。此公式是在用修改过的洛伦兹函数(LF)拟合衍射峰形的基础上导出的,即

$$y_0 = -\frac{27}{50}(x_2 - x_1)A \qquad (1-95)$$

式中:y_0 为衍射峰顶处的强度,为峰高;x_1,x_2 分别为衍射峰两侧两个拐点处的坐标,拐点在二次导数图上为零,容易求得;$x_2 - x_1$ 即为半峰宽,如图 1 – 52(c)所示;A 为二次导数图上 x_1 和 x_2 间的面积,即图 1 – 52(c)中画有斜线的面积,可以通过将 x_2 和 x_1 之间各点的二次导数值相加求得。衍射图上那些分立的衍射峰的峰高是不难求的。

　　但是,对图 1 – 53(d)中右侧的重叠峰,就很难直观地求得其峰高。利用二次导数和式(1 – 95),峰高便可求得。

　　(2)最小二乘权重数组求导法。

　　Savitzky 和 Golay 提出的利用最小二乘权重数组作移动平均的方法。不但可用来作数据的平滑,还可以用来求数据的导数。利用一个求导的积卷数组,作平均域内各点的权重平均,就将此权重平均值作为平均域中点的导数。Savitzky 和 Golay 也推出了利用 2～5 次的多项式,平均域内点数从 5～25 的,用来求 2～5 阶导数的各权重数组。

　　利用最小二乘权重数组进行平滑和求导是相当方便的,成为多晶体衍射数据进行平滑和求导的重要方法。

　　2)曲线拟合法

　　上面的二次导数法是把峰形极大值处的 2θ 值定作峰位的,其他的峰形参数也是直接从衍射峰上确定的。但是,实际测量到的衍射峰形 h 并不是纯粹的样品衍射峰形 f,而是与各种仪器因素造成的峰形 g 及因光谱不纯、多种波长色散造成的峰形 s 卷积的结果,即

$$h = s * g * f \tag{1-96}$$

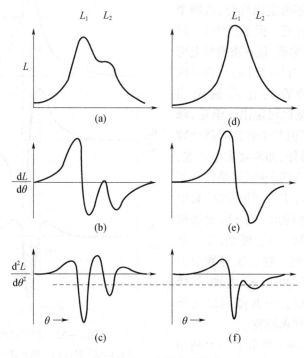

图 1-53 一次和二次导数求峰位和峰宽

(a)重叠峰可分出两个峰;(b)图(a)的一次导数;(c)图(a)的二次导数;
(d)重叠峰分不出两个峰;(e)图(d)的一次导数;(f)图(d)的二次导数。

需对实测线形 h 作反卷积,从 h 中分去 s 和 g 才能得到试样的衍射峰形 f,f 的极大值的位置、高度及半峰宽才是真正的峰形参数。

如何进行反卷积以得到 f 呢?早期的做法可以 Taupin 的做法为代表。它是用几个洛伦兹函数(LF)的相加来拟合 s、g、f 等各组分峰形的。它之所以用 LF 是因为 LF 具有这样的性能:几个 LF 的卷积是另一个 LF;这一合成 LF 的强度是它各组元 LF 强度的乘积;而它的半宽度和峰位的移动却分别是各组元 LF 的半宽度和峰位移动之和。数学运算颇为方便,$h(\theta)$ 可以写为

$$h(\theta) = \sum_{m} \sum_{k} \sum_{n} \frac{P_m a_k I_n}{\pi[(Q_{mn} + b_k + w_n)^2 + (\theta - R_{mn} - c_k - \theta_n)^2]} \tag{1-97}$$

式中:$Q_{mn} = 360 q_m \tan\theta_n$;$R_{mn} = 360 r_m \tan\theta_n$;$a_k$、$b_k$、$c_k$ 为定义仪器因素 g 的各 LF 的参数;I_n、w_n、θ_n 为定义样品因素 f 的各 LF 的参数;P_m、g_m、r_m 为定义色散因素 s 的 LF 的参数。

在实际工作中需要使用标样。这种标样有适当的粒度,也不存在微小应变等因素,因此衍射峰形仅由 g 和 s 决定,$f=1$,则

$$h = s * g \tag{1-98}$$

利用标样的衍射峰可以求得 s 和 g。在对实测试样作拟合时,s 和 g 就用由标样求得的 s 和 g(实测试样和标样应有相同的试验条件),衍射峰的数目,各峰的位置、高度、宽度等峰形参数均是拟合中的变量。拟合使用最小二乘方法,就可得到各峰形参数。

这种使用多个洛伦兹函数作峰形拟合的方法由于函数多、参数多,造成计算量大、参

数相关性大,并不方便。以后为单个的函数,如 Voigt 函数(VF)、Pseudo Voigt 函数(PV)、Pearson Ⅶ函数(P7)所取代。现在,已由各峰的分别拟合发展到全谱拟合。

1.6　X 射线衍射的分析与应用

1.6.1　X 射线衍射分析的应用

X 射线衍射中包含着大量的结构等信息,通过对衍射数据的分析,可以用来研究晶体聚集态的结构,如进行物相定性分析、物相定量分析、晶粒尺寸的测定及织构的测定等。X 射线衍射分析是一种重要的试验手段和分析测试方法,其应用已遍及材料科学、地质矿产、生命科学、物理、化学以及各种工程技术领域。如将与之密切相关的散射、干涉及吸收限精细结构分析等包括在内,其主要应用可归纳如下。

1. 利用布拉格衍射的峰位及强度分析

1)晶体结构分析

(1)晶体结构测定。

(2)物相的定性和定量分析。

(3)相变的研究。

(4)薄膜结构分析。

2)晶体取向分析

(1)晶体取向、解理面、惯析面等的测定。

(2)晶体形变的研究。

(3)晶体生长的研究。

(4)多晶材料结构的测定和分析。

3)点阵参数的测定

(1)固溶体组分的测定。

(2)固溶体类型的测定。

(3)固溶度的测定(测定相图中相区边界)。

(4)宏观弹性应力和弹性系数的测定。

(5)热膨胀系数的测定。

4)衍射线形分析

(1)晶粒度和嵌镶块尺度的测定。

(2)冷加工形变研究和微观应力的测定。

(3)层错的测定。

(4)有序度的测定。

(5)点缺陷的统计分布及畸变场的测定。

2. 利用衍衬成像及 X 射线干涉仪观察、分析、研究近完整及完整晶体

这部分内容包括以下几项。

(1)动力学衍射理论的研究。

(2)宏观晶体缺陷的观察、分析。

(3)单个微观晶体缺陷的观察、分析,测定 Burgers 矢量。

(4)晶体生长机理的研究。

(5)晶片弯曲度及弯曲方向的测定。

(6)点阵参数的高精度测定。

(7)折射率的测定。

(8)晶体结构因数的测定。

3. 利用大角度相干漫散射强度分布分析

这部分内容包括以下几项。

(1)固溶体类型及短程序的测定。

(2)时效过程的预沉淀现象研究。

(3)热漫散射的研究。

(4)非晶态物质结构及结构弛豫的测定。

(5)弹性系数及弹性振动谱研究。

4. 利用小角度散射强度分布分析

(1)回转半径的测定(测定微细粉末或微小散射区形状、尺度及分布状态)。

(2)大分子分子量的测定。

(3)生物组织结构的测定。

(4)固体内部及某些表面缺陷的研究。

(5)纤维的研究。

5. 利用非相干散射强度分布研究

(1)研究原子中电子的动量分布。

(2)直接测定金属的布里渊区中费米面形状。

(3)进行化学键的研究。

6. 利用吸收限精细结构分析

(1)测定晶态及非晶态物质的局域短程结构。

(2)测定生物大分子中金属配位体的距离。

(3)表面吸附分子状态的研究。

(4)测定催化剂中金属原子的价态及配位环境。

通过对衍射数据的分析来研究晶体聚集态结构的方法,一般有两种:一是传统的人工手动分析;二是采用现代的计算机应用程序自动分析。

1.6.2 人工手动分析与应用

X 射线衍射分析在无机非金属材料研究中的一些常规分析测试,主要有以下几方面的应用。

(1)物相分析。物相分析包括定性分析和定量分析。在材料研究方面,应用最多的是 X 射线衍射物相分析,根据试样的衍射线位置、数目及相对强度等确定试样中包含有哪些结晶物质及其相对含量。

(2)晶胞参数测定。晶胞参数是晶体物质的基本结构参数。测量粉晶衍射图上各衍射线的位置 2θ,计算出与各衍射线对应的衍射角和衍射面的晶面间距 d。因为晶面间距 d

是晶胞参数和衍射指数的函数,所以可从一系列晶面间距值及各衍射线的衍射指数计算出晶胞参数。

(3)多晶试样中晶粒大小、应力和应变等测定。根据 X 射线衍射线的线形及宽化程度等测定多晶试样中晶粒大小、应力和应变情况等。

(4)相图或固溶度等测定。根据 X 射线定性定量物相分析以及晶格常数随固溶度的变化等测定相图或固溶度等。

(5)单晶材料研究。在单晶材料方面判定晶体的对称性和晶体取向方位,观察晶体缺陷、研究晶体的完整性等。对单晶材料除了晶体结构分析外,主要是根据 X 射线衍射线的方位及对称性,判定晶体的对称性和取向方位。测定晶体取向的目的首先是按一定结晶学方向制作元器件或截取培育单晶用的籽晶,其次是用来观察晶体缺陷、研究晶体的完整性等。

下面将具体阐述。

1.6.2.1 物相分析

分析鉴定物质存在的相结构状态,即材料中包含哪几种结晶物质,或是某种物质以何种结晶状态存在,这类问题称为物相分析。物相分析是材料研究工作中最基本和最经常的工作。任何化学分析只能给出材料或物质的元素组成和含量,不能识别物质存在的相结构状态,而衍射分析方法对此则十分有效。

物相分析包括确定材料由哪些相组成和确定各组成相的含量。确定材料由哪些相组成称为定性物相分析,或称为物相鉴定;确定各组成相的含量称为定量物相分析。物相分析包括定性物相分析和定量物相分析。

1. 定性物相分析

1)定性物相分析的基本原理

每种晶体物质都有其特有的晶体结构——点阵类型、晶胞的形状和大小,即晶面间距、晶胞内原子的种类、数目及排列方式。而 X 射线衍射线的位置(方向角 2θ)决定于晶胞的形状和大小,也决定于各晶面的面间距;衍射线的相对强度则决定于晶胞内原子的种类、数目及排列方式。所以,晶体物质也有其独特的衍射花样(衍射图谱),即每种晶体物质有其唯一对应的衍射花样(衍射图谱)。当试样中包含两种或两种以上的结晶物质时,它们的衍射花样将同时出现,且不会互相干涉。因此,如果在待分析试样的衍射花样或图谱中,发现了与某种结晶物质相同的衍射花样时,就可断定试样中包含着这种结晶物质。正如用指纹来识别人一样,这就是 X 射线物相定性分析的基本原理。

进行晶体物质定性物相分析的具体方法:将每种物质的衍射花样或衍射图谱数据化,将各条衍射线的衍射角 2θ 换算为晶面间距 d,并确定每条衍射线的相对强度 I/I_1,建立每种晶体物质的衍射数据标准卡片。进行物相分析时,对待分析试样的衍射花样或图谱,首先将各条衍射线的衍射角 2θ 换算为晶面间距 d,并确定每条衍射线的相对强度 I/I_1;然后与标准卡片比较进行分析。

2)PDF 卡片

1938 年,哈那瓦特(J. D. Hanawalt)等就开始收集和摄取各种已知物质的衍射花样,将其衍射数据进行科学的整理和分类。1942 年,美国材料试验协会(The American Society for Testing Materials,ASTM)整理出版了 1300 张卡片,称为 ASTM 卡片。这种卡片后来逐年增加,应用得越来越多。1969 年起,由美国材料试验协会和英国、法国、加拿大等国家的有关单位共同组成了名为"粉末衍射标准联合委员会"(the Joint Committee on Powder Diffraction Standards,JCPDS)的国际机构,专门负责收集、校订各种物质的衍射数据,将它们进行统一的分类和编号,编制成卡片出版,这种卡片组命名为粉末衍射卡组(The Powder Diffraction File,PDF)。卡片分为有机物质和无机物质两大类,其中收集了各国晶体分析工作者历年来获得的各种元素、化合物、矿物、金属、陶瓷等晶态物质的粉末衍射数据。每张卡片上记录着一种结晶物质的粉末衍射数据,查阅卡片就可知道这一物质的粉末衍射数据和其他很多信息。1990 年,这种卡片已出版 40 组,共约 63000 张,并以每年约 2000 张的速度增加。为了从众多的卡片中方便地查找所要的卡片,还编制了专用的索引。后来国际衍射数据中心(International Centre for Diffraction Data,ICDD)发行了电子版的 PDF 卡片,以供计算机自动检索使用。

(1)PDF 卡片传统版。JCPDS 编制出版的 PDF 卡片,一般称为 JCPDS 卡片,按过去的习惯又称为 ASTM 卡片。如图 1-54 所示,卡片中共有 10 个区域,分别说明如下。

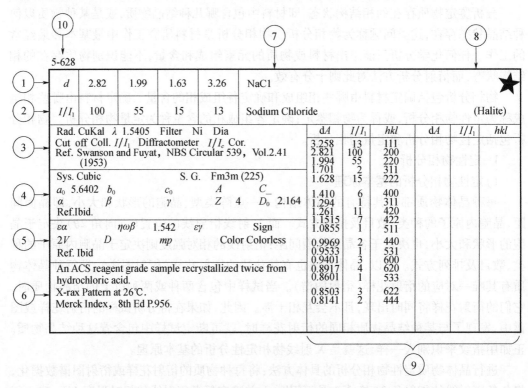

图 1-54　NaCl 的 PDF 卡片

① 在第 1 区间,从左到右依次列出从衍射图透射区($2\theta < 90°$)选出的 3 条最强线的面间距、衍射图中出现的最大面间距。

② 在第 2 区间,列出的是上述 4 条衍射线的相对强度。

③ 在第 3 区间,列出了获得该衍射数据时的试验条件:

· Rad. 为所用的 X 射线种类(CuK_α,FeK_α,…);

· λ 为 X 射线的波长(单位为 Å);

- Filter. 为滤波片名称,当用单色器时,注明"Mono";
- Dia. 为照相机镜头直径,当相机为非圆筒形时,注明相机名称;
- Cut off 为该相机所能测得的最大面间距;
- Coll. 为狭缝光阑的宽度或圆孔光阑的尺寸;
- I/I_1 为测量衍射线相对强度的方法(衍射仪法——diffractometer;强度标法——calibrated strip;目测估计法——visual inspection 等);
- I/I_c 为该物质的最强线与刚玉最强线的强度比(K 值);
- doors. ahs? 为所测 d 值是否经过吸收校正(如 No 为未作、Yes 为已作);
- Ref. 为第 3 区域和第 9 区域中所列资料的来源。

④ 第 4 区间是该物质的结晶学数据:

- sys. 为晶系;
- S. G. 为空间群;
- a_0、b_0、c_0 为晶格常数,$A = a_0/b_0$、$C = c_0/b_0$ 为轴率比;
- α、β、γ 为晶轴之间的夹角;
- Z 为晶胞中与该物质的化学式对应的分子数;
- Ref. 为第 4 区间中所列资料的来源。

⑤ 第 5 区间是该物质的光学和其他物理性质数据:

- $\varepsilon\alpha$,$\eta\omega\beta$,$\varepsilon\gamma$ 为折射率;
- Sign. 为光性正负(+ 或 –);
- $2V$ 为光轴之间的夹角;
- D 为密度;
- mp 为熔点;
- Color 为颜色(有时还列有该物质的光泽和硬度 H);
- Ref. 为第 5 区间中所列资料的来源。

⑥ 第 6 区间是有关该物质的其他资料和数据,如试样来源、化学分析数据、升华点(S. P)、分解温度(D. T)、转变点(T. P)、热处理条件、获得衍射数据时的温度等。

⑦ 第 7 区间是该物质的化学式及英文名称。

有时在化学式后还附加有阿拉伯数字和大写英文字母,如(ZrO_2)12M,这里阿拉伯数字表示晶胞中的原子数,而大写英文字母表示布拉菲点阵的类型,各字母的意义如下:

- C——简单立方;
- F——面心立方;
- U——体心四方;
- H——简单六方;
- P——体心正交;
- S——面心正交;
- N——底心单斜;
- B——体心立方;
- T——简单四方;
- R——简单三方;

- O——简单正交；
- Q——底心正交；
- M——简单单斜；
- E——简单三斜。

⑧ 第8区间是该物质的矿物学名称或通用名称,对一些有机化合物等还在名称上方列出了它的结构式或"点"式("dot"formula)。凡是名称外有圆括号者,表示是合成材料。此外,在该区域中有时还有下列记号:

- ★表示该卡片所列数据高度可靠；
- ○表示数据可靠程度较低；
- i 表示已作强度估计并指标化,但数据不如有★号的可靠；
- C 表示所列数据是从已知的晶胞参数计算而得的；
- 无标记的卡片,表示可靠性一般。

⑨ 第9区间是各条衍射线所对应的晶面间距、相对强度及衍射指数,在该区间中有时还可看到代表下列意义的字母:

- b——宽线或漫散线；
- d——双线；
- n——不是所有资料来源中都有的线；
- nc——与晶胞参数不符合的线；
- ni——用给出的晶胞参数不能指标化的线；
- np——给出的空间群所不允许的指数；
- β——因 β 线的存在或重叠而使强度不可靠的线；
- tr——痕迹线；
- +——可能有另外的指数。

⑩ 第10区间是卡片的编号,如5－0565表示第5组中的第565号卡片。若某一物质需要两张卡片才能列出所有数据时,则在第二张卡片的序号后加字母 A 标记。

(2)PDF 卡片电子版。PDF 的电子版先后发行过4种。

① PDF－1:这是一种经剪辑的数据库,只包括每一物相卡片上的最强8条衍射线,适应内存不是很大的计算机及加快检索速度。目前已不再发行,ICDD 鼓励拥有 PDF－1 的用户将其更换为 PDF－2 或 PDF－4。

② PDF－2:这是完整的 PDF 的电子版,包括所有的 PDF 卡片及 PDF 卡片上的全部数据。以一张 PDF 卡作为一个记录,其中包括由 d 值、I/I_1 及衍射指数构成的表、化学名称、矿物名称、结构式、晶体结构参数,如晶胞参数、晶系空间群等对称性参数、一些物理和化学数据,如密度、折射率、样品的制备和纯度等以及试验参数、衍射设备等,还有参考文献及对该谱质量作出评估的质量标记等。此外,还包括手工检索索引中不包括的大量计算谱,主要是由无机化合物结构数据库提供的由无机物结构数据计算得到的粉末衍射谱。对 2003 版,共包含 157048 个物相,其中无机物为 133370 个,有机物为 25609 个,有 92011 个实验谱,56614 个为计算谱,除从无机物结构数据库得到的以外,还从美国国家标准技术局得到 8423 个物相的数据。为了对 PDF－2 作检索,ICDD 提供两种检索软件,即 PCP-DFWIN 和 ICDDSUITE。前者有在 PDF－2 中寻找和显示某物相数据的功能,后者实际上

是 PCPDWIN 和索引软件 PCSIWIN 的组合。PCSIWIN 具有 Hanawalt 和 Fink 检索功能,具有进行元素过滤、部分化学名称的检索等多种功能。

③ PDF - 3:这是一个数字粉末衍射谱库。衍射谱不是以 d 和 I/I_1 值存储的,而是以小 2θ 步长(如 $0.02°$)扫描的完整数字粉末衍射谱。此库不大,至 2003 年只包含 500 个物相。

④ PDF - 4:这是 ICDD 近年新推出的一个新式关系数据库。PDF - 2 是把数据按物相形成记录的(即把有关物相的所有数据都集中在一起,形成一个数据单位)。而在 PDF - 4 中,是把所有数据按其类型(如衍射数据、分子式、d 值、空间群等)存于不同的数据表中。这种分类有 32 种。在一种类型的下面,可有数百子类。这种数据库具有非常强的发掘数据的能力。PDF - 4 不仅是一个数据库,还包含一些软件,可以自动做一些事情,如可以从单晶结构数据得到多晶衍射谱;基于仪器构造参数(如狭缝结构、单色器种类等)的引入,可以将试验得到的 d、I 数据转变为数字化的衍射谱,成为做物相定性鉴定的第三代检索/匹配的基础。

PDF - 4 有多种不同的分类版本,具体如下。

· PDF - 4/全文件 2003:共包含 157048 个物相,与 PDF - 2 相同。

· PDF - 4/矿物 2003:共包含 17535 个矿物物相。其中 3304 个有矿物分类代码,529 个有独特的矿物分类,433 个有代表性的结构代码,7647 个具有参考强度比 I/I_c,这有利于做物相定量分析。

· PDF - 4/有机物 2003:共包含 218194 个有机物和金属有机物相,其中 24385 是试验谱,而 191468 个是从剑桥晶体学数据中心(CCDC)储存的单晶数据计算得到的粉末谱;其中大于 124900 个具有参考强度比 I/I_c,有利于做定量物相分析。有能力显示二维的化学结构,显示完全的数字衍射谱。这是一个内容十分丰富,非常有力的数据库。

· PDF - 4/金属和合金 2002:共包含 36109 个金属或合金物相。其中 3931 个来自 NIST,20985 个有参考强度比 I/I_c。

· PDF - 4 各分库所含物相的总数已超过 350000。除了有 348516 个物相衍射数据外,还可以找到 300000 个密度数据、140000 个颜色分类、65000 个熔点、230000 个分子试验式、46000000 个原子和原子间的距离、600000 条参考文献及 1800 种科学杂志。

3)索引

JCPDS 编制出版了多种 PDF 卡片检索手册,包括无机物字顺索引(alphabetical index)、哈那瓦特(Hanawalt method)索引、芬克(Fink index)索引等。按检索方法可分为字母顺序索引(以物质名称字母顺序检索)和数值索引(以 d 值数列检索)两类。

(1)无机物字顺索引。当已知试样中的主要化学成分时,可使用字顺索引。字顺索引是按物质的英文名称的字母顺字排列的,在每种物质的名称后面列出其化学分子式、3 根最强线的 d 值和相对强度数据以及该物质的 PDF 卡片号码。示例如下:

① Aluminum Oxide:/Corundum Syn Al_2O_3 2.09_x 2.55_9 1.60_8 10 - 173   1.00

② Iron Oxide: Fe_2O_3 3.60_x 6.01_8 4.36_8 21 - 920

③ Silicon Oxide:/Quartz, low $\alpha - SiO_2$ 3.34_x 4.26_4 1.82_2 5 - 490   3.60

对于某些合金或化合物,还按其中所含的各种元素的名称顺序重复出现。例如,"锰铜"合金可以按第一元素为锰的次序中找到,也可以按第一元素为铜的次序中找到。对于某些物质还列出了其最强线对于刚玉最强线的相对强度比。

（2）哈那瓦特索引。对试样中的元素和相组分毫无了解的情况使用这种索引。哈那瓦特索引又称为三强线索引或数值索引。哈那瓦特索引是根据8条强线中的衍射强度由大到小的顺序来排列 d 值的。每种物质的数据在索引中列一行，依强弱顺序列出8条强线的面间距 d、相对强度、化学式及卡片的序号。此外，还列有用于自动检索的微缩胶片号（Fiche），示例如下：

① 2.09_x 2.55_9 1.60_8 3.48_8 1.37_5 1.74_5 2.38_4 1.40_3 Al_2O_3　　$10-173$　1.00

② 3.60_x 6.01_8 4.36_8 3.00_6 4.15_4 2.74_4 2.00_1 1.80_2 Fe_2O_3　　$21-920$

面间距 d 的小角码表示该线条的相对强度：X 表示 100（最强线）；9 表示约为 90；8 表示约为 80 等。

索引中采用哈那瓦特的分组法，即按第一个 d 值的大小范围分组，如第一个 d 值在 $2.44 \sim 2$ 40Å 范围内的归为一组。整册索引共有 51 组，按 d 值范围从大到小的顺序排列，每组的 d 值范围列在该组的开头及每页的顶部。在每一组中，以第二个 d 值的大小顺序排列，若第二个 d 值相同，则又以第一个 d 值的大小次序排列。在第二个 d 值和第一个 d 值相同时，按第三个 d 值的大小次序排列。

（3）芬克索引。当试样中包含多种相组分时，由于各相物质的衍射线相互重叠干扰，强度数据往往很不可靠。另外，试样的吸收以及其中晶粒的择优取向，也会使相对强度发生很大变化，特别是采用电子衍射法进行分析时，这种强度变化更是常见。此时采用哈那瓦特索引查找卡片就会有很大困难。为此，芬克索引中主要以8根最强线的 d 值作为分析依据，而把强度数据作为次要依据。在这种索引中，每一行也对应一种物质。依 d 值的递减次序（与哈氏法的主要区别）列出该物质的8条最强线的 d 值、英文名称、卡片序号及微缩胶片号。若该物质的衍射线少于8根，则以 0.00 补足。每种物质在索引中至少出现 4 次。

索引中分组法类同于哈那瓦特索引。

4）物相定性分析步骤。

（1）制备待分析物质试样，试样的粒度要适当，常以 $10 \sim 40\mu m$ 为宜，使衍射线不至宽化或不均匀。此外，要尽量避免试样中晶粒的择优取向；否则衍射线的相对强度将会发生很大偏差。

（2）用衍射仪法进行 X 射线衍射分析，作出衍射图。

（3）衍射线 d 值的测量，确定各衍射线的峰位 2θ，用布拉格方程换算出各衍射线的 d 值。进行定性物相分析时，衍射线的峰位 2θ 一般可估计到 $0.05°$，d 值一般精确到 $0.001Å$。很多新型衍射仪可直接打印出每条衍射线的 d 值和相对强度值。

（4）衍射线相对强度的测量，一般可直接用各衍射线的峰高比作相对强度。用各衍射线的峰高比作相对强度时，以最强线的峰高 I_1 为 100，将其他各衍射线的峰高 I_i 与 I_1 相比较，得到其他各衍射线的相对强度 I_i / I_1，也可用各衍射线的积分强度确定其相对强度。

（5）查阅索引。根据测得的晶面间距和相对强度，用查索引的办法来确定一些可能的卡片。当试样中含有已知元素或可能的物相时可查阅字顺索引；当衍射图中的线条不多而相对强度测量又较准确时，可查哈那瓦特索引。用哈那瓦特索引应十分注意三强线的正确选择。当衍射线条多而相对强度数据又不十分可靠时，可以用芬克索引。在查阅索引时，应注意测得的 d 值有一定的误差，一般地，允许 $\Delta d = \pm(0.01 \sim 0.02)Å$。在查阅索引和卡片时,还应充分考虑到测量 d 值时的实际误差,并在相应的 d 值范围内去考虑可能的卡片号码。

如果待测试样是多相混合物,则必须考虑到衍射图上的 3 条或 8 条最强线很可能不是由同一物相产生的,而可能是由试样中不同的相产生的。因此,必须考虑不同的三强线或八强线组合来进行试探,逐个确定。

(6)核对卡片。查阅索引确定可能的卡片号后,再从卡片集中取出有关卡片,将实测衍射数据与卡片上所列的进行仔细核对,若能在试验误差范围内找到与试验数据全部符合的卡片,则说明试样中包含有该物质。对于多相混合物,因为一些强线很可能不是同一个物相产生的,因此必须作多次假设和尝试。首先将能核对上的卡片作为第一相确定下来;然后将未对上的剩余线条作强度归一化处理,即将剩余线条中最强线作为 100,其余线条的强度乘以相同的归一化因子。再用查索引、核对卡片的方法确定第二相,再定第三相……一般来说,这是比较繁杂细心的工作。

5)定性物相分析的注意事项。

在分析时,注意以下一些问题,有助于得到正确的分析结果。

(1)d 值的数据比相对强度的数据重要。这是因为由于吸收和测量误差等的影响,相对强度的数值往往可能发生很大偏差,而 d 值的误差一般不会太大。因此,在将试验数据与卡片上的数据核对时,d 值必须相当符合,一般要到小数点后第二位才允许有偏差。

(2)低角度区域的衍射数据比高角度区域的数据重要。这是由于低角度的衍射线对应于 d 值较大的晶面。对不同的晶体来说,差别较大,相互重叠的机会少,不易相互干扰。但高角度的衍射线对应 d 值较小的晶面,对不同的晶体来说,晶面间距相近的机会多,容易相互混淆。特别是当试样的结晶完整性较差、晶格扭曲、有内应力或晶粒很小时,往往使高角度线条漫散宽化甚至无法测量。

(3)了解试样的来源、化学组成和物理特性等对于作出正确的结论是十分有帮助的。特别是在新材料的研制工作中,出现的某些物质很可能是 PDF 卡片机中所没有的新物质。鉴定这些物质要有尽可能多的物理、化学资料,如该物质中包含哪些元素、它们的相对含量如何、该物质由哪些原料制成、工艺过程怎样等。然后与成分及结构类似物质的衍射数据进行对比分析。有时还要针对自己的研究对象,拍摄一些标准衍射图,编制专用的新卡片,以供查考。此外,少数 PDF 卡片中所列的数据也可能是错的或不完全的。

(4)在进行多相混合试样分析时,不能要求一次就将所有主要衍射线都能核对上,因为它们可能不是同一种物相产生的。因此,首先要将能核对上的部分确定下来;然后再核对留下的部分,逐个解决;在有些情况下,最后还可能有少数衍射线对不上,这可能是因为混合物中某些相含量太少,只出现几条较强线,以致无法鉴定。

(5)尽量将 X 射线物相分析法和其他物相分析法结合起来,利用偏光显微镜、电子显微镜等手段进行配合。

(6)要确定试样中含量较少的相时,可用物理方法或化学方法进行富集浓缩。

2. 定量物相分析

多相混合物质经过定性分析确定了物相组成后,有时需要进一步确定各物相的含量,此时就要进行定量物相分析。定量物相分析是根据多相试样中各相物质的衍射线强度来确定各相物质的相对含量。在此仅对定量相分析的原理和主要方法作简略介绍。

定量物相分析的基本原理：从衍射线强度理论可知，多相混合物中某一相的衍射强度，随该相的相对含量的增加而增加，呈某种函数关系。如果用试验测量或理论分析等办法确定该函数关系，就可从试验测得的强度计算出该相的含量，这是定量分析的基本原理。

照相法和衍射仪法都可用来进行定量相分析，但衍射仪测量衍射强度比照相法精确度高、方便简单、速度快，定量物相分析的工作基本上都用衍射仪法。因此，下面以衍射仪法的衍射强度公式为基础进行讨论。

如前面所述，当用衍射仪测量衍射线强度时，若试样为平板状的单相多晶体，则衍射线的积分强度公式为

$$I = I_0 \frac{e^4}{m^2 c^4} \frac{\lambda^3}{32\pi R} \frac{V}{V_0^2} F^2 P \frac{1 + \cos^2 2\theta}{\sin^2\theta\cos\theta} \frac{e^{-2M}}{2\mu} \qquad (1-99)$$

式中：μ 为试样的线吸收系数；V 为参与衍射的试样体积。

式（1-99）是从单相物质导出的，但只要做适当修改，就可应用于多相物质。假设试样由几个相均匀混合而成，其线吸收系数为 μ，其中第 j 相所占的体积百分数为 V_j，则将式（1-99）中的 V 换为第 j 相的体积 V_j 即 $v_j V$，而 μ 看作混合试样的线吸收系数，就可计算出第 j 相的某条衍射线强度 I_j。

若令

$$B = I_0 \frac{e^4}{m^2 c^4} \frac{\lambda^3}{32\pi R} V \qquad (1-100)$$

$$C_j = \frac{F^2 P}{V_0^2} \frac{1 + \cos^2 2\theta}{\sin^2\theta\cos\theta} \frac{e^{-2M}}{2} \qquad (1-101)$$

则 I_j 可表示为

$$I_j = BC_j \frac{v_j}{\mu} \qquad (1-102)$$

式中：B 为一个只与入射 X 射线强度 I_0、波长 λ、衍射仪圆半径 R 及受照射的试样体积 V 等试验条件有关的常数，而 C_j 只与第 j 相的结构及试验条件有关，当该相的结构已知、试验条件选定之后，C 为常数，并可计算出来。

在实际计算中，由于第 j 相的质量分数 w_j 比 v_j 容易测量，所以常以 w_j 来代替体积百分数 v_j。设混合物的密度为 ρ，质量吸收系数为 μ_m。参与衍射的混合试样的质量和体积分别为 W 和 V，而第 j 相对应的物理量分别用 ρ_j、$(\mu_m)_j$、W_j 和 V_j 表示，则

$$v_j = \frac{V_j}{V} = \frac{1}{V} \frac{W_j}{\rho_j} = \frac{W}{V} \frac{w_j}{\rho_j} = \rho \frac{w_j}{\rho_j} \qquad (1-103)$$

$$\mu = \mu_m \rho = \rho \sum_{j=1}^{n} (\mu_m)_j w_j \qquad (1-104)$$

将式（1-103）和式（1-104）代入式（1-102），得

$$I_j = BC_j \frac{\dfrac{w_j}{\rho_j}}{\sum_{j=1}^{n} (\mu_m)_j w_j} \qquad (1-105)$$

或

$$I_j = BC_j \dfrac{\dfrac{w_j}{\rho_j}}{\mu_{\mathrm{m}}} \tag{1-106}$$

式(1-106)直接把第 j 相的某条衍射线强度与该相的质量分数 w_j 联系起来,是定量分析的基本公式。

下面讨论几种具体的分析方法。

1)直接对比法

经定性分析确定了物相组成后,即可知试样中各相的晶体结构,与 j 相的某条衍射线有关的常数 C 可直接从式(1-101)计算出来。假设试样中有 n 个物相,选取一个包含各个相的衍射线的较小的角度区域,测定此区域中每个相的一条衍射线强度,共得到 n 个强度值,分属于 n 个相,然后定出这 n 条衍射线的衍射指数和衍射角。代入式(1-101)计算出它们的 C_j,于是可列出下列方程组,即

$$\begin{cases} I_1 = BC_1 \dfrac{v_1}{\mu} \\[2mm] I_2 = BC_2 \dfrac{v_2}{\mu} \\[2mm] I_3 = BC_3 \dfrac{v_3}{\mu} \\[2mm] \quad\vdots \\[2mm] I_n = BC_n \dfrac{v_n}{\mu} \\[2mm] v_1 + v_2 + v_3 + \cdots + v_n = 1 \end{cases} \tag{1-107}$$

解此方程组,即可求得各相的体积百分数。

对于两相混合物,这种方法特别简便,即

$$\begin{cases} I_1 = BC_1 \dfrac{v_1}{\mu} \\[2mm] I_2 = BC_2 \dfrac{v_2}{\mu} \\[2mm] v_1 + v_2 = 1 \end{cases} \tag{1-108}$$

解得

$$v_1 = \dfrac{I_1 C_2}{I_1 C_2 + I_2 C_1} \tag{1-109}$$

2)外标法

外标法是将待测试样中 j 相的某一衍射线的强度与 j 相纯物质(称为外标物质)在相同试验条件下的同一衍射线的强度进行对比来求得 j 相含量的方法。原则上,它只能应用于两相系统。

设试样中所含两相的质量吸收系数分别为 $(\mu_{\mathrm{m}})_1$ 和 $(\mu_{\mathrm{m}})_2$,则有 $\mu_{\mathrm{m}} = (\mu_{\mathrm{m}})_1 w_1 + (\mu_{\mathrm{m}})_2 w_2$,根据式(1-106)有

$$I_1 = BC_1 \frac{\dfrac{w_1}{\rho_1}}{(\mu_m)_1 w_1 + (\mu_m)_2 w_2} \qquad (1-110)$$

因 $w_1 + w_2 = 1$,故

$$I_1 = BC_1 \frac{\dfrac{w_1}{\rho_1}}{w_1 [(\mu_m)_1 - (\mu_m)_2] + (\mu_m)_2} \qquad (1-111)$$

若以 $(I_1)_0$ 表示纯的第 1 相物质 $(w_2 = 0 、 w_1 = 1)$ 的某衍射线的强度,则

$$(I_1)_0 = BC_1 \frac{\dfrac{1}{\rho_1}}{(\mu_m)_1}$$

于是,有

$$\frac{I_1}{(I_1)_0} = \frac{w_1 (\mu_m)_1}{w_1 [(\mu_m)_1 - (\mu_m)_2] + (\mu_m)_2} \qquad (1-112)$$

由此可见,在两相系统中若各相的质量吸收系数已知,则只要在相同试验条件下测定待测试样中某一相的某条衍射线强度 I_1(一般是选择最强射线来测量的)。然后再测出该相纯物质的同一条衍射线强度 $(I_1)_0$,就可算出该相的质量计数 w_1。但 $I_1/(I_1)_0$ 与 w_1 一般无线性正比关系,这是样品的基体吸收效应所造成的。但若系统中两相的质量吸收系数相同(如两相同素异构体时),则从式 $(1-112)$ 可知

$$\frac{I_1}{(I_1)_0} = w_1 \qquad (1-113)$$

这时第 1 相的含量 w_1 与 $I_1/(I_1)_0$ 成线性正比关系。

实际应用外标法进行定量分析时,通常是固定试验条件,首先制备一些待测相含量已知的标准试样,测出 $I_1/(I_1)_0$ 与该相含量 w_1 的关系曲线(定标曲线);然后再据此定标曲线来进行分析,这种定标曲线原则上只适用于确定的两相。但是,若待测样品和标准样品中两相基体的质量吸收系数很相近,则这种定标曲线也可借用。

3)内标法。

当待测试样中含有多相物质,而且各相的质量吸收系数又不相同时,可往试样中加入某种标准物质(称之为内标物质)来帮助分析,这种方法统称为内标法。

设试样中有 n 个相,它们的质量为 $W_1 、 W_2 、 W_3 、 \cdots 、 W_n$,总质量为

$$W = \sum_{i=1}^{n} W_i$$

在试样中加入标准物质作为第 s 相,它的质量为 W_s。如果以 W_j 表示待测的第 j 相在原试样中的质量分数,又以 w_j' 表示它在加入标准物质后试样中的质量分数,而用 w_s 表示标准物质在它混入标准物质后的试样中的质量分数,则

$$w_j' = \frac{W_j}{W + W_s} = \frac{W_j}{W} \left(1 - \frac{W_s}{W + W_s} \right) = w_j (1 - w_s)$$

根据式 $(1-106)$ 可得混入标准物质后的强度公式为

$$I_j = BC_j \frac{\dfrac{w'_j}{\rho_j}}{\displaystyle\sum_1^n (\mu_m)_j w'_j + w_s (\mu_m)_s}$$

$$I_s = BC_s \frac{\dfrac{w_s}{\rho_s}}{\displaystyle\sum_1^n (\mu_m)_j w'_j + w_s (\mu_m)_s}$$

将以上两式相比,即

$$\frac{I_j}{I_s} = \frac{C_j w'_j \rho_s}{C_s w_s \rho_j} = \frac{C_j (1 - w_s) \rho_s}{C_s w_s \rho_j} w_j \qquad (1-114)$$

由于在配制试样时,可以控制 W 和加入的内标物质的质量 W_s,使得 W_s 保持常数,于是式(1-114)可写为

$$\frac{I_j}{I_s} = C w_j \qquad (1-115)$$

式中:$C = \dfrac{C_j}{C_s} \dfrac{(1 - w_s) \rho_s}{w_s \rho_j}$ 为常数。

式(1-115)是内标法的基本公式,它说明待测的第 j 相的某一衍射线强度与标准物质的某衍射线强度之比是该相在原试样中的质量分数 w_j 的直线函数。

由于常数 C 难以用计算方法定准,因此实际使用内标法时也是先用试验方法作出定标曲线,再进行分析的。首先配制一系列标准样品,其中包含已知量的待测相 j 和恒定质量百分比 w 的标准物质;然后用衍射仪测量对应衍射线的强度比,作出 I_j/I_s 与 w 的关系曲线(定标曲线)。在分析未知样品中的第 j 相含量时,只要对试样加入相同百分比的标准物质,然后测量出相同衍射线的强度比 I_j/I_s,查对定标曲线即可确定待测试样中第 j 相的含量。必须注意,在制作定标曲线与分析待测试样时,标准物质的质量分数 w_s 应保持恒定,通常 w_s 取 0.2 左右。而测量强度所选用的衍射线,应选取内标物质以及第 j 相中衍射角相近、衍射强度也比较接近的衍射线,并且这两条衍射线应该不受其他衍射线的干扰;否则情况将变得更加复杂化,影响分析精度的提高。对于一定的分析对象,在决定选用何种物质作为内标物质时,必须考虑到这些问题。此外,内标物质必须化学性能稳定,不氧化、不吸水、不受研磨影响。衍射线数目适中,分布均匀。图 1-55 所示是用萤石(CaF_2)作为内标物质,测定工业粉尘中石英含量的定标曲线,萤石的质量百分数 w_s 取为 0.2,$I_{石英}$ 是从石英的晶面间距等于 3.34Å 的衍射线测得的强度,而 $I_{萤石}$ 是从萤石的晶面间距为 3.16Å 的衍射线测得的强度。

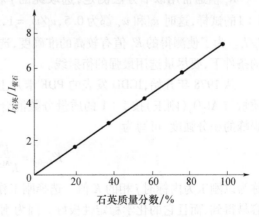

图 1-55　石英分析的定标曲线
(萤石作内标物质)

4) K 值法。

在使用内标法时,常数 C 与标准物质的掺入量 w_s 有关,见式(1 – 115),常数 C 随标准物质的掺入量 w_s 变化而变化。为了消除了这一缺点,钟(F. H. Chung)对内标法作了改进,并改称为 K 值法,又称为基体冲洗法。K 值法实际上也是内标法的一种。它与传统的内标法相比,不用绘制定标曲线,因而免去了许多繁复的试验,使分析手续大为简化。其实它的原理也是比较简单的,所用的公式是从内标法的公式演化而来的。

根据式(1 – 114),并注意 $w_j' = (1 - w_s)w_j$,可得

$$\frac{I_j}{I_s} = \frac{C_j \rho_s w_j'}{C_s \rho_j w_s} = \frac{C_j \rho_s (1 - w_s)}{C_s \rho_j} \frac{w_j}{w_s}$$

式中:I_j 和 I_s 分别为加了内标物质 S 后,试样中第 j 相和内标物质 S 的选定的衍射线的强度;w_j 和 w_j' 则分别是内标物质加入以前和以后试样中第 j 相的质量分数;w_s 是内标物质加入以后内标物质的质量分数。

在上式中,若令

$$K_s^j = \frac{C_j \rho_s}{C_s \rho_j} \tag{1 – 116}$$

则

$$\frac{I_j}{I_s} = K_s^j \frac{(1 - w_s)}{w_s} w_j \tag{1 – 117}$$

如果已知 K_s^j,又测定了 I_j 和 I_s,则通过此式可计算出 w_j(因加入的内标物质的质量分数 w_s 是已知的)。

从 K_s^j 的表达式可知,它是一个与第 j 相和 S 相的含量无关,也与试样中其他相的存在与否无关的常数,而且它与入射 X 射线强度 I_0、衍射仪圆半径 R 等实验条件无关。它是一个只与 j 相和 S 相的密度、结构及所选的是哪条衍射线有关。X 射线的波长也会影响 K_s 的值,因为 X 射线波长的变化会影响衍射角,从而影响角因数,也就影响 C_j、C_s 和 K_s^j。可见,当 X 射线波长选定不变时,K_s^j 是一个只与 j 和 S 两相有关的特征常数。为方便计,将 K_s^j 简记为 K,并且将这种方法称为 K 值法。

K_s^j 值通常用以下方法测定,选取纯的 j 相和 S 相物质,将它们配制成一定比例,如 1∶1 的试样,这时 w_j' 和 w_s 都为 0.5,$w_j'/w_s = 1$,只要测定该试样的衍射强度比,即可得 $K_s^j = I_j/I_s$。为了使测得的 K_s^j 值有较高的准确度,选择各物相的衍射线时,在保证没有相互干扰的条件下,要尽量选用最强的衍射线。

从 1978 年开始,ICDD 发表的 PDF 卡片上开始附加有 RIR 值,即 K 值。它是按样品质量与 Al_2O_3(刚玉)按 1∶1 的质量分数混合后,测量的样品最强峰的积分强度/刚玉最强峰的积分强度,可写为

$$K_{Al_2O_3}^j = \frac{K^j}{K^{Al_2O_3}} = \frac{I_j}{I_{Al_2O_3}}$$

称为以刚玉为内标时 j 相的 K 值。选择刚玉作为通用的标准物质的原因是纯度高的刚玉容易得到,而且它的化学稳定性极好。因为刚玉颗粒在各方向上的尺度比较接近,制备试样时不易产生择优取向。

若一个样品中同时存在 1、2、3 等 n 个相:首先通过 PDF 卡片查到每个相的 K 值(RIR

值），$K_{Al_2O_3}^1$、$K_{Al_2O_3}^2$、$K_{Al_2O_3}^3$、$\cdots$；然后选用 1 相作为内标物（选 2、3 等任何一个相都可以），计算出以其中 1 相为内标物时，样品中每个相的 K 值，即

$$K_1^1 = \frac{K_{Al_2O_3}^1}{K_{Al_2O_3}^1} = 1 , K_1^2 = \frac{K_{Al_2O_3}^2}{K_{Al_2O_3}^1} , K_1^3 = \frac{K_{Al_2O_3}^3}{K_{Al_2O_3}^1} , \cdots$$

其中 j 相的质量分数为

$$w_j = \frac{I_j}{K_1^j \sum_{i=1}^{n} \frac{I_i}{K_1^i}} \tag{1-118}$$

K 值法应用于两相系统，则

$$\begin{cases} w_1 = \dfrac{I_1}{I_1 + \dfrac{I_2}{K_1^2}} \\ w_2 = \dfrac{I_2}{I_2 + K_1^2 I_1} = 1 - w_1 \end{cases} \tag{1-119}$$

注意，定量相分析的强度公式是以下列假设为基础的，即粉末试样中晶粒尺寸非常细小（粒径 $10\mu m$），各相粉末充分均匀混合，晶粒取向分布无择优取向（完全随机排列），若试样情况与上述假设不符，就会影响定量分析的精确度。因此，在制备试样时，要充分研磨和混合，避免重压以减少择优取向。另外，还可以采用多次制样、多次测量强度，然后取平均值的方法，或者使用特殊的样品架，在测量过程中，使试样围绕其表面法线不断转动等办法来消除择优取向的影响。

1.6.2.2　晶胞参数的精确测定

晶胞参数是晶体物质的基本结构参数。结晶物质在一定条件下具有一定的晶胞参数 a、b、c、α、β、γ。但晶胞参数也随化合物的化学剂量比、固溶体的组分比、晶体中杂质含量以及温度、压力等因素的变化而变化。晶胞参数的变化反映了晶体组成、空位浓度、应力状态等的变化。所以，晶胞参数的精确测定可用于固溶体及晶体缺陷的研究；通过晶胞参数随方位的变化测定多晶体物质中的弹性应力已发展成为一种专门的方法；通过晶胞参数随温度的变化计算膨胀系数；由晶胞参数的精确值计算粉末状等不适于用其他物理方法测定密度的物质的真实密度。

晶胞参数的精确值可从单晶和多晶测得。用于单晶体测定的有转动晶体法、魏森堡法、单晶衍射仪法、双晶衍射仪法；用于粉末和多晶体测定的有德拜 – 谢乐法和衍射仪法。由于衍射仪灵敏度、精度高，并已普及，在此主要介绍粉末衍射仪测量晶胞参数的方法。

测量粉晶衍射图上各衍射线的位置 2θ，计算出与各衍射线对应的衍射角和衍射面的晶面间距 d_{HKL}。因为晶面间距 d_{HKL} 是晶胞参数和衍射指数（HKL）的函数，所以即可从一系列晶面间距值及各衍射线的衍射指数计算出晶胞参数。由于各种因素引起的晶胞参数变化非常小，往往在 10^{-5} nm 数量级，试验误差对晶胞参数精确测定的影响也是非常重要的。所以，用粉末衍射仪测量多晶体晶胞参数的步骤如下。

（1）作粉末衍射图，用粉末衍射仪作出 X 射线衍射图谱。

（2）计算各衍射线对应的布拉格角及对应晶面族的晶面间距 d。

（3）标定各衍射线的衍射指数 hkl。

（4）由 d 及相应的 hkl 计算晶胞参数,在此过程中要消除误差,得到精确的晶胞参数 a、b、c、α、β、γ。

在此首先介绍粉末衍射图标定、试验误差分析和消除误差的方法;然后再系统地归纳计算晶胞参数的步骤。

1. 粉末衍射图的标定

粉末衍射图标定就是确定各衍射线对应晶面族的晶面指数,并确定该晶体所属的晶系。粉末衍射图的标定有 3 种常用方法,即查卡法、图解法和解析法。

查卡法是对已知物质（或经定性物相分析确定了的物质）查 PDF 卡片,确定各衍射线对应晶面族的晶面指数,并确定该晶体所属的晶系。在 PDF 卡片中,很多物质的衍射线对应的衍射指数都是已标定好的,因此查找相应的 PDF 卡片,即可确定粉末衍射图中各衍射线的指数,并确定该晶体所属的晶系。

当 PDF 卡片上没有衍射线的衍射指数时,则要用图解法或解析法来标定。不论是用图解法还是解析法,衍射图的标定工作都是繁琐而费时的。图解法要用专用图表,应用赫耳-戴维图和本恩图表可对四方、六方晶系的粉末衍射图进行标定。解析法虽然也很繁琐,但是使用计算机进行标定工作则更为方便,现已有计算晶胞参数的应用程序。下面简要介绍解析法对立方、四方和六方晶系的标定方法。

用晶面间距 d_{HKL} 可计算晶面（HKL）对应的倒易点阵矢量的模的平方值 Q_{HKL},即

$$Q_{HKL} = \frac{1}{d_{HKL}^2}$$

根据倒易点阵理论,有

$$
\begin{aligned}
Q_H &= \left| R_{HKL}^* \right|^2 = R_{HKL}^* \cdot R_{HKL}^* \\
&= \left[Ha^* + Kb^* + Lc^* \right] \cdot \left[Ha^* + Kb^* + Lc^* \right] \\
&= H^2 a^{*2} + K^2 b^{*2} + L^2 c^{*2} + 2HK a^* b^* \cos\alpha^* + 2HL a^* c^* \cos\beta^* + 2KL b^* c^* \cos\gamma^*
\end{aligned}
$$

$$(1-120)$$

若令 $A = a^{*2}$、$B = b^{*2}$、$C = c^{*2}$、$D = a^* b^* \cos\alpha^*$、$E = a^* c^* \cos\beta^*$、$F = b^* c^* \cos\gamma^*$,则式（1-120）变为

$$Q_{HKL} = AH^2 + BK^2 + CL^2 + DHK + EHL + FKL \qquad (1-121)$$

若设粉末衍射图中有 n 条衍射线,则可得到 n 个这样的方程,构成多元方程组。求解这个方解组,可求得各衍射线的衍射指数 H、K、L 以及与晶胞参数有关的常数 A、B、C、D、E 和 F。在求解方程组时,由于右边全部是未知数,一般来说求解是比较困难的。但对中高级晶系而言,因为有其特殊的对称特点和系统消光规则,在可能出现的 Q_{HKL} 值和衍射指数 H、K、L 之间,往往存在着一些特殊关系,利用这些关系就可解出上述方程组,从而完成标定工作。例如,对立方晶系,因 $a^* = b^* = c^* = \frac{1}{a}$,$\alpha^* = \beta^* = \gamma^* = 90°$,有 $A = B = C = \frac{1}{a^2}$,$D = E = F = 0$,于是由式（1-121）可得

$$Q_{HKL} = A \times (H^2 + K^2 + L^2) = \frac{1}{a^2} N \qquad (1-122)$$

所以,衍射图标定一般采取由简到繁、逐级判别晶系的方法进行标定。首先用立方晶系的标定法,若能成功,则表示该试样属立方晶系。若不成功,则再顺次用六方、四方晶系的标定法;若都不成功,则说明试样属于对称性更低的正交、单斜和三斜晶系。三方晶系可用变换基矢的办法转化为六方晶系,故可用六方晶系的方法来标定。

1)立方晶系的标定

立方晶体粉末衍射图的标定,可采用求各衍射线的 $\sin^2\theta$ 比值的方法。在立方晶系中,因 $a^* = b^* = c^* = \dfrac{1}{a}$,$\alpha^* = \beta^* = \gamma^* = 90°$,故有 $A = B = C = \dfrac{1}{a^2}$,$D = E = F = 0$,于是式(1−121)变为

$$Q_{HKL} = A \times (H^2 + K^2 + L^2) = \frac{1}{a^2}(H^2 + K^2 + L^2) = \frac{1}{a^2}N \qquad (1-123)$$

式中:$N = H^2 + K^2 + L^2$ 为衍射指数平方和,是整数,但它不可能等于 7、15、23、…,即

$$N \neq (7 + 8S)4^m \qquad (1-124)$$

式中:S 和 m 均为 0,1,2,…正整数。这是因为没有 3 个整数的平方和会等于 $(7 + 8S)4^m$。

从式(1−123)可知,各条衍射线的 Q 值之比等于一系列整数比。若设各个 Q 值顺次为 $Q_1,Q_2,Q_3,\cdots$ 与其对应的 N 值为 $N_1,N_2,N_3,\cdots$,则

$$Q_1 : Q_2 : Q_3 \cdots = N_1 : N_2 : N_3 \cdots$$

由立方晶系晶面间距公式及布拉格方程,得

$$\sin^2\theta = \frac{\lambda^2}{4a^2}(H^2 + K^2 + L^2)$$

将上式代入式(1−123),有

$$Q = \frac{4\sin^2\theta}{\lambda^2}$$

所以,$\sin^2\theta$ 之间的比也为一系列整数比,即

$$\sin^2\theta_1 : \sin^2\theta_2 : \sin^2\theta_3 \cdots = N_1 : N_2 : N_3 \cdots$$

由此可知,从试验测得的 $\sin^2\theta$ 值,即可求得 N 值之比,再考虑到各个 N 都应是满足式(1−124)的正整数,就可凑出与各条衍射线对应的 N 值与衍射指数。在这个过程中,确定 N_1 值是关键之一。

了解系统消光规则,对确定 N 值,完成标定工作极为有用。根据结构因子的计算,立方晶系 3 种格子的系统消光规则只允许 N 取表 1−9 所列的一些值,属简单立方格子的物质,N 可取满足式(1−124)的任何整数;属体心立方格子的,N 可取满足式(1−124)的任何偶数;属面心立方格子的,只有 H、K、L 这 3 个全为奇数或全为偶数时的 N 值才是允许值。对结构较为复杂的晶体,除上述格子消光外,还有附加的结构消光规律。例如,金刚石结构型晶体,除面心格子的消光外,H、K、L 虽全为偶数,但它们之和 $(H + K + L)$ 不等于 4 的整数倍时,也将消光,见表 1−8。又如,属于氯化钠结构型的晶体,当其中两类离子的散射因子相差很小时,就会造成指数全为奇数的衍射线强度很弱,甚至弱得不出现。这些原因都可能使 N_1 的值不一定是 1、2 或 3,而可能更大。

表 1-9　立方晶系的衍射指数及其平方和 N 的可能值

$N = H^2 + K^2 + L^2$ 的可能值				衍射指数
简单点阵	体心点阵	面心点阵	金刚石结构型	HKL
1				100
2	2			110
3		3	3	111
4	4	4		200
5				210
6	6			211
7 *				
8	8	8	8	220
9				300,221
10	10			310
11		11	11	311
12	12	12		222
13				320
14	14			321
15 *				
16	16	16	16	400
17				410,322
18	18			411,330
19		19	19	311
20	20	20		420
21				421
22	22			332
23 *				
24	24	24	24	422
25				500,430
26	26			510,431
27		27	27	511,333
28 *				
29				520,432
30	30			521
31 *				
32	32	32	32	440
33				522,441
34	34			530,433
35		35	35	531

2)六方(三方)和四方晶系的标定方法

对六方晶系,因 $a^* = b^* \neq c^*, \gamma^* = \beta^* = 90°, \alpha^* = 60°$,故 $A = B \neq C, E = F = 0, D = a^{*2} = A$,有

$$Q_{HKL} = A(H^2 + K^2 + HK) + CL^2 \qquad (1-125)$$

对四方晶系,有

$$Q_{HKL} = A(H^2 + K^2) + CL^2 \qquad (1-126)$$

令 y 分别代表六方晶系中的 $(H^2 + K^2 + HK)$ 和四方晶系中的 $(H^2 + K^2)$,则 y 可取表 1-9 所列的允许值。

表 1-9　六方晶系、四方晶系 y 的允许值

晶系	y 的允许值
六方晶系	1,3*,4,7*,9,12*,13,16,19*,21*,…
四方晶系	1,2*,4,5*,8*,9,10*,13,16,17*,…

表 1-9 中有 * 号的数据为区别六方和四方晶系的特征值。3,7,12,19,… 为六方晶系中 y 的特征值,在四方晶系中不出现。而 2,5,8,10,… 为四方晶系中 y 的特征值,在六方晶系中不出现。

六方晶系和四方晶系的粉末衍射图中,常会出现衍射指数为 (OOL) 型或 (HKO) 型的衍射线,若能确认出两条以上这样的衍射线,就能从式(1-125)和式(1-126)计算出 A 和 C,达到将衍射线指标化的目的。经验证明出现 (HKO) 型衍射线的概率要比出现 (OOL) 型的概率多得多。因此,要从辨认 (HKO) 型的衍射线出发来考虑。

对 (HKO) 型衍射,有

$$Q_{HKO} = A(H^2 + K^2 + HK) = A \cdot y \qquad (六方晶系)$$
$$Q_{HKO} = A(H^2 + K^2) = A \cdot y \qquad (四方晶系)$$

即 $Q_{HKO}/y = A$ 为常数。因此,若将试验测得的所有 Q_x 值以 y 的各种允许值去除,并把所得的值按 y 值和衍射线序号排列成二维数表可发现,此数表中会有好几组的值是相等的。这些相等的值即是可能的 A 值。并且,若这些相等数值所在的列号 y 中有 3,7,12,… 六方晶系的特征值时,即可断定该晶体属于六方晶系;若 y 有 2,5,8,… 四方晶系的特征值时,可判定为四方晶系。

求得 A 后,可从 (HKL) 型衍射线的 Q 值求出 C。这是因为

$$\frac{Q_{HKL} - Ay}{L^2} = C \qquad (1-127)$$

所以,若从已求得的 A 值算出所有的 $Q_{HKL} - Ay$,再以一系列整数的平方值 L^2 去除,所得的商中必有不少是相等的,这些相等的数即是可能的 C 值。一般来说,这样得到的 C 的可能值也有好几个。

由于试验误差的存在和核对比较时误差窗的影响,在要比较的数值中,常会有多个数值可被认为是常数 A 和 C 的可能值。但真正的 A 和 C 值应是能把全部衍射线条都指标化的那两个可能值。

下面仅以六方晶系为例来说明。六方晶系和四方晶系物质粉晶衍射图的标定方法是完全相似的,第一步是以六方晶系中 y 的允许值 1,3,4,7,… 为列号,以衍射线序号 x 为行

号，建立 Q_x/y 值的二维数表，y 的最大值可取 25 左右，表 1-10 所列为金属锌(Zn)的 Q_x/y 数表。

表 1-10　Zn 的 Q_x/y 数表

x	y											
	1	3*	4	7*	9	12*	13	16	19*	21*	25	27
1	1635	545	409	234	182	136	126	102	86	78	65	61
2	1877	626	469	268	209	156	144	117	99	89	75	70
3	2287	726	572	327	254	191	176	143	120	109	91	85
4	3154	1171	878	502	390	293	270	220	185	167	141	130
5	5553	1851	1388	793	617	463	427	347	292	264	222	206
6	5636	1879	1409	805	626	470	434	352	297	268	225	209
7	6535	2178	1634	934	726	545	503	408	344	311	261	242
8	7269	2423	1817	1038	808	606	559	454	383	346	291	269
9	7512	2504	1878	1073	835	626	578	469	395	358	300	278
10	7921	2640	1980	1132	880	660	609	495	417	377	317	293
11	8415	2805	2104	1202	935	701	647	526	443	401	337	312
12	8147	3049	2287	1307	1016	762	704	527	481	436	366	339
13	11188	3729	2797	1598	1243	932	861	699	589	533	448	414
14	12094	4031	3024	1728	1344	1008	930	765	637	576	484	448
15	12172	4057	3043	1739	1352	1014	936	761	641	580	487	451
16	13145	4382	3286	1878	1461	1095	1011	822	629	626	526	487
17	13555	4518	3389	1936	1506	1130	1043	847	713	645	542	502
18	14048	4683	3512	2007	1561	1171	1081	878	739	669	562	520
19	14710	4903	3678	2101	1634	1226	1132	919	774	700	588	545
20	14782	4927	3695	2112	1642	1232	1137	924	778	704	591	547

第二步是求出可能的 A 值。首先取定一误差窗，如取 0.0002；然后将 Q_x/y 二维数表中的数值进行逐个对比，这时可发现不少在误差范围内相等的数值。若与这些值相应的 y 值中包含有六方晶系的 3，7，12，…特征值，则说明该晶体是属于六方晶系，则这些相等数值就是 A 的可能值，如表 1-10 中的 $Q_2/1 = Q_6/3 = Q_9/4 = Q_{16}/7 = 0.1877$ 即是。此外，还有 0.0545、0.0626、0.0762、0.1171 等也是。这些可能的 A 值中，究竟哪一个是真的 A 值呢？这要待以后逐步甄别。若某个相等数值所对应的列号 y 中不包含特征值，则肯定不是 A 的可能值，而可能是 C 或别的巧合。例如，表 1-10 中的 $Q_1/1 = Q_7/4 = Q_{19}/9 = 0.1634$。其中 E 为误差窗的值，一般可取 0.0002 ~ 0.0004。

若所取的 A 和 C 值不能把全部衍射线指标化，则要转用其他的 C 或 A 的可能值，并重复上述步骤。

若误差窗开得足够大，仍不能将全部线条指标化，则说明该晶体不属于六方晶系，可认为是四方晶系或更低级的晶系,或是试验数据误差太大。

2. 误差分析

由于晶体内部各种因素引起的晶胞参数变化非常小,往往在 10^{-5} nm 数量级,试验误差对晶胞参数精确测定的影响非常大。另外,试验数据的精确度是标定能否成功和正确的决定性因素。因此,必须分析误差来源,对误差进行校正。误差可分为偶然误差和系统误差两类。偶然误差则来源于试验对象、仪器和外部条件无法控制的波动,这些因素无一定的大小和方向,但服从统计规律,随着测量次数的增加,偶然误差的平均值逐渐接近于零;系统误差是由仪器、方法、环境的固有偏差或测试者的习惯和偏向引起的,这些因素使测量结果总是朝一定的方向偏离,有一定的规律性。上述两类误差可用精细的试验技术将其减小,还可用数学处理加以修正。

衍射仪法中系统误差主要有衍射仪焦点位移误差、X 射线的垂直发散误差、试样引起误差和试验条件选择不当造成的误差。

1)衍射仪焦点位移误差

焦点位移系指衍射仪调整不当,线焦点不在 $2\theta = 180°$ 位置,而沿衍射仪圆的切线方向有一位移。设位移量为 X,则造成的衍射角误差为

$$\Delta 2\theta = -\frac{X}{R} \tag{1-128}$$

式中:R 为测角仪半径;X 向前为正,向后为负。

当 $R = 180$mm,焦点位移为 0.015mm 时,$\Delta 2\theta$ 可达到 $0.005°$ 左右。

2)垂直发散误差

入射 X 射线经梭拉光阑后,仍有一定的垂直发散度,这种垂直发散度造成衍射线也有一定的垂直发散。接收狭缝接收到的衍射线是很多不同高度的衍射圆锥叠加而成的,这会造成衍射线峰位向圆锥内侧移动。当梭拉光阑的垂直发散角为 β 时,2θ 的角度误差为

$$\Delta 2\theta = -\frac{1}{6}\beta^2 \cot(2\theta) \tag{1-129}$$

3)试样表面离轴误差

试样表面离轴位移是指平板试样的表面与衍射仪轴不重合,也即试样表面不与聚焦圆相切。假设离轴位移量为 S,用规定试样表面在聚焦圆外测时 S 为正,则 S 所引起的峰位移动为

$$\Delta 2\theta = -\frac{2S \cdot \cos\theta}{R} \tag{1-130}$$

4)试样透明误差

当试样的吸收系数较小时,一部分 X 射线能射入试样内部。此时即使试样表面与衍射仪轴重合,也相当于有一正值的表面离轴位移,从而使实测衍射角偏小。这种误差是因试样吸收系数 μ 比较小、比较透明而引起的,故称为透明误差。透明误差造成的峰位移动为

$$\Delta 2\theta = -\frac{\sin(2\theta)}{2\mu R} \tag{1-131}$$

5)平板型试样误差

衍射仪法中采用的是平板型试样,其表面与聚焦圆不完全重合,因此试样上各点的衍

射线不能聚焦于一点，引起衍射线展宽和峰位移动。当入射线的水平发散角 α 不大时，峰位移动为

$$\Delta 2\theta = \frac{1}{12}\alpha^2 \cot\theta \qquad (1-132)$$

6）试验条件选择不当造成的误差

有些实验条件选择不当，如时间常数选得太长、扫描速度太快，也会导致峰位偏移。测角仪的刻度误差和 0° 误差也可包括在此项中，这些原因造成的 2θ 角度误差往往不随衍射角变化，故可以常量 η 来表示。

综合上述各项系统误差，2θ 的角度误差为

$$\Delta 2\theta = -\frac{X}{R} - \frac{2S\cos\theta}{R} - \frac{\sin(2\theta)}{\mu R} + \frac{1}{12}a^2\cot\theta - \frac{1}{6}\beta^2\cot(2\theta) + \eta \qquad (1-133)$$

因为 $\dfrac{\Delta d}{d} = -\cot\theta \cdot \Delta\theta$，整理后为

$$\frac{\Delta d}{d} = \cos^2\theta\left(\frac{A}{\sin^2\theta} + \frac{B}{\sin\theta} + C\right) + D\cot\theta + E \qquad (1-134)$$

式中：A、B、C、D 和 E 都是一些只与仪器及试样情况有关，而与 θ 无关的常数（对同一衍射图而言）。

由式（1-134）可见，衍射仪法中，一般认为 $\cos^2\theta$ 项仍是主要的项，可用它来作外推函数。

3. 消除误差

消除误差，一种是用晶胞参数已知的标准物质与待测试样以一定比例混合，来校正待测试样的测试数据，即内标法；另一种是试验数据处理，由误差分析得到系统误差的规律性以及偶然误差的统计分布特点，通过数据处理的方法消除其影响，进而得到精确的晶胞参数值。

1）内标法

对一般的应用，如不同试样晶胞参数的相对比较，内标法则是更为简便且能达到相当精度的方法。内标法就是用一种精确已知晶胞参数的物质来标定衍射图谱，选用的标准物质可以是 Si 或 SiO_2，对晶胞参数较大的物质则用结晶良好的 As_2O_3（立方晶系，$a = 1.10743$nm）。若试样是粉末，就将标样与试样均匀混合，若试样为块状，可将标样粉末用凡士林等黏附在试样表面一薄层，将这种试样用衍射仪法分析，试样和标样的衍射线将同时出现在衍射图上，用定性方法将其加以区分。根据标样已知的精确晶胞参数先计算标准的面间距 d_{sc}，再测定衍射谱上标样的各衍射角 $2\theta_{sc}$ 及待测试样的衍射角 2θ，设试样各衍射线对应的面间距为 d，根据布拉格方程有

$$d_{sc}\sin\theta_{sc} = d\sin\theta \qquad (1-135)$$

则

$$d = \frac{\sin\theta_{sc}}{\sin\theta}d_{sc} \qquad (1-136)$$

这样根据计算的 d_{sc} 和测量的 2θ 及 $2\theta_{sc}$ 按式（1-136）计算得的 d 就是经内标修正的了。也可制备 $1/d \sim \sin\theta_{sc}$ 标定直线（或直线方程），将测量的 $\sin\theta$ 代入求得对应的 d 值。内标法使用方便可靠，缺点是测量精度不可能超过标准物质本身晶胞参数

的精度。

2)试验数据处理

(1)图解外推法。衍射仪法中,可用$\cos^2\theta$项来作外推函数(见式(1-134))。

立方晶系中,晶胞参数 a 与晶面间距 d 成正比,故$\frac{\Delta a}{a}=\frac{\Delta d}{d}$,用$\cos^2\theta$作误差函数,则

$$a = a_0 + K\cos^2\theta \qquad (1-137)$$

式中:a_0 为晶胞参数的精确值。

于是,从 $\theta > 60°$的各条衍射线的 θ 和所用辐射波长 λ,可算出一组$(a,\cos^2\theta)$的值,然后以 a 为纵坐标、$\cos^2\theta$ 为横坐标,可取一系列试验点,根据这些试验点,找出一条最适合的外推直线,外推到 $\theta = 90°$处,就可求得较为精确的晶胞参数,如图1-56所示。

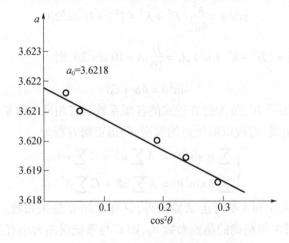

图1-56　图解外推法

当$\theta > 60°$区的衍射线很少时,可采用纳尔逊函数$\frac{\cos^2\theta}{\sin\theta}+\frac{\cos^2\theta}{\theta}$作外推函数,因为它的线性区较大,$\theta > 30°$即可以用。

立方晶系以外的其他晶系,因晶面间距 d 与两个或 3 个晶胞参数有关,故$\frac{\Delta a}{a}\left(\frac{\Delta b}{b}或\frac{\Delta c}{c}\right)$与$\frac{\Delta d}{d}$无正比关系,使用外推法较麻烦。这时晶胞参数 a、b 和 c 可分别从$(h00)(0k0)$和$(00l)$型的衍射线外推求得,但往往难以找到很多这种类型的衍射线。这时宜用最小二乘法。

(2)最小二乘法。在图解外推法中,作外推直线时,有一定的人为因素。特别是当试验点较分散时,则更感困难,用最小二乘法就可避免这种人为因素。

1935 年,科恩(Cohen)首先开始使用最小二乘法精确测定晶胞参数。科恩加顶系统误差主要是偏心误差及吸收误差,并提出以 $\sin^2\theta$ 为求最佳值的对象,因为 θ 是直接测量数据,可减少计算过程引起的附加误差。

将布拉格公式平方,得

$$\sin^2\theta = \left(\frac{\lambda}{2d}\right)^2$$

视 λ 为常数,两边取微分,可得

$$\Delta \sin^2\theta = -2\left(\frac{\lambda}{2d}\right)^2\frac{\Delta d}{d} = -2\sin^2\theta\frac{\Delta d}{d} \tag{1-138}$$

若外推函数 $f(\theta)$ 采用 $\cos^2\theta$,则

$$\Delta \sin^2\theta = -2\sin^2\theta \cdot K\cos^2\theta = D\sin^2 2\theta \tag{1-139}$$

式中: $D = -\dfrac{K}{2}$ 为常数。

当以 a_0 代表精确的晶胞参数时,对衍射指数为 (HKL) 的衍射线, $\sin^2\theta$ 的真值应等于 $\dfrac{\lambda^2}{4a_0^2}(H^2+K^2+L^2)$,而误差为 $D\sin^2 2\theta$,故试验值 $\sin^2\theta$ 应为

$$\sin^2\theta = \frac{\lambda^2}{4a_0^2}(H^2+K^2+L^2) + D\sin^2 2\theta \tag{1-140}$$

若令 $A = \dfrac{\lambda^2}{4a_0^2}$, $\alpha = (H^2+K^2+L^2)$, $C = \dfrac{D}{10}$; $\delta = 10\sin^2 2\theta$,则

$$\sin^2\theta = A\alpha + C\delta \tag{1-141}$$

式中: C 和 δ 中引入因子 10,是为使方程式的各项系数具有相同的数量级。

从式(1-141)出发,可按以前所述的规则,列出正则方程为

$$\begin{cases} \sum \alpha \sin^2\theta = A\sum \alpha^2 + C\sum \alpha\delta \\ \sum \delta \sin^2\theta = A\sum \alpha\delta + C\sum \delta^2 \end{cases} \tag{1-142}$$

在这个方程组中, α 和 δ 都可由试验求得,只有 A 和 C 是未知数。求解此方程,即可得到 A 和 C。从 A 可求得精确的晶胞参数 a_0,而 C 与系统误差大小有关,称为漂移常数。

对于非立方晶系,也可用最小二乘法来计算晶格参数,但此时往往需要 3 个或 3 个以上的正则方程。例如,对六方晶系,有两个晶胞参数 a_0 和 c_0,若误差函数 $f(\theta)$ 仍采用 $\cos^2\theta$,则

$$\sin^2\theta = \left[\frac{\lambda^2}{4} \cdot \frac{4}{3} \cdot \frac{H^2+HK+K^2}{a_0^2} + \frac{\lambda^2}{4} \cdot \frac{L^2}{c_0^2}\right] + D\sin^2 2\theta$$

令 $A = \dfrac{\lambda^2}{3a_0^2}$, $\alpha = (H^2+HK+K^2)$, $C = \dfrac{\lambda^2}{4c_0^2}$, $\gamma = L^2$, $E = \dfrac{D}{10}$, $\delta = 10\sin^2 2\theta$,则

$$\sin^2\theta = A\alpha + C\gamma + E\delta \tag{1-143}$$

于是,正则方程为

$$\begin{cases} \sum \alpha \sin^2\theta = A\sum \alpha^2 + C\sum \alpha\gamma + E\sum \alpha\delta \\ \sum \gamma \sin^2\theta = A\sum \gamma\alpha + C\sum \gamma^2 + E\sum \gamma\delta \\ \sum \delta \sin^2\theta = A\sum \alpha\delta + C\sum \gamma\delta + E\sum \delta^2 \end{cases} \tag{1-144}$$

在上述计算公式中,对高角度和低角度衍射线一视同仁,忽视了高角度线条的试验值误差小、精度高的事实,因此所得结果并不一定比外推法更精确。若采用适当的加权因子,则所得结果更为理想。

4. 晶胞参数的精确测定

1)作粉末衍射图

(1)试样制备。试样制备是获取精确试验数据的前提。用于晶胞参数的精确测定的

粉末试样,要求粉末细而颗粒均匀,且无择优取向。一般粉末试样粒度为 $40\mu m$ 左右(过325 目筛)或更细。

(2)精确的试验技术 。针对上述误差分析中的各种误差采取相应措施,获得高质量的粉末衍射图。

2)计算各衍射线对应的布拉格角及对应晶面族的晶面间距 d

由布拉格公式即可计算各衍射线对应的布拉格角及对应晶面族的晶面间距 d,其关键是衍射峰位的确定和衍射线的选择。

为精确确定衍射线的峰位 2θ,可用抛物线和重心法等精确确定衍射线的峰位。

在选择衍射线方面,晶胞参数是由面间距 d 值计算的,为考查 d 值误差的来源,必须借助布拉格方程的微分式(为避免与面间距 d 混淆,微分符号用 Δ),即

$$\frac{\Delta d}{d} = -\cot\theta\Delta\theta + \frac{\Delta\lambda}{\lambda} \tag{1-145}$$

d 值的误差来源于衍射角误差 $\Delta\theta$ 和波长误差 $\Delta\lambda$,而 X 射线波长的精度已达 10^{-7} nm 且对任何测量此误差均相等,故忽略不计,则式(1-145)变为

$$\frac{\Delta d}{d} = -\cot\theta\Delta\theta \tag{1-146}$$

由立方晶体的面间距公式很容易看出 $\Delta a/a = \Delta d/d$,所以式(1-146)也可视为晶胞参数系统误差的表达式,该式表明,此误差决定于半衍射角 θ 的大小及 θ 的测量误差 $\Delta\theta$。显然,在 $\Delta\theta$ 一定的条件下,选取的 θ 角越大(θ 越接近 90°),晶胞参数的误差也就越小。为此,一般总是尽可能利用 θ 接近 90°的高角度衍射线来计算晶胞参数。

3)标定各衍射线的衍射指数 hkl

4)消除误差

该项内容同前所述。由 d 及相应的 hkl 计算晶胞参数,在此过程中要消除误差,得到精确的晶胞参数 a、b、c、α、β、γ。

现在已有计算机计算晶胞参数的应用程序,可很方便地计算晶胞参数,只要学习使用计算晶胞参数的应用程序即可,此处不再赘述。

1.6.2.3　晶粒尺寸的测定

陶瓷材料的晶粒尺寸是陶瓷烧结过程需要控制的重要方面;多晶材料在冷加工、淬火及其他处理过程中,会在晶体中引起晶粒细化和"显微畸变"。这些显微结构与材料的力学性能、物理和化学性能有密切的关系。由于晶粒细化和"显微畸变"会引起衍射谱线的宽化,因此可通过衍射谱线线形分析来测定晶粒尺寸和"显微畸变"。目前,常用的 X 射线衍射研究方法主要有近似函数图解法、傅里叶分析法和访查分析法等。本节仅从应用角度简单介绍晶粒尺寸的测定。

多晶材料衍射线宽度由几何宽度和物理宽度两部分组成,几何宽度与光源、光阑、仪器等试验条件有关,称为仪器本身宽化;物理宽度与晶体所处的物理状态,即晶粒尺寸大小、晶体中不均匀应变和晶体缺陷等有关。

暂不考虑仪器本身宽化,并假设晶体中没有不均匀应变、晶格缺陷等存在,那么衍射线宽化纯属是由于晶粒尺寸太小而引起,仅从干涉函数考虑衍射线的宽化。如 1.3 节所

述,干涉函数$|G|^2$的主峰的角宽度反比于参加衍射的晶胞数N、N很小,参加衍射的晶胞数少,晶粒尺寸极小,衍射线就会宽化。可以证明有下列关系,即

$$D_{hkl} = \frac{K\lambda}{\beta \cos\theta} \qquad (1-147)$$

式中:D_{hkl}为垂直于(hkl)晶面方向的晶粒尺寸,单位同波长;λ为所用 X 射线波长;θ为布拉格角;β是由于晶粒细化引起的衍射峰(hkl)的宽化(rad);K为一常数,具体数值与宽化度β的定义有关。若取β为衍射峰的半高宽度$\beta_{1/2}$,则$K=0.89$,若β取衍射峰的积分宽度β_i,则$K=1$。积分宽度β_i是指衍射峰的积分面积(积分强度)I_i除以峰高I_m所得的值,也即$\beta = I_i/I_m$。

式$(1-147)$称为谢乐(P. Scherrer)公式。谢乐公式的适用范围是微晶的尺寸为 1~100nm(10~1000Å)。

现在来考虑仪器本身的宽化问题。仪器本身宽化问题可用标准试样测定仪器本身的宽化,进行校正。所谓标准试样即是没有不均匀应变且晶粒尺寸足够大,所以不存在试样本身引起的衍射峰宽化的物质。一般可过 350 目筛,但不过 500 目筛的,粒度为 25~44μm 的石英粉,经850℃退火后作为标准试样。另外,还要对 K_α 双线进行分离,求得 K_{α_1} 所产生的真实宽度,才能代入谢乐公式计算晶粒尺寸。还要注意,谢乐公式所得的晶粒尺寸 d_{hkl} 是与所测衍射线的指数(hkl)有关的,一般可选取同一方向的两个衍射面,如(111)和(222)或(200)和(400)来测量计算,以做比较。

1.6.3 计算机程序分析与应用

随着计算机技术的发展,用于 X 射线衍射分析的应用程序越来越多。1990 年,国际晶体学联合会下属的粉末衍射专业委员会组织了一个 12 人委员会,首先对此前世界上发表、使用的各种用于粉末衍射的计算机软件进行了汇总、分类,然后由 Deane K Smish 和 Syb Gorter 执笔写成报告,发表于 *Journal of Applied Crystallography*(1991,24:369-402)。该委员会共收集了 280 个以上的程序,将其归并为 21 个大类,其中包括以下内容。

(1)晶体学数据库。

(2)分析软件包。

(3)仪器控制和数据处理。

(4)面间距 d 的产生。

(5)$d-I$ 的图示。

(6)定性物相分析。

(7)自动衍射指数标定。

(8)结构精修/衍射指数标定。

(9)结构精修/误差分析。

(10)度量分析。

(11)图谱产生。

(12)峰形拟合——分解法。

(13)峰形拟合——全谱拟合。

(14)反卷积。

（15）晶粒度/应变/结构。

（16）Rietveld 结构精修。

（17）物相定量分析。

（18）粉末法测定结构。

（19）结构显示。

（20）小角散射。

（21）其他程序等。

对于 X 射线衍射分析最常用的分析——物相分析、测定结构、测定晶粒度等，目前常用的分析软件有以下 4 种。

1）Pcpdgwin

该软件是最原始的。它是在衍射图谱标定以后，按照 d 值检索。一般可以有限定元素、按照三强线、结合法等方法。所检索出的卡片大多时候不对。一张复杂的衍射谱有时需 1 天的时间。

2）Search Match

可以实现和原始试验数据的直接对接，可以自动或手动标定衍射峰的位置，对于一般的图都能很好地分析。而且有几个小工具使用很方便，如放大功能、十字定位线、坐标指示按钮、网格线条等。最重要的是它有自动检索功能，可以很方便地检索出要找的物相。也可以进行各种限定以缩小检索范围。如果对分析的材料较为熟悉，对于一张含有四相、五相的图谱，检索仅需 3min，效率很高，而且它还有自动生成试验报告的功能。

3）High Score

几乎 Search Match 中所有的功能，High Score 都具备，而且它比 Search Match 更实用，表现在以下方面。

（1）它可以调用的数据格式更多。

（2）窗口设置更人性化，用户可以自己选择。

（3）谱线位置的显示方式，可以让你更直接地看到检索的情况。

（4）手动加峰或减峰更加方便。

（5）可以对衍射图进行平滑等操作，使衍射图更漂亮。

（6）可以更改原始数据的步长、起始角度等参数。

（7）可以进行 0 点的校正。

（8）可以对峰的外形进行校正。

（9）可以进行半定量分析。

（10）物相检索更加方便，检索方式更多。

（11）可以编写批处理命令，对于同一系列的衍射图，一键搞定。

4）MDI Jade

与 High Score 相比，MDI Jade 自动检索功能稍差，但它有比 High Score 更多的功能表现在以下几个方面。

（1）衍射数据基本处理，包括寻峰、峰形拟合、图谱平滑、抠除背底、扣除 K_{α_2}，它可以进行衍射峰的指标化等。

（2）物相分析，包括定性、定量分析。

(3)查找 PDF 卡片。

(4)进行晶格参数的计算。

(5)根据标样对晶格参数进行校正。

(6)计算晶粒大小及微观应变。

(7)计算残余应力。

(8)计算结晶化度。

(9)计算峰的面积、质心。

(10)出图更加方便,可以在图上进行随意编辑。

在上述 4 种软件中,MDI Jade 的应用最为普遍。

参 考 文 献

[1] 杨南如. 无机非金属材料测试方法[M]. 武汉:武汉理工大学出版社,2007.

[2] 梁敬魁. 粉末衍射法测定晶体结构[M]. 北京:科学出版社,2003.

[3] 张建中,杨传铮. 晶体的衍射基础[M]. 南京:南京大学出版社,1992.

[4] 杨于兴,漆睿. X 射线衍射分析[M]. 上海:上海交通大学出版社,1994.

[5] 左演生,陈文哲,梁伟,等. 材料现代分析方法[M]. 北京:北京工业大学出版社,2000.

[6] 马礼敦. 近代 X 射线多晶体衍射——实验技术与数据分析[M]. 北京:化学工业出版社,2004.

[7] 黄继武. MDI Jade 使用手册[D]. 长沙:中南大学,2006.

[8] 张希艳,刘全生,卢利平,等. CaS:Ce,Sm 的制备及性能表征[J]. 无机化学学报,2005,21(5):665 – 668.

第❷章

电子显微分析

电子显微分析是利用聚焦电子束与试样物质相互作用产生的各种物理信号,分析试样物质的微区形貌、晶体结构和化学组成等的一类分析方法。它包括用透射电子显微镜进行的透射电子显微分析,用扫描电子显微镜进行的扫描电子显微分析和用电子探针仪进行的电子探针显微分析等方法。

电子显微分析是材料科学中重要的分析测试方法之一,它与其他的形貌、结构、成分分析方法相比具有以下特点。

(1)可以在极高放大倍率下直接观察试样的形貌、结构、选择分析区域。

(2)是一种微区分析方法,具有高的分辨率,目前 1000kV 的透射电子显微镜最高分辨率可达 0.1nm,可直接分辨原子,能进行纳米(10 Å)量级的晶体结构及化学组成分析。

(3)电子显微分析仪器日益向多功能、综合性方向发展,可以进行形貌、物相、晶体结构和化学组成等的综合分析。

电子显微分析方法在固体科学、材料科学、地质矿产、生物医学等方面有着广泛的应用。

◤ 2.1　电子光学基础

电子光学是研究带电粒子(电子、离子)在电场和磁场中运动,特别是在电场和磁场中偏转、聚焦和成像规律的一门科学。

本书所涉及的电子光学仅局限于研究电子显微镜(包括电子探针)这类仪器中电子的运动规律,它与研究光线在光学介质中传播规律的几何光学有很多相似之处。

(1)几何光学是利用透镜使光线聚焦成像,电子光学则利用电场或磁场使电子束聚焦成像,电场、磁场起电子透镜的作用。

(2)在几何光学中,一般都是利用旋转对称面(如球面)作为折射面。在电镜这类仪器的成像系统中,是利用旋转对称的电、磁场产生的等位面体为折射面。因此,涉及的电子光学主要是研究电子在旋转对称电、磁场中的运动规律,也部分涉及电子在其他形式对称场中的运动,如偏转器和消像散射器等。

(3)电子光学可仿照几何光学把电子运动轨迹看成射线,并引入一系列的几何光学参量(如焦点、焦距等)来表征电子透镜对于电子射线的聚焦成像作用。

由此可见,电子光学主要研究的是以各种形式对称的电、磁场和电子运动轨迹。但电镜中的电子光学系统对电磁场及电子的运动有一些先决条件。

① 这里涉及的电、磁场与时间无关，而且处于真空中，即真空中的静场。此外，场中没有自由空间电荷或电流分布，即忽略了电子束本身的空间电荷和电流分布。

② 入射的电子束轨迹必须满足离轴（旁轴）条件，即

$$|\boldsymbol{r}|^2 \approx 0 \tag{2-1}$$

$$\left|\frac{\mathrm{d}\boldsymbol{r}}{\mathrm{d}z}\right|^2 \ll 1 \tag{2-2}$$

式中：z 为旋转对称轴的坐标；$\boldsymbol{r}$ 为电子径向位置坐标矢量。

式（2-1）表示电子轨迹的离轴距离很小，远远小于电子束的沿轴距离。式（2-2）表示电子轨迹相对于旋转对称轴的斜率极小，即张角很小，一般为 $10^{-3} \sim 10^{-2}$ rad。

当上述条件不能满足时，即产生像差，影响电子显微镜的分辨本领。

2.1.1 显微镜的分辨率及光学显微镜的局限性

1. 分辨率

在正常的照明情况下，人眼能够看清楚的最小细节约为 0.1mm。如果想观察更微小的细节，必须用显微镜把所要观察的细节放大到 0.1mm 以上。这个数值称为人眼的最小鉴别距离，这个数值越小，分辨能力就越高，这就是"分辨本领"或"分辨率"的含义。显微镜实际上是一个能够把欲观察的细节进一步放大的仪器，但这种放大并不是无限的。光的波动本质限定了显微镜分辨最小细节的极限，即分辨率，分辨率与显微镜的放大倍数是两个概念。超越显微镜的分辨率继续放大是无效的，因为这时不会得到更多的信息。

可以从波动光学中的瑞利判据来说明分辨率的定义。图 2-1 表示一个无限小的理想点光源 O，经过会聚透镜 L 在位于像平面 S 的屏幕上成像于 O' 的情况。由光阑 AB 限制的光束产生衍射，在屏幕上出现一系列干涉条纹，使得图像 O' 不是一个点像，而是一个由不同直径明暗相间的衍射环包围着的亮斑，称为艾里斑（Airy disk）。

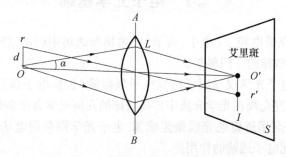

图 2-1　两个点光源像的叠加

艾里斑的光强度分布如图 2-2（a）所示，光能量的 84% 集中在中央峰，其余的能量依次逐减地分布在一级、二级、……衍射环中。假设在点光源 O 之上还有一个点光源 r，它在屏幕上成像于 r'。如果把点光源 r 向 O 点移动，则 r' 也要向 O' 移动，当 r 和 O 接近一定距离时两个衍射图像将互相叠加。英国物理学家瑞利（Rayleigh）提出，如两个点光源接近到使两个亮斑的中心距离等于第一级暗环的半径，且两个亮斑之间的光强度与峰值的差大于 19%，则这两个亮斑尚能分辨开，这就是著名的瑞利判据。设此时这两个光点之间的距离为 d，当两个光点之间的距离小于 d 时，就分辨不出屏幕上是两个点光源的像了，

如图 2 -2(b)所示。把 r 和 O 之间的距离 d 称为显微镜的极限分辨距离,又称为显微镜的分辨率。

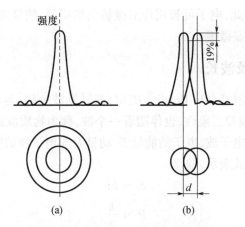

图 2 -2 艾里斑与分辨率的示意图
(a)艾里斑的强度分布;(b)两个点光源成像时的分辨极限。

2. 光学显微镜的局限性

显微镜的分辨率 d 由下式决定,即

$$d = \frac{0.61\lambda}{n\sin\alpha} \qquad (2-3)$$

式中:λ 为照明光源在真空中的波长(nm);α 为孔径半角(°);n 为透镜和物体间介质折射系数(折射率)。

习惯上,式(2 -3)中的 $n\sin\alpha$ 称为透镜的数值孔径,用 NA 表示,则式(2 -3)可写成

$$d = \frac{0.61\lambda}{\text{NA}} \qquad (2-4)$$

从式(2 -4)可以看出,波长越短,数值孔径越大,d 值越小,即显微镜的分辨率就越高。显然,要提高透镜的分辨本领,即减小 d 的途径包括:增加介质的折射率、增大物镜的孔径半角和采用短波长的照明源。

对于光学显微镜来说,一个好的物镜的孔径角接近 90°,NA 可达 0.95。可见光的波长在 400 ~ 800nm 的范围内,如果取最短的可见光波长 400nm,对一个"干"系统($n = 1$),显微镜的分辨率约为

$$d \approx \frac{1}{2}\lambda = 200\text{nm} \qquad (2-5)$$

如果用溴苯($n = 1.66$)作为物体和透镜间的介质,则 $d \approx \frac{1}{3}\lambda = 130\text{nm}$。到目前为止,还找不到比溴苯折射率更高的浸透介质,因此光学显微镜的分辨率大约为 200 nm。

紫外线的波长比可见光更短,由于被观察的大多数物体都强烈吸收短波紫外线,因此可用于照明光源的紫外线波长一般限于 200 ~ 250nm。用这种光源可以把显微镜的分辨率增大 1 倍,达到 100nm 左右,这正是现代紫外线显微镜所能达到的水平,这样的分辨率对应材料科学研究来讲显然是不够的。X 射线也是一种波,其波长在 0.1nm 左右,如用 X 射线作光源,当然分辨率会显著提高,但目前还没有能使 X 射线产生折射和

聚焦的透镜。

运动的电子(电子束)具有波粒二象性,它的波长要比可见光波长短得多,而且可用电磁透镜使其聚焦。因此,电子可被用作显微镜的照明源,使显微镜具有更高的分辨率,这样的显微镜称为电子显微镜。

2.1.2　电子的波性及波长

法国物理学家德布罗意(De Broglie)提出,如同光波一样,运动着的微观粒子(如电子、中子、离子等)具有波粒二象性,也伴随着一个波,称为物质波或德布罗意波。运动中的电子伴随的波可称为电子波,电子的能量 E、动量 P 与电子波的频率 ν 和波长 λ 之间的关系可以用德布罗意公式表示,即

$$E = h\nu \tag{2-6}$$

$$P = \frac{h}{\lambda} \tag{2-7}$$

式中:h 为普朗克常数,$h = 6.626 \times 10^{-34} \mathrm{J \cdot s}$。

由此可得到电子波波长为

$$\lambda = \frac{h}{P} = \frac{h}{mv} \tag{2-8}$$

式中:m 为电子质量(kg);v 为电子运动速度(m/s)。

一个初速度为零的电子,在电场中从电位为零的点受电压 U 的作用,其动能 E 和获得的运动速度 v 之间的关系为

$$E = eU = \frac{1}{2}mv^2 \tag{2-9}$$

式中:e 为电子的电荷,$e = 1.602 \times 10^{-19} \mathrm{C}$;$m$ 为电子质量;U 为加速电位,一般称为电子加速电压。

当加速电压比较低时,电子运动速度比光速小得多,它的质量近似等于电子静止质量 m_0,即 $m = m_0$($m_0 = 9.109 \times 10^{-31} \mathrm{kg}$),由式(2-8)和式(2-9)可求得电子波长为

$$\lambda = \frac{h}{\sqrt{2em_0U}} \tag{2-10}$$

将普朗克常数 h、电子的电荷 e 及电子静止质量 m_0 值代入式(2-10),可得电子波长的简化公式为

$$\lambda = \frac{1.225}{\sqrt{U}} \tag{2-11}$$

式中:U 为电子加速电压(V);λ 为电子波波长(nm)。

由式(2-11)可见,电子波长与其加速电压平方根成反比,加速电压越高,电子波长越短。

电子显微镜中电子的加速电压比较高,一般透射电子显微镜电压为 $100 \sim 200\mathrm{kV}$,这时电子的运动速度可与光速相比,计算电子的波长时必须考虑相对论修正,这时电子的动能和质量为

$$\begin{cases} eU = mc^2 - m_0c^2 \\ m = \dfrac{m_0}{\sqrt{1 - \dfrac{v^2}{c^2}}} \end{cases} \qquad (2-12)$$

由式(2-8)和式(2-12)可以得到考虑相对论修正后的电子波长为

$$\lambda = \frac{h}{\sqrt{2em_0U\left(1 + \dfrac{eU}{2m_0c^2}\right)}} \qquad (2-13)$$

式中:c 为光速,$c = 3.00 \times 10^8 \text{m/s}$。

把相关数据代入式(2-13),可得到考虑相对论修正后的计算电子波长的简化公式为

$$\lambda = \frac{12.25}{\sqrt{U(1 + 0.9785 \times 10^{-6}V)}} \qquad (2-14)$$

表 2-1 列出了不同加速电压下电子波长值。

表 2-1 不同加速电压下的电子波长(经相对论校正)

加速电压/kV	电子波长/nm	加速电压/kV	电子波长/nm
1	0.0388	80	0.00418
10	0.0122	100	0.00370
20	0.00859	200	0.00251
30	0.00698	500	0.00142
50	0.00536	1000	0.00087

由表 2-1 可见,当加速电压为 100kV 时,电子的波长为 0.0037nm,是光波长(400 ~ 800nm)的 $\dfrac{1}{10^5}$。因此,100kV 的电子显微镜的理论分辨率约为 0.002nm,但是目前 100kV 的电子显微镜实际可达到的分辨率大于 0.2 nm(目前 1000kV 的电子显微镜的实际可达到的分辨率为 0.1 nm),比理论上应达到的分辨率差 100 倍。电子显微镜的理论和实际分辨率的巨大差异是由于用电子束聚焦的磁透镜存在像差。磁透镜的各种像差(球差、色差、像散、畸变),特别是球差使物镜的数值孔径不能达到令人满意的程度,影响了分辨率的提高。即使磁透镜的像差比光学透镜像差大很多,由于电子波长比可见光波长短很多,电子显微镜的分辨率仍然比光学显微镜提高 1000 倍。

2.1.3 电子在电磁场中的运动与电磁透镜

1. 电子在静电场中的运动

电子在静电场中受到电场力的作用将产生加速度。由式(2-9)可以得到,初速度为 0 的自由电子从零电位到达 V 电位时,电子的运动速度为

$$v = \sqrt{\frac{2eV}{m}} \qquad (2-15)$$

由此可知,电子运动的速度由加速电压所决定。当电子的初速度不为零、运动方向与

电场力方向不在一条直线上时,则电场力的作用不仅改变电子运动的能量,而且也改变电子的运动方向。

一般可以把电场看成由一系列等电位面分割的等电位区构成。图2-3所示为电子束在等电位面上的折射示意图,等位面 AB 上方电位区电位为 V_1 ,下方电位区电位为 V_2 。电子 e 以 v_1 的初速度以与等电位面法线夹角为 θ 的方向从等电位面的上方电位区入射到下方电位区,电子在 V_1 、 V_2 电位区中运动轨迹为直线。电子在通过 V_1 、 V_2 电位区分界面 AB 时,在交界点 O 电子运动方向发生改变,运动速度由 v_1 变为 v_2 。这是因为电场对电子作用力的方向总是沿着电子所处点的等电位面的法线方向,从低电位指向高电位,所以沿电子所处点的等电位面切线方向电场力的分量为零,电子沿该方向运动速度分量 v 保持不变。设电子在等电位面两边的速度分别为 v_1 和 v_2 ,与等电位面法线的夹角分别为 θ 和 γ ,则

$$v_1 \sin \theta = v_2 \sin \gamma$$

或

$$\frac{\sin\theta}{\sin\gamma} = \frac{v_2}{v_1} \tag{2-16}$$

由式(2-15)可知,在起始点电位为零,电子初速度为零时,电子经 V_1 、 V_2 电位加速后的运动速度分别为

$$v_1 = \sqrt{\frac{2eV_1}{m}} \text{ 和 } v_2 = \sqrt{\frac{2eV_2}{m}}$$

由式(2-10)、式(2-15)和式(2-16),可得

$$\frac{\sin\theta}{\sin\gamma} = \frac{v_2}{v_1} = \frac{\lambda_1}{\lambda_2} = \sqrt{\frac{V_2}{V_1}} \tag{2-17}$$

从式(2-17)可以看出,电子束的传播方式与光的折射定律非常相似,其中 $\sqrt{V}$ 相当于折射率 n ,说明电场中等电位面是对电子折射率相同的表面,与光学系统中两介质界面起相同的作用。当电子由低电位区 V_1 进入较高电位区 V_2 时,折射角 γ 小于入射角 θ ,即电子的轨迹趋向于法线;反之,电子的轨迹将离开法线。

实际上,电场电位是连续变化的,要在这种情况下确定电子轨迹,可将连续的电位分布划分成许多间隔为 ΔV 的等电位面,在等电位面之间电位是不变的。随着电场中引入的等电位面的增多,则等电位面间代表电子轨迹的各折线将变短。当 $\Delta V \rightarrow 0$ 时,电子的折射轨迹就变成曲线轨迹了。

2. 静电透镜

与一定形状的光学介质界面(如玻璃凸透镜的旋转对称弯曲折射界面)能使光线聚集成像相似,一定形状的等电位面簇也可使电子束聚集成像,产生这种旋转对称等电位曲面簇的电极装置称为静电透镜。

静电透镜有二极式和三极式,它们分别由两个或3个具有同轴圆孔的电极(膜片或圆筒)组成。三极式静电透镜电极电位和等电位曲面簇形状如图2-4所示,其中图2-4(a)为等电位面,图2-4(b)为静电透镜等效的光学透镜系统及电子轨迹。

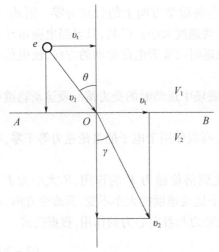
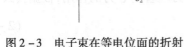

图 2-3 电子束在等电位面的折射

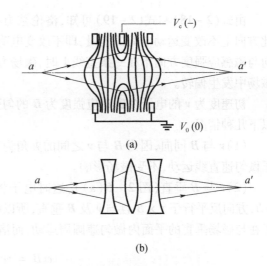

(a)

(b)

图 2-4 三极式静电透镜
(a)等电位面；(b)电子轨迹。

由图 2-4 可以看出,从静电透镜主轴上一物点 a 散射的电子,以直线轨迹向电场运动。当电子射入电场作用范围并通过等电位曲面簇时,将受到折射,最后被聚焦在轴上一点 a',a' 点就是点 a 的像。

电子通过三极式静电透镜时,先受到离轴的作用力,通过透镜中部受到向轴的作用力,通过透镜后部时,重新又受到离轴的作用力。由于电子通过低电位区(三极式透镜的中部)的轴向速度较小,通过的时间较长,整个电场使电子偏向轴的作用大于离开轴的作用,即会聚作用大于发散作用。因此,静电透镜总是会聚透镜。物和像都在场外两边的等电位区,所以在电子通过透镜的前后能量不会发生变化。

早期的电子显微镜中使用过静电透镜,由于静电透镜需要很强的电场,往往在镜筒内导致击穿和弧光发电,尤其是在低真空度情况下更为严重。因此,静电透镜焦距不能做得很短,不能很好地矫正球差,这是静电透镜的缺点。在现代电子显微镜中,静电透镜一般只用在光源中使电子束会聚成形,而不再用于光路中使电子束聚焦成像,电子显微镜中采用磁透镜来聚焦成像。

3. 电子在磁场中的运动

电荷在磁场中运动时受到洛伦兹力的作用,其表达式为

$$F = qv \times B \tag{2-18}$$

式中:F 为洛伦兹力(N);q 为运动电荷电量(C);v 为运动电荷速度(m/s);B 为电荷所在位置磁感应强度(T)。

F 垂直于运动电荷速度 v 和磁场磁感应强度 B 所决定的平面。对正电荷,F 力的方向平行于 $v \times B$(右手定则);对于负电荷,则所受的力方向与之相反,为反平行于 $v \times B$ 的方向(左手定则),F 的数值大小为 $qvB\sin(vB)$。

由于电子带负电荷,它在磁场中运动所受的洛伦兹力 F_e 可用下式表示,即

$$F_e = -ev \times B \tag{2-19}$$

式中:e 为电子电荷量(C);负号表示电子所受的洛伦兹力 F_e 为反平行 $v \times B$ 方向。

由式(2-18)和式(2-19)可知,洛伦兹力在电荷运动方向上的分量为零。因此,在此方向上不改变运动电荷的能量,即不改变电荷运动速度大小。但是,只要当电荷运动方向与磁感应强度方向不在一条直线上时,磁场力就随时改变着电荷运动的方向,使电荷在磁场中发生偏转。

初速度为 v 的电子在磁感应强度为 B 的匀强磁场中运动时的受力情况及运动轨道有以下几种情况。

(1) v 与 B 同向,因为 B 与 v 之间的夹角为零,所以作用于电子的洛伦兹力等于零,电子做匀速直线运动,不受磁场影响。

(2) v 与 B 垂直(图2-5(a)),这时电子将受到洛伦兹力 F 的作用,F 大小为 $F = evB$,方向反平行于 $v \times B$ 且与 v 及 B 垂直,所以电子运动速度的大小不变,只改变方向,电子在与磁场垂直的平面内做匀速圆周运动,而洛伦兹力起着向心力的作用,根据公式

$$evB = m\frac{v^2}{R} \tag{2-20}$$

可以得到,电子运动的半径为

$$R = \frac{mv}{eB} = \frac{P}{eB} \tag{2-21}$$

式中:R 是圆形轨道半径;P 为电子动量。

式(2-21)表明,当磁感应强度 B 一定时,电子做匀速圆周运动的轨道半径与它的动量成正比,电子的动量越大,轨道半径越大。

(3) v 与 B 斜交成 θ 角(图2-5(b)),可将速度 v 分解成平行于 B 和垂直于 B 的两个分矢量 v_z 和 v_r,其值为 $v_z = v\cos\theta$ 和 $v_r = v\sin\theta$。由于磁场的作用,垂直于 B 的速度分矢量 v_r 不改变大小,仅改变方向,电子在垂直磁场的平面内做匀速圆周运动,但由于同时有反平行于 B 的速度分矢量 v_z(v_z 不受磁场影响,保持不变),所以电子的轨迹是一螺旋线。

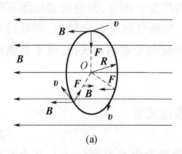 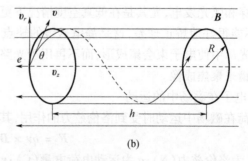

图2-5　电子在匀强磁场中的运动

(a)初速度 v 与 B 正交;(b)初速度 v 与 B 斜交。

4. 磁透镜

旋转对称的磁场对电子束有聚焦成像作用,在电子光学系统中用于使电子束聚焦成像的磁场是非匀强磁场,其等磁位面形状与静电透镜的等电位面或光学玻璃透镜的界面相似,产生这种旋转对称磁场的线圈装置称为磁透镜。目前,电子显微镜中使用的是极靴磁透镜,它是在短线圈、包壳磁透镜基础上发展而成的。

（1）短线圈就是一个简单的磁透镜，如图 2 - 6 所示，它产生的磁场为非匀强磁场，由于短线圈磁场中一部分磁力线在线圈外侧，它对电子束的聚焦不起作用。因此，短线圈磁透镜的磁场强度小，焦距长，物 a 与像 a' 都在磁场外。

（2）包壳磁透镜是将短线圈包一层软铁壳，只在线圈中部留一环状间隙，线圈励磁产生的磁力线都集中在透镜中心环状间隙附近，使环状间隙处有较强的磁场。图 2 - 7 所示为包壳磁透镜的结构示意图，图中画出了透镜磁场的等磁位曲面簇及电子经过磁透镜的运动轨迹（未考虑磁转角）。

为了在加强励磁的同时，又能缩小磁场的范围，可在包壳磁透镜上再加一组顶端呈锥状的极靴（polepieces），以使有效磁场尽可能地加强和集中到透镜轴一个很短的距离内（几毫米），即为极靴磁透镜，如图 2 - 8 所示。一组极靴是由具有同轴圆孔的上、下极靴和连接筒组成。上、下极靴用铁钴合金等高磁导率材料制成，连接筒由铜等非导磁材料组成。极靴的内孔口径 D 和上、下极靴之间的间隙 S 都很小。因此，这种有极靴的磁透镜，在上、下极靴附近有很强的磁场，对电子的折射能力大，透镜焦距很短。

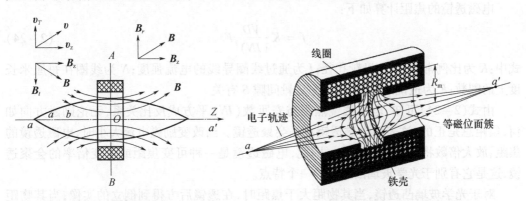

图 2 - 6　短线圈磁透镜　　　　　　图 2 - 7　包壳磁透镜的结构示意图

图 2 - 9 所示为短线圈、包铁壳磁透镜和极靴磁透镜的磁场强度沿轴向的分布曲线。从图中可以看出，极靴磁透镜的磁场强度比短线圈和包铁壳磁透镜更为集中和增强。

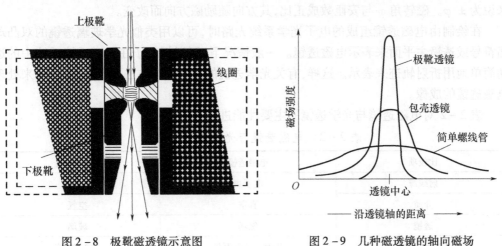

图 2 - 8　极靴磁透镜示意图　　　　图 2 - 9　几种磁透镜的轴向磁场
　　　　　　　　　　　　　　　　　　　　　　　强度分布曲线

5. 磁透镜与光学透镜的比较

与光学透镜相似,设电磁透镜的物距为 L_1、像距为 L_2、焦距为 f,则三者之间的关系为

$$\frac{1}{f} = \frac{1}{L_1} + \frac{1}{L_2} \tag{2-22}$$

电磁透镜的放大倍数为

$$M = \frac{L_2}{L_1} = \frac{f}{L_1 - f} = \frac{L_2 - f}{f} \tag{2-23}$$

由式(2-23)可以得到以下结论。

(1)当透镜像距 L_2 一定时,放大倍数 M 与 f 成反比。

(2)调节物距 L_1 或像距 L_2,放大倍数 M 随之变化。

(3)当物距 L_1 不小于2倍焦距($L_1 \geq 2f$)时,放大倍数 $M \leq 1$,即透镜起缩小或不起放大作用。

(4)当物距 L_1 大于焦距但小于2倍焦距($f < L_1 < 2f$)时,放大倍数 $M > 1$。

电磁透镜的焦距计算如下:

$$f = K \frac{VD}{(IN)^2} F \tag{2-24}$$

式中:K 为比例常数;D 为极靴孔径;I 为通过线圈导线的电流强度;N 为线圈在每厘米长度上的圈数;F 为透镜的结构系数,与极靴间隙 S 有关。

由式(2-24)可知,电磁透镜焦距与安匝数(IN)平方成反比关系,无论励磁方向如何,焦距总是正的,这表明电磁透镜总是会聚透镜。当改变励磁电流大小时,电磁透镜的焦距、放大倍数将发生相应变化。因此,电磁透镜是一种可变焦距或可变倍率的会聚透镜,这是它有别于光学玻璃凸透镜的一个特点。

对于光学玻璃凸透镜,当其物距大于焦距时,在透镜后方得到倒立的实像;当其物距小于焦距时,在透镜前方得到正立的虚像。因此,由实像过渡到虚像时,像的方位发生倒转。电磁透镜也有类似的现象,但由于成像电子在透镜中旋转,相应的旋转角度称为电磁透镜的 旋转角 φ。用电磁透镜成像,物像的相对位相对于实像来说为 $180° \pm \varphi$,对于虚像来说为 $\pm \varphi$。磁转角 φ 与安匝数成正比,其方向随励磁方向而改变。

在绘制由电磁透镜组成的电子光学系统光路时,可以用类似光学玻璃透镜的双凸球面符号或透镜主平面来表示电磁透镜。一般情况下,可以把电子在电磁透镜系统中的运动简单地用折射轨迹来表示。这样,有关光学透镜的一些作图方法,原则上都可用来处理电磁透镜的成像。

表2-2对电磁透镜与光学透镜的主要性能进行了比较。

表2-2 电磁透镜与光学透镜的比较

比较项	电磁透镜	光学透镜
射线源	电子束	可见光
介质	真空	空气
透镜	磁场	玻璃
放大倍数	几十至几百万倍	约1000倍
放大方式	改变透镜电流或电压	变换物镜或目镜

比较项	电磁透镜	光学透镜
最佳分辨率	约 0.2nm	约 200nm
操作与制样	较复杂	简单

2.1.4　电磁透镜的像差

如前所述,旋转对称的磁场可以使电子束聚焦成像,但要得到清晰而又与物体的几何形状相似的图像,必须满足以下 3 个前提。

(1)磁场分布是严格轴对称的。

(2)满足离轴(旁轴)条件。

(3)电子波的波长(速度)相同。

实际的电磁透镜并不能完全满足上述条件,因此从物面上一点散射出的电子束,不一定全部会聚于一点,或者物面上的各点并不按比例成像于同一个平面内,结果图像模糊不清,或者与原物的几何形状不完全相似,这种现象称为像差。目前,对于电子显微镜而言,分辨本领的提高不是受衍射效应的限制,而是受电磁透镜像差的限制,像差使电磁透镜的分辨率只有约 2Å,而不是理论上的 0.002nm。

电镜的像差可分为以下两类。

(1)几何像差:是因为离轴条件不满足引起的,它们是折射介质几何形状的函数。几何像差主要指球差、畸变和像散。

(2)色差:是由于电子光学折射介质的折射率随电子速度不同而造成的。

下面分别予以讨论。

1. 球差

在光学中,能形成理想图像的折射面并不是球面,而是一种不能用简单研磨过程制造的更加复杂的表面。然而由于种种原因,我们不得不满足于球面,因此导致的像缺陷称为球差(spherical aberration)。球差是电子显微镜最主要的像差之一,它往往决定了显微镜的分辨率。

球差是由于电磁透镜磁场的近轴区和远轴区对电子束的会聚能力不同而造成的。一般远轴区对电子束的会聚能力比近轴区大,对电子束的折射能力强,此类球差称为正球差。因此,从一个物点 P 散射的电子束经过具有球差的电磁透镜后并不会聚在一点,而分别会聚于轴向的一定距离 $P''P'$ 上,如图 2-10 所示。由图可知,不论像平面在什么位置,都不能得到一清晰的点像,而是一个弥散圆斑。在某一位置,可获得最小的弥散圆斑,称为球差最小弥散圆,它在轴上的位置就是该图像的最佳聚焦点,其半径为

$$r_{\mathrm{SM}} = \frac{1}{4}MC_{\mathrm{S}}\alpha^3 \tag{2-25}$$

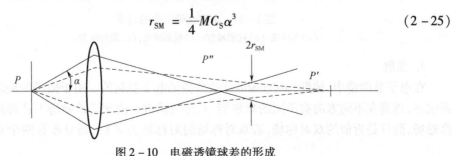

图 2-10　电磁透镜球差的形成

如果还原到物平面上,则其半径为

$$r_S = \frac{1}{4} C_S \alpha^3 \qquad (2-26)$$

式中:M 为电磁透镜的放大倍数;C_S 为电磁透镜的球差系数;α 为透镜孔径半角。

通常物镜的 C_S 值相当于它的焦距大小,对大多数透射电子显微镜,$C_S \approx 3mm$;对高分辨透射电子显微镜,$C_S < 1mm$。因为弥散圆半径正比于透镜孔径半角的 3 次方,若用小孔光阑挡住外围射线,减小电磁透镜孔径半角,可以使球差迅速下降。由式(2-3)可知,这也使分辨率降低。因此,必须找到使两者合成效应最小的 α 值。现代物镜可获得的 C_S 约为 0.3mm,α 约为 10^{-3}rad,对应的分辨率约为 0.2nm。

2. 畸变

球差除了影响透镜分辨率外,还会引起的图像畸变(distortion),如图 2-11 所示。球差的存在使电磁透镜对边缘区域和旁轴区域的聚焦能力产生差异,反映在像平面上,像的放大倍数将随离轴径向距离的加大而增强或减小。这时,图像虽然是清晰的,但是由于离轴径向尺寸的不同,图像产生不同程度的位移,即图像发生了畸变(但图像仍然清晰)。原来的图像是正方形的正常形状,如图 2-11(a)所示。经过电磁透镜时,如果径向放大倍数随其离轴距离的增大而加大,则位于正方形 4 个角区域的点径向距离最大,位于中心部位的点则较小,因此角区域的放大倍数比中心部位大,整个图像放大后呈枕形,称为枕形畸变,如图 2-11(b)所示,这即为正球差存在时的情况。相反,如果径向放大倍数随其离轴距离的增大而缩小,这时图像如图 2-11(c)所示,这种畸变称为桶形畸变,这即为负球差存在时的情况。除了上述的径向畸变外,由于电磁磁透镜存在磁转角,还会产生各向异性畸变或旋转畸变,如图 2-11(d)所示。球差系数随励磁电流减小而增大,当电磁透镜在较低的励磁电流下工作时,球差比较大,这也就是电子显微镜在低放大倍数时易产生畸变的原因。

当用电子显微镜对物像进行电子衍射分析时,径向畸变影响衍射斑点和衍射环的准确位置,必须予以消除。方法是使用两个投影镜,使它们的畸变相反而互相抵消。

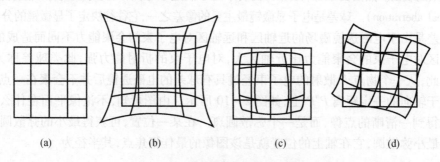

(a)　　　　　　(b)　　　　　　(c)　　　　　　(d)

图 2-11　电磁透镜产生的畸变
(a)无畸变;(b)枕形畸变;(c)桶形畸变;(d)旋转畸变。

3. 像散

在电子显微镜中,像散(astigmation)是由旁轴电子引起的。由于磁场的旋转对称性受到破坏,透镜在不同方向有不同的聚焦能力,形成像散。由于透镜磁场不是理想的旋转对称磁场,而只是近似的双对称场,若双对称场的对称轴为 Z 轴,场分布有两个互相垂直的对称面(设为 XZ、YZ 平面),透镜在 XZ、YZ 两个对称面方向的焦距不同,由物点 P 散射的电子束在 XZ 方向聚焦于 P'' 点,而在 YZ 方向聚焦于 P' 点,如图 2-12 所示。这样圆形物点 P 在 $P''P'$ 点之间成像为弥散的椭圆斑,而只在 $P''P'$ 的中点处的像平面上形成半径为 r_{AM} 的最小弥散圆斑。

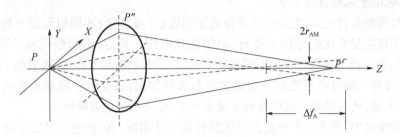

图 2-12 电磁透镜的像散

还原到物平面,弥散圆斑的半径为

$$r_A = \frac{1}{2}\Delta f_A \alpha \qquad (2-27)$$

式中:Δf_A 为像散引起的最大焦距差;α 为透镜孔径半角。

由于这种像散发生在轴上,因此也称为轴上像散。

造成像散的主要原因包括极靴材料内部结构及成分的不均匀性、极靴孔等的机械加工精度及装配误差、极靴内部的污染,特别是光阑和极靴孔附近的污染等因素。像散对分辨率的限制往往超过球差和衍射差,但像散可以矫正(通过引入一个强度和方位可调的矫正场,称为消像散器)。现代电镜中一般都装有消像散器,可以把像散校正到允许的程度。

4. 色差

普通光学中不同波长的光线经过电磁透镜时,因折射率不同,将在不同点上聚焦,由此引起的像差称为色差(chromatic aberration)。色差实际上是电子的速度效应,波长短、能量大的电子有较大的焦距,波长长而能量小的电子有较短的焦距,即电磁透镜对快速电子的偏转作用小于慢速电子。因此,一个物点散射的具有不同波长(能量)的电子,进入电磁透镜磁场后将沿着各自的轨迹运动,结果不能聚集在一个像点上,而分别交在一定的轴向距离范围内,如图 2-13 所示。

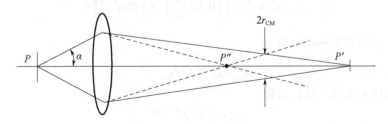

图 2-13 电磁透镜的色差

与球差相似,在该轴向距离范围内也存在着一个最小色差弥散圆斑,半径为 r_{CM},还原

到物平面的半径为

$$r_C = C_C \alpha \left| \frac{\Delta E}{E} \right| \qquad (2-28)$$

式中: C_C 为电磁透镜的色差系数, 随励磁电流增大而减小; α 为电磁透镜的孔径半角; $\Delta E/E$ 为成像电子束能量变化率。

色差与旁轴条件无关, 它是由于成像电子的波长(或能量)不同引起的一种像差。引起成像电子束能量变化的原因主要有: 电子加速电压不稳定, 引起照明电子束能量(波长)的波动; 单一能量的电子束照射试样物质时, 电子与物质相互作用, 入射电子除受到弹性散射外, 还有一部分电子受到一次或多次非弹性散射, 致使电子的能量受到损失。因此, 就试样来说, 使用较薄的试样有利于减少色差, 提高图像的清晰度。

在几种像差中, 球差的影响最大且无简便的方法消除(20 世纪末发展了球差矫正技术, 可大大减小球差)。而其他像差可采用各种措施, 基本上可以消除。因此, 对电子显微镜分辨率有影响的主要是衍射效应和球差。

2.1.5　电磁透镜的理论分辨率

在电磁透镜中, 由于电子波长较短, 可通过减小孔径角也就是减小光阑尺寸的办法来减小像差, 提高分辨率。对于磁透镜, n 约为 1, 孔径角 2α 为 $3° \sim 5°$。因此, 由式(2-3)可得

$$d \approx 0.61 \frac{\lambda}{\alpha} \qquad (2-29)$$

但是, 孔径角也不能用得太小, 如果太小, 光阑的衍射效应就变成了限制因素。应该合适地选择孔径角, 以得到最好的分辨率。

在电磁透镜里对理论分辨率影响最大的是衍射效应和球差。下面简单地估算一下这两者对分辨率的影响。

由衍射效应限定的最小分辨距离为

$$r_{th} = 0.61 \frac{\lambda}{\alpha} \qquad (2-30)$$

由球差限定的最小分辨距离为

$$r_s = C_s \alpha^3 \qquad (2-31)$$

考虑两者的合效应, 得

$$r = \sqrt{r_{th}^2 + r_s^2} = \left[\left(0.61 \frac{\lambda}{\alpha} \right)^2 + (C_s \alpha^3)^2 \right]^{1/2} \qquad (2-32)$$

由 $\dfrac{dr}{d\alpha} = 0$, 可得最小孔径角为

$$\alpha_{opt} = 0.77 \lambda^{1/4} C_s^{-1/4}$$

将上式代入式(2-32), 可得

$$r_{min} \approx 0.91 \lambda^{3/4} C_s^{1/4}$$

目前, 比较精确的理论分辨率公式和最佳孔径角公式分别为

$$r_{min} \approx 0.43 \lambda^{3/4} C_s^{1/4} \qquad (2-33)$$

$$\alpha_{opt} = 1.4 \lambda^{1/4} C_s^{-1/4} \qquad (2-34)$$

如果用 100kV 电子束作为照明源($\lambda = 0.0037$nm),电磁透镜球差系数 $C_s = 0.88$nm,那么该电磁透镜的理论分辨率 $r_{\min} = 0.2$nm,最佳孔径角 $\alpha_{\mathrm{opt}} = 10^{-2}$ rad。如果取焦距 $f = 1.7$mm,那么最佳光阑直径为 34μm。

以上的计算说明,即使电子波长只有光波长的 $1/10^5$ 左右,但由于还不能造出无像差的大孔径角的电子透镜,只能用很小的孔径角来使球差、像散、色差等减至最小。而电磁透镜的孔径角只是光学透镜的几百分之一,所以电磁透镜的分辨率只比光学透镜提高 1000 倍左右。

对大部分透射电子显微镜,球差系数 C_s 约为 3mm,分辨率 $r_{\min}$ 为 0.25 ~ 0.3nm;对高分辨电镜,$C_s < 1$mm,分辨率 $r_{\min}$ 为 0.14 ~ 0.19nm。

2.1.6 电磁透镜的场深和焦深

电磁透镜除了具有高的分辨率外,还具有场深(景深)大、焦深长的特点。

1. 场深

场深是指在不影响电磁透镜成像分辨率的前提下,物平面可沿电磁透镜轴移动的距离,场深反映了试样可在物平面上、下沿镜轴移动的距离或试样超过物平面所允许的厚度。

如图 2-14 所示,物平面上的 P 点经透镜在像平面上成像为 P_1 点,如透镜的放大倍数为 M,分辨率为 r,由于衍射和像散的综合影响,像点 P_1 实际上是一个半径为 Mr 的弥散圆斑。距物平面 $1/2D_f$ 处的 Q(或 R)点,由于离焦(物点在物平面上为正焦,物点不在物平面上为离焦),在像平面上的像是半径为 MX 的圆斑。显然当 $MX \leqslant Mr$,即 $X < r$ 时不影响电磁透镜分辨率,像不会模糊。由于 D_f 比物距 L_1 小得多(图中为了清楚起见,有意将 D_f 夸大了),所以可以认为从 Q 点(或 R 点)和 P 点发出的电子束的孔径角都等于 2α。因此在 $X \leqslant r$ 条件下电磁透镜的场深为

$$D_f = \frac{2X}{\tan\alpha} \approx \frac{2X}{\alpha} \tag{2-35}$$

$$D_f \approx \frac{2r}{\alpha} \tag{2-36}$$

当 $r = 1$nm,$\alpha = 10^{-3} \sim 10^{-2}$rad 时,$D_f$ 为 200 ~ 2000nm,对于加速电压为 100kV 的电子显微镜,样品厚度一般控制在 200nm 以下,在电磁透镜场深范围内,试样各部位都能调焦成像。

2. 焦深

焦深是指在不影响电磁透镜成像分辨率的前提下,像平面可沿电磁透镜轴移动的距离,焦深反映了观察屏或照相底板可在像平面上、下沿镜轴移动的距离。

图 2-15 表示观察屏在 D_i 距离内的位置时,不影响电磁透镜成像的分辨率。由图可知

$$D_i = \frac{2Mr}{\tan\beta} \tag{2-37}$$

由于 $L_1\tan\alpha = L_2\tan\beta$,即 $\tan\beta = \frac{L_1}{L_2}\tan\alpha = \frac{\tan\alpha}{M} \approx \frac{\alpha}{M}$,所以

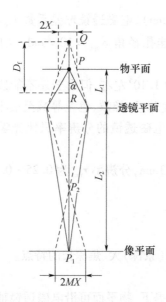

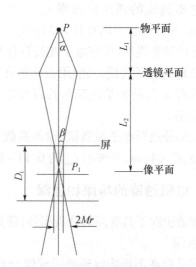

图 2-14　电磁透镜的场深　　　　图 2-15　电磁透镜的焦深

$$D_i = \frac{2M^2 r}{a} = D_f M^2 \qquad (2-38)$$

式中:M 在单一电磁透镜情况下是电磁透镜的放大倍数,对电磁透镜观察屏上的图像来说是电磁透镜的总放大倍数。当 $r = 1\,\mathrm{nm}$,$\alpha = 10^{-2}\,\mathrm{rad}$,$M = 2000$ 倍时 $D_i = 80\,\mathrm{cm}$。因此,当用倾斜的观察屏观察像时,或照相底板位于观察屏下方时,像同样清晰。

2.2　电子与固体物质的相互作用

随着材料研究发展的需要,电子光学仪器正向着综合型、多样化方向发展。一方面,电子光学仪器的完善和发展是与人们对电子与物质的相互作用的物理过程的充分理解分不开的,只有充分了解电子与物质的相互作用及其产生的各种信息,人们才能了解这些仪器的特点,更好地使用这些仪器及发展新的仪器;另一方面,这些仪器的发展又能帮助人们更好地了解电子与物质的相互作用。

一束定向飞行的电子束打到试样后,电子束穿过薄试样或从试样表面掠射而过,电子的轨迹要发生变化。这轨迹变化决定于电子与物质的相互作用,即决定于组成物质的原子核及其核外电子对电子的作用,其结果将以不同的信号反映出来。图 2-16 说明了入射电子与组成物质的原子相互作用产生的信号。使用不同的电子光学仪器将这些信息加以搜集、整理和分析可得出材料的微观形态、结构和成分等信息。这就是电子显微分析技术成为研究材料显微结构的重要方法的原因。

电子与物质相互作用涉及面很广,本节只就电子与物质相互作用的基本物理过程、电子与物质相互作用产生的各种信号,以及这些信号的特点及其在电子显微分析中的应用做一些简要介绍。

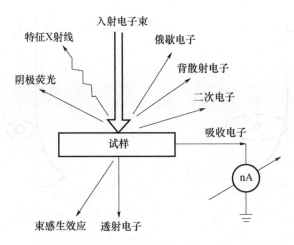

图 2 – 16　电子束和固态物质相互作用产生的信号

2.2.1　电子与固体物质作用的物理过程

1. 电子散射

当一束聚焦电子束沿一定方向射入试样内时,在原子库仑电场力作用下,入射电子方向改变,称为散射。原子对电子的散射可分为弹性散射和非弹性散射。在弹性散射过程中,电子只改变方向,基本上无能量变化。在非弹性散射过程中,电子不但改变方向,能量也有不同程度的减少,转变为热、光、X 射线和二次电子发射等。卢瑟福散射理论是用来解释 α 粒子散射的一种经典理论。该理论把原子核对电子的相互作用与核外电子的相互作用看成两个完全孤立的独立过程,忽略了核外电子对核的屏蔽效应。它可以近似地描述电子的弹性散射和非弹性散射过程,能定性地说明问题。

为了定量地分析和研究电子的散射作用,需要引入散射截面的概念。用原子散射截面 $\sigma(\alpha)$ 来度量一个电子被一个原子散射后偏转角不小于 α 角的概率。$\sigma(\alpha)$ 可定义为电子被散射到不小于 α 角的概率除以垂直于入射电子方向上单位面积的原子数。它的量纲是面积。可以将弹性散射和非弹性散射看成相互独立的随机过程,原子的散射截面是弹性散射截面与非弹性散射截面之和,即

$$\sigma(\alpha) = \sigma_e(\alpha) + \sigma_i(\alpha) \tag{2-39}$$

式中:$\sigma(\alpha)$ 为原子散射截面;$\sigma_e(\alpha)$ 为原子的弹性散射截面;$\sigma_i(\alpha)$ 为原子的非弹性散射截面。

原子对电子的散射可分为原子核对入射电子的弹性散射、原子核对入射电子的非弹性散射和核外电子对电子的非弹性散射,如图 2 – 17 所示。

1)原子核对电子的弹性散射

当一个电子从距离为 r_n 处通过原子序数为 Z 的原子核库仑电场时,受带正电的核吸引而偏转,即受到散射(图 2 – 17(a))。电子质量与核的质量相比是一个小量,在碰撞过程中可以认为原子核基本固定不动。电子散射后只改变方向而不损失能量,因此电子受到的散射是弹性散射,根据卢瑟福的经典散射模型,散射角为

$$\alpha = \frac{Ze^2}{E_0 r_n} \tag{2-40}$$

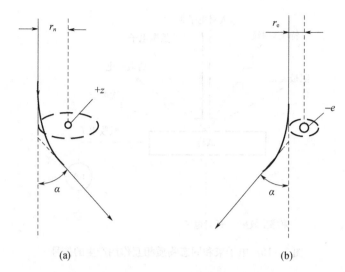

(a)   (b)

图 2 - 17　原子引起电子束偏转示意图

(a)原子核对入射电子的弹性散射;(b)核外电子对入射电子的非弹性散射。

式中:E_0 为入射电子的能量(eV)。

由式(2-40)可知,当原子序数越大、入射电子的能量越小、距核越近时,散射角 α 越大。

由图 2-17(a)可知,在垂直于电子入射方向,以原子核为中心、r_n 为半径的圆面积 πr_n^2 内通过的入射电子,其散射角均不小于 α,πr_n^2 相当于原子的弹性散射截面。同理,由图 2-17(b)可知,πr_e^2 相当于一个核外电子对入射电子的非弹性散射截面。

原子对电子的散射远比对 X 射线的强($10^3 \sim 10^4$ 倍),故电子在物质内部的穿透深度要比 X 射线弱得多,所以透射电子显微镜样品要求做得很薄。

电子受到试样的弹性散射是电子衍射和透射电镜电子显微成像的基础,它可以提供试样晶体结构及原子排列的信息。与 X 射线相比,电子受试样强烈散射这一特点(电子衍射强度比 X 射线高 $10^6 \sim 10^8$ 倍),使得透射电子显微镜可以在原子尺度上观察结构的细节。

2)原子核对电子的非弹性散射

入射电子运动到原子核附近,除受核的库仑电场的作用发生大角度弹性散射外,入射电子还受到原子核的电势场作用而制动,即电子不仅改变方向,速度也将减慢,成为一种非弹性散射。入射电子损失的能量 ΔE 转变为 X 射线,它们之间的关系为

$$\Delta E = h\nu = \frac{hc}{\lambda} \tag{2-41}$$

式中:h 为普朗克常数;c 为光速;ν 和 λ 分别为 X 射线的频率与波长。

电子的能量损失不是固定的,以连续 X 射线方式辐射,称为连续辐射或韧致辐射。韧致辐射本身不能用来进行成分分析,它产生的连续背景会影响分析的灵敏度和准确度,需要加以扣除和修正。

3)核外电子对入射电子的非弹性散射

核外电子对入射电子有散射作用,但因电子与电子质量相当,相互碰撞几乎全是非弹

性散射。此时入射电子运动方向改变,能量受到损失,原子则受到激发。非弹性散射机制主要有以下几种。

(1)单电子激发。入射电子和原子的核外电子碰撞,将核外价带和导带中的电子激发脱离原子核成为二次电子(secondary electron, SE),而原子则变成离子,此过程称为电离。

入射电子在试样内产生二次电子是一个级联过程,也就是说,入射电子产生的二次电子还有足够的能量继续产生二次电子,如此继续下去,直到最后二次电子的能量很低,不足以维持此过程为止。一个能量为 20keV 的入射电子,在硅中可以产生约 3000 个二次电子,但并不是所有产生的二次电子都能逸出试样表面成为信号。

(2)等离子激发。晶体是处于点阵固定位置的正离子和漫散在整个空间的价电子云组成的电中性体,因此可以把晶体看成等离子体。入射电子会引起价电子的集体振荡。当入射电子经过晶体时,在其路径近旁使价电子受斥而做径向发散运动,从而在入射电子路径的附近产生带正电的区域及较远处的带负电区域,瞬时地破坏了那里的电中性,如图 2-18 所示。图中两个二区域的静电作用又使负电区域多余的价电子向正电区域运动,当运动超过平衡位置后,负电区变为正电区,如此往复不已,这种纵波式的往复振荡是许多原集体振荡子的价电子参加的长程作用,称为价电子的集体振荡。

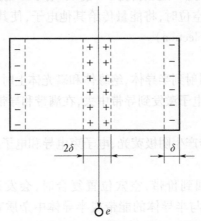

图 2-18　入射电子引起价电子的集体振荡模型

价电子的这种集体振荡的角频率是 ω_p,振荡的能量,ΔE_p 是量子化的,这种能量量子称为等离子,可表示为

$$\Delta E_p = \frac{h}{2\pi}\omega_p \qquad (2-42)$$

入射电子激发等离子后就要损失能量 ΔE_p,因其有固定值,且随不同元素及成分而异,称为特征能量损失,损失能量后的电子称为特征能量损失电子。表 2-3 列出了入射电子激发某些材料等离子后的能量损失 ΔE_p 值。

表 2-3　入射电子激发等离子后的能量损失 ΔE_p

元素	Be	Mg	Al	Ge	石墨	Si	MgO
$\Delta E_p/\mathrm{eV}$	19.0	10.5	15.6	16.5	7.5	17	10.5

在透射电镜中,可以用能量分析器把具有不同的能量透射电子分开,得到电子能量损失谱。由于试样的厚度大于等离子激发平均自由程,如一般透射电镜观察的铝膜厚0.1~1μm,入射电子能量为100keV时,铝的等离子激发自由程为160nm,电子在透射试样时有数次激发等离子的机会,因此在透射电子的能量损失谱上出现ΔE_p的1倍到几倍的几个峰。可以利用电子能量损失谱进行成分分析,称为能量分析显微术;也可选择有特征能量的电子成像,称为能量损失电子显微术。

(3)声子激发。晶格振动的能量也是量子化的,它的能量量子称为声子,等于$h\omega/2\pi$(ω是晶格振动的角频率),其最大值约为0.03eV,所以热运动很容易激发声子。在常温下固体中声子很多,声子的波长可以小到零点几个纳米,比等离子振荡波长小2~3个数量级,因此声子的动量可以相当大。入射电子和晶格的作用可以看作电子激发声子或吸收声子的碰撞过程,碰撞后入射电子的能量变化甚微,但动量改变可以相当大,即可以发生大角度的散射。

2. 内层电子激发后的弛豫过程

当内层电子被入射电子轰击脱离原子后,内层留下空位,原子处于激发状态,激发态的原子将自动回复到能量较低的状态——外层电子跃入内层空位,这种过程称为弛豫过程。弛豫过程可以是辐射跃迁,即发射特征X射线(标识X射线)发射;也可以是非辐射跃迁,如外层电子跃入内层空位时,将能量传给其他电子,使其能量增大并脱离原子核的束缚,发射俄歇电子(auger electron)。

3. 自由载流子

当高能量的入射电子照射到半导体、绝缘体和磷光体上时,不仅可将内层电子激发产生电离,还可将满带中的价电子激发到导带中去,在满带和导带内产生大量空穴和电子等自由载流子。

这些自由载流子进一步产生阴极荧光、电子束电导和电子生伏特效应。

1)阴极荧光

当导带中的电子跃迁回到价带,空穴位置复合时,会发射光子,称为阴极荧光,如图2-19所示。光子的产率与半导体的能带或半导体中杂质有关,所以阴极荧光谱用于半导体与杂质的研究上。阴极荧光谱主要用于扫描电镜,原则上也可用于扫描透射显微镜(STEM)。

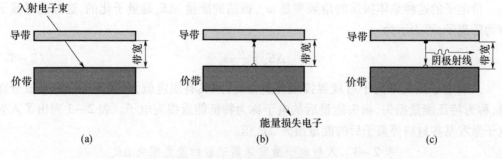

图2-19 阴极荧光的示意图

(a)入射电子束与价带电子作用前的初始态;(b)价带电子被激发到导带,留下一个空穴;
(c)空穴被导带中的电子填充,发射出一个光子,光子的频率由禁带宽度决定。

2)电子束电导和电子生伏特

(1)电子束电导。在高能电子束照射下,半导体材料中将产生自由载流子,在试样两端建立电位差,自由载流子将向异性电极移动,产生附加电导。

(2)电子生伏特。自由载流子在半导体的局部电场(如 p-n 结)作用下,各自运动到一定的区域积累起来,形成净空间电荷而产生电位差。

电子束电导与半导体内的杂质和缺陷有关,而电子生伏特可用来测量半导体中少数载流子的扩散长度和寿命。因此,它们对半导体材料和固体电路的研究是非常重要的物理信号。

2.2.2　电子与固体物质相互作用产生的信号

在电子与固体物质相互作用过程中产生的电子信号,除了上述电子散射机制及内层电子激发后的弛豫过程产生的二次电子、俄歇电子和特征能量损失电子外,还有背散射电子、透射电子和吸收电子等主要初次电子,上述电子信号一起构成了电子显微分析中的主要电子信号。

1. 试样上方接收到的电子信号

图 2-20 所示为在试样表面上方,电子探测器接收到的不同能量的出射电子的能量谱图,图中 E_0 为入射电子能量。由图可见,从试样表面出射的电子除了背散射电子外,还包括二次电子、俄歇电子和特征能量损失电子。

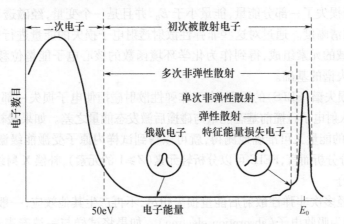

图 2-20　在试样表面上方接收到的电子能量谱图

1)背散射电子

背散射电子(back scattring electron,BSE)是指被固体样品中的原子核反弹回来的一部分入射电子,其总散射角大于 90°,因此重新从试样表面逸出。按入射电子受到的散射次数和散射性质,背散射电子又可进一步分为弹性背散射电子、单次非弹性背散射电子和多次非弹性背散射电子。由于探测器只能按能量大小探测不同能量的电子,并不能区分二次电子和背散射电子。习惯上,一般把能量小于 50eV 的电子归为二次电子,把能量大于 50eV 的电子归入背散射电子。

背散射电子来自样品表面几百纳米的深度范围,它的产额随原子序数的增加而增加。背散射电子主要用于扫描电子显微分析,不仅可以作为扫描电镜的成像信号,用于形貌分析,称为背散射电子像;而且由于其衬度与样品成分密切相关,从而可以用于试样的成分分析。

2)二次电子

二次电子是入射电子将原子核外价带和导带中的电子激发脱离原子核成为二次电子,被用来产生扫描电镜的二次电子像。二次电子的数量与电子束和试样表面的夹角有关,对试样表面状态非常敏感,显示表面微区的形貌结构非常有效。二次电子的能量较低(小于50eV),仅在试样表面10nm层内产生,所以在扫描电镜中二次电子被用来表征样品表面信息;二次电子像的分辨率较高,是扫描电镜的主要成像手段。

3)俄歇电子

俄歇电子是原子处于激发状态后的弛豫过程时,外层电子跃入内层空位时,将能量传给其他电子,使其能量增大并脱离原子核的束缚,发射出电子。俄歇电子是俄歇电子能谱分析的采集信号,俄歇电子的能量与电子所在的壳层有关,俄歇电子携带元素的信息。俄歇电子的平均自由程小于1nm,是由试样表面极有限的几个原子层中发出的,这说明俄歇电子能谱分析是一种表面(层)分析方法。

2. 透射电子

当试样厚度小于入射电子的穿透深度时,入射电子将穿透试样,从另一表面射出,称为透射电子(transmission electron)。透射电子是透射电子显微镜的成像信号。如果试样很薄,只有$10\sim20$nm的厚度,透射电子的主要组成部分是弹性散射电子,成像比较清晰,电子衍射斑点也比较明锐。如果试样较厚,则透射电子中有相当一部分是非弹性散射电子,即入射电子损失了一部分能量,能量小于E_0,并且是一个变量,经磁透射成像后,由于色差,影响成像清晰度。通过对这些非弹性散射透射电子损失的能量进行分析,可以得出试样中相应区域的元素组成,得到作为化学环境函数的核心电子能量位移的信息。这就是电子能量损失谱的基础。

电子能量损失谱(EELS)的原理:由于非弹性散射碰撞使电子损失一部分能量,这一能量等于原子与入射电子碰撞前基态能量与碰撞后激发态能量之差。如果最初电子束的能量是确定的,损失的能量又可准确地测得,就可以得到试样内原子受激能级激发态的精确信息。就元素成分分析而言,EELS可以分析轻元素($Z \geq 1$的元素),补偿X射线能谱的不足。

3. 吸收电子

入射电子经多次非弹性散射后能量损失殆尽,不再产生其他效应,一般称为被试样吸收,这种电子称为吸收电子(absorption electron)。如果将试样与一纳安表连接并接地,可显示出吸收电子产生的吸收电流。显然,试样的厚度越大、密度越大、原子序数越大,吸收电子就越多,吸收电流就越大;反之亦然。因此,不但可以利用吸收电流这个信号成像,还可以得出原子序数不同元素的定性分布情况,从而使吸收电子信号在扫描电子显微镜和电子探针仪中得到应用。

如果试样接地保持电中性,则入射电子强度I_0和背散射电子信号强度I_B、二次电子信号强度I_S、透射电子信号强度I_T、吸收电子信号强度I_A之间存在以下关系,即

$$I_0 = I_B + I_S + I_T + I_A \tag{2-43}$$

$$\eta + \delta + \tau + \alpha = 1 \tag{2-44}$$

式中:$\eta = I_B/I_0$为背散射电子(发射)系数;$\delta = I_S/I_0$为二次电子(发射)系数;$\tau = I_T/I_0$为透射电子系数;$\alpha = I_A/I_0$为吸收电子系数。

试样密度与厚度的乘积越小,则透射电子系数越大;反之,则吸收电子系数和背散射电子系数越大。图 2-21 所示为电子在铜试样中的透射电子系数、吸收电子系数和背散射电子系数(包括二次电子)随试样质量厚度 ρZ 的变化。

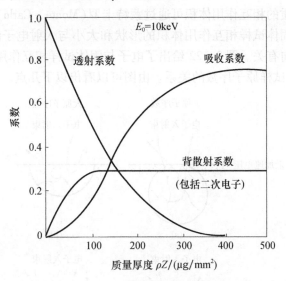

图 2-21　电子系数随质量厚度的变化

4. 特征 X 射线

特征 X 射线是原子处于激发状态后的弛豫过程时,外层电子跃入内层空位时,将能量以 X 射线形式释放出来,从而产生特征 X 射线。

特征 X 射线的波长与原子序数 Z 有关,它们的关系符合莫塞莱定律,即

$$\lambda \sim \frac{1}{(Z-\sigma)^2} \qquad (2-45)$$

式中:σ 为常数。

由莫塞莱定律可知,每一种元素都有对应的特征 X 射线波长,根据特征 X 射线的波长和能量可以进行试样中元素的定性和定量分析。这也正是电子探针 X 射线显微分析的原理。

综上所述,具有一定能量的电子束入射到固体试样上将产生各种电子及物理信号,如图 2-16 所示。这些信号在材料科学研究中的作用可归纳为 3 个主要方面。

(1)成像。显示试样的亚微观形貌特征,还可以利用有关信号在成像时显示元素的定性分布。

(2)从衍射及衍射效应可以得出试样的有关晶体结构参数,如点阵类型、点阵常数、晶体取向和晶体完整性等。

(3)进行微区成分分析。

2.2.3　相互作用体积与信号产生的深度和广度

1. 相互作用体积

当电子射入固体试样后,经过原子的多次弹性和非弹性散射后完全失掉方向性,也就

是向各个方向散射的概率相等,这种现象称为扩散或漫散射。由于存在这种扩散过程,电子与物质的相互作用已经不限于电子入射方向,而是有一定的体积范围。此体积范围称为相互作用体积。

电子与固体物质的相互作用体积可通过蒙特卡罗(Monte - Carlo)电子弹道模拟技术予以显示。电子与固体试样相互作用体积的形状和大小与入射电子的能量、试样原子序数和电子束入射方向有关。图 2 - 22 给出了电子与固体试样相互作用体积的形状和大小与入射电子的能量、试样原子序数的关系。由图可以看出以下几点。

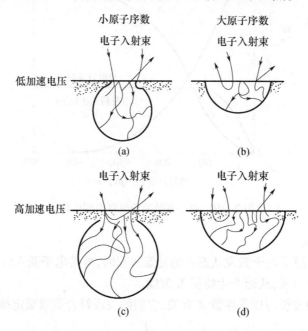

图 2 - 22 电子与固体试样相互作用体积的形状和大小

(1)对轻元素试样,相互作用体积呈梨形;对重元素试样,相互作用体积呈半球形。

(2)入射电子能量的增加只改变相互作用体积的大小,但形状基本不变。

(3)与垂直入射相比,电子倾斜入射时相互作用体积在靠近试样表面处横向尺寸增加。

相互作用体积的形状和大小决定了各种物理信号产生的深度和广度范围。

2. 物理信号的深度和广度

相互作用体积呈梨形时,各种信号产生的深度和广度范围,如图 2 - 23 所示。

1)物理信号产生的深度

信号产生的深度说明了信号反映的信息部位,即是材料表面层还是材料体相内部。由图 2 - 23 可见可得以下几点。

(1)俄歇电子仅在表面 1nm 层内产生,适用于表面分析。

(2)二次电子在表面 10nm 层内产生,也可反映材料表面层信息。

(3)背散射电子由于其能量较高,接近于 E_0,可以从离试样表面较深处射出,反映材料体相信息。

(4)X 射线(包括特征 X 射线、连续辐射和 X 光荧光)信号产生的深度范围较大,反映材料体相信息。

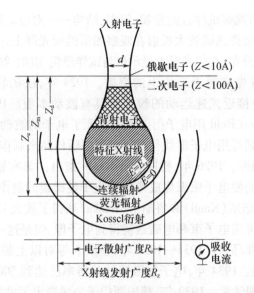

图 2 - 23　入射电子产生的各种信号的深度和广度范围

Z_d—电子达到完全扩散的深度；Z_e—电子穿透深度；Z_m—特征 X 射线产生的深度。

2)物理信号产生的广度

信号产生的广度说明了信号产生的范围。由图 2 - 23 可见得出以下几点结论。

(1)二次电子在表面 10nm 层内产生,在这么浅的深度内电子还没有经过多少次散射,基本上还是按入射方向前进,因此二次电子发射的广度与入射电子束的直径相差无几。在扫描电镜成像的各种信号中,二次电子像具有最高的分辨率。

(2)背散射电子由于其能量较高,接近于 E_0,可以从距离试样表面较深处射出,此时入射电子已充分扩散,发射背散射电子的广度要比电子束直径大,因此其成像分辨率要比二次电子低得多,它主要取决于入射电子能量和试样的原子序数。

(3)X 射线(包括特征 X 射线、连续辐射和 X 光荧光)信号产生的广度范围较大,X 射线在固体中具有较强的穿透能力,无论是特征 X 射线还是连续辐射都能在试样内达到较大的范围,因此 X 光荧光产生的范围就更大。由于特征 X 射线范围大,不但使 X 射线图像分辨率低于二次电子、背散射电子和吸收电子的图像,还会使 X 射线显微分析的区域远大于入射电子束照射的面积,这一点在微区成分分析时应特别注意。

2.3　透射电子显微镜

2.3.1　透射电子显微镜的发展

透射电子显微镜,简称透射电镜(transmission electron microscope,TEM)是一种高分辨率、高放大倍数的显微镜,是观察和分析材料的显微形貌、组织和结构的有效工具。它用聚焦电子束作为照明源,使用对电子束透明的薄膜试样(几十到几百纳米),以透射电子为成像信号。其工作原理如下:电子枪产生的电子束经 1 ~ 2 级聚光镜会聚后均匀照射到试样上的某一待观察微小区域上,入射电子与试样物质相互作用,由于试样很薄,绝大部分电子穿透试样,其强度分布与所观察试样区的形貌、组织、结构一一对应。透射出试样的电子经物镜、中间镜、投影镜的三级磁透镜放大投射在观察图形的荧光屏上,荧光屏把电子强度分布转变为人眼可见的光强分布,在荧光屏上显示出与试样形貌、组织、结构相对应的图像。

透射电镜的发明首先来源于理论上的突破。1924年,法国物理学家德布罗意(De Broglie)指出,任何一种接近光速运动的粒子都具有波动本质。1926—1927年,Davisson和Germer以及Thompson Reid用电子衍射现象验证了电子的波动性,发现电子波长比X射线还要短,从而联想到可用电子射线代替可见光照明样品来制作电子显微镜,以克服光波长在分辨率上的局限性。1926年,德国学者Busch指出,"具有轴对称的磁场对电子束起着透镜的作用,有可能使电子束聚焦成像",为电子显微镜的制作提供了理论依据。

1931年,德国学者诺尔(Knoll)和鲁斯卡(Ruska)获得了放大12~17倍的电子光学系统中的光阑的像,证明可用电子束和电磁透镜得到电子像,但是这一装置还不是真正的电子显微镜,因为它没有样品台。1931—1933年,鲁斯卡等对以上装置进行了改进,做出了世界上第一台透射电镜。1934年,电子显微镜的分辨率已达到500Å,鲁斯卡也因此获得了1986年的诺贝尔物理学奖。1939年,德国西门子公司造出了世界上第一台商品透射电镜,分辨率优于100Å。1954年,西门子公司又推出了Elmiskop I型电子显微镜,分辨率优于10Å。我国的透射电镜的研制始于20世纪50年代,1977年已研制出了分辨率为3Å的80万倍的透射电镜。

目前,国际上主要的透射电镜制造商有日本的日本电子(JEOL)和日立(Hitachi)公司以及美国的FEI公司,它们生产的透射电镜大致可分为3类:

(1)常规的透射电镜。加速电压为100~200kV。代表性产品有日本电子的JEM-2010、日立的H-8000、FEI的TECNAI20等。200kV透射电镜的分辨率可达0.19nm。

(2)中压透射电镜。加速电压为300~400kV。代表性产品有日本电子的JEM-3010、JEM-4000,日立的H-9000、H-9500,FEI的TECNAI F30等。300kV透射电镜的分辨率可达0.17nm,400kV透射电镜的分辨率可达0.163nm。

(3)高压透射电镜。加速电压为1000kV。代表性产品有JEM-1000,日立公司还制造了世界上最大的3000kV透射电镜。目前1000kV透射电镜最高分辨率可达0.1nm。

材料科学研究中应用较为普遍的是200kV和300kV的透射电镜,高压电镜由于价格昂贵、体积庞大,一般研究中用得较少。

2.3.2 透射电子显微镜的基本结构

一台透射电镜就其可以分为三大系统。

(1)电子光学系统,包括照明系统、成像系统、观察和记录系统。

(2)真空系统,包括真空泵、显示仪表。

(3)电气系统,包括各种电源、控制系统、安全系统。

其中,电子光学系统是透射电镜的核心部分,真空和电气系统是辅助部分。通常的透射电镜如图2-24所示。

图2-24 日本电子公司 JEM-2100F型透射电镜

2.3.2.1 电子光学系统

　　透射电镜的电子光学系统组装成一直立的圆
柱体,称为镜筒,它构成了透射电镜的主体,是透射电镜的核心部分,主要由照明系统、成像系统以及图像观察记录系统组成。图 2-25 所示为 JEM-2010F 透射电镜的主体(镜筒)的剖面图。

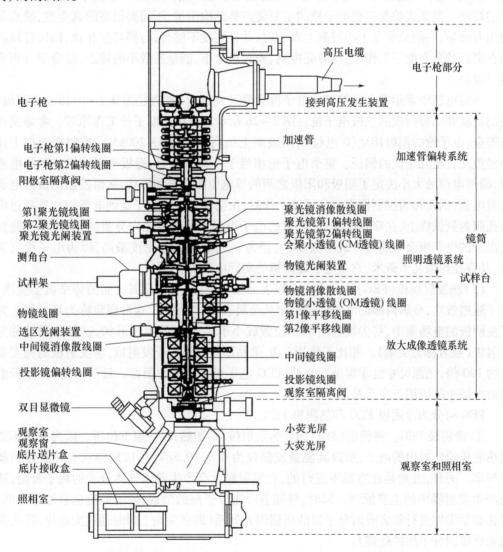

图 2-25　透射电镜(JEM-2010F)的主体(镜筒)的剖面图

1. 照明系统

　　照明系统是产生具有一定能量、足够亮度(电流密度)和适当小孔径角的稳定电子束的装置,它包括产生电子束的电子枪部分和使电子束会聚的聚光镜系统。

1)电子枪

　　电子枪是产生电子的装置,它位于透射电镜的最上部。电子枪的种类不同,电子束的会聚直径、能量的发散度也不同。这些参数在很大程度上决定了照射到试样上的电子性质。

电子枪可分为热电子发射型和场发射型两种类型。在过去的透射电镜中,使用的是热电子发射型的发叉式钨灯丝。近年来,已广泛使用同样是热电子发射型的高亮度的六硼化镧(LaB$_6$)单晶灯丝。另一类电子枪是场发射型电子枪(field emission gun,FEG),它发出的电子束亮度高、相干性好,特别适合于分析型透射电镜。

(1)热电子发射型电子枪。热电子发射型电子枪采用钨灯丝和 LaB$_6$ 单晶作为发射电子的灯丝。发叉式钨丝三极电子枪的主要优点是结构简单,不需要很高的真空度,缺点是使用寿命短,一般只有几十小时到上百小时,并且亮度不够高;与钨灯丝相比,LaB$_6$灯丝必须在更高的真空度下工作,它具有亮度高、光源尺寸小、能量发散小的特点,适合于分析型透射电镜。

透射电镜中常用发叉式钨灯丝电子枪为发叉式钨丝(丝直径为 0.1~0.15mm)阴极、控制栅板和阳极构成的三极电子枪。图 2-26 所示为三极式电子枪工作原理。考虑到操作安全,电子枪的阳极接地(0 电位),阴极加上负高压(-50~200kV),控制栅板加上比阴极负几百至几千伏的偏压。整个电子枪相当于一个由阴极、栅板和阳极组成的静电透镜,栅极电位的大小决定了阴极和阳极之间的等电位面分布和形状,从而控制阴极的电子发射电流,因此称为控制栅极。电子枪工作时,由阴极发射的电子受到电场的加速穿过阳极孔照射到试样上,在穿过电场时,发散的电子束受到电场的径向分量的作用,使从栅极孔出来的电子束会聚通过一最小截面(直径为 d_c),这里电子密度最高,称为电子枪交叉点,其直径约为几十微米,它是电子显微镜的实际电子源。

(2)场发射型枪(FEG)。如果在金属表面加一个强电场,金属表面的势垒就会变浅,由于隧道效应,金属内部的电子穿过势垒从金属表面发射出来,这种现象称为场发射。为了使阴极的电场集中,将尖端的曲率半径做成小于 0.1μm 的尖锐形状,这样的阴极称为发射极(或者称为尖端)。相比于使用 LaB$_6$ 单晶灯丝的热电子发射枪,场发射枪的亮度要高约 100 倍,光源尺寸也非常小。此外,FEG 电子束的相干性很好。目前,FEG 在分析型透射电镜中的应用正在普及。

FEG 可分为冷阴极 FEG 和热阴极 FEG。

① 冷阴极 FEG。将钨的(310)面作为发射极,不加热,在室温下使用。因为空气不能把热能传给发射出的电子,所以其能量发散仅为 0.3~0.5eV,可以期望它有非常好的能量辨率。另外,发射是在室温下进行的,在发射极上会产生残留气体分子的离子吸附,这是产生发射噪声的主要原因。同时,伴随着吸附分子层的形成,发射电流也会逐渐降低,因此必须定期进行除去吸附分子层的所谓闪光处理(即在尖端上瞬时通过大电流,除去尖端表面吸附分子层的处理)。

② 热阴极 FEG。在施加强电场的状态下,如将发射极加热到比热电子发射低的温度(1600~1800K),由于电场的作用,电子经过变低的势垒发射归来,这称为肖特基效应。由于加热,电子能量的发散为 0.6~0.8eV,比冷阴极 FEG 大,这是它的缺点,但是热阴极 FEG 不产生离子吸附,大大降低了发射噪声,也不需闪光处理,可以得到稳定的发射电流。

2)聚光镜系统

将电子枪射出的电子会聚并照射到试样上的一组透镜称为照明透镜(聚光镜)系统。

聚光镜为磁透镜,它的功能是把有效光源会聚到样品上,并且控制该处的照明孔径角、电流密度(照明亮度)和光斑尺寸。现代的透射电镜都采用双聚光镜系统,如图 2-27 所示。该系统有两个聚光镜,第 1 聚光镜是一个短焦距的强透镜,称为 C1;第 2 聚光镜是一个长焦距的弱透镜,称为 C2。C1 的作用是把电子束最小交叉截面缩小,并成像在 C2 的共轭面上,C2 再把缩小后的光斑成像在样品上。C2 控制照明孔径角和照射面积,并为样品室提供足够的空间。光斑的大小是由改变 C1 的焦距来控制的,C2 只是在 C1 限定的最小光斑条件下,进一步改变样品上的照明面积。

图 2-27 所示的照明系统可实现从平行照明到大会聚角的照明条件。在图 2-27(a)中,会聚小透镜也称为 CM 透镜,它的励磁电流很强,使电子束会聚在物镜前方磁场的前焦点位置,电子束平行照射到试样上很宽的区域,得到相干性好的电子显微像,这种模式称为 TEM 模式;在图 2-27(b)中,关闭了会聚小透镜的励磁电流,由于物镜前方磁场的作用,电子束被会聚在试样上,这时的会聚角 α_1 很大,能得到高强度的电子束,适合于微小区域的分析,这种模式称为 EDS 模式;图 2-27(c)是使用很小的聚光镜光阑和小的会聚角 α_2,照明的区域小,能获得相干性好的电子显微像。可使用这种照明条件获得纳米束电子衍射(nano-beam electron diffraction)花样,这种模式称为 NBD 模式。对于 EDS 模式和 NBD 模式,改变聚光镜和会聚小透镜的励磁电流时,可使电子束的直径保持一定,而会聚角 α 发生变化,这就是适用于会聚束电子衍射(covergent beam electron diffraction,CBED)花样观察的条件。

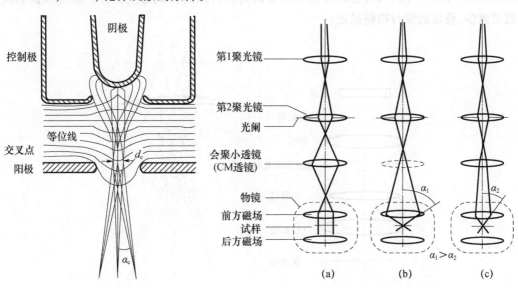

图 2-26　发叉式钨丝阴极
三极电子枪示意图

图 2-27　照明透镜系统的光路图
(a)TEM 模式;(b)EDS 模式;(c)NBD 模式。

在聚光镜系统里还装有使电子束偏转的偏转线圈,它可用于合轴调整、电子束倾斜、电子束移动、电子束扫描等,使得透射电镜既可以垂直照明(照明电子束轴线与成像同轴),也可以倾斜照明。倾斜照明时,照明电子束轴线与成像系统轴线成一定角度(一般为 2°~3°),用于成暗场像。

2. 成像系统

成像系统一般由物镜、中间镜、投影镜、物镜光阑和选区衍射光阑组成,如图 2-28(a)所示。其中物镜是最重要的,因为分辨率主要由物镜决定。

1)透射电镜的成像原理

阿贝首先提出了相干成像的一个新原理,即衍射谱(傅里叶变换)和两次衍射成像的概念,并用傅里叶变换来阐明显微镜成像的机制。1906 年,波特以一系列试验证实了阿贝成像原理。透射电镜中的成像原理就是利用阿贝成像原理。

根据光学中的阿贝成像理论,当一平行光束照射到具有周期结构特点的物样时会产生衍射现象,如图 2-28(b)所示。除零级衍射束(透射束)外,还有各级衍射束,经过透镜 L(物镜)的聚焦作用,在其后焦面上形成衍射振幅的极大值,如图 2-28(b)中的 S_2'、S_1'、S_0、S_1、S_2、…各级衍射谱,每一个振幅极大值又可看成次级相干波源,由它们发出的次级波在像平面上相干成像。图 2-28(b)中像平面上的 I_1、I_0 及 I_1'就是周期结构物点 O_1、O_0 及 O_1'的像。这样阿贝的透镜衍射成像可分为两个过程:一是平行光束受到具有周期特点样的散射作用形成各级衍射谱,即物的信息通过衍射谱呈现出来;二是各级衍射波通过干涉重新在像平面上形成反映物特征的像。显然,这要求从物样同一点出发的各级衍射波在经过上述两个过程后必须在像平面上会聚为一点,如图 2-28 中,从 O_1 发出的各级衍射波最后在像平面上 I_1 点成像;而从物样不同点发出的同级平行散射波经过透镜后都聚焦到后焦面上的同一点,只有这样才能形成反映物样特点的传统意义的像。参与成像的次级波越多,叠加的像与物越接近。

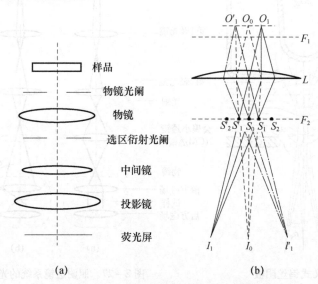

图 2-28 透射电镜的成像系统与成像示意图
(a)成像系统示意图;(b)阿贝成像原理示意图。

在电子显微镜中,用电子束代替平行入射光束,用薄膜状的样品代替周期性结构物体,就可重复以上衍射过程。在透射电镜中,物镜在像平面形成的一次放大像往往要由中间镜与投影镜再做两次放大投射到荧光屏上,称为物的三级放大像。改变中间镜的电流,使中间镜的物平面从物镜像平面移到物镜的后焦面,可得到衍射谱。若让中间镜的物面从物镜后焦面向下移到物镜像平面,就可得到像。这就是为什么透射电镜既能得到衍射谱又能观察像的原因。

2)透镜及放大系统。

(1)物镜。

物镜是由透镜线圈、轭铁(磁电路)和极靴构成的强磁透镜,物镜的功能是形成样品的一次放大像及衍射谱。因为物镜是成像系统的第一个透镜,由它造成的像差都会被中间镜与投影镜放大,所以要求物镜的各种像差要尽可能小,且要有尽可能高的分辨率和足够高的放大倍数($100\times\sim200\times$)。透射电镜的像质量几乎取决于物镜的性能。

(2)中间镜和投影镜。

① 中间镜:中间镜置于物镜以下、投影镜以上。它是一个长焦距、可变倍率的弱磁透镜,其放大倍数在 $0\sim20$ 之间。中间镜在成像系统中非常重要,它的功能是把物镜形成的一次中间像或衍射谱投射到投影镜的物平面上,再由投影镜放大到终像平面(荧光屏)。中间镜可以控制成像系统,使得在荧光屏上得到电子像或电子衍射谱。

② 投影镜是一个短焦距的强磁透镜,使用上、下对称的小孔径极靴。投影镜的作用是把经中间镜形成的二次中间像及衍射谱放大到荧光屏或照相底板上,形成最终放大的电子像及衍射谱。由于成像电子束在进入投影镜时孔径角很小(10^{-5} rad 左右),所以场深和焦深都很大,因此投影镜多在固定强励磁状态下工作。这样,当总放大倍数变化时,中间镜像若有较大的移动,投影镜无须调焦仍能得到清晰的终屏像。对投影镜精度的要求不像物镜那样严格,因为它只是把物镜形成的像做第三次放大。对中间镜精度的要求则较高,虽然它的像差不是仪器分辨率的主要影响因素,但它影响衍射谱的质量,因此也配有消像散器。

通过改变中间镜放大倍数可以在相当大范围(如 $2000\sim200000$ 倍)内改变电镜的总放大倍数。

(3)三级成像放大系统。中、低级透射电镜的成像放大系统仅由一个物镜、一个中间镜和一个投影镜组成,可进行高放大倍数、中放大倍数和低放大倍数成像,成像光路如图 2-29 所示。在大多数透射电镜中,投影镜具有固定励磁,物镜励磁的改变是为了聚焦,总放大倍数主要是由改变中间镜的励磁电流来控制的(一般为 $0\sim20$ 倍)。

① 高放大倍数成像时,物经物镜放大后在物镜和中间镜之间成第一级实像,中间镜以物镜的像为物进行放大,在投影镜上方成第二级放大像,投影镜以中间镜像为物进行放大,在荧光屏或照相底板上成终像。三级透镜高放大倍数成像可以获得高达 20 万倍的电子图像。

② 中放大倍数成像时调节物镜励磁电流,使物镜成像于中间镜之下,中间镜以物镜像为"虚物",在投影镜上方形成缩小的实像,经投影镜放大后在荧光屏或照相底板上成终像。中放大倍数成像可以获得几千至几万倍的电子图像。

③ 低放大倍数成像的最简便方法是减少透镜使用数目和减小透镜放大倍数。例如,关闭物镜,减弱中间镜励磁电流,使中间镜起着长焦距物镜的作用,成像于投影镜之上,经投影镜放大后成像于荧光屏上,获得 $100\sim300$ 倍视域较大的图像,为检查试样和选择、确定高倍观察区提供方便。

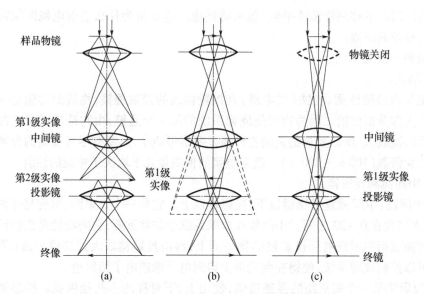

图 2-29　三级成像放大系统光路图
(a)高放大倍数成像；(b)中放大倍数成像；(c)低放大倍数成像。

　　(4)多级成像放大系统。现代的透射电镜其成像放大系统大多有 4~5 个成像透镜。除了物镜外,还有两个可变放大倍数的中间镜和 1~2 个投影镜。成像时可按不同模式(光路)来获得所需的放大倍数。一般第一中间镜用于低倍放大;第二中间镜用于高倍放大;在最高放大倍数情况下,第一、第二中间镜同时使用或只使用第二中间镜,成像放大倍数可以在 100~80 万倍范围内调节。此外,由于有两个中间镜,在进行电子衍射时,用第一中间镜以物镜后焦面的电子衍射谱作为物进行成像(此时放大倍数就固定了),再用第二中间镜改变终像电子衍射谱的放大倍数,可以得到各种放大倍数的电子衍射谱。因此,第一中间镜又称为衍射镜。

　　事实上,现代透射电镜都是由计算机来控制的,可以很方便地选择电镜的不同放大倍数、选择图像模式还是衍射模式。这种操作上的方便主要是因为电子透镜的焦距、放大倍数等都可由改变励磁电流来调节。

　　(5)消像散器。在透射电镜的电子光学系统部分,除物镜、中间镜和投影镜外,还有样品室、物镜光阑、消像散器和衍射光阑等。消像散器是一个产生附加弱磁场的装置,用来校正透镜磁场的非对称性,从而消除像散,物镜下方都装有消像散器。

　　3. 图像观察与记录系统

　　图像观察与记录系统用来观察和拍摄经成像和放大的电子图像。像的观察是通过荧光屏进行的,而像的记录可采用多种方法,如照相底片、慢扫描 CCD 照相机、电视摄像机、成像板等。

　　1)荧光屏

　　透射电镜操作者透过观察窗在荧光屏上看像和聚焦。荧光屏是在铝板上涂了一层荧光粉制得的,荧光粉通常是硫化锌(ZnS),它能发出 450nm 的光。有时在 ZnS 里掺入杂质,使其发出接近 550nm 的绿光。荧光屏的分辨率取决于荧光屏上的 ZnS 镀层的晶粒尺寸,通常 ZnS 的晶粒尺寸为 50μm,高分辨率的荧光屏上的 ZnS 的晶粒尺寸为 10μm,因此荧光屏的分辨率为 10～50μm。透射电镜上除了荧光屏外,还配有用于单独聚焦的小荧光屏和 5～10 倍的双目镜光学显微镜。

透射电镜采用铅玻璃来制作观察窗,以屏蔽镜体内产生的 X 射线。一般来说,加速电压越高,铅玻璃应当越厚。因此,对于超高压电子显微镜,从荧光屏观察像衬度的细节就比较困难。在这种情况下,一般在观察室下面的照相室中安装电视摄像机或者慢扫描 CCD 照相机,观察者从监视器上观察图像。由于荧光屏的分辨率远比照相底片的分辨率低,因此为了得到更多的信息,一般总把最终像用照相底片记录下来。

2) 图像记录系统。

最常用的透射电镜的照相底片是片状的胶片。胶片的一面有厚度约为 25μm 的明胶层,明胶层含有均匀分散的 10% 的卤化银颗粒。照相底片在电子束的照射下能曝光,它对电子的感光特性基本上与对可见光的感光特性一样(只是灵敏度和噪声不同),胶片的分辨率为 4～5μm,比荧光屏高得多。照相底片的实际分辨率还随底片、显影液的种类以及显影条件有很大的差别,一般认为,底片的分辨率应达到 10μm。

CCD 照相机的最大好处是摄下的为数字图像,拍好照片可马上观察,且可方便地对图像进行数字处理。CCD 相机从图像采集、数字图像转换到监视器显示图像仅需要数秒钟的时间,几乎可实时记录图像。采用 CCD 照相机记录图像是现代透射电子设备记录系统的发展趋势。事实上,现代电镜通常配备有几种记录方式,如用照相胶片、视频摄像机和 CCD 照相机,使用者可根据需要选用最合适的记录方式。

4. 样品台

透射电镜样品是直径不大于 3mm、厚度为几十纳米的薄试样,在透射电镜上装载试样的装置称为样品台。透射电镜观察用样品首先放在专用的电镜样品铜网上;然后装入电镜的样品台上并送入电镜观察。铜网直径为 3mm,网上有许多网孔,网孔分为方孔或圆孔(0.075mm)两类,如图 2-30 所示。样品台可根据需要使样品倾斜和旋转,它与镜筒外的机械旋杆相连,转动旋杆可使样品在两个互相垂直的方向平移,以便观察试样各部分细节。

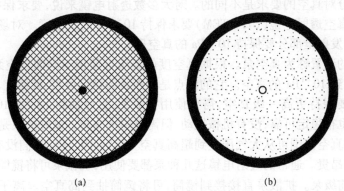

图 2-30　铜网放大图
(a)方孔;(b)圆孔。

样品台按样品进入透射电镜中的就位方式分为顶插式和侧插式两种方式。从极靴上方装入的称为顶插方式,从横向插入上、下极靴之间的称为侧插方式。

对于顶插式试样品台,透射电镜样品首先放入样品杯;然后通过传动机构进入样品室,再下降至样品台中定位,使样品处于物镜极靴中间某一精确位置。顶插式样品台的特点是物镜上、下极靴中间隙可以比较小,因此球差小,物镜分辨率较高。以前在做高分辨像时普遍采用顶插方式,但顶插方式不可能有很大的倾斜角,要增加分析功能也很困难。因此,现代的透射电镜,特别是分析型透射电镜都采用侧插方式。

对于侧插式试样品台,透射电镜样品先放在插入杆前端的样品座上,并用压环固定,插入杆从镜筒侧面插入样品台,使得样品杆的前端连同样品处于物镜上、下极靴间隙中,侧插试样品台的特点是上、下极靴间的间隙较大,因此球差较大,相对来说物镜的分辨率要比顶插式差些,但最大倾角可达±60°,在倾斜过程中观察点的像不发生位移,放大倍数也不变。侧插方式的优点在于可从试样上方检测背散射电子和 X 射线等信号,并具有探测效率高以及可使试样大角度倾斜等特点。

除了上述可使样品平移和倾斜的样品台外,还有为满足不同用途要求的样品台,包括加热、冷却、拉伸样品台等。加热样品台可以把样品加热到 1300℃ 左右;冷却样品台一般采用液氮(沸点为 -195.8℃)作为冷却剂,样品温度可冷至 -180℃ 左右。若用液氦(沸点为 -268.94℃)作冷却剂,样品可冷至 -250℃ 左右;拉伸样品台可以对样品进行拉伸。应用这些特殊功能的样品台时,可以直接观察材料在各种特定条件下发生的显微结构的动态变化,为材料性能研究提供更为客观的数据。

2.3.2.2 真空系统

在电子显微镜中,整个电子光学系统都要求有尽可能高的真空度;否则电子显微镜就不能正常工作。因为高速电子与气体分子相遇和相互作用会导致随机电子散射,降低成像衬度;电子枪还会发生电离和放电,导致电子束不稳定和闪烁;残存气体还会腐蚀炽热的灯丝,缩短灯丝的使用寿命,并严重污染样品。因此,透射电镜必须要不断排除镜体内的空气和其他气体,保持电镜在高真空下工作。

透射电镜的真空系统就是为了给电子束流提供一个足够高的真空度。事实上,透射电镜的各个部分对真空的要求是不同的。对大多数透射电镜来说,要求保持 10^{-5}Pa 的真空度。对超高真空透射电镜(UHV TEM)要求保持 10^{-7}Pa 的真空度。对场发射枪的透射电镜来说,在场发射枪部分要保持 10^{-9}Pa 的真空度。

能抽真空的装置称为真空泵。根据真空度的要求可使用不同的真空泵,最基本的是机械泵,它可抽到 10^{-1}Pa 的真空。它的优点是工作状态稳定可靠、较便宜,缺点是噪声大和易于污染。要保持更高一级真空,需要使用扩散泵,它可抽到 $10^{-1} \sim 10^{-9}$Pa 的真空。它的工作状态也很稳定可靠,没有机械振动,但需要用水冷却。最好的泵是涡轮分子泵和离子泵,它们的真空范围可从大气压直到超高真空 $10^{-7} \sim 10^{-9}$Pa,它们没有污染,几乎没有振动,但价格昂贵。通常的透射电镜这几种泵都要使用,机械泵可将镜筒抽至低真空或作为扩散泵的前级泵。扩散泵直接接到镜筒,可将镜筒抽到高真空。离子泵通常直接接到样品台或电子枪部分使其保持尽可能高的真空。计算机控制的气阀将各种不同的真空隔开。

2.3.2.3 电气系统

电气系统主要包括 3 个部分:灯丝电源和高压电源,使电子枪产生稳定的高能照明电子束;电子束聚集和成像的大电流低压磁透镜电源,使各磁透镜具有高的稳定度;电气控制电路,用来控制真空系统、电气合轴、自动聚焦、自动照相等。电源必须满足这样的条件,即在照相曝光时间内,最大透射电流和高压波动引起的分辨率下降要小于物镜的极限分辨本领。通常对分辨率为 $0.2 \sim 0.3\text{nm}$ 的透射电镜要求电流稳定度为 $1 \times 10^{-6}\text{min}^{-1}$,加速电压的稳定度为 $2 \times 10^{-6}\text{min}^{-1}$。

2.3.3 透射电子显微镜的主要性能指标

透射电子显微镜的主要性能指标是分辨率、放大倍数和加速电压。

1. 分辨率

分辨率是透射电镜的最主要性能指标,它表征了电镜显示亚显微组织、结构细节的能力。透射电镜的分辨率以两种指标表示:一种是点分辨率,它表示电镜所能分辨的两个点之间的最小距离。例如,用真空蒸镀法在碳支持膜上蒸镀铂、金等颗粒,在高倍照片中找出粒子最小间距,除以放大倍数即为点分辨率,如图 2-31(a) 所示。另一种是线分辨率,又称为晶格分辨率。测定线分辨率的方法是,利用已知取向的单晶薄膜作为标样,拍摄晶格像,根据已知间距的晶格条纹确定仪器的线分辨率,如图 2-31(b) 所示。

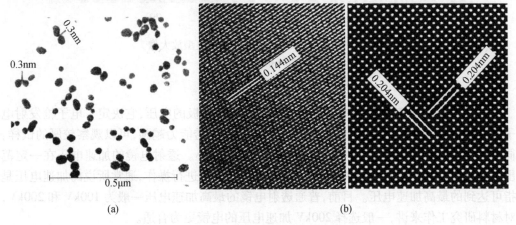

图 2-31 透射电镜分辨率的测量
(a)点分辨率的测量;(b)用金的(220)和(200)面的晶格像测量线分辨率。

透射电镜的分辨率指标与选用何种样品台有关。目前,选用顶插试样品台的超高分辨率透射电镜的点分辨率为 $0.23 \sim 0.25\text{nm}$,线分辨率 $0.104 \sim 0.14\text{nm}$。

2. 放大倍数

透射电镜的放大倍数是指电子图像对于所观察试样区的线性放大率。对放大倍数指标,不仅要考虑其最高和最低放大倍数,还要注意放大倍数的调节是否覆盖从低倍到高倍的整个范围。最高放大倍数仅仅表示透射电镜所能达到的最高放大率,也就是其放大极限。在实际工作中,一般都是在低于最高放大倍数下观察,以便获得清晰的高质量电子图像。目前,高性能透射电镜的放大倍数变化范围为 $100 \sim 80$ 万倍。即使在 80 万倍的最高放大倍数下仍不足以将透射电镜所能分辨的细节放大到人眼可以辨认的程度。例如,人眼能分辨的最小分辨率为 0.2mm,若要将 0.1nm 的细节放大到 0.2mm,则需要放大 200 万倍。因此,对于很小细节的观察都是用电镜放大几十万倍在荧光屏上成像,通过透射电镜附带的长工作距离立体显微镜进行聚焦和观察,或用照相底板记录下来,经光学放大为人眼可以分辨的照片。

放大倍数随样品高度、加速电压、透镜电流而变化。为了保证放大倍数的精度,需要定期标定,通常允许误差为±5%,常用衍射光栅复型作标样,在底片上测量光栅条纹的平均间距,除以其实际间距即为此条件下的放大倍数,如图2-32所示。高放大倍数也可用晶格像测定。

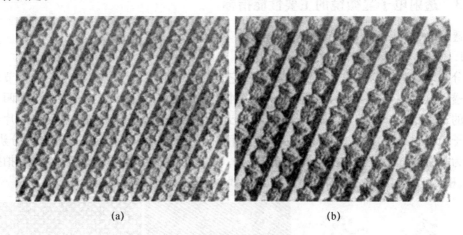

(a)   (b)

图2-32 1152条/nm衍射光栅复型放大像
(a)5700倍;(b)8750倍。

3. 加速电压

透射电镜的加速电压是指电子枪的阳极相对于阴极的电压,它决定了电子枪发射电子的波长和能量。加速电压越高,电子束对样品的穿透能力越强,可以观察较厚的试样,同时电镜的分辨率越高、电子束对试样的辐射损伤越小。透射电镜的加速电压在一定范围内分成多挡,以便使用者根据需要选用不同加速电压进行操作,通常所说的加速电压是指可达到的最高加速电压。目前,普通透射电镜的最高加速电压一般为100kV和200kV,对材料研究工作来讲,一般选择200kV加速电压的电镜更为合适。

2.3.4 透射电子显微镜的样品制备

要应用透射电镜对材料的组织、结构进行研究,需要具备以下两个前提:一是制备出适合透射电镜观察用的试样,也就是制备出厚度仅为100~200nm,甚至几十纳米的对电子束"透明"的试样;二是建立阐明各种电子图像的衬度理论。电子束穿透固体样品的能力主要取决于加速电压、样品厚度以及物质的原子序数。一般来说,加速电压越高,原子序数越低,电子束可穿透的样品厚度就越大。对于100~200kV的透射电镜,要求样品的厚度为50~100nm;对高分辨透射电镜,样品厚度要求约15nm。总之,试样越薄,薄区范围越大,对透射电镜观察越有利。

从材料研究来讲,透射电镜观察用的样品大致分为3种类型。

(1)粉末样品。它主要用于粉末状材料的形貌观察、颗粒度测定及结构分析等。

(2)薄膜样品。这类样品是把块状材料加工成对电子束透明的薄膜状,它可用作静态观察,如金相组织、析出相形态、分布、结构及与基体取向关系、位错类型、分布、密度等。

也可作动态原位观察,如相变、形变、位错运动及其相互作用。

(3)表面复型样品。即把准备观察的试样的表面形貌用适宜的非晶态物质复制下来的试样。适用于金相组织、断口形貌、形变条纹、磨损表面、第二相形态及分布、萃取和结构分析等。这种样品也是一种薄膜样品(称为复型膜),但制备的方法有所不同。

粉末样品和薄膜样品因其是所研究材料的一部分,属于直接试样;复型膜样品仅是所研究形貌的复制品,属于间接试样。透射电镜样品制备是一项较复杂的技术,它对能否得到好的透射电镜像或衍射谱至关重要,不同种类的透射电镜样品需要采用不同的制备手段来制样。

1. 粉末样品制备

将试样放在玛瑙研钵中研碎,然后将研碎的粉末放入与试样不发生反应的有机溶剂(如丙酮、丁酮等)中,用超声波(也可以用玻璃棒搅拌)将其分散成悬浮液,以免粉末颗粒团聚在一起,造成厚度增加。用滴管滴几滴样品悬浮液在覆盖有碳加强火棉胶支持膜的电镜铜网上。待其干燥(或用滤纸吸干)后,再蒸上一层碳膜,即成为透射电镜观察用的分散样品。图 2-33 所示为单分散的六方相 $\beta-NaYF_4$ 纳米晶粉体的透射电镜照片。通过透射电子显微像对零维纳米材料结晶形貌和粒径进行观察分析,这在纳米材料研究中是非常重要的。

有些粉末或纤维样品本身直径比较大,即使用超声分散将它分散成单个的粉末颗粒或单根纤维,电子束也很难穿透它们,这就需要对单个粉末颗粒或单根纤维进行减薄。一般是将粉末或纤维与环氧树脂混合,放入直径为 3 mm 的铜管,使其凝固。如图 2-34 所示,首先用金刚石锯将铜管和其中的填充物切片;然后用凹坑减薄仪做预减薄;最后用离子减薄的方法做最终的减薄。这样做出来的薄区总能切割到某些粉末颗粒或纤维,使这些部分对电子束透明,从而实现对样品的观察。

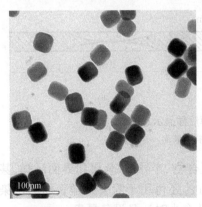

图 2-33　单分散 $\beta-NaYF_4$
纳米晶粉体的 TEM 照片

图 2-34　另一种粉末和纤维
样品的制样方法

2. 薄膜样品的制备

薄膜样品的制备是要把样品制备成直径不大于 3mm 的对电子束透明的薄片。通常薄膜样品的制备涉及以下 4 道工序。

(1)切薄片:将样品切成厚度为 $100\sim200\mu m$ 的薄片。

(2)切 $\phi 3mm$ 圆片:若是样品的刚度足够好,可将样品做成自支持试样。这要求将样品切成直径为3mm的圆片。若样品是脆性的,可以直接将工序(1)完成的薄片进行预减薄,等预减薄完成后再用刀片将样品切刻成小于3mm的小片,将其黏在直径为3mm的支持网上,再进行终减薄。

(3)预减薄:将样品减薄至几到几十微米厚。

(4)终减薄:将样品减薄直至样品为电子束透明。

预减薄可以采用手工/机械研磨或化学方法,终减薄一般采用电解抛光、化学抛光和离子轰击方法。对于生物试样和比较软的无机材料,采用超薄切片法制备样品,它可以切出厚度小于100nm的薄膜。电解抛光减薄方法适用于金属材料,化学抛光减薄方法适用于在化学试剂中能均匀减薄的材料,如半导体、单晶体、氧化物等。无机非金属材料大多数为多相、多组分的非导电材料,上述方法均不适用。直至20世纪60年代初产生了离子轰击减薄装置后,才使无机非金属材料的薄膜制备成为可能。

离子轰击减薄是将待观察的试样按预定取向切割成薄片,再经机械减薄抛光等过程预减薄至30~40μm的薄膜。把薄膜钻取或切取成尺寸为2.5~3mm的小片,装入离子轰击减薄装置进行离子轰击减薄和离子抛光。离子轰击减薄装置的结构如图2-35(a)所示。其减薄原理:在高真空中,两个相对的冷阴极离子枪,提供高能量的氩离子流,以一定角度对旋转的样品两面进行轰击。当轰击能量大于样品材料表层原子的结合能时,样品表层原子受到氩离子击发而溅射,经较长时间的连续轰击、溅射,最终样品中心部分穿孔。穿孔后的样品在孔的边缘处极薄,对电子束是透明的,就成为薄膜样品。图2-35(b)所示为离子轰击减薄方法制备的薄膜样品的断面示意图。

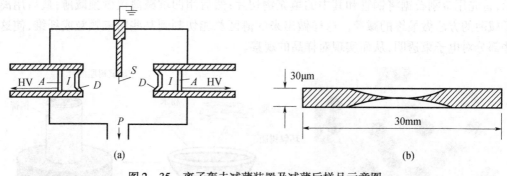

图2-35　离子轰击减薄装置及减薄后样品示意图
(a)减薄装置结构;(b)减薄后薄膜样品断面。

离子减薄是一种普适的减薄方法,可用于陶瓷、复合物、半导体、金属和界面试样,甚至纤维和粉末试样也可以采用离子减薄。离子减薄方法还可用于除去试样表面的污染层。离子减薄方法的缺点是较费时(需要几十分钟到几个小时),且设备昂贵。

3. 复型样品的制备

复型制样方法是用对电子束透明的薄膜把试样表面或断口的显微组织形貌复制下来,然后对这个复制膜(通常称为复型)进行透射电镜观察与分析的一种方法。用于制备复型的材料本身必须是"无结构"的,即要求复型材料在高倍成像时也不显示其本身的任何结构细节,这样就不会干扰被复制表面形貌的观察和分析。常用的复型材料为塑料和真空蒸发沉积碳膜等,均为非晶态材料。复型方法中使用较普遍的是碳一级复型、塑料-碳二级复型和萃取复型。对已经充分暴露其组织结构和形貌的试块表面或断口,除在必要时进行清洁外,不需作任何处理即可进行复型。当需要观察被基体包埋的第二相时,则需要选用适当的侵蚀剂和侵蚀条件侵蚀试块表面,使第二相粒子凸出,形成浮雕,然后再进行复型。

1)碳一级复型

碳一级复型是通过真空蒸发碳,在试块表面直接沉积形成连续碳膜制成,其形成示意图如图 2-36(a)所示。

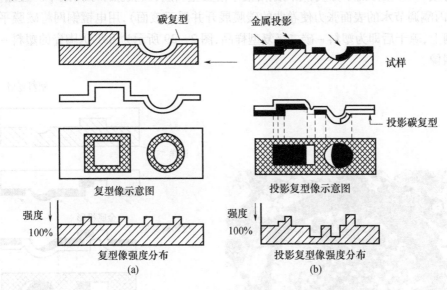

图 2-36　碳一级复型的形成过程与复型像衬度
(a)碳一级复型;(b)投影碳一级复型。

具体制备方法:在试样待观察表面垂直蒸镀一层厚 10~30 nm 的碳膜。首先用针尖将碳膜划成 2mm 见方的小方块;然后慢慢浸入对试样有轻度腐蚀作用的溶液中,使碳膜逐渐与试样分离,漂浮于液面。碳膜经蒸馏水漂洗后用电镜铜网将其小心地捞于网上,晾干后即为碳一级复型样品。

碳一级复型制样方法因要用侵蚀溶液使膜与试块分离,从而破坏了原有的表面状态,因此要求一次成功。碳一级复型具有较高的分辨率,达 3~5nm,但其衬度较差,由于没有重金属投影,不能区分形貌中的凹凸。为增强衬度和立体感也可在碳膜形成前或后,以一定的角度投影重金属,但这时复型像的分辨率会降低。采用了重金属投影的碳一级复型的形成原理,如图 2-36(b)所示。

碳一级复型不仅适用于块状试样,同样也适用于粉末颗粒试样。首先将粉末颗粒在适当溶液中用超声波分散器振荡分散成悬浮液;然后在清洁的载波片上滴几滴悬浮液,待溶液挥发后,即可按块状试样同样方法与步骤制备出粉末颗粒表面的碳一级复型。图 2-37所示为硅藻土的粉末复型电镜照片。从照片中可以看出,粉末复型不仅可观察到粉末颗粒的外形,还可观察到颗粒表面的细节。

2)塑料-碳二级复型

塑料-碳二级复型是无机非金属材料形貌与断口观察中最常用的一种制样方法。塑料-碳二级复型的形成过程原理,如图 2-38所示,具体制备方法和步骤:在待观察试块表面滴上一滴丙酮(或醋酸甲酯),在丙酮未完全挥发或被试样吸干之前贴上一块醋酸纤维素塑料膜(简称 AC 纸),膜和试块表面间不能留有气泡。待丙酮挥发后将醋酸纤维素膜揭下,面向试块的膜面已复制下试块表面的形貌,此过程为第一级塑料复型。在塑料复型膜的复型面上垂直蒸碳形成一层 10～30nm 的碳膜,此过程为第二级碳复型。为了增强衬度和立体感,可在碳复型形成前或形成后,以一定角度投影重金属。将经投影和蒸碳的塑料膜剪成 2mm 见方的小方块,在丙酮溶液中溶去塑料膜,碳膜漂浮于丙酮中。经漂洗、展开(用丙酮调节水的表面张力使卷曲的碳膜展开并浮于液面),用电镜铜网将碳膜平正地捞于网上,晾干后即为塑料－碳二级复型样品,图 2－39 所示为 $BaTiO_3$ 陶瓷的塑料－碳二级复型像。

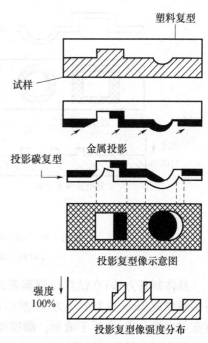

塑料复型

试样

投影碳复型

金属投影

投影复型像示意图

强度
100%

投影复型像强度分布

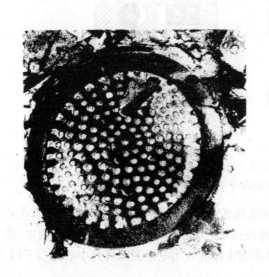

图 2－37　硅藻土的粉末复型电镜照片(3000×)

图 2－38　塑料－碳二级复型的
形成过程与复型像衬度

塑料－碳二级复型与碳一级复型相比,优点是第一级复型系用塑料膜进行,膜易于从试样上揭下,制样过程中不破坏试样表面形貌,可重复复型,它特别适用于粗糙表面和断口的复型;缺点是像的分辨率要比碳一级复型低些,一般约为 10nm。

3)萃取复型

萃取复型既复制了试样表面的形貌,同时又把第二相粒子黏附下来并基本上保持原来的分布状态。通过它不仅可观察基体的形貌,直接观察第二相的形态和分布状态,还可通过电子衍射来确定其物相。因此,萃取复型兼有复型试样的薄膜试样的优点。

在一般复型中,有时为了暴露第二相的形貌,需选用适当的侵蚀剂溶去部分基体,使第二相粒子凸出,形成浮雕,但并不希望在复型过程中把材料本身的碎屑(基体或第二相粒子)黏附下来,因为这些碎屑的密度 ρ 和厚度 t 比之碳膜要大得多,在图像中形成黑色斑块,影响形貌观察和图像质量,因此要适当控制侵蚀程度。在实际制作塑料－碳二级复型时,往往把第一、二次的塑料复型弃去不要,以清洁表面。而萃取复型则有意识地通过选择适当的侵蚀剂侵蚀试块表面,形成浮雕,用复型膜把需要观察的相(一般是指第二相)萃取下来。

图 2-40 所示为碳一级萃取复型的原理。其具体制备方法与步骤和碳一级复型相似。

图 2-39 BaTiO₃陶瓷的
塑料-碳二级复型像(7000ˣ)

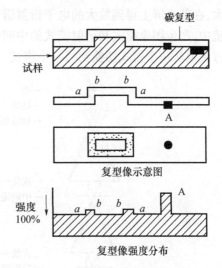

图 2-40 碳一级萃取复型原理

(1)侵蚀试样,形成浮雕。

(2)蒸碳、形成碳膜并将凸出的第二相粒子包埋住。

(3)在侵蚀液中使碳膜和凸出的第二相粒子与基体分离。

(4)清洁碳膜,捞在铜网上备用。

塑料-碳二级萃取复型膜是用第一级塑料复型膜把第二相粒子黏附下来,其他原理、过程均相同。

2.4 电子衍射

2.4.1 电子衍射的特点

1926—1927 年,Davisson 和 Germer 及 Thompson Reid 用电子衍射现象验证了电子的波动性,但电子衍射的发展速度远远落后于 X 射线衍射。直到 20 世纪 50 年代,随着电子显微镜的发展,把成像和衍射有机地联系起来后,为物相分析和晶体结构分析研究开拓了新的途径,电子衍射也日益显示出其独有的特点和重要性。许多材料的晶粒尺寸只有几十微米甚至更小到纳米尺度,不能用 X 射线进行单个晶体的衍射,但可以用电子显微镜在放大几万倍的情况下,有目的地选择这些晶体,用选区电子衍射和微束电子衍射来确定其物相或研究这些微晶的晶体结构。另外,薄膜器件和薄晶体透射电子显微术的发展又进一步扩大了电子衍射的研究和应用范围,并促进了衍射理论的进一步发展。

透射电子显微镜不仅能观察图像,适当地改变中间镜电流,透射电子显微镜就可以作为一个高分辨率的电子衍射仪使用。当改变中间镜电流,使中间镜的物平面与物镜的像平面重合,这时在物镜的像平面的像被传递并被中间镜和投影镜放大,在荧光屏上得到放大的物像,称为图像模式(图2-41(a))。若改变中间镜电流,使中间镜的物平面与物镜的后焦平面重合,这时在物镜的后焦平面上的电子衍射谱被传递并被中间镜和投影镜放大,在荧光屏上得到放大的电子衍射谱,称为衍射模式(图2-41(b))。在透射电子显微镜中,产生图像模式和衍射模式的中间镜电流已预先设置好,只要选择相应的按钮,就可方便地从一个模式切换到另一个模式。

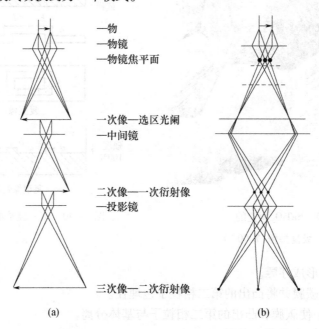

图2-41 透射电子显微镜工作模式光路图
(a)图像模式;(b)衍射模式。

电子衍射几何学与X射线衍射完全一样,都遵循劳厄方程和布拉格方程所规定的衍射条件和几何关系。

电子衍射与X射线衍射的主要区别在于电子波的波长短,受物质的散射强(原子对电子的散射能力比X射线高1万倍)。电子波长短,决定了电子衍射的几何特点,它使单晶的电子衍射谱和晶体的倒易点阵的二维截面完全相似,从而使晶体几何关系的研究变得简单。散射强,决定了电子衍射的光学特点:第一,衍射束强度有时几乎与透射束相当,因此就有必要考虑它们之间的相互作用,使电子衍射花样分析,特别是强度分析变得复杂,不能像X射线那样从测量强度来广泛地测定晶体结构;第二,由于散射强度高,导致电子穿透能力有限,因而比较适用于研究微晶、表面和薄膜晶体。

2.4.2 电子衍射基本公式

图2-42所示为透射电镜中电子衍射的几何关系。当入射电子束I_0照射到试样晶体面间距为d的晶面组(hkl)且满足布拉格条件时,与入射束交成2θ角度方向上得到该晶

面组的衍射束。透射束和衍射束分别和距离晶体为 L 的照相底板 MN 相交,得到透射斑点 Q 和衍射斑点 P,它们间的距离为 R。

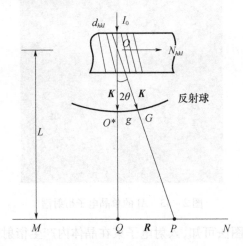

图 2-42　电子衍射的几何关系

由图 2-42 中几何关系,得

$$R = L\tan(2\theta) \qquad (2-46)$$

由于电子波波长很短,电子衍射的 2θ 很小,一般仅为 $1°\sim2°$,所以有

$$\tan(2\theta) \approx \sin(2\theta) \approx 2\sin\theta$$

将布拉格方程 $2d\sin\theta = \lambda$ 代入到式(2-46)中,得

$$Rd = L\lambda \qquad (2-47)$$

式(2-47)就是电子衍射基本公式。

试样到照相底板的距离 L 称为衍射长度或电子衍射相机长度;在一定加速电压下,λ 值确定,L 和 λ 的乘积为一常数,即

$$K = L\lambda \qquad (2-48)$$

式中:K 为电子衍射的仪器常数或相机常数,它是电子衍射装置的重要参数。

由式(2-47)和式(2-48)可得

$$d_{hkl} = \frac{L\lambda}{R} = \frac{K}{R} \qquad (2-49)$$

在实际工作中,一般 $L\lambda$ 是已知的,首先从衍射谱上可量出 R;然后利用式(2-49)计算出晶面间距 d,还可利用式(2-49)先求出晶面间距;最后计算出某些晶面的夹角。式(2-49)是利用电子衍射谱进行结构分析的依据。

2.4.3　单晶电子衍射谱

单晶电子衍射得到的衍射花样是一系列按一定几何图形配置的衍射斑点,通常称为单晶电子衍射谱。图 2-43 所示为 Al 单晶的电子衍射谱。

图2-43　Al的单晶电子衍射谱

根据厄瓦尔德球作图法可知,入射电子束在晶体内产生衍射的条件是倒易点是否落在以$1/\lambda$为半径的反射球面上,只要倒易点与球面相截,就满足布拉格条件。利用倒易点阵和厄瓦尔德球作图法可以推导出式(2-46)。图2-42中k为入射束的波矢($k = 1/\lambda$),k^*为衍射束的波矢,g为倒易矢量($g = 1/d$),它平行于衍射晶面法线N。由于2θ很小,倒易矢量g近似垂直于入射束波矢量k,而照相底板上P点的坐标矢量R也垂直于入射束方向,于是$\Delta OO^*G \sim \Delta OQP$,则

$$\frac{R}{g} = \frac{L}{K}$$

$$Rd = L\lambda \qquad\qquad (2-50)$$

如果考虑到$R /\!/ g$,式(2-50)可写成矢量表达式,即

$$R = (L\lambda)g = Kg \qquad\qquad (2-51)$$

式(2-51)说明,衍射斑点的矢量R是产生这一斑点的晶面组倒易矢量g的按比例放大。电镜中使用的电子波长很短,即厄瓦尔德球的半径$1/\lambda$很大,厄瓦尔德球面与晶体的倒易点阵的相截面可视为一平面。单晶电子衍射花样实际上是晶体的倒易点阵与厄瓦尔德球面相截部分在荧光屏上的投影放大像,仪器常数K相当于放大倍数。

单晶电子衍射谱具有一定几何图形与对称性,这可从倒易点阵的对称性加以分析。和正空间中的布拉格平面点阵一样,二维倒易平面上倒易点阵的配置只有平行四边形、矩形、有心矩形、四方形和六角形5种,因此单晶衍射谱也只有这5种几何图形。倒易空间与正空间有相同的点群,而二维点群有10种,即1、2、3、4、6、m、2mm、3mm、4mm、6mm。电子衍射谱相当于一个二维倒易点阵平面,在此平面上的对称中心就是一个二次旋转轴,因此上述10种点群中只有包括二次旋转轴的6种类型才能在电子衍射谱中出现,即2、2mm、4、4mm、6、6mm。点群1、3均不出现,因为加上电子衍射谱会有二次旋转轴,1就变成2,3就变成6次旋转轴了。表2-4列出了单晶电子衍射谱的几何图形及其可能所属的晶系。

表 2 - 4　电子衍射谱的几何图形及可能所属的晶系

电子衍射谱的几何图形	5 种二维倒易点阵平面	电子衍射谱	可能属于晶系
平行四边形			三斜、单斜、正交、四角、六角、三角、立方
矩形			单斜、正交、四角、六角、三角、立方
有心矩形			单斜、正交、四角、六角、三角、立方
四方形			四角、立方
正六角形			六角、三角、立方

2.4.4　多晶电子衍射谱

多晶电子衍射谱的几何特征与粉末法的 X 射线衍射谱非常相似,由一系列不同半径的同心圆环所组成,图 2 - 44 所示为 NiFe 多晶纳米薄膜的电子衍射谱。产生这种环形花样的原因是:多晶试样是许多取向不同的细小晶粒的集合体,在入射电子束照射下,对每一颗小晶体来说,当其面间距为 d 的 $\{hkl\}$ 晶面族的晶面组符合衍射条件时,将产生衍射束,并在荧光屏或照相底板上得到相应的衍射斑点。当有许多取向不同的小晶粒,其 $\{hkl\}$ 晶面族的晶面组符合衍射条件时,则形成以入射束为轴、2θ 为半角的衍射束构成的圆锥面,它与荧光屏或照相底板的交线就是半径为 $R = L\lambda/d$ 的圆环。因此,多晶电子衍射谱的环形花样实际上是许多取向不同的小单晶的衍射的叠加。d 值不同的 $\{hkl\}$ 晶面族,将产生不同的圆环,从而形成由不同半径同心圆环构成的多晶电子衍射谱。

对于无定形的非晶试样来讲,其电子衍射谱一般由几个同心的晕环组成,每个晕环的边界很模糊。图 2 - 45 所示为非晶碳的电子衍射谱。

因为单晶体、多晶体和非晶体的电子衍射谱完全不同,通过观察电子衍射谱的形状,可以很方便地确定所研究的物质是单晶体、多晶体还是非晶体。

图2-44　NiFe多晶纳米薄膜的电子衍射谱

图2-45　非晶碳的电子衍射谱

2.4.5　透射电子显微镜中的电子衍射方法

1. 选区电子衍射

透射电子显微镜可以做多种电子衍射,如选区电子衍射、会聚束电子衍射及微衍射,其中选区电子衍射是最基本也是用得最多的一种电子衍射。选区电子衍射的基本思路是首先在透射电镜所看见的区域内选择一个小区域;然后只对这个所选择的小区域做电子衍射。选区衍射可把晶体试样的微区与结构对照地进行研究,从而得到一些有用的晶体学数据,如微小沉淀相的结构和取向、各种晶体缺陷的几何特征及晶体学特征等,选区电子衍射方法在物相鉴定及衍衬图像分析中用途极广。

电子衍射的选区是通过置于物镜像平面的专用选区光阑(或称视场光阑)来进行的。在图2-46所示的选区光阑孔情况下,只有试样 AB 区的各级衍射束能通过选区光阑最终在荧光屏上成谱,而 AB 区外的各级衍射束均被选区光阑挡住而不能参与成谱。因此,所得到的衍射谱仅与试样 AB 区相对应。通过改变选区光阑孔大小,可以改变选区大小,使衍射谱与所选试样像区一一对应。

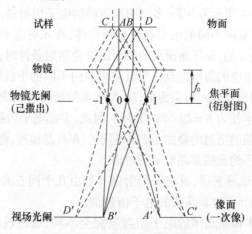

图2-46　选区电子衍射原理

通常物镜放大倍数为 50～200 倍,利用孔径为 50～100μm 的选区光阑即可对样品上 0.5～1μm 的区域进行电子衍射分析。由于物镜存在球差,以及选区成像时物镜的聚焦误差(失焦),选区范围会有一定误差。选区的最小范围不能小于 0.5～1μm。

2. 微束电子衍射

普通电子衍射不能用于太小区域的原因是由于电子束斑比较大(通常都大于 1μm),要做 0.5μm 的衍射,必须用光阑来选定区域。由于球差的作用,限制了选区衍射的大小只能是 0.1～0.5μm。现代的电镜可把电子束斑做得很细,通过特别的透镜组合,照射到样品上的平行电子束束斑的大小为 10～50nm,故做微小区域的衍射,不必再用光阑来选区域,可直接用电子束斑选区域(衍射区域的范围比电子束斑的尺度略大些)。这种使用平行光束的微小区域的衍射称为微束电子衍射(微衍射)。微衍射的花样与选区衍射一样,衍射花样的标定也一样。图 2-47 所示为在 MoO_3 单晶上做微束电子衍射的结果。图 2-47(a) 中的白斑部分是电子束照射的部位,照射区域的直径小于 50nm,由它产生的微束衍射花样如图 2-47(b) 所示。

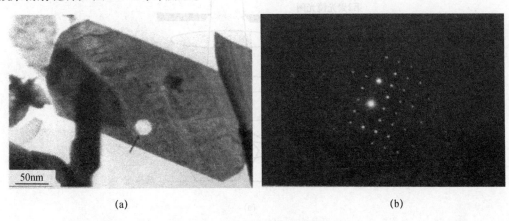

(a)   (b)

图 2-47 微束电子衍射
(a)做微束衍射的区域;(b)MoO_3单晶的微束衍射花样。

3. 高分辨电子衍射

电子衍射的分辨率 η 定义为

$$\eta = \frac{r}{L} \propto \frac{r}{R} \tag{2-52}$$

式中:r 为荧光屏或照相底板上衍射斑点半径;L 为电子衍射相机长度;R 为衍射斑点至透射斑点的距离。

r 对 L 或 R 的比值越小,分辨率越高。在选区衍射情况下,物镜后焦面上的第一级衍射谱的分辨率 r'/f_0(r' 为其衍射斑点半径)与荧光屏或照相底板上的衍射谱的分辨率 r/L 相同($r=r'M'$,$L=f_0 M'$)。由于 f_0 很小,所以选区衍射分辨率不高。在进行高分辨率衍射时,试样置于投影镜附近的专用高分辨衍射样品台中,第二中间镜与投影镜关闭不用,此时衍射长度从选区衍射的 f_0 的几毫米增大到几百毫米,从而提高衍射分辨率。

4. 会聚束电子衍射

会聚束电子衍射是用会聚成一定会聚角的电子束对试样进行衍射的衍射方法。选区电子衍射是将平行的电子束入射到试样表面,透射束和衍射束在物镜后焦面形成(000)透射点和(hkl)衍射斑点,在会聚束衍射中,入射电子束以足够大(如大于 $1\text{rad} \approx 57.3°$)的会聚角入射到试样表面。于是,(000)透射束与(hkl)衍射束在物镜的后焦面形成(000)透射盘和(hkl)衍射盘(图2-48(a))。这些透射盘与衍射盘(图2-48(c))包含着比选区衍射的斑点衍射花样(图2-48(b))丰富得多的信息。相对于选区电子衍射,会聚束衍射花样是从很小的区域得到的,目前在场发射透射电镜(FEG-TEM)上电子束可聚到0.1nm 大小,故会聚束衍射花样可以从个别的原子柱上获得。对于晶体学上的应用,会聚束衍射花样通常是从几个到几十个纳米大小的区域获得。而选区衍射花样是从 $0.5 \sim 1\mu\text{m}$ 的范围获得,会聚束衍射可研究纳米大小区域的晶体学信息。

会聚束衍射盘中的强度分布细节及其对称性给出晶体结构的三维信息。会聚束电子衍射可用于晶体对称性(包括点群和空间群)的测定、微区点阵参数的精确测定以及薄晶厚度和晶体势函数的测定。

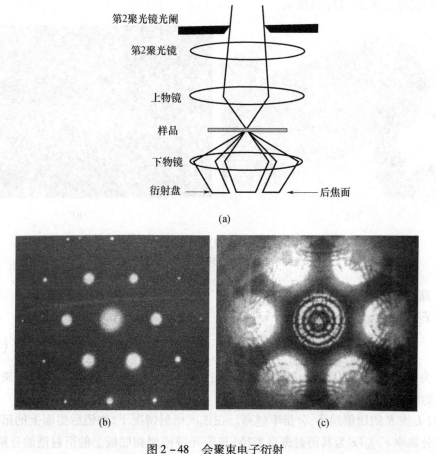

(a)

(b)   (c)

图2-48 会聚束电子衍射

(a)会聚束电子衍射花样形成光路图;(b)Si[111]的选区衍射花样;(c)Si[111]的会聚束衍射花样。

2.4.6 电子衍射谱的标定

电子衍射分析中最基本的工作是标定电子衍射图中各斑点的指数(指标化)。需要注意的是,对单晶电子衍射谱,(hkl)晶面组产生的衍射斑点标为 hkl;对多晶电子衍射谱,

$\{hkl\}$ 晶面族产生的衍射环标为 hkl。根据对待分析晶体的了解程度,电子衍射谱的标定可以分为以下三种情况。

(1)晶体点阵已确定。例如,要对一个已知晶体进行缺陷分析或成高分辨率像时:首先要对所获得的电子衍射谱进行标定,确定晶体取向;然后才能根据需要选择一定的衍射束成像。由于晶体的点阵类型及点阵常数是已知的,标定的原理比较简单,但有时仍需要进行繁琐的计算与核对。

(2)晶体虽然未知,但已有一定范围。例如,对所研究的试样有所了解,已经知道可能会有哪几种晶体,标定的目的是为了确定哪一种晶体的电子衍射谱。在这种情况下,需要一种晶体一种晶体的试算,最终确定物相,这就是电子衍射物相分析。

(3)晶体点阵未知。这时电子衍射谱的标定是比较困难的,因为不能从一张电子衍射谱给出的二维信息中唯一地确定三维晶体的点阵常数。在这种情况下,需要转动晶体得出两个或更多个晶带的电子衍射谱,再用几何构图等方法得出三维晶体的点阵常数,同时标定衍射中衍射斑点的指数。

无论上述哪一种情况,电子衍射谱标定都是计算量大而又烦琐的工作,因此近年来大都用计算机处理。用计算机进行电子衍射谱的标定具有高效率、客观性、可分析各种对称性材料等特点。

2.4.7　电子衍射物相分析的特点

X 射线衍射是物相分析的主要手段,但电子衍射物相分析因具有下列优点,使得其应用日益广泛。

(1)分析灵敏度非常高,小到几十甚至几纳米的微晶也能给出清晰的电子图像。适用于试样总量很少(如微量粉料、表面薄层)、待定物在试样中含量很低(如晶界的微量沉淀、第二相在晶体内的早期预沉淀过程等)和待定物颗粒非常小(如结晶开始时生成的微晶、黏土矿物等)情况下的物相分析。

(2)可以得到有关晶体取向关系的资料,如晶体生长的择优取向、析出相与基体的取向关系等。当出现未知的新结构时,其单晶电子衍射谱可能比 X 射线多晶衍射谱易于分析。

(3)电子衍射物相分析可与形貌观察结合进行,得到有关物相的大小、形态和分布等资料。

在强调电子衍射物相分析的优点时,也应充分注意其不足之处。由于分析灵敏度高,分析中可能会引起一些假像,如制样过程中由水或其他途径引入的各种微量杂质、试样在大气中放置时落上尘粒等,都会给出这些杂质的电子衍射谱。所以,除非一种物相的电子衍射谱经常出现,否则不能轻易断定这种物相的存在。同时,对电子衍射物相分析结果要持分析态度,并尽可能与 X 射线物相分析结合进行。

2.5　透射电子显微像及其衬度

透射电子显微像的形成取决于入射电子束与材料相互作用,当电子逸出试样下表面时,由于试样对电子束的作用,使得透射电子束强度发生了变化,因而透射到荧光屏上的强度是不均匀的,这种强度不均匀的电子像称为衬度像。

电子像的衬度是指样品的两个相邻部分的电子束强度差,设样品的一部分的电子束强度为 I_1,另一部分的电子束强度为 I_2,则电子像的衬度 C 可表示为

$$C = \frac{I_2 - I_1}{I_2} = \frac{\Delta I}{I_2} \tag{2-53}$$

通常,人眼不能观察到衬度小于 5% 的差别,甚至对区分 10% 的衬度差别也有困难,现代电镜可以用电子学方法把衬度增加到人眼能分辨的程度。

透射电子显微像的衬度按其形成机制有质厚衬度、衍射衬度和相位衬度,它们分别适用于不同类型的试样、成像方法和研究内容。质厚衬度理论适用于一般成像方法对非晶态薄膜和复型膜试样所成图像的解释;衍射衬度和相位衬度理论用于晶体薄膜试样所成图像的解释,属于薄晶体电子显微分析的范畴,电子衍射是薄晶体成像的基础。

2.5.1 质厚衬度与复型膜电子像

1. 质厚衬度

对于无定形或非晶体试样,透射电子像的衬度是由于试样各部分的密度 ρ(或原子序数 Z)和厚度 t 不同形成的,这种衬度称为质量厚度(ρt)衬度,简称质厚衬度。

下面具体讨论试样密度、厚度与电子图像衬度的关系。

无定形或非晶体试样中原子的排列是不规则的,电子像的强度可以借助独立地考虑个别原子对电子的散射并将结果相加而得。

当强度为 I_0 的电子束垂直照射到试样上时,受到试样原子的散射。如果在试样下部放置一个光阑,其孔径半角为 α,则散射角大于 α 的电子将被光阑挡住而不能参与成像(图 2-49)。如前所述,电子散射后散射角大于 α 的概率用原子散射截面 $\sigma(\alpha)$ 表示。

设单位体积试样内的原子数为 N,则单位体积试样的总散射截面为

$$Q = N\sigma(\alpha) = N_0 \frac{\rho}{A} \sigma(\alpha) \tag{2-54}$$

式中:N_0 为阿伏伽德罗常数;ρ 为试样密度;A 为原子量。

若试样中某深度 Z 处的电子束强度为 $I(Z)$,则 $Z + \mathrm{d}Z$ 处电子束强度为 $I(Z) - \mathrm{d}I(Z)$,如图 2-50 所示。

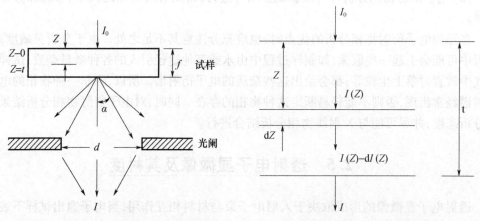

图 2-49 电子在固定试样中的散射　　　　图 2-50 电子束在试样中的衰减

试验得出强度减小率为

$$-\frac{\mathrm{d}I(Z)}{I(Z)} = Q\mathrm{d}Z \tag{2-55}$$

式(2-53)积分后得

$$I = I_0 \mathrm{e}^{-Qt} \tag{2-56}$$

以式(2-52) Q 代入式(2-54)得

$$I = I_0 \mathrm{e}^{-N_0 \frac{\sigma(\alpha)}{A} \rho t} \tag{2-57}$$

式中:I_0 为入射电子束强度;I 为透射电子束(散射角小于 α)强度;$\sigma(\alpha)$ 为原子散射截面积;ρ 为试样密度;t 为试样厚度。

式(2-56)和式(2-57)说明电子束穿透试样后在入射方向的电子数,即散射角小于 α 能通过光阑参与成像的电子数,随 Qt 或 ρt 的增加而衰减。

现考虑试样中的 A(厚度为 t_A,总散射截面 Q_A)和 B(厚度为 t_B,总散射截面为 Q_B)两区域。当强度为 I_0 的入射电子通过 A、B 两区域后能通过光阑成像的电子强度分别为 I_A、I_B。则经电子光学系统投射到荧光屏或照相底片上的电子强度差为 $\Delta I = I_B - I_A$(假设 I_B 为背景强度),则衬度 C 可表示为

$$C = \frac{\Delta I}{I_B} = \frac{I_B - I_A}{I_B} = 1 - \frac{I_A}{I_B} \tag{2-58}$$

因 $I_A = I_0 \mathrm{e}^{-Q_A t_A}$,$I_B = I_0 \mathrm{e}^{-Q_B t_B}$,所以

$$\frac{\Delta I}{I_B} = 1 - \mathrm{e}^{(-Q_A t_A + Q_B t_B)} \tag{2-59}$$

一般情况下,式(2-59)可改写为

$$\frac{\Delta I}{I} = 1 - \mathrm{e}^{-\Delta(Qt)} \tag{2-60}$$

当 $\Delta(Qt) < 1$ 时,有

$$\frac{\Delta I}{I} \approx \Delta(Qt) \tag{2-61}$$

式(2-60)、式(2-61)就是质厚衬度的数学表达式。根据式(2-54),Q 与 ρ 有关。因此,对于无定形或非晶体试样,因其各部分的密度 ρ(或原子序数 Z)和厚度 t 不同而产生衬度。

图2-51 所示为有 A、B 两种组成(其总散射截面分别为 Q_A 和 Q_B)、非均匀厚度(厚度 $t_1 \sim t_2$)试样电子像的强度分布。图中 I 为 A_1 区作基准区的背景强度,ΔI_1 为 A_3 区与 A_1 区厚度不同形成的强度差,ΔI_2 为 B 区与 A_1 区 Q 不同形成的强度差。

2. 物镜光阑的作用

在实际的透射电镜中阻挡大角度散射电子的光阑置于物镜的后焦面上,称为物镜光阑,如图2-52(a)所示。此时若一平行于轴的电子束照射在试样上,从试样上某个物点 A

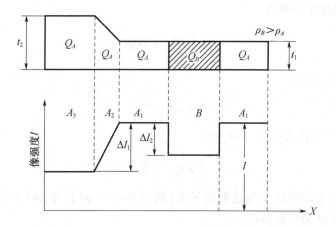

图 2-51　电子像强度与试样厚度 t 和 $Q(\rho)$ 的关系示意图

以角度 α 散射的电子分成两部分：一部分 $\alpha < \alpha_物$ 的电子能通过位于后焦面上的物镜光阑 D，然后聚焦在像平面上，形成像点 A'，另外一部分 $\alpha > \alpha_物$ 的电子被光阑 D 挡住，因而不能参与成像。若试样有以物点 A、B、C 代表的 3 个区域（图 2-52(b)），且它们的总散射截面积 Q_A、Q_B、Q_C 为 $Q_C > Q_B > Q_A$。以 C 点为代表的区域散射的电子大部分为物镜光阑所挡住，不能参与成像；以 A 点代表的区域散射的电子都能通过物镜光阑参与成像；以 B 点代表的区域的情况则介于两者之间。所以，成像后像点 A' 点的亮度 $> B'$ 点的亮度 $> C'$ 点的亮度，形成了衬度。由于物镜光阑阻挡了散射角大的电子，改善了衬度，因此它又称为衬度光阑。在一定加速电压下，减小物镜光阑孔径（减小 $\alpha_物$）衬度增加；在一定物镜光阑孔径下，随着加速电压增加，衬度减小。实际工作时常用改变光阑的大小来调节衬度。

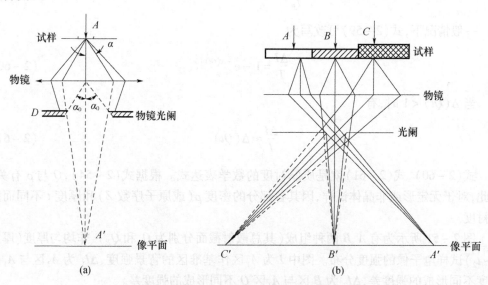

图 2-52　物镜光阑及其衬度改善作用
(a)物镜光阑挡住大角度散射电子；(b)物镜光阑的衬度改善作用。

3. 复型像及复型像衬度的改善

对于有些不能直接制成对电子束透明的薄膜试样的材料,往往采用复型技术,把材料的表面形貌复制下来,制成对电子束透明而又带有材料表面形貌的复型膜,在透射电镜下观察。用得最普遍的是碳复型膜,这种复型膜把试样表面的形貌差别转变为在电子束方向上的厚度差别,从而造成衬度,如图 2-53 所示。这种由复型膜成的电子图像称为复型像。

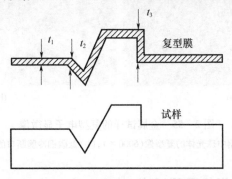

图 2-53　复型膜的厚度变化

复型膜与试样虽有一定厚度差别,但由于整个试样的密度 ρ(或 Q)是一样的,仅由厚度差别引起的衬度很小。如果能设法做到随试样形貌变化密度有较大差别,则可大大改善复型象的衬度。这可通过以一定角度在复型膜上蒸镀密度大的重金属原子,如 Cr、Pt 等,增加试样形貌不同部位的密度差别,从而大大改善图像的衬度,使图像层次丰富,立体感强。这种方法称为重金属投影,或称为加深技术。图 2-54(a)中 S 为重金属蒸发源,以一定角度将重金属原子蒸镀到一不等厚的复型膜上,由于膜的起伏(反映材料表面形貌),使各处蒸镀重金属层的厚度不同,从而增强电子图像的衬度。图 2-54(b)中虚线为未蒸镀重金属时像的光强度,实线为经蒸镀重金属后像的光强度,可见经重金属投影后,像的衬度明显改善。投影角度(图中 ξ 角)一般为 5°~45°,对于形貌起伏小和细节小的试样,投影角应小些,才能形成一定衬度,清晰显示形貌变化和图像的细节。

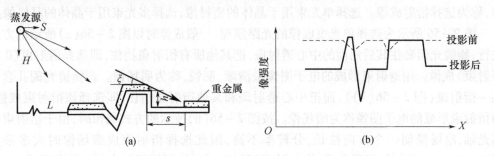

图 2-54　复型膜重金属投影后的衬度增强(明场像)
(a)重金属投影;(b)投影前、后像的强度变化。

复型技术广泛应用于材料表面形貌及断口的观察分析中,只有充分掌握复型像的衬度原理和改善衬度的方法,根据所观察试样表面形貌和断口的特点,恰当地运用重金属投影加深技术和选用适当的物镜光阑,才能得到清晰的图像。图 2-55 所示为金属试样的显微组织及断口的复型电子显微像。

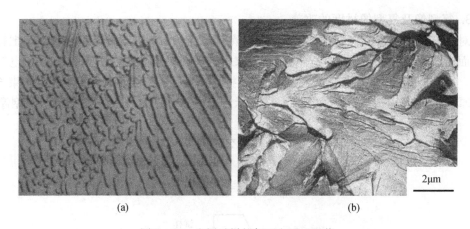

图2-55　金属试样的复型电子显微像

(a)共析钢中珠光体的复型像(6000×)；(b)低碳钢冷脆断口的复型像。

2.5.2　薄晶体电子显微像及其衬度

1. 衍射衬度和衍衬像

对于晶体来讲，若要研究其内部缺陷及界面，就要把晶体制成对电子束透明的薄膜试样进行直接观察。在所观察和成像的微小区域内，晶体试样薄膜的厚度相差不多，密度（或平均原子数）基本一致，薄膜上不同部位对电子散射作用大致相同，即使是多相材料差别也不大，所以不可能以质厚衬度获得晶体中缺陷的图像。但是晶体的衍射强度却与其内部缺陷和界面的结构有关，因此可以根据衍射衬度成像原理来研究晶体。

基于晶体薄膜内各部分满足衍射条件的程度不同而形成的衬度称为衍射衬度。根据衍射衬度原理形成的电子图像称为衍衬像。研究衍衬成像的理论称为衍衬理论。

1）选择衍射成像

透射电镜不仅可以选择特定的像区进行选区电子衍射，也可以选择一定的衍射束成像，称为选择衍射成像。选择单光束用于晶体的衍衬像，选择多光束用于晶体的晶格像。

图2-56所示为选择单光束成像的光路原理，一般成像时以图2-56(a)所示的方式进行，物镜光阑套住其后焦面的中心透射斑，把其他所有衍射斑挡住，即选择透射束(0级衍射束)成像。用透射束形成的电子图像最清晰、明锐，称为明场像。若物镜光阑孔套住某一衍射斑(图2-56(b))，而把中心透射斑和其他衍射斑挡住，即选择该衍射束成像。用衍射束形成的电子图像称为暗场像。按图2-56(b)所示的方式成像时，由于衍射束偏离光轴，暗场像朝一个方向拉长，分辨率不高，因此选择衍射束成暗场像时大多采用图2-56(c)中的倾斜照明方式，使入射束倾斜2θ角，从而使衍射束与光轴相重合，这样得到的暗场像不畸变，分辨率高。

2）衍射衬度的产生

现以单相的多晶体薄膜为例说明衍射衬度的形成过程。如图2-56(a)所示，假设薄膜中有晶粒A和B，晶粒A和B之间的唯一差别在于取向不同。当强度为I_0的入射电子照射试样，若B晶粒的某hkl晶面组与入射电子束交成精确的布拉格角θ_B，产生衍射，则入射电子束在B晶粒区域内经过散射之后，将分成强度为I_{hkl}的衍射束和强度为$I_0 - I_{hkl}$的

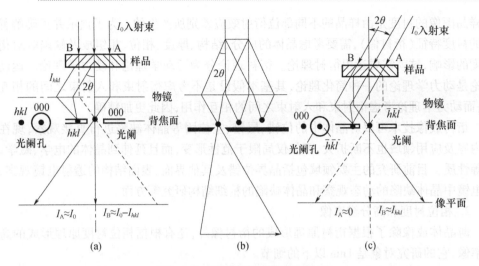

图 2 – 56 选择衍射成像光路原理

（a）选择透射束成像（明场像）；（b）选择衍射束成像（暗场像，垂直入射）；（c）选择衍射束成像（暗场像，倾斜入射）。

透射束两部分。又设 A 晶粒的各晶面组均完全不满足布拉格条件，衍射束强度可视为零，于是透射束强度仍近似等于入射束强度 I_0。如果用物镜后焦面上的物镜光阑把 B 晶粒的 hkl 衍射束挡掉，只让透射束通过光阑孔进行成像，由于 $I_A \approx I_0, I_B \approx I_0 - I_{hkl}$，则像平面上两颗晶粒的亮度不同，于是形成衬度。这时，A 晶粒较亮而 B 晶粒较暗。同理，如果 A、B 晶粒为不同的晶体，当其中之一的某一晶面满足布拉格条件，而另一晶粒的所有晶面组均不满足布拉格条件，则同样可形成衬度而得到 A、B 两晶粒的像。明场像的衬度特征是和暗场像互补的，即某个部分在明场像中是亮的，则它在暗场像中是暗的；反之亦然。图 2 – 57 所示为薄晶体的明场像和暗场像。

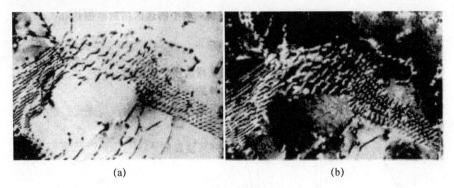

图 2 – 57 薄晶体衍射衬度像

（a）明场像；（b）暗场像。

在衍衬成像中，某一最符合布拉格衍射条件的（hkl）晶面组起十分关键的作用，它直接决定了图像衬度。特别是在暗场像条件下，像的亮度直接等于样品上相应物点在光阑所选定的那个方向上的衍射强度，正因为衍衬像是由衍射强度差别所产生的，所以衍衬图像是样品内不同部位晶体学特征的直接反映。

3）解释衍衬像的衍衬理论及衍衬像的应用

衍衬理论是电子衍射强度理论在薄晶体电子显微分析中的直接应用。如前所述，晶体样品图像的衬度是由样品的不同部位衍射效应差别所产生的。为了预示并正确解释图像的衬度特征（衍衬像），需要考虑晶体的成分、结构、厚度、相位、相组成及缺陷等对衍射强度的影响，这就需要运用衍衬理论。衍衬理论分为运动学理论和动力学理论。运动学理论是动力学理论的一种简化理论，其基本假设是不考虑衍射束和入射束之间的相互作用；而动力学理论考虑衍射束和入射束之间的相互作用，因此更加精确。

衍衬成像技术可以对晶体中的位错、层错、空位团等晶体缺陷进行直接观察，现在研究内容及应用领域也不断扩大，不仅仅局限于范性形变，而且延伸到晶体的电学、磁学、光学等性质。目前研究的主要领域包括晶界位错及其他界面、表面结构的透射电镜观察、高压电镜中晶体缺陷的动态观察和晶体缺陷的精细结构研究等方面。

2. 相位衬度和高分辨率像

薄晶体成像除了根据衍衬原理形成的衍衬像外，还有根据相位衬度原理形成的高分辨率像，它的研究对象是1nm以下的细节。

1）相位衬度的形成

要观察1mm以下的细节，所用薄晶体试样厚度要小于10nm。入射电子波照射到极薄试样上后，入射电子受到试样原子散射，分成透射波和散射波两部分，它们之间相位差为$\pi/2$（图2-58（a）、图2-59（a））。由于试样极薄，散射波振幅、电子受到散射后的能量损失（$10\sim20eV$）和散射角（$10^{-4}rad$）均很小，散射电子差不多都能通过光阑相干成像。如果物镜没有像差，且处于正焦状态，透射波与散射波相干结果产生合成波如图中所示，合成波振幅与透射波振幅相同或相接近，只是相位有稍许不同。由于两者振幅接近，强度差很小，所以不能形成像衬度。如果能设法引入附加的相位差，使散射波改变$\pi/2$位相，那么透射波与合成波的振幅就有较大差别（图2-58（b）和图2-58（c）、图2-59（b）和图2-59（c）），从而产生衬度，这种衬度称为相位衬度。

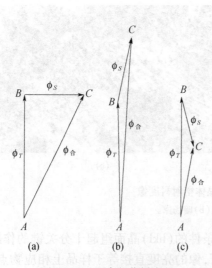

图2-58 观察相位衬度的
相位差表示（复振幅图）
（a）正焦；（b）、（c）调节物镜焦距
使散射波改变$\pi/2$相位差。

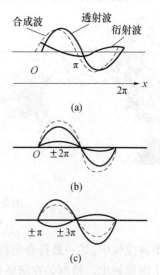

图2-59 观察相位衬度的
相位差表示（行波图）
（a）正焦；（b）、（c）调节物镜焦距
使散射波改变$\pi/2$相位差。

引入附加相位差的最常用方法是利用物镜的球差和散焦。在加速电压、物镜光阑和球差一定时,适当选择散焦量使这两种效应引起的附加相位变化是$(2n-1)\pi/2, n=0,1,2,\cdots$,就可以使相位差变成强度差,从而使相位衬度得以显示出来。

2)高分辨率像及其应用

高分辨率像有一维晶格像和二维晶格像两种。

(1)一维晶格像(一维结构像)。它是使电子束从某一组晶面产生反射而成像的。从一维晶构像可得到该组晶面的配置细节,从而可直接测得晶面间距,观察孪生、晶粒界面和长周期层状晶体的结构。图 2-60 所示为 Bi 系超导氧化物的一维结构像,在严格满足布拉格衍射条件下,两条纹之间的距离就是晶面间距。

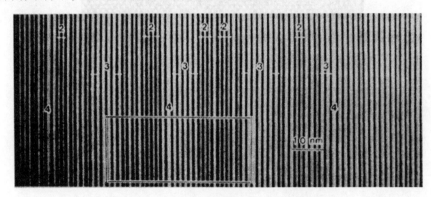

图 2-60　Bi 系超导氧化物的一维结构像

(2)二维晶格像(二维结构像)。它是采用一个晶带的反射而成像的,要求有一个沿晶带轴的准确入射方向。二维结构像和实际晶体中原子或原子团的配置有很好的对应性,可用来研究位错、晶界等复杂和有畸变的结构。图 2-61(a)所示为尖晶石/橄榄石界面的二维晶格像,从图中可以很清楚地看出界面原子的排列情况,这种像在材料的界面研究中有广泛的应用。图 2-61(b)所示为 InAsSb 和 InAs 异质结的结构,很容易看出在这个材料中存在位错。用衍衬像只能看到位错的"反映",并没有直接看到位错,只能间接地观察位错,而用二维晶格像可以直接看到位错。

自从 1956 年门特(Menter)观察到酞青铜和酞青铂的晶格像以后,发现了电子显微像与晶体的晶格或结构之间可以有直接的、一一对应的关系。但是,那时一方面由于电子显微镜分辨本领不够高;另一方面像与结构之间一一对应的理论解释尚未成熟,致使晶格像未能获得很好的应用。在一段相当长的时间内,晶格像只是作为测定电子显微镜分辨本领的一种手段。目前,高分辨像中晶格像和结构像已获得实际应用,是直接观察晶体结构和晶体缺陷的工具。

晶格像可用来直接观察脱溶、孪生、晶粒间界以及长周期层状晶体结构的多型体等。结构像显示了晶体结构中原子或原子团的分布,既可以验证以前 X 射线结构分析的结果,又可以确定新的结构,更重要的是它能给出几个纳米范围内的局部结构,而不是像 X 射线衍射方法给出的是亿万个单胞的平均结构,因此特别适宜于晶体结构中各种缺陷及精细结构的研究,以及对晶体表面结构的观察,目前已观察到单个空位、层错、畴界面和表面处的原子组态等。

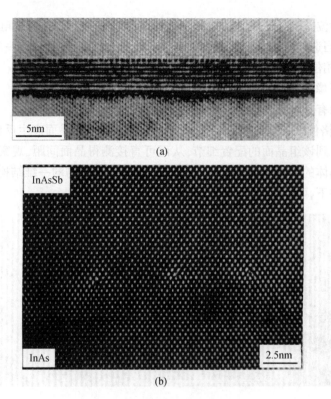

图 2 - 61 二维晶格像
(a)尖晶石/橄榄石界面;(b)InAsSb 和 InAs 异质结上的位错。

2.6 扫描电子显微镜

2.6.1 扫描电子显微镜的发展

扫描电子显微镜,简称扫描电镜(scanning electron microscope,SEM)的工作原理最早是由德国的 Knoll 在 1935 年提出来的,1938 年 Von Ardenne 制成第一台扫描电镜。直到 1955 年,扫描电镜的研究才取得较显著的突破,成像质量有明显提高,并在 1959 年制成了第一台分辨率为 10nm 的扫描电镜。第一台商业制造的扫描电镜是 Cambridge Scientific Instruments 公司在 1965 年制造的 Mark I"Steroscan"。1978 年,第一台具有可变气压的商业制造的扫描电镜问世,到 1987 年样品腔的气压已可达到 2700 Pa (20 Torr)。目前,扫描电镜的发展方向是采用场发射枪的高分辨扫描电镜和可变气压的环境扫描电镜(也称可变压扫描电镜),高分辨扫描电镜目前可以达到 1~2nm,最好的高分辨扫描电镜已具有 0.4nm 的分辨率。现代的环境扫描电镜可在气压为 4000Pa 时仍保持 2nm 的分辨率。

2.6.2 扫描电镜的工作原理及特点

与透射电镜的成像方式不同,扫描电镜是用聚焦电子束在试样表面逐点扫描成像,用来成像的信号可以是二次电子、背散射电子或吸收电子。其中二次电子是主要的成像信号。

图 2-62 所示为扫描电镜的工作原理示意图。以二次电子像的成像过程来说明扫描电镜的工作原理。由电子枪发射的能量为 5~35keV 的电子,以其交叉斑为电子源,经二级聚光镜及物镜缩小形成具有一定能量、一定束流强度和束斑直径的微细电子束,在扫描线圈驱动下,于试样表面按一定时间、空间顺序做栅网式扫描。聚焦电子束与试样相互作用,产生二次电子(以及其他物理信号)发射。二次电子信号被相应的探测器接收,经放大器放大后输入到显像管的栅极上,调制与入射电子束同步扫描的显像管亮度,得到反映试样表面形貌的二次电子像。

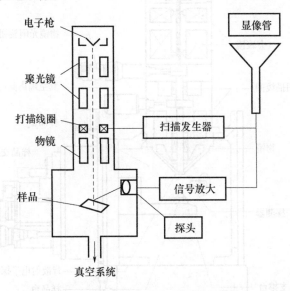

图 2-62 扫描电镜工作原理示意图

近些年来,扫描电镜的应用得到了迅速发展,在数量和普及程度上已超过透射电镜,其原因在于扫描电镜所具有的特点。

(1)测试样品尺寸大,制样方法简单。扫描电镜可以观察直径为 10~30 mm 的大块试样,对表面清洁的导电材料可不用制样直接进行观察;对表面清洁的非导电材料只要在表面蒸镀一层导电层后即可进行观察。

(2)场深大,适用于粗糙表面和断口的分析观察;图像富有立体感、真实感、易于识别和解释,也可以用于纳米级样品的三维成像。

(3)放大倍数变化范围大,一般为 15~200000 倍,最大可达 10~300000 倍,对于多相、多组成的非均匀材料便于低倍下的普查和高倍下的观察分析。

(4)具有相当的分辨率,一般为 3~6nm,最高可达 1~2nm。透射电镜的分辨率虽然更高,但对样品的厚度要求严格,且观察区域小,在一定程度上限制了其使用范围。

(5)可以通过电子学方法有效地控制和改善图像的质量。

(6)可以与其他分析仪器组合在一起,使人们能在一台仪器中同时进行形貌、微区成分和晶体结构等多种微观组织结构信息的分析。

(7)采用可变气压样品腔,还可以在扫描电镜下做加热、冷却、加气、加液等各种动态试验,观察各种环境条件下的相变及形态变化等,使扫描电镜的功能大大扩展。

2.6.3 扫描电镜的基本结构

扫描电镜由电子光学系统(镜筒)、扫描系统、信号探测放大系统、图像显示记录系统、真空系统和电源系统等部分组成。图2-63所示为扫描电镜结构示意图。

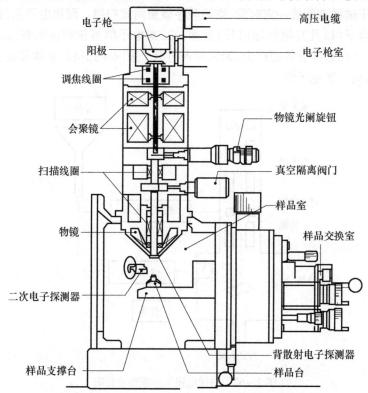

图2-63 JSM-6301F 场发射扫描电镜结构示意图

1. 电子光学系统

扫描电镜的电子光学系统由电子枪、电磁透镜和样品室等部件组成。

1)电子枪

扫描电镜的电子枪与透射电镜的电子枪相似,都是为了提供电子源,但两者使用的电压是完全不同的。透射电镜的分辨率与电子波长有关,波长短(对应的电压越高),分辨率越高,故透射电镜的电压一般都使用 100 ~ 300kV 甚至 400 ~ 1000kV。而扫描电镜的分辨率与电子波长关系不大,与电子在试样上的最小扫描范围有关。电子束斑越小,电子在试样上的最小扫描范围就越小,分辨率就越高,但还必须保证在使用足够小的电子束斑时,电子束还具有足够的强度,故通常扫描电镜的工作电压为 1 ~ 30kV。扫描电镜中所采用的电子枪主要有两大类:一类是利用热发射效应产生电子,包括钨丝热阴极电子枪和六硼化镧枪;另一类是利用场致发射效应产生电子,称为场发射电子枪。几种类型电子枪的性能如表 2-5 所列。场发射电子枪既可提供足够小的束斑,又有很高的强度,是扫描电镜的理想电子源,它在高分辨扫描电镜中有着广泛的应用。

2)电磁透镜

扫描电镜中的电磁透镜是作为会聚透镜、而不是作为成像透镜使用,它们的功能是把电子枪的束斑逐级聚焦缩小,使原来直径为 $50\mu m$ 的束斑(如果使用普通钨灯丝电子枪)缩小成一个只有几个纳米大小的细小斑点。这个缩小的过程需要几个透镜来完成,通常采用 3 个聚光镜,前两个是强磁透镜,负责把电子束路缩小,而第三个透镜比较特殊(习惯上称为物镜),它的功能是在样品室和透镜之间留有尽可能大的空间,以便装入各种信号探测器。物镜大多采用上、下极靴不同孔径不对称的磁透镜,主要是为了不影响对二次电子的收集。另外物镜中要有一定的空间用于容纳扫描线圈和消像散器。这些电磁透镜可以把普通热阴极电子枪的电子束束斑缩小到 6nm 左右,若采用六硼化镧和场发射枪,电子束束斑还可进一步减小。

表 2 - 5　几种类型电子枪的性能

名称	亮度 ($A/sr/cm^2$)	电子源 直径/ μm	寿命/h	能量分散 $\Delta E/eV$	真空 要求/Pa
发叉式钨丝热阴极电子枪	$10^4 \sim 10^6$	$20 \sim 50$	~ 50	1.0	10^{-2}
六硼化镧阴极电子枪	$10^6 \sim 10^7$	$1 \sim 10$	~ 1000	1.0	10^{-4}
场发射电子枪	$10^8 \sim 10^9$	< 0.01	> 1000	0.2	10^{-7}

2. 扫描系统

扫描系统由扫描信号发生器、扫描放大控制器、扫描偏转线圈等组成。扫描系统的作用是提供入射电子束在试样表面以及显像管电子束在荧光屏上同步扫描的信号,通过改变入射电子束在试样表面扫描的幅度,可获得所需放大倍数的扫描像。

扫描电镜中常采用双偏转系统。上、下两对偏转线圈装在末级聚光镜与物镜之间(物镜上极靴孔中)。其中上、下各有一对线圈产生 X 方向扫描(即行扫),另外各有一对线圈产生 Y 方向扫描(帧扫),当上、下两对偏转线圈同时起作用时,电子束便在试样表面作光栅扫描。由于要求电子束在试样上扫描与电子束在显像管荧光屏上的扫描完全同步,所以通常用一个扫描发生器来驱动扫描线圈及显像管的扫描偏转线圈。

3. 信号探测放大系统

信号探测放大系统的作用是探测试样在入射电子束作用下产生的物理信号,然后经视频放大,作为显像系统的调制信号。不同的物理信号,要用不同类型的探测系统。其中最主要的是电子探测器和 X 射线探测器。这里仅介绍电子探测器,X 射线探测器将在 2.8 节的电子探针 X 射线显微分析中介绍。

通常采用闪烁计数系统探测二次电子、背散射电子和透射电子等电子信号,这是扫描电镜中最主要的信号探测器。它由闪烁体、光导管和光电倍增管组成。如图 2 - 64 所示,闪烁体加上 10kV 高压,闪烁体前的聚焦环上装有栅网。二次电子和背散射电子可用同一个探测器探测。由于二次电子能量低于 50eV,而背散射电子能量很高,接近于入射电子能量 E_0,因此改变栅网所加电压可分别探测二次电子或背散射电子。当探测二次电子时,栅网上加上 250kV 电压,吸引二次电子,二次电子通过栅网并受高压加速打到闪烁体上。当用来探测背散射电子时,栅网上加 -50V 电压,阻止二次电子,而背散射电子能通过栅网打到闪烁体上。信号电子撞击闪烁体时产生光信号,光信号沿光导管送到光电倍增管,把信号转变为电信号并进行放大,输出 $10\mu A$ 左右的信号,再经视频放大器放大即可用来调制显像管的亮度,从而获得图像。闪烁体 - 光放大器系统探测器也可用于探测透射电子,此时探测器要放在试样的下方。

闪烁体－光放大器系统探测器对背散射电子收集效率较低。近年来发展了几种专门用来探测背散射电子的闪烁探测器,如能在很大立体角内收集背散射电子的大角度闪烁探测器;由两个以上置于不同方位的闪烁体－光导管系统构成的闪烁体组件,各个闪烁体－光导管系统可单独或同时工作,并可进行信号的相加或相减。

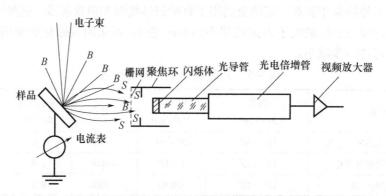

图 2－64　闪烁器－光电放大器系统电子探测示意图

S—二次电子;B—背散射电子。

4. 图像显示和记录系统

图像显示和记录系统包括显像管、照相机等,其作用是把信号探测系统输出的调制信号转换为在荧光屏上显示的、反映样品表面某种特征的扫描图像,供观察、照相和记录。

5. 真空系统

与透射电镜相同,扫描电镜真空系统的作用是建立电子光学系统正常工作、防止样品污染所必需的真空度,一般情况下应保持高于 10^{-2} Pa 的真空度。

6. 电源系统

电源系统由稳压、稳流及相应的安全保护电路所组成,提供扫描电镜各部分所需要的电源。

2.6.4　扫描电镜的主要性能指标

1. 放大倍数

在扫描电镜中,入射电子束在样品上逐点扫描与显像管电子束在荧光屏上扫描保持精确同步,其扫描方式如图 2－65 所示。扫描电镜的放大倍数 M 的定义为:在显像管中电子束在荧光屏上最大扫描距离(扫描幅度)和电子束在试样上最大扫描距离(扫描幅度)的比值,即

$$M = \frac{L}{l} \tag{2－62}$$

式中:L 为荧光屏长度(扫描幅度);l 为电子束在试样上的扫描幅度。

因为荧光屏长度 L 是固定不变的,只要调节电子束在试样上的扫描长度 l 就可改变放大倍数 M 的大小。这是通过调节扫描线圈上的电流来进行的。减少扫描线圈的电流,电子束偏转的角度小,在试样上移动的距离变小,使放大倍数增加;反之,增大扫描线圈上的电流,放大倍数就变小。当改变工作距离时,还应对扫描线圈上的电流进行补偿,以保

证正确的放大倍数。

2. 分辨率

分辨率是扫描电镜的主要性能指标之一,扫描电镜的图像分辨率通常有两种表示方法:一种是测量试样图像一亮区中心至相邻另一亮区中心的距离,其最小值就是分辨率(图 2-66(a));另一种方法是测量暗区的宽度,其最小值为分辨率(图 2-66(b))。

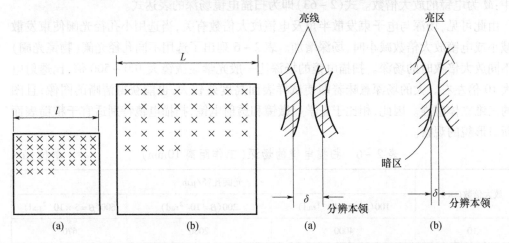

图 2-65　光栅扫描
(a)试样;(b)显像管。

图 2-66　扫描电镜的图像分辨率的表示方法
(a)亮区中心至亮区中心;(b)暗区宽度。

扫描电镜的图像分辨率决定于以下因素。

(1)入射电子束束斑的大小。扫描电镜是通过电子束在试样上逐点扫描成像,因此任何小于电子束斑的试样细节不能在荧光屏图像上得到显示,也就是说扫描电镜图像的分辨率不可能小于电子束斑直径。

(2)成像信号。扫描电镜用不同信号成像时分辨率是不同的,二次电子像的分辨率最高,X 射线像的分辨率最低。

2.6.5　扫描电镜的场深

扫描电镜的场深 D 是指电子束在试样上扫描时,可获得清晰图像的深度范围。如图 2-67所示,当一束微细的电子束照射在表面粗糙的试样上时,由于电子束有一定发散度,发散半角为 β,除了焦平面外,电子束将展宽,设可获得清晰图像的束斑直径为 d。由图 2-67中几何关系可得

$$D = \frac{d}{\tan\beta}$$

因为 β 很小,所以有

$$D \approx \frac{d}{\beta}$$

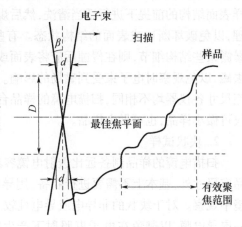

图 2-67　扫描电镜中的场深

考虑到当 d 的大小相当于在荧光屏上能覆盖两个像素(对于高分辨率显像管,每个像素约为 0.1mm)时,失焦将影响图像的清晰度,则场深为

$$D = \frac{0.2}{\beta M} \quad \text{mm} \tag{2-63}$$

式中:M 为电镜的放大倍数。式(2-63)即为扫描电镜场深的表达式。

由此可见,场深与电子束发散半角及电镜放大倍数有关,当选用小孔径光阑使束发散角减小或电镜放大倍数减小时,场深增加。表2-6列出了选用不同孔径光阑(物镜光阑)及不同放大倍数时的场深。扫描电镜的场深比一般光学显微镜大 100~500 倍,比透射电镜大 10 倍左右。大的场深意味着即使试样表面高度差较大,也能获得清晰的图像,且图像的三维立体感强。因此,相比于光学显微镜和透射电镜,扫描电镜特别适宜于粗糙表面和断口形貌的观察。

表2-6 扫描电镜的场深(工作距离 10mm) 单位:μm

放大倍数(×)	光阑孔径/μm		
	$100(\beta = 5 \times 10^{-3} \text{rad})$	$200(\beta = 10^{-2} \text{rad})$	$600(\beta = 3 \times 10^{-2} \text{rad})$
10	4000	2000	670
100	400	200	67
1000	40	20	6.7
10000	4	2	0.67
100000	0.4	0.2	0.067

2.6.6 扫描电镜的样品制备

1. 对试样的要求

扫描电镜试样可以是块状或粉末颗粒,在真空中能保持稳定,含有水分的试样应先烘干除去水分,或使用临界点干燥设备进行处理。表面受到污染的试样,首先要在不破坏试样表面结构的前提下进行适当清洗,然后烘干。新断开的断口或断面,一般不需要进行处理,以免破坏断口或表面的结构状态。有些试样的表面、断口需要进行适当的侵蚀,才能暴露某些结构细节,则在侵蚀后应将表面或断口清洗干净,然后烘干。对磁性试样要预先去磁,以免观察时电子束受到磁场的影响。试样大小要适合仪器专用样品座的尺寸,样品座尺寸各仪器均不相同,扫描电镜的样品台可大到 100mm 多,高度允许几十毫米,因此不仅可做小样品,也可做大样品。

2. 块状试样

扫描电镜的样品制备远比透射电镜容易,对于块状导电材料,除了大小要适合仪器样品座尺寸外,基本上不需要进行制备,用导电胶把试样黏结在样品座上,即可放入扫描电镜中观察。对于块状的非导电或导电性较差的材料,要先进行镀膜处理,在试样表面喷涂一层导电膜,以避免在电子束照射下产生电荷积累,影响图像质量,并可防止试样的热损伤。

3. 粉末试样

粉末试样需先黏结在样品座上,黏结的方法可在样品座上先涂一层导电胶或火棉胶溶液,将试样粉末撒在上面,待导电胶或火棉胶挥发把粉末粘牢后,用吸耳球将表面上未黏住的试样粉末吹去;或者在样品座上粘贴一张双面胶带纸,将试样粉末撒在上面,再用吸耳球把未黏住的粉末吹去。试样粉末粘牢在样品座上后,需再镀层导电膜,然后才能放入扫描电镜中观察。

4. 镀膜

最常用的镀膜材料是金、金/钯、铂/钯和碳等。镀膜层厚为 10~30nm,表面粗糙的样品,镀的膜要厚些。对只用于扫描电镜观察的样品,先镀膜一层碳,再镀膜 5nm 左右的金,效果更好;对除了形貌观察还要进行成分分析的样品,则以镀膜碳为宜。为了使镀膜均匀,镀膜时试样最好要旋转。

镀膜的方法主要有两种:一种是真空镀膜;另一种是离子溅射镀膜。

2.7　扫描电镜像及其衬度

2.7.1　扫描电镜像的衬度

扫描电镜像的衬度可定义为

$$C = \frac{i_2 - i_1}{i_2} \qquad (2-64)$$

式中:C 为扫描电镜像的衬度;i_1 和 i_2 为电子束在试样上扫描时从任何两点探测到的信号强度。

扫描电镜像的衬度来源有 3 个方面。

(1)试样本身的性质,包括表面凸凹不平、成分差别、位向差异、表面电位分布等。

(2)信号本身的性质(二次电子、背散射电子、吸收电子)。

(3)信号的人工处理。根据其形成的依据,扫描电镜像的衬度可分为形貌衬度、原子序数衬度和电压衬度。

1. 形貌衬度

形貌衬度是由于试样表面形貌差别而形成的衬度。利用对试样表面形貌变化敏感的物理信号作为显像管的调制信号,可以得到形貌衬度图像。形貌衬度的形成是由于某些信号,如二次电子、背散射电子等,其强度是试样表面倾角的函数,而试样表面微区形貌差别实际上就是各微区表面相对于入射束的倾角不同,因此电子束在试样上扫描时任何两点的形貌差别,表现为信号强度的差别,从而在图像中形成显示形貌的衬度。

2. 原子序数衬度

原子序数衬度是由于试样表面物质原子序数(或化学成分)差别而形成的衬度。利用对试样表面原子序数(或化学成分)变化敏感的物理信号作为显像管的调制信号,可以得到原子序数衬度图像。背散射电子像、吸收电子像的衬度都包含有原子序数衬度,而特征 X 射线像的衬度是原子序数衬度。

现以背散射电子为例说明原子序数衬度的形成原理。对于表面光滑无形貌特征的厚试样，当试样由单一元素构成时，则电子束扫描到试样上各点时产生的信号强度是一致的（图2-68(a)），根据式(2-64)，得到的像中不存在衬度。当试样由原子序数分别为Z_1、$Z_2(Z_2 > Z_1)$的纯元素区域1、区域2构成时，则电子束扫描到区域1和区域2时产生的背散射电子数n_B不同（图2-68(b)），且$n_{B2} > n_{B1}$，因此探测器探测到的背散射电子信号强度i_B也不同，且$i_{B2} > i_{B1}$；按式(2-64)得到的背散射电子像中存在衬度，这就是原子序数衬度。在原子序数衬度像中，原子序数（或平均原子序数）大的区域比原子序数小的区域亮。

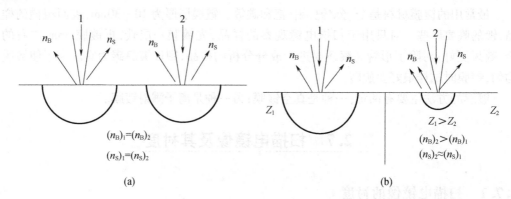

图2-68　原子序数衬度形成原理图
(a)单一原子序数试样；(b)不同原子序数试样。
n_B—背散射电子数，n_S—二次电子数。

3. 电压衬度

电压衬度是由于试样表面电位差别而形成的衬度。利用对试样表面电位状态敏感的信号（如二次电子）作为显像管的调制信号，可得到电压衬度像。二次电子在正电位区逸出较困难，而在负电位区逸出较容易，故正电位区发射的二次电子少，在图像上较暗，而负电位区发射二次电子多，在图像上较亮，从而形成电压衬度（通常电位差为十分之几伏特时才能看出电压衬度的变化）。另外，试样表面的几何形貌也会影响电压衬度，如试样表面起伏过大，会减弱图像上由于电位差引起的衬度变化。因此，在观察电压衬度时试样表面要平整。

2.7.2　二次电子像

1. 二次电子的特点

二次电子是单电子激发过程中被入射电子轰出的试样原子核外电子，其主要特点如下。

(1)二次电子能量小于50eV，主要反映试样表面10nm层内状态，成像分辨率高。

(2)二次电子发射系数与入射束能量有关。在入射束能量大于一定值时（如2~3eV），随着入射束能量的增加，二次电子发射系数减小。因此，二次电子成像要选择适当加速电压。

(3)二次电子发射系数δ与试样表面倾角θ有关，它们之间存在以下关系，即

$$\delta(\theta) = \frac{\delta_0}{\cos\theta} \tag{2-65}$$

式中：δ_0 为 $\theta = 0°$ 时的二次电子系数。由式（2 - 63）可知，随着试样表面倾角增加，二次电子发射系数增加，如图 2 - 69 所示。

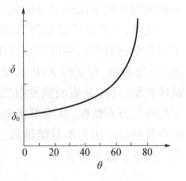

图 2 - 69 二次电子系数 δ 随试样表面倾角 θ 的变化

2. 二次电子像的特点

根据二次电子的上述特点，二次电子像主要反映试样表面的形貌特征，像的衬度主要是形貌衬度，衬度形成主要决定于试样表面相对于入射电子束的倾角。试样表面光滑平整（无形貌特征），倾斜放置时的二次电子发射电流比水平放置时大（图 2 - 70(a) 和图 2 - 70(b)），但仅增加像的亮度而形不成衬度；试样表面凸出处，二次电子发射电流比平坦处和凹陷处大（图 2 - 70(a)、图 2 - 70(c) 和图 2 - 70(d)）。因此，对于表面有一定形貌的试样（图 2 - 71），其形貌可看成由许多不同倾斜程度的面构成的凸尖、台阶、凹坑等形貌细节组成，这些细节的不同部位发射的二次电子数也不同，从而产生衬度。凸尖或台阶边缘处二次电子发射最多，在图像中亮度最高；倾斜程度小的平坦部位或凹谷发射的二次电子最少，在图像中最暗，从而形成了二次电子信号强度按形貌的分布。试样倾斜，衬度将比水平放置有所提高，所以观察时试样都是倾斜放置。

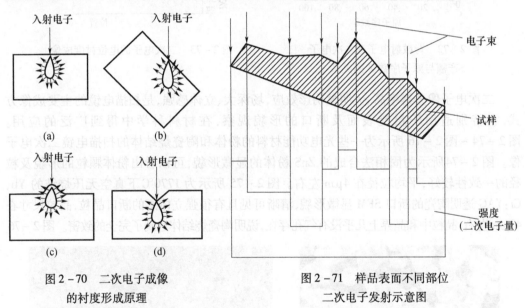

图 2 - 70 二次电子成像的衬度形成原理

图 2 - 71 样品表面不同部位二次电子发射示意图

由于二次电子能量较低，用闪烁体探测器探测时，在收集极上常加有一定的正电压（250V）。它使得二次电子可沿着弯曲的路径到达探测器，这样背对探测器的表面所发出的二次电子也可以到达探测器。这就是二次电子像没有尖锐的阴影，显示出较柔和的立体衬度的原因。

需要指出的是，二次电子的产额其实和成分也有一定的关系，因此二次电子信号中也包含原子序数信息，只是二次电子的产额随原子序数 Z 的变化不如背散射电子产额随原子序数变化那样明显，如图 2 - 72 所示。当原子序数 $Z > 20$ 时，二次电子的产额基本上不随原子序数变化，只有 Z 小的元素的二次电子产额与试样的组成成分有关，故二次电子像一般不用来观察试样成分的变化,而主要用来观察表面形貌的变化。

此外,二次电子能量较低的特点使其还具有较好的电位衬度。在正电位区域二次电子因为受到吸引而使得产额降低,图像偏暗,反之负电位区域二次电子像就会偏亮。如图2-73所示,在试样 A、B 部分加上正、负电压,则在 A 表面上产生的二次电子不能脱离试样表面,只有 B 表面能发射二次电子。利用这种特点,可以观察试样表面在电子束照射下的电位分布情况,从而形成电压衬度像,如用于集成电路芯片显微成像的电压衬度像。而背散射电子因为本身能量高,所以产额受电位影响小,因此背散射电子像的电位衬度要比二次电子像小得多。

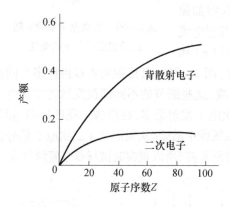

图2-72 背散射电子和二次电子产额与原子序数 Z 的关系

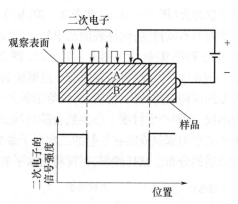

图2-73 二次电子的电位衬度成像

二次电子像分辨率高、无明显阴影效应,场深大、立体感强,是扫描电镜的主要成像方式,它特别适用于粗糙表面及断口的形貌观察,在材料科学中得到广泛的应用。图2-74~图2-76 所示为一些光电功能材料的粉体和陶瓷烧结体的扫描电镜二次电子像。图2-74所示为固相法合成的 ZnS 粉体的显微形貌,可以看出粉体颗粒的形貌及粒径的一致性较好,平均粒径在4μm 左右。图2-75 所示为1770℃下真空无压烧结的 Yb,Cr:YAG 透明陶瓷的断口 SEM 显微形貌,清晰可见且有很强立体感的断口晶粒,晶粒尺寸在40μm 左右,晶粒中和晶界上几乎没有气孔存在,说明陶瓷烧结体达到了完全的致密。图2-76

图2-74 ZnS 粉体的 SEM 显微形貌

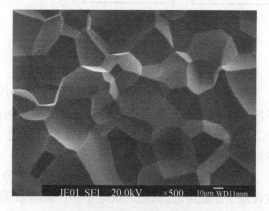

图2-75 真空无压烧结 Yb,Cr:YAG 透明陶瓷断口 SEM 形貌

所示为经双面抛光、热蚀的以 MgO 作为烧结助剂在 1840℃ 下真空烧结的 YAG 透明陶瓷 SEM 显微形貌,经腐蚀后的晶界和晶粒已经不是一个平面,因此二次电子成像就可以清晰地显示出晶界和晶粒的形貌。可以看出 YAG 陶瓷的平均晶粒尺寸在 5.9μm 左右,晶界形状非常清晰,没有气孔和第二相的存在,从而使陶瓷能够具备所需要的光学性能。

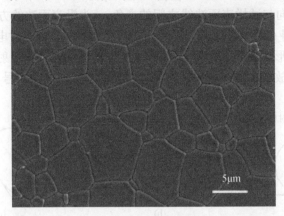

图 2-76　真空无压烧结 YAG 透明陶瓷 SEM 显微形貌

2.7.3　背散射电子像

1. 背散射电子的特点

背散射电子是由样品反射出来的初次电子,其主要特点如下。

(1)背散射电子能量很高,其中相当部分接近入射电子能量 E_0,在试样中产生的范围大,像的分辨率低。

(2)背散射电子发射系数 $\eta = I_B / I_0$(I_0 为入射电子强度)随原子序数增加而增大,如图 2-77 所示。

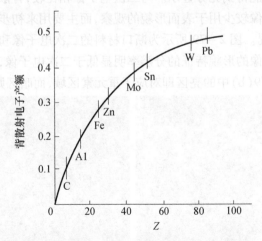

图 2-77　原子序数与背散射电子产额的关系

(3)虽然作用体积随入射束能量增加而增大,但背散射电子发射系数受入射束能量影响不大,对低原子序数的试样($Z < 47$),η 随入射电子能量的增加而逐渐降低;而对 Ag($Z = 47$),η 与束能的变化基本无关;对于高原子序数的试样,η 随能量增加而缓慢增加。

(4)当试样表面倾角增加时,作用体积改变,将显著增加背散射电子发射系数。

(5)背散射电子在试样上方有一定的角分布。在电子束垂直试样表面入射时(试样表面倾角 $\theta = 0°$)呈余弦分布,即

$$\eta(\varphi) = \eta_0 \cos\varphi \qquad (2-66)$$

式中:φ 为所测量方向与试样表面法线之间的夹角;η_0 为沿表面法线方向的 η 值。

当试样表面倾斜 θ 增加时,由于电子有向前散射的倾向,背散射电子角分布的峰值移向前方,成为非对称形。图 2-78 所示为不同试样表面倾角时背散射电子的角分布。因此,电子探测器必须放置在适当位置才能使探测到的背散射电子信号具有较高的强度。

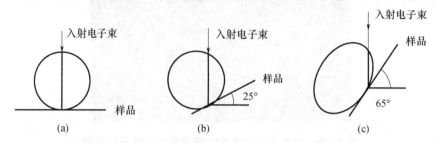

图 2-78 不同试样表面倾角时的背散射电子角分布(样品为 Au)

从上述背散射电子特点可知,背散射电子发射系数和试样表面倾角以及试样的原子序数两者有关,背散射电子信号中包含了试样表面形貌和原子序数信息,像的衬度既有形貌衬度,也有原子序数衬度。因此,可利用背散射电子像来研究样品表面形貌和成分分布。

2. 背散射电子像的特点

背散射电子能量大,运动方向基本上不受弱电场的影响,沿直线前进。在用单个电子探测器探测时,只能探测到面向探测器的表面发射的背散射电子,所成的像具有较重的阴影效应,使表面形貌不能得到充分显示。与二次电子像相比较,背散射电子像的分辨率也较低,因此背散射电子像较少用于表面形貌的观察,而主要用来初步判断试样表面不同原子序数成分的分布状况。图 2-79 所示为断口材料的二次电子像和背散射电子像及衬度对比,可见背散射电子像的形貌特征的分辨率明显低于二次电子像,但背散射电子像的成分衬度很明显,图 2-79(b)中的亮区即对应于重元素区域,而暗区则对应于轻元素区域。

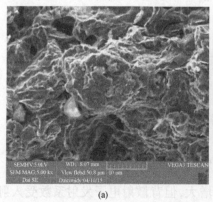

图 2-79 断口材料的 SE 和 BSE 图像及衬度对比
(a)SE;(b)BSE。

采用背散射电子信号分离观察的方法,可分别得到只反映表面形貌的形貌像和只反映成分分布状况的成分像,其分离原理如图 2－80 所示。在对称入射束的方位装上一对半圆形半导体背散射电子探测器,两探测器有相同的探测效率。对原子序数信息,两探测器探测到样品上同一扫描点产生的背散射电子信号强度是相同的,但对形貌信息则是互补的。将两探测器探测到的信号经运算放大器相加,成为反映成分的信号;相减则成为反映形貌的信号。用这种经过信息分离的信号调制显像管亮度,可分别得到背散射电子成分像和形貌像,用这种方法可以消除单个探测器成像时存在的阴影效应。

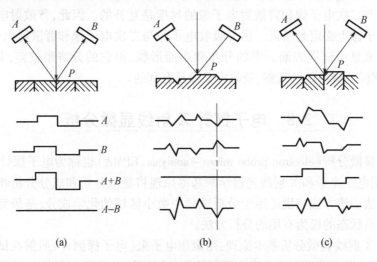

图 2－80　背散射电子成分信息和形貌信息的分离原理

(a)成分有差别、形貌无差别;(b)成分无差别、形貌有差别;(c)成分和形貌都有差别。

对比二次电子和背散射电子的特点可以看出,两种信号并没有优劣之分,在考虑具体使用哪种信号观察样品时,需要根据实际关注点来选择正确的信号进行成像。表 2－7 将两种信号的主要特点进行了对比。

表 2－7　二次电子和背散射电子特点对比

特点	SE	BSE
能量	低	高
空间分辨率	高	低
表面灵敏度	高	低
形貌衬度	为主	兼有
原子序数(成分)衬度	稍有	为主
成像阴影	弱	强
电位衬度	强	弱

2.7.4　吸收电子像

扫描电镜中各种电流的关系可以写为

$$I_0 = I_S + I_B + I_A + I_T \qquad (2-67)$$

式中:I_0 为入射电子电流强度;I_S 为二次电子的电流强度;I_B 为背散射电子的电流强度;I_A 为

吸收电流强度；I_T 为透射电子的强度。

扫描电镜的试样一般是块状试样，即试样较厚，这时透射电子的电流强度可忽略不计，即 $I_T = 0$。在一定的试验条件下，入射电子的电流强度 I_0 是一定的，则

$$I_0 = I_S + I_B + I_A = 常数$$

即

$$I_A = I_0 - (I_S + I_B) = 常数 - (I_S + I_B)$$

所以吸收电流 I_A 的大小，决定于 I_S 和 I_B。I_S、I_B 大时，I_A 就小；反之 I_A 就大，也就是说，吸收电子像是与二次电子像和背散射电子像的衬度是互补的。因此，背散射电子像上的亮区在吸收电子像上必定是暗区。因为吸收电子像与二次电子像和背散射电子像互补，因此它也能用来显示试样表面元素的分布和表面形貌，但它的分辨率较差，只有 0.1 ~ 1 μm，但对于试样裂缝内部的观察，吸收电子像是有利的。

2.8 电子探针 X 射线显微分析

电子探针显微分析（electron probe micro - analysis，EPMA）也称为电子探针 X 射线显微分析，是利用电子光学和 X 射线光谱学的基本原理将显微分析和成分分析相结合的一种微区分析方法。该方法特别适用于分析试样中微小区域的化学成分，是研究材料组织结构和元素分布状态的极为有用的分析方法。

电子探针 X 射线显微分析基本原理：用聚焦电子束（电子探测针）照射在试样表面待测的微小区域上，激发试样中诸元素在不同波长（或能量）的特征 X 射线。用 X 射线谱仪探测这些 X 射线，得到 X 射线谱。根据特征 X 射线的波长（或能量）进行元素定性分析；根据特征 X 射线的强度进行元素的定量分析。

电子探针 X 射线显微分析原理最早是由卡斯坦（Castaing）提出的，1949 年他用电子显微镜和 X 射线光谱仪组合成第一台实用的电子探针 X 射线分析仪（简称电子探针），可以对固定点进行微区成分分析。1956 年，柯士莱特（Cosslett）和邓卡姆（Dumcumb）吸收扫描电镜技术，解决了观察试样表面元素分布状态的方法，制成了扫描式电子探针，不仅能进行固定点的分析，还能对试样表面某一微区进行扫描分析。1958—1960 年上述两种类型的商品仪器相继问世。

2.8.1 电子探针的结构及工作原理

目前，电子探针已和扫描电镜技术结合起来，一台扫描电镜配 X 射线能谱仪就构成了一台简易的电子探针。要求分析精确度更高的，就需要在扫描电镜上再加上 X 射线波谱仪，能谱仪（EDS）负责定性分析，波谱仪（WDS）负责定量分析。专用的电子探针显微分析仪（EPMA）与扫描电镜加波谱仪/能谱仪类似，主要不同之处在于 EPMA 一般配有一台能谱仪、几台波谱仪以及一个专用的光学显微镜。

电子探针主要由 3 个部分构成，即枪体、谱仪和信息记录显示系统，如图 2-81 所示。现代的电子探针一般都具有扫描电镜的功能，能够做二次电子像，故电子探针的电子显微系统与扫描电镜的电子光学部分基本相同。X 射线谱仪是电子探针区别于普通扫描电镜的重要部分，它是把不同波长（或能量）的 X 射线分开的装置，目前有两种方法。

（1）波长色散法。它是利用晶体转到一定的角度来衍射某种波长的 X 射线。通过读出晶体不同的衍射角来求出 X 射线波长，从而确定试样所含的元素。采用波长色散法的谱仪称为波长色散谱仪，简称波谱仪（wavelength – dispersive spectrometer，WDS）。

（2）能量色散法。它直接将探测器接收到的信号加以放大并进行脉冲幅度分析，通过选择不同脉冲幅度以确定入射 X 射线的能量，从而区分不同能量的 X 射线。采用能量色散法的仪器称为能量色散谱仪，简称能谱仪（energy dispersive spectrometer，EDS）。

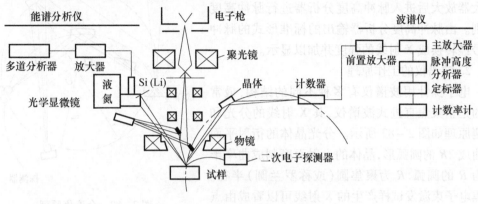

图 2 – 81　电子探针结构示意图

2.8.2　波谱仪

1. 波谱仪主要部件

1）分光晶体

分光晶体是专门用来对 X 射线起色散（分光）作用的晶体，它应具有良好的衍射性能，即高的衍射效率（衍射峰值系数）、强的反射能力（积分反射系数）和好的分辨率（峰值半高宽）。在 X 射线谱仪中使用的分光晶体还必须能弯曲成一定的弧度。

各种晶体能够色散的 X 射线波长范围，决定于衍射晶面间距 d 和布拉格角 θ 的可变范围，对波长大于 $2d$ 的 X 射线则不能进行色散。波谱仪的 θ 角有一定变动范围，如 $15° \sim 65°$；每一种晶体的衍射晶面是固定的，因此它只能色散一段范围波长的 X 射线和适用于一定原子序数范围的元素分析。为了使分析时尽可能覆盖分析的所有元素，需要使用多种分光晶体。目前，电子探针仪能分析的元素范围是原子序数为 4 的 Be 到原子序数为 92 的 U。波谱仪常用的分光晶体及其应用范围见表 2 – 8。

表 2 – 8　常用分光晶体的基本参数及可检测范围

晶体	反射晶面	晶面间距 d/nm	可检测波长范围/nm
氟化锂	200	0.2013	0.089 ~ 0.35
异戊四醇	022	0.4375	0.2 ~ 0.77
邻苯二甲酸氢铷（或钾）	10$\overline{1}$0	1.306（1.332）	0.58 ~ 2.3
肉豆蔻酸铅	—	4	1.76 ~ 7
硬脂酸铅	—	5	2.2 ~ 8.8
二十四烷酸铅	—	6.5	2.9 ~ 11.4

2)X 射线探测器

作为 X 射线的探测器,要求有高的探测灵敏度,与波长的正比性好和响应时间短。波谱仪使用的 X 射线探测器有正比计数管和闪烁计数管等,探测器每接收一个 X 光子便输出一个电脉冲信号。

3)X 射线计数和记录系统

探测器输出的电脉冲信号经前置放大器和主放大器放大后进入脉冲高度分析器进行脉冲高度甄别。由脉冲高度分析器输出的标准形式的脉冲信号经转换成 X 射线的强度并加以显示。

2. 波谱仪的工作原理

电子探针用波谱仪有多种不同的结构,最常用的是全聚焦直进式波谱仪,其 X 射线的分光和探测原理如图 2 – 82 所示。分光晶体的衍射平面弯曲成 $2R$ 的圆弧形,晶体的入射面磨制成曲率半径为 R 的圆弧,R 为聚焦圆(或称罗兰圆)半径。聚焦电子束激发试样产生的 X 射线可以看成由点状辐射源(A 点)出射。X 射线辐射源、分光晶体、

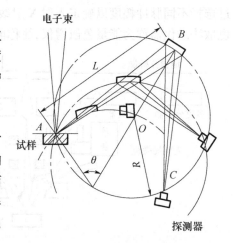

图 2 – 82　全聚焦原理

X 射线探测器均处于聚焦圆上,并使分光晶体入射面与罗兰圆相切,辐射源(A 点)和探测器(C 点)与分光晶体中心(B 点)间的距离均为 L。从几何关系可知,由辐射源出射的 X 射线以及由分光晶体反射的 X 射线与分光晶体衍射面的夹角 $\theta = \arcsin L/2R$。当分光晶体的衍射晶面的面间距 d、辐射的 X 射线波长 λ、X 射线与分光晶体衍射平面的夹角满足布拉格条件 $2d\sin\theta = n\lambda$ 时,则波长满足下式的 X 射线受到分光晶体衍射,且衍射束均重新汇聚于探测器(C 点),即

$$\lambda = \frac{2d\sin\theta}{n} = \frac{dL}{nR} \tag{2 – 68}$$

对同一台波谱仪,聚焦圆半径 R 是不变的,对一定的分光晶体,衍射晶面的面间距 d 也是确定不变的。因此,在不同的 L 值处可探测到不同波长的特征 X 射线。因而由辐射源出射的多种波长的 X 射线可经分光晶体衍射后逐一探测。在实际操作时,分光晶体沿 AB 线直线移动,并且自转,以保持始终与聚焦圆相切。X 射线探测器则按四叶玫瑰线轨迹移动,以使辐射源、分光晶体、探测器处于同一聚焦圆上,并保持辐射源至分光晶体的距离 AB 和探测器至分光晶体的距离 CB 相等。这种结构的波谱仪,分光晶体按直线移动,并且由辐射源(A 点)出射到分光晶体不同部位的 X 射线均能汇聚于探测器(C 点),因此称为全聚焦直进式波谱仪。

2.8.3　能谱仪

1. 能谱仪的结构

图 2 – 83 所示为能谱仪的主要组成部分,其主要由探针器、前置放大器、脉冲信号处理单元、模/数转换器、多道分析器、小型计算机及显示记录系统组成。能谱仪使用的是锂漂移硅 Si(Li)探测器。

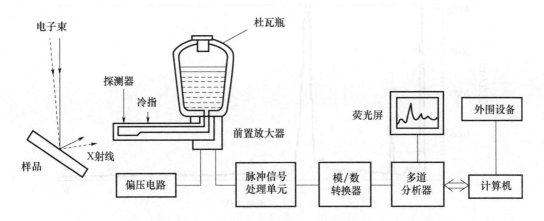

图 2-83　能谱仪的结构及主要组成部分

2. 能谱仪的工作原理

图 2-84 所示为能谱仪的工作原理框图。由图可知,试样在电子探测的激发下产生各种能量的 X 光子,相继经 Be 窗射入 Si(Li)内产生电子-空穴对。每产生一对电子-空穴对,要消耗掉 X 光子 3.8eV 能量。因此,每一个能量为 E 的入射光子产生的电子-空穴对数目 $N = E/3.8$。

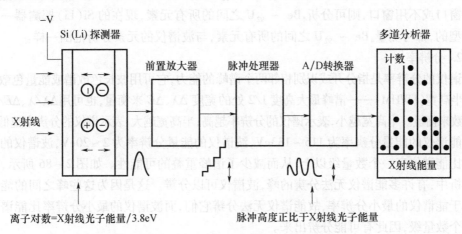

图 2-84　能谱仪的工作原理

加在 Si(Li)上的偏压将电子-空穴对收集起来,每入射一个 X 光子,探测器输出一个微小的电荷脉冲,其高度正比于入射的 X 光子能量 E。电荷脉冲经前置放大器、信号处理单元和模/数(A/D)转换器(ADC)处理后以时钟脉冲形式进入多道分析器。多道分析器有一个由许多存储单元(称为通道)组成的存储器。与 X 光子能量成正比的时钟脉冲数按大小分别进入不同存储单元。每进入一个时钟脉冲数,存储单元记一个光子数,因此通道地址和 X 光子能量成正比,而通道的计数为 X 光子数。最终得到以通道(能量)为横坐标、通道计数(强度)为纵坐标的 X 射线能量色散谱,并显示于显像管荧光屏上。图 2-85 所示为某材料的能谱图。

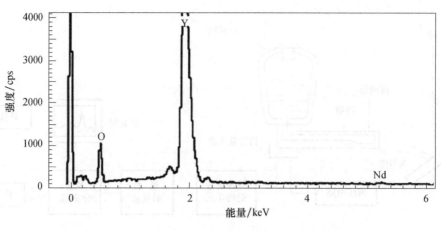

图 2 − 85　能谱图

2.8.4　波谱仪和能谱仪的比较

1. 分析元素的范围

波谱仪可以测量 $_4Be$ ~ $_{92}U$ 之间的所有元素,而 Si(Li) 探测器若使用铍窗口,限制了超轻元素 X 射线的测量,就只能分析 $_{11}Na$ ~ $_{92}U$ 之间的所有元素。若 Si(Li) 探测器使用超薄窗口或不用窗口,则可分析 $_4Be$ ~ $_{92}U$ 之间的所有元素,现在的 Si(Li) 探测器一般都是新型的,都可测量 $_4Be$ ~ $_{92}U$ 之间的所有元素,与波谱仪的元素分析范围一样。

2. 分辨率

谱仪的分辨率是指分开或识别相邻两个谱峰的能力,它可用波长色散谱或能量色散谱的谱峰半高宽(FWHM)——谱峰最大高度 1/2 处的宽度 $\Delta\lambda$、ΔE 来衡量,也可用 $\Delta\lambda/\lambda$、$\Delta E/E$ 的百分数来衡量。半高宽越小,表示谱仪的分辨率越高;半高宽越大,表示谱仪的分辨率越低。

能谱仪的能量分辨率为 115 ~ 133eV,波谱仪的能量分辨率为 2 ~ 20eV,波谱仪的分辨率要比能谱仪高一个数量级以上,从而减少了谱峰重叠的可能性。如图 2 − 86 所示,在材料分析中,有许多能谱仪无法分辨的峰,波谱仪可以分辨。这是因为这些峰之间的能量间隔小于能谱仪的最小分辨率,故能谱仪无法分辨它们,而波谱仪的最小分辨率比能谱仪要好一个数量级,因此有可能分辨出来。

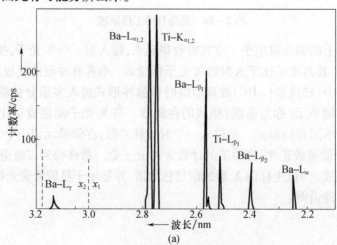

(a)

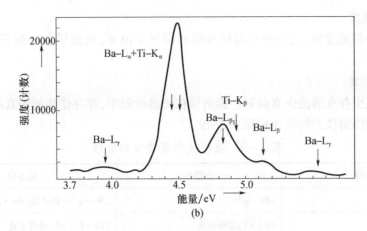

图 2 – 86　BaTiO$_3$的波谱和能谱

(a)波谱;(b)能谱。

3. 探测极限

谱仪能测出的元素最小百分浓度称为探测极限,它与分析的元素种类、样品的成分、所用谱仪及试验条件有关。波谱仪的探测极限为 0.01% ~0.1% ;能谱仪的探测极限为 0.1% ~0.5% 。

4. X 光子几何收集效率

谱仪的 X 光子几何收集效率是指谱仪接收 X 光子数与源出射的 X 光子数的百分比,它与谱仪探测器接收 X 光子的立体角有关。

波谱仪的 X 光子收集效率很低,小于 0.2% ,并且随分光晶体处于不同位置而变化。由于波谱仪的 X 光子收集效率很低,由辐射源出射的 X 射线需要精确聚焦才能使探测器接收的 X 射线有足够的强度,因此要求试样表面平整光滑;能谱仪的探测器放在离试样很近的地方(约为几厘米),探测器对源所张的立体角较大,能谱仪有较高的 X 光子几何收集效率,约小于 2% 。由于能谱仪的 X 光子几何收集效率高,X 射线不需聚焦,因此对试样表面的要求不如波谱仪那样严格。

5. 量子效率

量子效率是指探测器 X 光子计数与进入谱仪探测器的 X 光子数的百分比,能谱仪的量子效率很高,最高可接近 100% ;波谱仪的量子效率较低,通常都低于 30% 。由于波谱仪的几何收集效率和量子效率都比较低,X 射线利用率很低,不适用于低束流(小于 10^{-9} A)、X射线弱的情况下使用,这是波谱仪的主要缺点。

6. 瞬时的 X 射线谱接收范围

瞬时的 X 射线接收范围是指谱仪在瞬间所能探测到的 X 射线谱的范围。波谱仪在瞬间只能探测波长接近于满足式(2 – 66)的 X 射线。能谱仪在瞬间能探测各种能量的 X 射线。因此,波谱仪是对试样元素逐个进行分析,而能谱仪是同时进行分析。

7. 最小电子束流

波谱仪的 X 射线利用率很低,不适于低束流(小于 10^{-9} A)下使用,分析时的最小束斑直径约200nm。能谱仪有较高的几何收集效率和高的量子效率,在束流低到 10^{-11} A 时仍能有足够的计数,分析时的最小束斑直径为 5nm。

8. 分析速度

能谱仪分析速度快,几分钟内能把全部能谱显示出来,而波谱仪一般需要十几分钟以上。

9. 谱的失真

波谱仪很少存在谱的失真问题。能谱仪在测量过程中,存在使能谱失真的各种因素。波谱仪和能谱仪的特征比较见表 2–9。

表 2–9　波谱仪和能谱仪的比较

操作特征	波谱仪	能谱仪
分析元素范围	$_4Be \sim {}_{92}U$	$_4Be \sim {}_{92}U$（老仪器$_{11}Na \sim {}_{92}U$）
分辨率	约 5 eV,谱峰分离	115 ~ 133 eV,谱峰重叠
几何收集效率	改变,<0.2%	<2%
量子效率	改变,<30%	约100%（2.5~15keV）
瞬时接收范围	谱仪能分辨的范围	全部有用能量范围
最大记数速率	约50000cps(在一条谱线上)	与分辨率有关,使在全谱范围得到最佳分辨时,小于2000cps
分析精度(浓度大于10%,Z>10)	为±（1%~5%）	≤±5%
对表面要求	平整,光滑	较粗糙表面也适用
典型数据收集时间	>10min	2~3min
谱失真	少	主要包括逃逸峰、峰重叠、脉冲堆积、电子束散射、铍窗吸收效应等
最小束斑直径	约200nm	约5nm
探测极限/%	0.01%~0.1%	0.1%~0.5%

综上所述,波谱仪分析的元素范围广、探测极限小、分辨率高,适应于精确的定量分析,其缺点是要求试样表面平整、光滑,分析速度较慢,需要用较大的束流,从而容易引起样品和镜筒的污染;能谱仪虽然在分析元素范围、探测极限、分辨率等方面不如波谱仪,但其分析速度快,可用较小的束流和微细的电子束,对试样表面要求不如波谱仪那样严格,因此特别适合于与扫描电镜配合使用。

目前,扫描电镜或电子探针仪可配用能谱仪和波谱仪,构成扫描电镜 – 波谱仪 – 能谱仪系统,使两种谱仪互相补充,发挥长处,是非常有效的材料研究工具。

2.8.5　电子探针分析方法及其应用

电子探针分析有4种基本分析方法,即定点定性分析、线扫描分析、面扫描分析和定点定量分析。

1. 定点定性分析

定点定性分析(点分析)是对试样某一选定点(区域)进行定性成分分析,以确定该点区域内存在的元素。其原理如下：用光学显微镜或在荧光屏显示的图像上选定需要分析的点，使聚焦电子束照射在该点上，激发试样元素的特征 X 射线。用谱仪探测并显示 X 射线谱，根据谱线峰值位置的波长或能量确定分析点区域的试样中存在的元素。点分析是最常用的电子探针分析方法。

2. 线扫描分析

线分析是将谱仪设置在测量某一指定波长的位置（如 $\lambda_{Al} K_\alpha$），用电动机带动试样或用偏转线圈使电子束移动，使试样和电子束沿着指定的直线做相对运动，同时记录该元素的 X 射线强度，就得到了某一元素在某一指定直线上的强度分布曲线，也就是该元素的浓度曲线。线扫描分析对于测定元素在材料相界和晶界上的富集与贫化是十分有效的。在垂直于扩散界面的方向上进行线扫描，可以显示元素浓度与扩散距离的关系曲线。图 2-87 所示为 0Cr18Ni9 奥氏体不锈钢和 20 钢的异种钢焊接接头的能谱线扫描分析谱，可以直观地看出 Cr、Ni、Mn 等合金元素沿熔合区的扩散及分布情况。

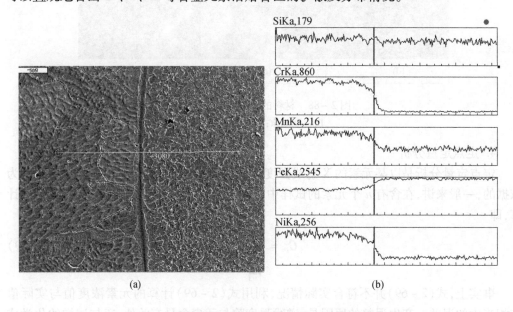

（a）　　　　　　　　　　　　　（b）

图 2-87　不锈钢/低碳钢异种钢焊接接头能谱线扫描分析谱
（a）SEM 显微形貌及线扫描位置；（b）线扫描谱。

3. 面扫描分析

把 X 射线谱仪的接收通道固定在测量某一波长的地方（如 $\lambda_{Si} K_\alpha$），利用仪器中的扫描装置使电子束在试样某一个选定区域（一个面，不是一个点）上扫描，同时，显像管的电子束受同一扫描电路的调制做同步扫描，显像管的亮度由试样给出的信息调制。这样图像上的衬度与试样中相应部位该元素含量成正比，若试样上某区域该元素含量多，荧光屏图像上相应区域的亮点就密集，根据图像上亮点的疏密和分布，可确定该元素在试样中分布情况。在面扫描图像中，亮区代表元素含量高，灰区代表元素含量较低，黑色区域代表元素含量很低或不存在。图 2-88 所示为一种材料的面扫描成分分析，（a）是扫描部位的电子像，以后依次为该部位的 Ti、Zr、Y、Ca、Ni 这 5 种元素的成分分布。以（c）Zr 的分布为例，亮的部位对应 Zr 含量高，暗的部位对应 Zr 含量低。

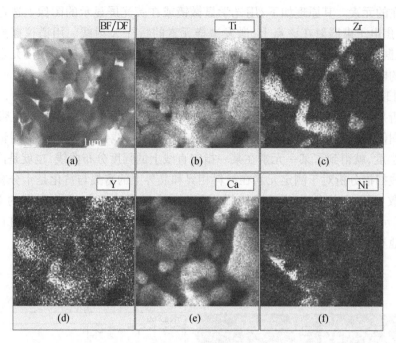

图2-88　材料的面扫描成分分析

BF—明场像；DF—暗场像。

4. 定点定量分析

定点定量分析是以某元素的 X 射线强度和该元素在试样中的浓度成正比这一事实为依据的，一般来讲，在含有 n 个元素的试样中，元素 i 的浓度 C_i 可由强度 I 的归一化加以计算，即

$$C_i = \frac{I_i}{\sum\limits_{i=1}^{n} I_i} \qquad (2-69)$$

事实上，式(2-69)并不符合实际情况，利用式(2-69)计算的元素浓度值与实际值有相当大的误差。产生误差的原因是：谱线强度除与元素含量有关外，还与试样的化学成分有关，通常称为"基体效应"；谱仪对不同波长（或能量）的 X 射线探测的效率有所不同。如何消除这些误差，就是定量分析所要解决的问题。

1）精确强度比 K_i 的获得

为了排除谱仪在探测不同元素谱线时条件不同所产生的误差，也就是为了使浓度与测得的 X 射线强度之间建立必要的可比性基础，采用成分精确已知的纯元素或化合物作为标样。对待测试样和标样在完全相同的条件（如电子束加速电压、束流和 X 射线出射角）下，测量同一元素 i 的特征 X 射线强度 I_i 和 $I_{(i)}$。I_i 和 $I_{(i)}$ 的比值可消除谱仪条件的影响，如果暂时忽略由化学成分不同引起的基体效应，则作为第一级近似，强度与浓度之间存在以下关系，即

$$\frac{C_i}{C_{(i)}} = \frac{I_i}{I_{(i)}} \qquad (2-70)$$

式中：C_i 和 $C_{(i)}$ 分别为元素 i 在试样和标样中的浓度。如果标样是纯元素 i，$C_{(i)}=1$，则

$$C_i = \frac{I_i}{I_{(i)}} = K_i \qquad\qquad (2-71)$$

式(2-71)表明,待测试样内元素 i 的浓度 C_i 等于试样和标准样激发产生的 i 元素特征 X 射线强度比 K_i。

2) ZAF 校正

在获得试样和标准样的 X 射线精确强度比 K_i 之后,定量分析要解决的第二方面问题是基体效应,即由于试样与标样的化学组成不同,i 元素 X 射线强度比并不等于 i 元素摩尔百分比,因此需要进行基体效应的校正。基体效应包括:对电子散射和阻挡的原子序数效应;对 X 射线吸收的效应和产生荧光 X 射线的荧光效应。因此,要引入原子序数校正因子 Z_i 进行原子序数校正、引入吸收校正因子 A_i 进行吸收校正和引入荧光校正因子 F_i 进行荧光校正,这 3 种校正合起来常称为 ZAF 校正,其表达式为

$$C_i = Z_i A_i F_i K_i = (ZAF)_i K_i \qquad\qquad (2-72)$$

式中:C_i 为 i 元素质量百分比。

现代的 X 射线谱仪带有小型计算机,配有定点定量分析软件。X 射线强度测量、ZAF 校正和定点定量分析计算均可由谱仪完成后输出最终结果。

▌2.9　扫描探针显微分析

扫描探针显微分析是利用扫描探针显微镜进行材料显微分析的方法。扫描探针显微镜(SPM)是一大类仪器的总称,它包含许多仪器,其中最常用的是扫描隧道显微镜(STM)和原子力显微镜(AFM)。本节主要介绍这两种仪器及其应用。

2.9.1　扫描隧道显微镜及其应用

扫描隧道显微镜也称为扫描穿隧式显微镜或隧道扫描显微镜,是一种利用量子理论中的隧道效应探测物质表面结构的仪器。它于 1983 年由格尔德·宾宁(G. Binning)及海因里希·罗雷尔(H. Rohrer)在 IBM 位于瑞士苏黎世的实验室发明。可以观察和定位单个原子,具有比其同类 AFM 更加高的分辨率。此外,扫描隧道显微镜在低温(4K)下可以利用探针尖端精确操纵原子,因此它是纳米材料和纳米科技领域重要的研究工具。

STM 使人类第一次能够实时地观察单个原子在物质表面的排列状态和与表面电子行为有关的物理、化学性质,在表面科学、材料科学、生命科学等领域的研究中有着重大的意义和广泛的应用前景。

1. STM 的基本结构

STM 的结构如图 2-89 所示,由图可以看出,对于计算机控制的 STM,主要由 5 个部分组成。

1)隧道针尖

隧道针尖结构是扫描隧道显微技术要解决的主要问题之一。针尖的大小、形状和化学同一性不仅影响着 STM 图像的分辨率和图像的形状,而且影响着测定的电子态。针尖的宏观结构应使针尖具有高的弯曲共振频率,从而可以减少相位滞后,提高采集速度。如

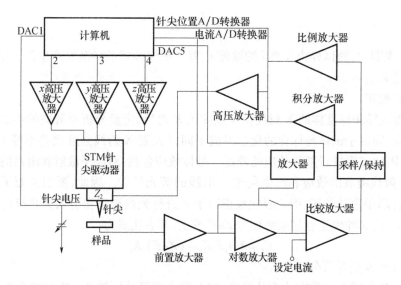

图 2-89　STM 的结构框图

果针尖的尖端只有一个稳定的原子而不是有多重针尖,隧道电流就会很稳定,而且能够获得原子级分辨的图像。针尖的化学纯度高,就不会涉及系列势垒。例如,针尖表面若有氧化层,则其电阻可能会高于隧道间隙的阻值,从而导致针尖和样品间产生隧道电流之前两者就发生碰撞。目前,制备针尖的方法主要有电化学腐蚀法、机械成形法等,制备针尖的材料主要有金属钨丝、铂-铱合金丝等。每次试验前都要对针尖进行处理,一般用化学法去除表面的氧化层及杂质,保证针尖具有良好的导电性。

2)三维扫描控制器

由于要控制针尖在样品表面进行高精度的扫描,用普通机械的控制是很难达到这一要求的。目前,普遍使用压电陶瓷材料作为 $x-y-z$ 扫描控制器件。压电陶瓷材料能以简单的方式将 1mV~1000V 的电压信号转换成十几分之一纳米到几微米的位移。除了使用压电陶瓷外,还有一些三维扫描控制器使用螺杆、簧片、电机等进行机械调控。

3)减振系统

由于仪器工作时针尖与样品的间距一般小于 1nm,同时隧道电流与隧道间隙呈指数关系,因此任何微小的振动都会对仪器的稳定性产生影响。振动和冲击是必须隔绝的两种类型的扰动,其中振动隔绝是最主要的。隔绝振动主要从考虑外界振动的频率与仪器的固有频率入手。

4)电子学控制系统

STM 是一个纳米级的振动系统,因此,电子学控制系统也是一个重要的部分。STM 要用计算机控制步进电动机的驱动,使探针逼近样品进入隧道区,而后要不断采集隧道电流,在恒电流模式中还要将隧道电流与设定值相比较,再通过反馈系统控制探针的进退,从而保持隧道电流的稳定。这些功能都是通过电子学控制系统来实现的。

5)在线扫描控制和离线数据处理软件

在 STM 的软件控制系统中,计算机软件所起的作用主要分为在线扫描控制和离线数据分析两部分。

2. STM 的基本原理及工作方式

STM 的工作原理是利用量子力学中电子的隧道效应,将原子线度的探针尖部和被研究的样品表面作为两个电极,当样品与针尖非常接近时(通常小于 1nm),电子会穿过两个电极之间的势垒流向另一个电极,这种现象称为隧道效应。隧道效应在外加电场的作用下形成定向流动的电流称为隧道电流。

图 2-90 所示为 STM 的工作原理示意图。图中 A 为具有原子尺度的针尖,B 为被分析样品。STM 工作时,在样品和针尖之间加一定电压,当样品与针尖间的距离小于一定值时,由于量子隧道效应,样品和针尖之间会产生隧道电流 I。

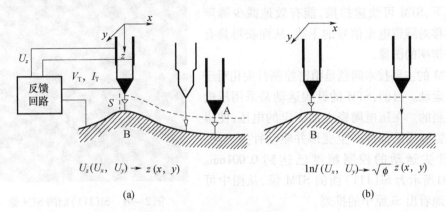

图 2-90　STM 的工作原理示意图
(a)恒电流模式;(b)恒高度模式。

STM 工作时,针尖与样品的距离 d 一般为 0.4nm,此时隧道电流 I 表征样品和针尖电子波函数的重叠程度,它可以表示为

$$I \propto U_b \exp(-A\phi^{\frac{1}{2}}d) \tag{2-73}$$

式中:U_b 为针尖与样品之间所加的偏压;ϕ 为针尖与样品的平均功函数;A 为常数。

在真空条件下,$A \approx 1$。

根据量子力学的理论,由式(2-73)可以算出,当距离 d 减少 0.1nm 时,隧道电流将增加一个数量级,即隧道电流 I 对样品表面的微观起伏非常敏感,这是 STM 能用来观察样品表面原子级起伏的原理。

根据扫描过程中针尖与样品间相对运动的不同,可将 STM 的工作模式分为恒电流模式和恒高度模式两种。

1)恒电流模式

在恒电流模式下,控制样品与针尖间的距离不变(图 2-90(a)),即 d 为常数。当针尖在样品表面扫描时,样品表面高低起伏引起隧道电流变化,通过一定的电子反馈系统驱动针尖随样品的高低变化做升降运动,以确保针尖与样品间的距离 d 保持不变。这时隧道电流为

$$I \propto U_b \exp(-B\phi^{\frac{1}{2}}) \tag{2-74}$$

式中:$B = Ad$,为常数。

式(2-74)表示,在恒电流模式下隧道电流 I 随功函数 ϕ 的改变而改变,这时隧道电

流直接反映了样品表面态密度的分布。在一定的条件下,样品的表面态密度与样品表面的高低起伏程度有关。恒电流模式是 STM 的常用工作模式,适合于观察表面起伏较大的样品。

2)恒高度模式

在恒高度模式下,控制针尖在样品表面某一小平面上扫描(图 2-90(b)),随着样品表面高低起伏,隧道电流不断变化,通过记录隧道电流的变化,可得到样品表面的形貌图。恒高度模式不能用于观察表面起伏大于 1nm 的样品,只适合于观察表面起伏小的样品。在恒高度模式下,STM 可快速扫描,能有效地减少噪声和热漂移对隧道电流信号的干扰,从而获得具有更高分辨率的图像。

STM 的主要技术问题是精密控制针尖相对于样品的运动。目前,STM 的针尖运动是采用压电陶瓷控制的。在压电陶瓷上加一定的电压,使得压电陶瓷制成的部件产生变形并驱动针尖运动。目前,针尖运动的控制精度已达到 0.001nm。图 2-91 所示为 Si(111)面的 STM 像,从图中可以清楚地看出 Si 原子的排列。

图 2-91 Si(111)面的 STM 像

3. STM 的特点

1)优点

与其他表面分析技术相比,STM 具有以下独特的优点。

(1)具有原子级高分辨率。STM 在平行和垂直于样品表面方向上的分辨率分别可达 0.1nm 和 0.01nm,即可以分辨出单个原子。

(2)不仅可在实空间原位动态观察样品表面的原子组态,而且可直接观察样品表面的物理、化学反应的动态过程及反应中原子的迁移过程。

(3)不仅可实时得到空间中样品表面的三维图像,而且可用于具有周期性或不具备周期性的表面结构的研究。

(4)可以观察单个原子层的局部表面结构,而不是对体相或整个表面的平均性质,因而可直接观察到表面缺陷、表面重构、表面吸附体的形态和位置,以及由吸附体引起的表面重构等。

(5)可在真空、大气、常温等不同环境下工作,样品甚至可浸在水和其他溶液中。对样品的尺寸、形状没有限制,不需要特别的制样技术并且探测过程对样品无损伤。

(6)配合扫描隧道谱(STS)可以得到有关表面电子结构的信息,如表面不同层次的态密度、表面电子阱、电荷密度、表面势垒的变化和能隙结构等。

(7)利用 STM 针尖可实现对原子和分子的移动和操纵,这为纳米科技的全面发展奠定了基础。

2)不足

尽管 STM 有诸多优点,但由于仪器本身的工作方式所造成的局限性也是显而易见的,这主要表现在以下两个方面:

（1）STM 的恒电流工作模式下，有时它对样品表面微粒之间的某些沟槽不能准确探测，与此相关的分辨率较差。在恒高度工作方式下，从原理上这种局限性会有所改善。但只有采用非常尖锐的探针，其针尖半径应远小于粒子之间的距离，才能避免这种缺陷。在观测超细金属微粒扩散时，这一点显得尤为重要。

（2）STM 所观察的样品必须具有一定程度的导电性，对于半导体，观测的效果就差于导体，对于绝缘体则根本无法直接观察。如果在样品表面覆盖导电层，则由于导电层的粒度和均匀性等问题又限制了图像对真实表面的分辨率。

2.9.2 原子力显微镜及其应用

原子力显微镜（AFM）是一种可用来研究包括绝缘体在内的固体材料表面结构的分析仪器。1986 年 G. Binning 提出了原子力显微镜的概念。AFM 克服了 STM 的不足，它可以用于导体、半导体和绝缘体。AFM 利用了 STM 技术，也可测量材料的表面形貌，它的横向分辨率可达 0.15nm，而纵向分辨率可达 0.05nm。AFM 的最大特点是可以测量表面原子之间的力，从而呈现样品的表面特征，AFM 可测量的最小力的量级为 $10^{-14} \sim 10^{-16}$N。AFM 还可测量表面的弹性、塑性、硬度、黏着力、摩擦力等性质。与 STM 一样，AFM 也可在真空、大气或溶液下工作，也具有仪器结构简单的特点，在材料研究工作中获得了广泛应用。

1. AFM 的基本结构

AFM 的基本结构如图 2-92 所示。由图可知，其主要由 3 部分组成，分别为力检测部分、位置检测与调节部分和信息处理与控制部分。

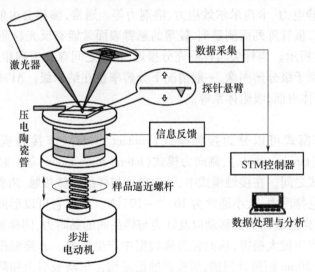

图 2-92 AFM 的基本结构

1）力检测部分

力检测部分是 AFM 的关键组成部分，包括一个用来扫描样品表面的探针，探针尖端的曲率半径在纳米量级。探针是装在微观悬臂上，悬臂大小在数十至数百微米，通常由硅或者氮化硅构成。在 AFM 系统中，所要检测的力是原子与原子之间的范德瓦尔斯力，通过微小悬臂来检测原子之间力的变化量。

2）位置检测与调节部分

位置检测与调节部分可合理地控制样品和探针之间的距离，其主要是通过一组步进电动机、压电陶瓷、激光器和激光探测装置实现。AFM 的系统中，当针尖与样品之间有交互作用之后，会使悬臂摆动，所以当激光照射在悬臂的末端时，其反射光的位置也会因为悬臂的摆动而有所改变，产生偏移量。在整个系统中是依靠激光光斑位置检测器将偏移量记录下并转换成电的信号，通过控制器做信号处理，然后驱动电动机进行运动从而调节位置。

3）信息处理与控制部分

AFM 的系统中，将信号经由激光检测器探测，并传入控制器，在控制器中进行分析处理，然后反馈作为内部的调整信号，并驱使通常由压电陶瓷管制作的扫描器做适当移动，以保持样品与针尖保持合适的作用力，测试结果与操作指令通过计算机程序控制。

2. AFM 的基本原理及工作方式

1）基本原理

AFM 的基本原理：将一个对微弱力极敏感的微悬臂一端固定，另一端有一微小的针尖，针尖与样品表面轻轻接触，由于针尖端原子与样品表面原子间存在极微弱的排斥力，通过在扫描时控制这种力的恒定，带有针尖的微悬臂将对应于针尖与样品表面原子间作用力的等位面，而在垂直于样品的表面方向起伏运动。利用光学检测法可测得微悬臂对应于扫描各点的位置变化，从而可以获得样品表面形貌的信息。

当探针被放置到样品表面附近时，悬臂会受到探针头和表面的引力而遵从胡克定律弯曲偏移。在不同的情况下，这种被 AFM 测量到的力可能是机械接触力、范德瓦尔斯力、毛吸力、化学键、静电力、卡西米尔效应力、溶剂力等。通常，偏移会由射在微悬臂上的激光束反射至光敏二极管阵列而测量到，较薄的悬臂表面常镀有反光材质（如铝）以增强其反射，如图 2 - 93 所示。当针尖与样品充分接近，相互之间存在短程相互斥力时，检测该斥力可获得表面原子级分辨图像，一般情况下分辨率也在纳米级。AFM 测量对样品无特殊要求，可测量固体表面、吸附体系等。

2）工作模式

AFM 的工作模式可以分为接触模式（contact mode）、非接触模式（non - contact mode）、轻敲模式（tapping mode）、侧向力模式（lateral force mode）等。轻敲模式介于接触模式和非接触模式之间。在接触模式中，针尖始终与样品保持接触，两者相互接触的原子中电子间存在库仑排斥力，大小通常为 $10^{-11} \sim 10^{-8} N$。虽然它可以形成稳定的高分辨率的图像，但针尖在样品表面上的移动以及针尖与样品间的黏附力，同样使样品产生相当大的形变并对针尖产生较大损害，从而在图像数据中产生假象。非接触模式是控制探针在样品表面上方 5~20nm 距离处扫描，所检测的是范德瓦尔斯吸引力和静电力等对成像样品没有破坏的长程作用力，但是由于针尖和样品间距比较大，分辨率也较接触模式的低。实际上，由于针尖容易被样品表面的黏附力所捕获，因而非接触模式的操作是很困难的。在轻敲模式中，针尖同样品接触，分辨率几乎和接触模式的一样好，同时因接触时间短暂而使用剪切力引起对样品的破坏几乎完全消失。轻敲模式的针尖在接触样品表面时，有足够的振幅（大于 20nm）来克服针尖与样品之间的黏附力。目前，轻敲模式不仅用于真空、大气，在液体环境中应用也不断增多。

总的来说，非接触模式工作距离较大，并且针尖和样品的作用力始终是吸引力；接触模式则相反,工作在斥力区;而轻敲模式由于探针保持以一定的振幅振动,所以和样品的距离在一定范围内变化,样品和针尖的作用力是引力和斥力交互作用。3 种工作模式及力 - 距离曲线如图 2 - 94 所示。

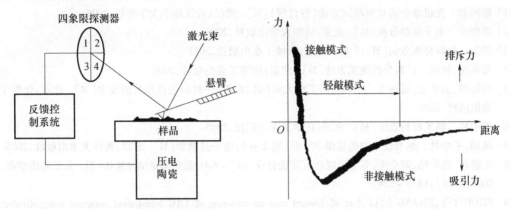

图 2 - 93　AFM 的工作原理框图　　　　图 2 - 94　工作模式与力 - 距离曲线

3. AFM 的特点

相对于 STM,AFM 具有许多优点。不同于电子显微镜只能提供二维图像,AFM 提供真正的三维表面图像。同时,AFM 不需要对样品进行任何特殊处理,如镀铜或碳,这种处理对样品会造成不可逆转的伤害。此外,电子显微镜需要运行在高真空条件下,AFM 在常压下甚至在液体环境下都可以良好工作。这样可以用来研究生物宏观分子甚至活的生物组织等。

AFM 和 SEM 相比,其缺点是成像范围太小,速度慢,受探头的影响太大。

2.9.3　其他系列的扫描探针显微镜

除 STM 和 AFM 以外,还有磁力显微镜(magnetic force microscope,MFM)、摩擦力显微镜(lateral force microscope,LFM)、弹道电子发射显像镜(ballistic electron emission microscope,BEEM)、扫描离子电导显微镜(scanning ion conductance microscope,SICM)、扫描光子隧道显微镜(photon scanning tunneling microscope,PSTM)、扫描近场光学显微镜(scanning near - field optical microscope,SNOM)和扫描热显微镜(scanning thermal microscope),这些显微镜都属于 SPM 家族,它们的结构也大体相同,不同之处是在机器的本体上根据功能的需要配上不同的有关装置。通常的 SPM 都会有 STM 和 AFM 功能,SPM 由于没有透镜系统,普通的 SPM 也没有真空系统,故结构简单,价格也比电子显微镜便宜。这类没有真空装置的 SPM,往往侧重于 AFM 的应用。若要研究材料表面的物理、化学性质,一般需要在超高真空下使用 STM,这类仪器结构比较复杂,价格也比较昂贵。

SPM 的工作介质可以是真空、大气、水、油和电解质等,它的研究对象可以是金属、半导体、绝缘体、固体表面的吸附物、高聚物、生物材料、有机层体系等块状体系的表面。除了表面结构、表面形状和表面重构的基础研究外,SPM 还可以用来揭示样品局域的物理性能。例如,用磁力显微镜研究局域磁性能,用摩擦力显微镜研究局域摩擦性能,用局域隧道谱研究电子能谱等。总之,近年来 SPM 的应用快速发展,在纳米科技、纳米材料等很多领域得到了广泛应用。

参 考 文 献

[1] 杨南如. 无机非金属材料测试方法(修订版)[M]. 武汉:武汉理工大学出版,2005.

[2] 章晓中. 电子显微分析[M]. 北京:清华大学出版社,2006.

[3] 周玉. 材料分析方法[M].3 版. 北京:机械工业出版社,2011.

[4] 黄新民,解挺. 材料分析测试方法[M]. 北京:国防工业出版社,2006.

[5] 徐祖耀,黄本立,鄢国强. 中国材料工程大典(第26卷)—材料表征与检测技术[M]. 北京:化学工业出版社,2006.

[6] 王中林. 纳米材料表征[M]. 北京:化学工业出版社,2005.

[7] 姚楠,王中林. 纳米技术中的显微学手册(第2卷):电子显微学[M]. 北京:清华大学出版社,2005.

[8] 王能利,张希艳,刘全生,等. 碳酸盐沉淀法合成 $Nd^{3+}:Y_2O_3$ 激光陶瓷纳米粉体[J]. 人工晶体学报,2008,37(6):1337-1341.

[9] ZHOU T Y,ZHANG L,LI Z et al. Toward vacuum sintering of YAG transparent ceramics using divalent dopant as sintering aids:Investigation of microstructural evolution and optical property[J]. Ceramics International,2017,43:3140-3146.

[10] RINKEL T,NORDMANN J,RAJ A N et al. Ostwald - ripening and particle size focusing of sub - 10 nm $NaYF_4$ upconversion nanocrystals[J]. Nanoscale,2014,6:14523-14530.

[11] WU Y S,LI J,QIU F G,et al. Fabrication of transparent Yb,Cr:YAG ceramics by a solid - state reaction method[J]. Ceramics International,2006,32:785-788.

▨ 3.1　概　述

热分析(thermal analysis)是指在程序控制温度下,测量物质的物理性质随温度变化的函数关系。其技术基础在于物质在加热或冷却过程中,随着其物理状态或化学状态的变化,通常伴有相应的热力学性质(如热焓、比热容、热导率等)或其他性质(如质量、力学性质、电阻等)的变化,因而通过对某些性质(参数)的测定,可以分析研究物质的物理变化或化学变化过程。

3.1.1　热分析的发展历史

热分析法由法国科学家 Lchatelier 在 1887 年首次提出,在其发展史上,人们最早发现和应用的是热重法(TG)。1780 年,英国人 Higgins 在研究石灰黏结剂和生石灰的过程中第一次用天平测量了试样受热时所产生的重量变化。1786 年,英国人 Wedgwood 在研究黏土时测得了第一条热重曲线,观察到黏土加热到"暗红"时出现明显的失重,这就是热重法的开始。

差热分析法(DTA)应该起源于法国,1887 年,德国人 H. Lechatelier 将一个铂 – 铂/10%铑热电偶插入受热的黏土试样中测量了黏土的变化过程,由于 Lechatelier 只用一根热电偶,因而严格说不算是真正的差热分析而是热分析。直到 1891 年,英国人 Rebert 和 Austen 改良了 Lechatelier 的装置,首次采用示差电偶记录试样与参比物之间产生的温度差 ΔT,这才是真正的差热分析。1955 年以前,在差热分析试验中,一般是将热电偶的结点直接插入试样和参比物,1955 年 Boersma 指出这种做法的弊病,并且开始把热电偶的结点埋入具有两个孔穴的镍均匀块中,样品和参比物分别放在两个孔穴中,直到现在,差热分析仍沿用这种方法。1964 年,Wattson 和 ONeill 等第一次提出了"示差扫描量热法"的概念,后来被 Perkin – Elmer 公司采用,研制了示差扫描仪(DSC),由于 DSC 能直接测量物质在程序控温下所发生的热量变化,而且定量性和重复性都很好,于是受到人们的普遍重视,现在示差扫描量热仪的品种及示差扫描量热法的应用都发展很快。DSC 从设计原理上可分为两大类:一类称为"功率补偿式 DSC",另一类称为"热流式 DSC",后者属于定量型差热分析现代热分析仪。

从 1962 年 Mackenzie 和 Mitchell 报道"热分析"应用方面的文章以后的两年半的时间里,在 Science 杂志上大约发表了约 1000 篇此方面的文章。于 1969 年首次出版的 *Ther-*

mochimica Acta(热分析杂志)和1970年3月创刊的 *Journal of Therrnal Analysis*(热化学学报)成为世界上专门报道热分析应用的两种新杂志。

3.1.2 热分析的术语定义与分类

由于热分析方法应用范围广泛,测定方法多,名词术语比较混乱。1965年第一届国际热分析协会期间组织了命名委员会;1968年第二届国际热分析协会上推荐了热分析术语、定义的第一次方案,该方案中推荐的术语、定义在世界上较通用。

1. 定义

热分析是程序控温下,测量物质的物理性质与温度的关系的一类技术,热分析的记录称为曲线。

这一定义的突出特点是概括性很强,只要稍加替换总定义中的某几个字(将物理性质具体化为如质量、温差等物理量),就很容易得到各种热分析方法的定义。例如,热重法,在程序控制温度下,测量物质的质量与温度的关系的技术;差热分析,在程序控制温度下,将试样和参比物(热中性体)置于相同加热条件,测量物质和参比物的温度差与温度关系的技术。

2. 热分析分类及研究目标

根据国际热分析协会(International Conference on Thermal Analysis, ICTA)的归纳,可将现有的热分析技术方法分为9类17种,如表3-1所列。

表3-1 热分析分类

测定的物理量	方法名称	缩略语	测定的物理量	方法名称	缩略语
质量	热重	TG	尺寸	热膨胀法	
	等压质量变化测定		力学量	热机械分析 动态热机械分析	TMA
	逸出气检测	EGD	声学量	热发生法 热传声法	
	放射热分析	ECA			
	热微粒分析				
温度	升温曲线测定 差热分析	DTA	光学量	热光学法	
			电学量	热电学法	
热量	示差扫描量热法 调制式示差扫描量热法	DSC MDSC	磁学量	热磁学法	

热分析的研究目标为材料的成分、结构、化学反应。

3.1.3 热分析一般术语

(1)热分析曲线(curve)。在程序温度下,使用差热分析仪器扫描出的物理量与温度或时间的关系。

(2)升温速率(dT/dt 或 β,heating rate)。程序温度对时间的变化率。其值不一定为常数,且可正可负,单位为 K/min 或℃/min。当温度-时间曲线为线性时,升温速率为常数。温度可以用热力学温度(K)或摄氏温度(℃)表示。时间单位为秒(s)、分(min)或小时(h)。

（3）差或示差（differential）。在程序温度下，两个相同的物理量之差。

（4）微商或导数（derivative）。在程序温度下，物理量对温度或时间的变化率。

（5）热分析简称（abbreviations）。热分析简称由英文命名词头大写字母组成（字母间不加圆点）。

（6）热分析脚注符号（subscripts）。热分析脚注符号避免用多字母表示。关系到物体的用大写下标表示，如 m_S 表示试样的质量，T_R 是参比物的温度。涉及出现的现象用小写字母下标，如 T_g 表示玻璃化转变温度，T_c 表示结晶温度，T_m 表示熔化温度，T_s 表示试样的熔点等。

3.2　差热分析和示差扫描量热分析

由于热分析技术和仪器材料、技术的发展，示差扫描量热分析（DSC）和差热分析（DTA）在材料分析中具有同样的使用温度范围，并且示差扫描量热分析在灵敏度和精确度方面优于差热分析，在热分析中示差扫描量热分析已取代差热分析而获得广泛应用。但示差扫描量热分析是在差热分析之上发展而来的，因此还要先从差热分析讲起。

3.2.1　差热分析

1. 差热分析的基本原理

差热分析是在程序控制温度下，将试样和参比物（热中性体）置于相同加热条件，测量样品与参比物之间的温度差与温度关系的一种热分析方法。在试验过程中，将样品与参比物的温差作为温度或时间的函数连续记录下来，称为差热曲线。

图 3－1 是差热分析原理示意图。首先将试样和参比物放在加热炉中，使其处于相同的加热条件；然后将两支相同的热电偶分别放入试样和参比物中，注意，这两只相同热电偶的正极（或负极）端接在一起（构成差热电偶），测量剩下的负极（或正极）之间的电位差，即可测得试样与参比物的温差。

将电炉在程序控制下均匀升温，暂不考虑参比物与试样间的热容差。

当试样不产生任何物理化学变化，没有热效应时，则试样与参比物的温度相等，即 $T_s = T_r$，试样与参比物温差 $\Delta T = T_s - T_r = 0$，这时记录仪上只呈现一条重合于横坐标的直线，称为差热曲线的基线。

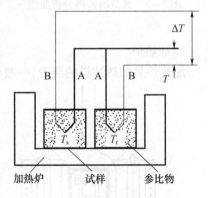

图 3－1　差热分析原理示意图

如果试样在加热过程中发生熔化、分解、吸附水与结晶水的排除或晶格破坏等，试样将吸收热量，这时试样的温度 T_s 将低于参比物的温度 T_r，即 $T_s < T_r$，$\Delta T = T_s - T_r < 0$，闭合回路中便有温差电动势 E 产生，这时就偏离基线向下画出曲线。随着试样吸热反应的结束，T_s 与 T_r 又趋相等，构成一个吸热峰（图 3－2）。显然，过程中吸收的热量越多，在差热曲线上形成吸热峰的面积越大。

当试样在加热过程中发生氧化、晶格重建及形成新物质时，一般为放热反应，试样温度升高，这时试样的温度 T_s 将高于参比物的温度 T_r，即 $T_s > T_r$，$\Delta T = T_s - T_r > 0$，闭合电路中产生温差电动势,这时就偏离基线向上画出曲线,随着反应的完成,T_s 又等于 T_r,形成一个放热峰(图 3 − 2)。

综上所述,差热分析的基本原理是,试样在加热或冷却过程中发生了物理、化学变化并伴随有热效应,导致试样和参比物间产生温度差。这个温度差由置于试样和参比物中的差热电偶反映出来,差热电偶的闭合回路中便产生电动势 E,通过信号放大和记录得到差热曲线。

2. 差热分析仪

目前的差热分析仪器通常配备计算机及相应的软件,可进行自动控制、实时数据显示、曲线校正、优化及程序化计算和存储等,因而大大提高了分析精度和效率。

差热分析仪通常由加热炉、温度程序控制器、试样支撑系统、测量、信号放大及记录系统组成,如图 3 − 3 所示。

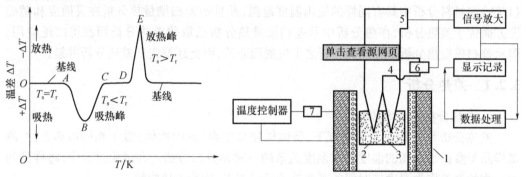

图 3 − 2　典型的差热分析曲线　　　　图 3 − 3　差热分析仪结构示意图
　　　　　　　　　　　　　　　　　　1—加热炉;2,3—试样支撑系统;4~6—测量、
　　　　　　　　　　　　　　　　　　信号放大及记录系统;7—温度程序控制器。

1)加热炉

加热炉是加热试样的装置,一般分为立式电炉和卧式电炉两种,如图 3 − 4 所示。

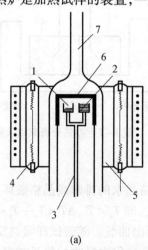 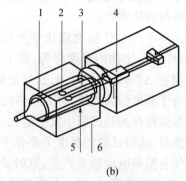

(a)　　　　　　　　　　　　　　　　　　　　(b)

1—参比物;2—试样;3—样品支持器;4—红外灯;　　　1—炉子;2—试样;3—样品支架;4—支点;
5—椭圆聚光镜;6—均热炉套;7—保护管。　　　　　　5—加热体;6—保护装置。

图 3 − 4　加热炉结构
(a)立式;(b)卧式。

作为差热分析用电炉应满足以下要求:

(1)电炉内应有一均匀温度场。

(2)程序控温下能以一定的速率均匀地升(或降)温。

(3)仪器在低于770K的情况下能够拆卸部件进行维修。

(4)连续试验时炉子与样品容器的相对位置应保持不变。

(5)炉子的线圈应无反应现象,以防止对热电偶产生的电流干扰。

作为电炉的炉芯管及发热体材料的线圈,根据使用温度、气氛等条件,可以选用不同材质,如镍铬($T < 1300K$)、铂($T > 1300K$)、铂 – 10% 铑($T < 1800K$)和碳化硅($T < 1800K$)。也有的不采用通常的炉丝加热,而用红外线加热炉,这种炉子通常是用到1800K。使用椭圆形反射镜或抛物柱面反射镜使红外线聚焦到样品支撑器上。这种红外线炉只需几分钟就可以使炉温升到1800K,很适合于恒温测量。

2)温度程序控制系统

温度程序控制系统是以一定的程度来调节升温或降温的装置,大部分在 $1 \sim 100K/min$ 的范围内改变,常用的为 $1 \sim 20K/min$。该控制系统一般由定值装置、调节放大器、比例 – 积分 – 微分(PID)调节器、脉冲移相器、晶闸管整流器等组成,以保证炉温按给定的速率均匀地升温或降温。

3)信号放大系统

通过直流放大器将差热电偶产生的微弱温差电动势放大、整幅输出,以足够的能量使伺服电机转动,带动记录系统绘出相应曲线。

4)记录系统

通常采用计算机软件对信息进行记录。

5)试样支撑 – 测量系统

该系统是差热分析的"心脏",主要包括热电偶、试样容器、均热板(或块)及支撑杆等部件。使用温度不超过1570K时,以金属镍块为均热块为宜;超过1570K时,多采用氧化铍瓷或刚玉质瓷。试样容器的选择是根据使用温度和热传导性能,通常使用石英玻璃、刚玉、钼、铂、钨等坩埚,如图3 – 5 所示。

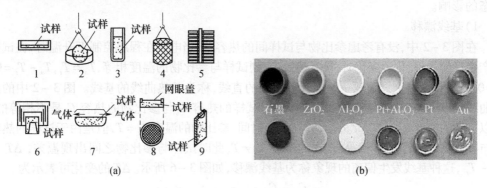

图3 – 5 不同形状和不同材质的坩埚

(a)不同形状;(b)不同材质。

3. 差热分析试验技术

目前生产的差热分析仪,多数是有多种功能的综合热分析仪,并分为固定结构和可拆结构两大类。差热分析仪仅是热分析仪中的一个组成部分。无论哪类分析仪,其共同部分都是温控装置和记录仪,可拆或转换部件都是变换器。因此,利用综合热分析仪做差热分析时,应注意仪器使用说明书。

差热分析试验主要包括:试样和参比物的准备及装填;升温速率的选择;差热电偶的选择;试样和参比物容器的判断;接通电源等具体操作等。

在差热分析时,把试样和参比物分别放置于加热的金属容器中,使它们处于相同的加热条件。

1)参比物

应符合以下要求。

(1)整个测温范围内无热反应。

(2)比热容和导热性能与试样相近。

(3)粒度与试样相近(通过 100 ~ 300 目筛的粉末)。

常用的参比物为 $\alpha - Al_2O_3$(经 1720K 煅烧过的高纯氧化铝粉,全部是 α 型氧化铝粉)。

2)试样

(1)粉末试样的粒度均通过 100 ~ 300 目筛;聚合物应切成碎块或薄片;纤维状试样应切成小段或制成球粒状;金属试样应加工成小圆片或小块等。

(2)为使试样的导热性能与参比物相近,常在试样中添加适量的参比物使试样稀释。

(3)尽可能使试样与参比物有相近的装填密度。

(4)样品填装一般不超过坩埚体积的 2/3,防止样品在反应过程中溢出坩埚。

3)升温速率

升温速率主要依据试样和试样容器的热容及导热性能来确定。常用的升温速率为 1 ~ 20℃/min。升温速率的选择还将在差热曲线的影响因素中详细讨论。

4. 差热曲线的判读

差热曲线的分析就是对差热曲线的结果作出正确合理的解释。正确地对差热曲线进行分析:首先应明确试样加热(或冷却)过程中产生的热效应与差热曲线形态的对应关系;然后是差热曲线形态与试样本征热特性的对应关系;最后要排除外界因素对差热曲线形态的影响。

1)基线漂移

在图 3-2 中,没有考虑参比物与试样间的热容差,当电炉在程序控制下升温时,在试样不产生任何物理、化学变化时,没有热效应,则试样与参比物的温度相等,$T_s = T_r$,$T_s - T_r = 0$,$E = 0$,这时记录仪上只呈现一条重合于横轴的直线,称为差热曲线的基线。图 3-2 中的差热曲线可以说是理想的差热曲线。实际上,试样的热容 C_s 与参比物的热容 C_r 是不相等的,当以一定的速度 $v = dT/dt$ 升温时,在某一时间,参比物的温度 $T_r = T$,但是由于试样的热容 C_s 与参比物的热容 C_r 不相等,试样的温度 $T_s \neq T$,此时试样与参比物之间出现温差,$\Delta T = T_s - T_r$,这种基线发生偏离的现象称为基线漂移,如图 3-6 所示。ΔT 的变化可表示为

$$\Delta T = \frac{C_r - C_s}{K} v \left[1 - \exp\left(-\frac{K}{C_s} t \right) \right] \tag{3-1}$$

基线位置为

$$(\Delta T)_a = \frac{C_r - C_s}{K} v \tag{3-2}$$

式中：ΔT 为试样与参比物间的温差（K）；C_r 为参比物的热容（J/K）；C_s 为试样的热容（J/K）；v 为升温速率（℃/min）；K 为比例常数，与仪器灵敏度有关；t 为时间（h）。

由式（3-2）知，基线漂移 $(\Delta T)_a$ 与参比物和试样的热容差 $C_r - C_s$ 成正比，$C_r - C_s$ 小，基线漂移 $(\Delta T)_a$ 也小，因此选用参比物时应使其热容尽可能与试样相近，或者采用稀释试样的方法。

由式（3-2）可知，$(\Delta T)_a$ 与 v 成正比，升温速率 v 大，基线漂移 $(\Delta T)_a$ 也大。因此，欲使基线稳定必须程序控温，以保证升温速率在整个试验过程中固定不变。

2）差热曲线上转变点的判定

根据国际热分析协会对大量试样测定的结果，认为曲线开始偏离基线点的切线与曲线最大斜率切线的交点最接近热力学的平衡温度，此交点即可以视为反应的起始温度点，如图 3-7 中的 B 点所示。用曲线开始偏离基线点的切线与曲线最大斜率切线的交点确定转变点的方法称为外推法。外推法既可确定反应起始点，也可确定反应终点。

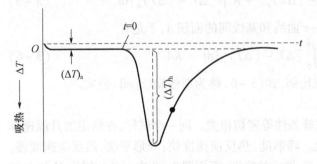

图 3-6　差热曲线的基线漂移

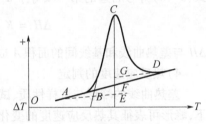

图 3-7　外推法确定差热
曲线上的转变点

如图 3-7 所示的差热曲线，B 点是用外推法确定的试样放热反应的起始点，又称为反应或转变的起始温度点，它表示在该点温度下反应过程开始被差热曲线测出；D 点是用外推法确定的试样放热反应的结束点，又称为反应或转变的结束温度点，它表示在该点温度下差热曲线测出反应过程结束；图中 C 点对应于差热电偶测出的最大温差变化，C 点温度称为峰值温度，该点既不表示反应的最大速率，也不表示放热过程的结束，峰值温度通常较易确定，常用峰值温度代表热峰的位置，但其值易受加热速率及其他因素的影响，较起始温度变化大。

如图 3-7 所示，放热过程形成的 BCD 峰在 C 和 D 点间的温度范围内完成，自 D 点后不再放出热量，曲线上出现新的基线 GD。由图可知，基线 AB 与 GD 的高度不同，是由于试样热容发生了变化，说明试样经过放热反应后，物质成分或结构发生了变化。

需要说明的是，图 3-7 是假想的形状简单的差热曲线，实际情况往往比较复杂，同时伴随着试验条件的变化，峰形和峰值温度也产生相应的变化，造成确定转变点的困难和对差热曲线解释的困难，因此，正确解释差热曲线，除最简单的体系外，必须与其他的方法相配合。

3）反应热效应计算

采用差热曲线可以计算反应热效应，首先确定反应的起点和终点，然后从起点到终点对差热曲线进行积分，即反应的热效应。

以熔化过程为例(图3-8),反应的总热量为 ΔH ,电炉的升温速率为 v ,试样熔化时的吸热速率为 $\mathrm{d}\Delta H/\mathrm{d}t$,则存在以下关系,即

$$C_s \frac{\mathrm{d}\Delta T}{\mathrm{d}t} = \frac{\mathrm{d}\Delta H}{\mathrm{d}t} - K[\Delta T - (\Delta T)_a] \tag{3-3}$$

随着炉温的升高, ΔT 增大,式(3-3)右侧第二项也变大。 ΔT 随时间而变化,故出现峰值(图3-8中 b 点)。当试样完全熔化后式(3-3)的右侧第一项消失,则逐渐减小回至基线。在图中的 b 点, $\dfrac{\mathrm{d}\Delta T}{\mathrm{d}t} = 0$,由式(3-4)得到

$$\Delta T_b - \Delta T_a = \frac{1}{K} \cdot \frac{\mathrm{d}\Delta H}{\mathrm{d}t} \tag{3-4}$$

式(3-4)表明, K 值越小,峰越大越尖锐,灵敏度越高。

将式(3-3)从试样的开始熔化点 a 到熔化终点 c 进行积分,可得到熔化热 ΔT ,即

$$\Delta H = C_s \big[(\Delta T)_c - (\Delta T)_a \big] + K \int_a^c \big[\Delta T - (\Delta T)_a \big] \mathrm{d}t \tag{3-5}$$

式(3-5)等号右边的第一项等于 $a \sim c$ 曲线和基线间的面积 A ,于是有

$$\Delta H = K \int_0^\infty \big[\Delta T - (\Delta T)_a \big] \mathrm{d}t = KA \tag{3-6}$$

ΔH 与差热曲线和基线间的面积 A 成比例,式(3-6)称为斯伯勒(Speil)公式。

4)热反应速度的判定

差热曲线的峰形与试样性质、试验条件等密切相关。同一个试样,在给定的升温速率下,峰形可表征其热反应速度的变化。峰形陡,热反应速度快;峰形平缓,热反应速度慢。由热反应的起点、终点及峰值温度点 T_p 构成的峰形,可用图3-9中划分的线段 M 与 N 的比值表示其斜率变化:

$$\frac{\tan\alpha}{\tan\beta} = \frac{M}{N} \tag{3-7}$$

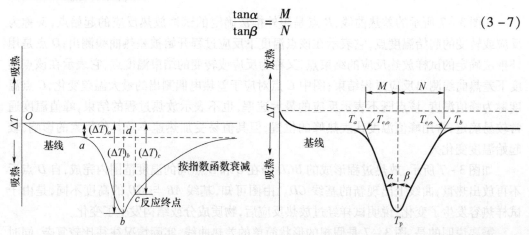

图3-8 差热分析反应热效应计算   图3-9 差热曲线形态与反应速率的关系

式(3-7)不仅反映出试样热反应速度的变化,而且具有定性意义。例如,在黏土矿物的差热分析中, $M/N = 0.78 \sim 2.39$ 时,属于高岭土; $M/N = 2.5 \sim 3.8$ 时,则是多水高岭土。

5. 差热曲线的影响因素

热分析的原理及操作比较简单,但由于影响测量结果的因素很多,因此要取得精确的

结果并不容易。主要外因有升温速率、形状、称量及装填等因素。

1)升温速率对差热分析试验结果的影响

升温速率对差热分析试验结果有十分明显的影响。

(1)升温速率影响基线漂移。由式(3-2)中可知,$(\Delta T)_a$ 与 v 成正比,升温速率 v 大,基线漂移 $(\Delta T)_a$ 也大。因此,欲使基线稳定必须程序控温,以保证升温速率在整个试验过程中固定不变。

(2)升温速率影响峰温和峰形。升温速率快,使反应的起始温度 T_i、峰温 T_p 和终止温度 T_f 增高,峰位向高温方向移动,且峰幅变窄,呈尖高状。这是由于升温速率快,使得反应未来得及进行,便进入更高的温度,反应在高温区进行,造成反应滞后。反应在高温区进行,反应速度更快,使得峰幅变窄,呈尖高状。图3-10所示为不同的升温速率测得的高岭石的差热曲线。升温速率为5℃/min时,峰值温度是853K,峰形宽而平;升温速率为20℃/min时,峰值温度是923K,峰形尖锐、狭长。

(3)对多阶段反应,慢速升温有利于阶段反应的相互分离,使差热分析曲线呈分离的多重峰。

(4)差热分析曲线的峰面积随升温速率的降低而略有减小的趋势,一般来讲相差不大,如高岭石在大约610℃的脱水吸热反应,当升温速率在5~20℃/min范围时,峰面积最大相差±3%。

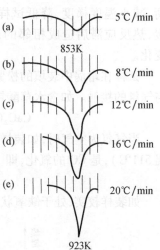

图3-10 升温速率对高岭石吸热峰的峰位及形态的影响

(5)升温速率影响试样内部的温度分布:厚度为1mm的低密度聚乙烯测定表明,当升温速率为2.5℃/min时,试样内外温差不大;而80℃/min时温差可达10℃以上。

升温速率的选择。升温速率的选择主要根据试样和仪器两个方面。在试样方面,根据试样的数量、热容和传热性质选择,试样量大、热容大、热导率小,升温速率宜小些;反之,试样量小、热容小、热导率大,升温速率可以大些。在仪器方面,根据加热炉、试样座及记录仪的灵敏度等性能选择升温速率,但对于一台确定的仪器这些性能也是确定的。

一般情况下升温速率为1~20℃/min,选择8~12℃/min为宜,但也要根据测试目的、要求和样品具体情况选择确定。

2)试样的形状、称量及装填

根据斯伯勒公式,$\Delta H = A_f$,f 为试样的形状因子,A 为差热曲线上反应峰的面积,可表示为

$$A = \frac{Gm\Delta H}{k} \tag{3-8}$$

式中:G 为校正因子;k 为热导率;m 为质量。

设试样为圆柱状,高为 h,热仪沿试样的径向传递,则

$$f = 4\pi Rh\lambda \tag{3-9}$$

式中:R 为圆柱半径。

当试样是半径为 R 的球时,热仅沿径向传递,则

$$f = 8\pi Rh\lambda \qquad (3-10)$$

式中:λ 为试样的热导率($W/(m \cdot K)$)。

所以说相同的试样,形状不同,反应峰的形态也不相同。

差热分析试验时,试样与参比物装填情况应尽可能相同;否则因热传导率的差,造成低温阶数的误差增大。少量的试样有利于气体产物的扩散和试样内温度的均衡,减小温度梯度,降低试样温度与环境线性升温的偏差。试样称量较多,热传导迟缓,热反应滞后造成相邻的反应峰重叠或难以识别,并出现反应峰形及反应温度的变化。

试样在坩埚中装填的松紧程度会影响热分解气体产物向周围介质空间的扩散和试样与气氛的接触。如含水草酸钙 $CaC_2O_4 \cdot H_2O$ 的第二步失去 CO 的反应,即

$$CaC_2O_4 \cdot H_2O \rightarrow CaCO_3 + CO + H_2O(气体) \qquad (3-11)$$

当气氛为空气时,如装样较疏松,有较充分的氧化气氛,则 DTA 曲线呈放射效应(峰温511℃),是 CO 的氧化,即

$$2CO + O_2 \rightarrow 2CO_2 \qquad (3-12)$$

如装样较实,处于缺氧状态,则呈现吸热,如图 3 – 11 所示。

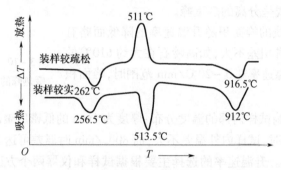

图 3 – 11　装样较疏松和较实时 $CaC_2O_4 \cdot H_2O$ 热分解的 DTA 曲线

(试样量 100mg;升温速率20℃/min)

1—装样较疏松;2—装样较实。

3)压力和气氛的影响

压力对热反应中体积变化很少的试样影响很小,对于体积变化明显的试样影响很大,图 3 – 12 所示为 $CaCO_3$ 在 CO_2 气氛中在不同压力下的热差曲线。

由图 3 – 12 可知,$CaCO_3$ 的分解温度受产物气相压的控制,随着 CO_2 压力的降低,试样的分解、分离、扩散速度等均加快,热反应的温度移向低温方向,而且峰变宽。对于形成气体产物的反应,如不将产物及时排出,或通过其他方式提高气氛中气体产物的分压,会使反应向高温移动。如水蒸气使含水硫酸钙 $CaSO_4 \cdot H_2O$ 失水反应受到抑制,与在空气中测定的结果相比,反应温度移向高温,呈双重峰及分步脱水过程,如图 3 – 13所示。

4)粒度的影响

粒度较粗,由于受热不均,故热峰温度偏高,温度范围较大。随着试样粒度的细化,失去结构水及相变产生的热峰均变小。

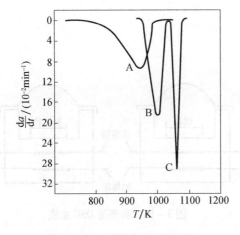

图 3 - 12 不同的 CO₂ 压力下
CaCO₃ 热差曲线
(A—0Pa；B—2666.44Pa；C—13332.2Pa)

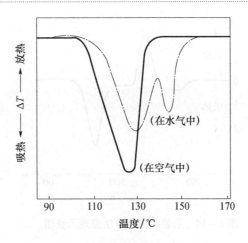

图 3 - 13 含水硫酸钙 CaSO₄ · H₂O
在空气、水气中的 DTA 曲线

3.2.2 示差扫描量热分析

差热分析在材料研究中具有广泛的应用,也为材料研究解决了许多问题,但是差热分析也存在以下两个缺陷:①试样产生热效应时,升温速率的线性关系被破坏,从而使校正系数 K 值变化,难以定量分析;②试样产生热效应时,由于试样与参比物、环境有较大的温差,三者之间发生热交换,降低了对热效应测量的灵敏度和精确度。针对这两个问题,研究人员在差热分析的基础上得到了示差扫描量热分析法,并取代了差热分析在材料研究中的作用和地位。

1. 示差扫描量热法基本原理

示差扫描量热分析是在程序控制温度下,保持试样和参比物的温差为零,测量输给试样和参比物的功率差与温度或时间关系的一种技术,记录称为示差扫描量热曲线。

示差扫描量热分析在试样和参比物容器下装有两组补偿电热丝,如图 3 - 14 所示,当试样在加热过程中由于热效应与参比物之间出现温差 ΔT 时,通过差热放大电路和差动热量补偿放大器,使通过补偿电热丝的电流发生变化:当试样吸热时,试样温度低于参比物温度,补偿放大器使试样一边的电流立即增大,功率增大,发出的热量增大,补偿试样吸收热量,保持试样与参比物之间温差为零;当试样放热时则使参比物一边的电流增大,功率增大,直到两边热量平衡,温差 ΔT 消失为止。换句话说,试样在热反应时发生的热量变化,由于及时输入电功率而得到补偿,所以实际记录的是试样和参比物下面两只电热丝补偿的热功率之差随时间 t 的变化关系。如果升温速率恒定,记录的也就是热功率之差随温度 T 的变化关系。

试样和参比物必须分别装填在加热器中,且应有单独的传感器(热电偶或热敏电阻),以电阻丝供热,控制升温速率,以使试样和参比物保持相同的温度(图 3 - 15)。由于热阻的存在,参比物与样品之间的温度差(ΔT)与热流差成一定的比例关系。样品热效应引起参比物与样品之间的热流不平衡,所以在一定的电压下输入电流之差与输入的能量成比例,得出试样与参比物的热容之差或反应热之差 ΔE。

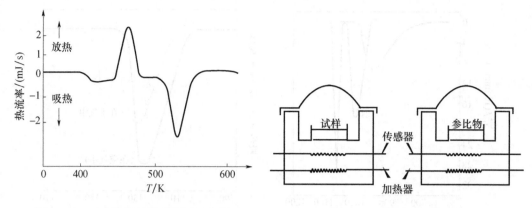

图 3-14　示差扫描量热法原理示意图　　　图 3-15　典型的 DSC 曲线

将 ΔT 对时间积分,可得到热焓 $\Delta H = K \int_0^t \Delta T \mathrm{d}t$（$K$ 为修正系数,也称为仪器常数）。纵坐标表示试样相对于参比物能量的吸收比例,该比例取决于 DSC 试样的热容。横坐标表示时间(t)或温度(T)。

DSC 与 DTA 工作原理有着明显的差别:DTA 只能测试 ΔT 信号,无法建立 ΔH 与 ΔT 之间的联系;DSC 测试 ΔT 信号,并可建立 ΔH 与 ΔT 之间的联系,有 $\Delta H = K \int_0^t \Delta T \mathrm{d}t$ 。

2. 示差扫描量热仪

1)功率补偿式示差扫描量热仪

图 3-16 所示为(功率补偿式)示差扫描量热仪(DSC)示意图。与差热分析仪比较,示差扫描仪有功率补偿放大器,而且样品池(坩埚)与参比物池(坩埚)下装有各自的热敏元件和补偿加热器(丝)。热分析过程中,当样品发生吸热(或放热)时,通过对样品(或参比物)的热量补偿作用(供给电能),维持样品与参比物温度相等($\Delta T = 0$℃)。补偿的能量(大小)即相当于样品吸收或放出的能量(大小)。

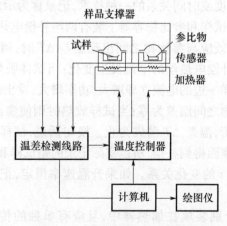

图 3-16　功率补偿 DSC 示意图

对于功率补偿式示差扫描量热法,有

$$\Delta H = K' \cdot \Delta W \tag{3-13}$$

式中:ΔH 为热熔变化量;ΔW 为(补偿电)功率的变化量;K' 为校正常数。

· 184 ·

典型的 DSC 曲线以热流率(dH/dt)为纵坐标、以时间(t)或温度(T)为横坐标,即 $dH/dt-t$(或 T)曲线,如图 3-17 所示。图中,曲线离开基线的位移即代表样品吸热或放热的速率(mJ/s),而曲线中峰或谷包围的面积即代表热量的变化,因而 DSC 法可以直接测量样品在发生物理或化学变化时的热效应。

考虑到样品发生热量变化(吸热或放热)时,除此种变化传导到温度传感装置(热电偶、热敏电阻等)以实现样品(或参比物)的热量补偿外,尚有一部分传导到温度传感装置以外的地方,因而 DSC 曲线上吸热峰或放热峰面积实际上仅代表样品传导到温度传感器装置的那部分热量变化。样品真实的热量变化与曲线峰面积的关系为

$$m \cdot \Delta H = K \cdot A \tag{3-14}$$

式中:m 为样品质量;ΔH 为单位质量样品的熔变;A 为与 ΔH 相应的曲线峰面积;K 为修正系数,也称为仪器常数。

由此可知,对于已知 ΔH 的样品测量与 ΔH 相应的 A,则可按此式求得仪器常数 K。

2)热流式示差扫描量热仪

热流式示差扫描量热仪示意图如图 3-18 所示,该仪器的特点是利用导热性能好的康铜盘把热量传输到样品和参比物,并使它们受热均匀。

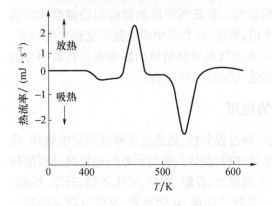

图 3-17　典型的 DSC 曲线

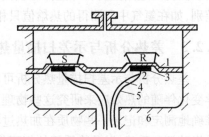

图 3-18　热流式示差扫描量热仪示意图

S—样品;R—参比物。

1—康铜盘;2—热电偶热点;3—镍铬板;

4—镍铝丝;5—镍铬丝;6—加热块。

样品和参比物的热流差是通过试样和参比物平台下的热电偶进行测量。样品温度由镍铬板下方的镍铬-镍铝热电偶直接测量,这样热流型 DSC 仍属于 DTA 测量原理;但它可以定量地测定热效应,主要是该仪器在等速升温的同时还可以自动改变差热放大器的放大倍数,以补偿仪器常数 K 值随温度升高所减少的峰面积。

3. 示差扫描量热曲线的判读和影响因素

1)DSC 曲线的判读

DSC 曲线的判读内容和方法与 DTA 相同,反应起始温度、结束温度还是用外推法。注意,DSC 曲线纵坐标的吸热、放热方向不是确定的,要看纵坐标上的标注。

2)影响 DSC 曲线的因素

(1)升温速率对 DSC 曲线的影响。

升温速率对 DSC 曲线的影响与 DTA 相同,不再赘述。

(2)样品用量、试样粒度、试样的几何形状和气氛性质的影响。

这些影响 DSC 曲线的因素和 DTA 基本相同,在 DSC 用于定量测量时,这些试验因素的影响更为重要。

① 样品用量的影响。样品用量是一个不可忽视的因素。通常样品用量不宜过多,过多会使试样内部传热慢、温度梯度大,导致峰形扩大和辨别力下降,但可以观察到细微的转变峰。当采用较少的样品时,用较高的扫描速度,可得到最大的分辨率,可得到最规则的峰形,可使样品和可控制的气氛更好地接触、更好地分解产物。

② 粒度的影响。粒度的影响比较复杂,通常大颗粒的热阻较大而导致测试试样的熔融温度和熔融热焓偏低,但是当结晶的试样研磨成细颗粒时,往往晶体结构扭曲和结晶度下降也可以导致类似的结果。对于带静电的粉状试样,由于粉末颗粒间的静电引力会引起粉末形成聚集体,这也会引起熔融热焓变大。

③ 试样几何形状的影响。在高聚物的研究中,发现试样几何形状的影响十分明显。对于高聚物,为了获得比较精确的峰温值,应该增大试样与试样盘的接触面积,减少试样的厚度并采用慢的升温速率。

④ 气氛性质的影响。在试验中,一般对所通气体的氧化、还原性和惰性比较注意。气氛对 DSC 定量的分析中峰温和热焓值影响很大。在氦气中所测得的起始温度和峰温都比较低,这是因为氦气热导性近乎空气的 5 倍;相反,在真空中相应温度变化要慢得多,所以测得的起始温度和峰温都比较高。同样,不同气氛对热焓值的影响也存在着明显的差别,如在氦气中所测得的热焓值只相当于其他气氛的 40% 左右。

3.2.3　差热分析与示差扫描量热分析的应用

差热分析与示差扫描量热分析可以说是一种过程分析,是通过各种过程发生物理、化学变化伴随的热效应来研究这些物理、化学变化过程,差热分析与示差扫描量热分析能较准确地测定和记录一些物质在加热过程中发生的脱水、分解、相变、氧化还原、升华、熔融、晶格破坏和重建,以及物质间的相互作用等一系列的物理、化学现象,并借以判定物质组成及反应机理。

差热分析与示差扫描量热分析往往和热重分析或其他热分析同时进行,称为综合热分析,可以获得更多的信息。

差热分析与示差扫描量热分析可以研究过程发生哪些物理、化学变化,有助于材料合成机理等方面的研究;研究过程发生物理、化学变化的起始、结束温度,有助于确定材料合成温度、材料合成过程升温等工艺制度;测定物理、化学变化过程的热效应;通过测定矿物的差热曲线或示差扫描量热曲线,与标准差热曲线或示差扫描量热曲线比较,进行物相分析。

以上所列差热分析与示差扫描量热分析在材料研究中只是概括了基本应用的几个方面,还有很多应用不能涵盖进去。差热分析与示差扫描量热分析已广泛用于地质、冶金、陶瓷、水泥、玻璃、耐火材料、石油、建材、高分子等各个领域的科学研究和工业生产中,我们还可以继续开拓差热分析与示差扫描量热分析在材料研究和生产中的应用。

1. 研究升降温过程发生的物理、化学变化

$Sr_3SiO_5:Eu^{2+}$ 荧光粉多使用 $SrCO_3$ 和 SiO_2 采用高温固相法合成。图 $3-19$ 是 $SrCO_3$ 和 SiO_2 的混合原料的 DSC/TG 曲线,图中实线是 TG 曲线,虚线是 DSC 曲线。注意,右侧纵坐标

功率最上端标注向下为放热。在 DSC 曲线上的 80 ~ 110min 范围内有向上吸热峰存在,由 TG 曲线可见,在相应温度范围有明显失重,分析认为在这个温度范围发生的是 SrCO₃分解反应。在 DSC 曲线上的 110 ~ 130min 范围的放热峰,应是 SrO 与 SiO₂反应生成 Sr₃SiO₅的放热所致。在 130 ~ 140min 范围有一吸热峰,说明在降温过程中 Sr₃SiO₅在此温度范围有一吸热反应,为了明确该吸热反应的实质,采用淬冷法结合 XRD 分析研究这一吸热反应。

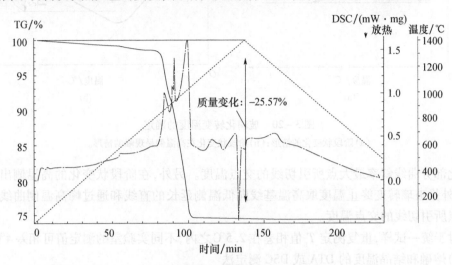

图 3 – 19　Sr₃SiO₅反应原料的 DSC/TG 曲线

2. 研究发生物理、化学变化的起始和结束温度

1)玻璃化转变温度 T_g 的 DTA 或 DSC 测定法

物质在玻璃化温度 T_g 前后发生比热容的变化,DTA(或 DSC)曲线通常呈现向吸热方向的转折,或称阶段状变化(偶呈较小的吸热峰),可依此按经验做法确定玻璃化转变温度。

由于玻璃化转变温度与试样的热历史和试验条件有关,测定时须按以下统一的规程实施:

(1)测定前试样在温度(23 ±2)℃、相对湿度(50 ±5)% 下放置 24h 以上(或按其他商定条件),进行状态调节。

(2)称试样。应注意到试样各部位的细微结构各异,而测定结果会有所不同时,试样应取自有代表性的部位。

(3)将经状态调节后的试样放入 DTA 或 DSC 装置的容器中,对于非晶态试样加热到至少高于玻璃化转变终止温度约30℃。对于结晶试样,则加热到至少比熔融峰终止温度高约30℃。

(4)记录 DTA 和 DSC 曲线。为防止试样氧化,测试过程中可通入氮气,其流速始终保持在 10 ~ 50mL/min 范围内不变。

(5)玻璃化转变温度的读取方法见图 3 – 20。

中点玻璃化转变温度 T_{mg}:在纵轴方向与前后基线延长线成等距的直线和玻璃化转变阶段变化部分曲线的交点温度。

外推玻璃转化起始温度 T_{ig}:低温侧基线向低温侧延长的直线和通过玻璃化转变阶段状变化部分曲线斜率最大点所引起切线的交点温度。

外推玻璃转变终止温度 T_{eg}:高温侧基线向低温侧延长的直线和通过玻璃化转变阶段

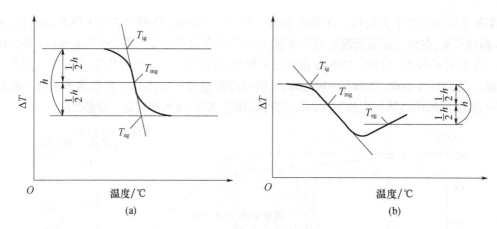

图 3 - 20　玻璃化转变温度的确定

(a)阶段状变化的情形；(b)阶段状变化在高温侧呈现峰的情形。

状变化部分曲线斜率最大点所引切线的交点温度。另外，在阶段状变化的高温侧出现峰时，则外推玻璃转变终止温度取高温基线向低温侧延长的直线和通过峰高温侧曲线斜率最大点所引切线的交点温度。

对于统一试样，重复测定 T_g 值相差在 2.5℃ 之内，不同实验室的测定值可相差 4℃。

2)熔融和结晶温度的 DTA 或 DSC 测定法

由试样 DTA 或 DSC 曲线的熔融吸热峰和结晶放热峰可确定各自的转变温度。为消除热历史的影响，并考虑到在升降温过程过热、过冷和在结晶等的作用，试验可按以下规程进行：

(1)测定前试样在温度(23 ± 2)℃、相对湿度(50 ± 5)% 下放置 24 h 以上(或按其他商定条件)，进行状态调节。

(2)称试样。试样应具有代表性。

(3)将经状态调节后的试样放入 DTA 或 DSC 装置的容器中，升温到此熔融峰终止时温度约 30℃。

(4)测定熔融和结晶温度。氮气流速始终保持在 10 ~ 50mL/min 范围内不变。

(5)熔融和结晶温度的读取方法(图 3 - 21 和图 3 - 22)。

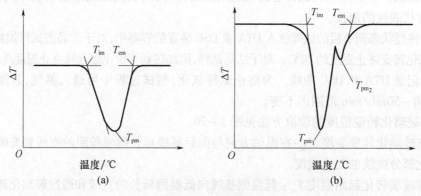

图 3 - 21　熔融温度求法

(a)呈单一峰；(b)存在两个以上重叠峰。

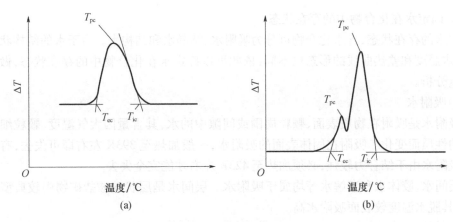

图 3 - 22　结晶温度求法

(a)呈单一峰;(b)存在两个以上重叠峰。

熔融温度的求法:熔融峰温 T_{pm} 取熔融峰顶温度;外推熔融起始温度 T_{im} 取低温侧基线向高温侧延长的直线和通过熔融峰低温侧曲线斜率最大点所引切线的交点的温度;外推熔融终止温度 T_{em} 取最高侧基线向低温侧延长的直线和通过熔融峰高温侧曲线斜率最大点所引切线的交点温度。呈现两个以上独立的熔融峰时,求出各自的 T_{pm}、T_{im} 和 T_{em}。另外,熔融缓慢发生,熔融峰低温侧的基线难以解决时,也可不求出 T_{im}。

结晶温度的求法:结晶峰温 T_{pc} 取结晶峰顶温度;外推结晶起始温度 T_{ic} 取高侧基线向低温侧延长的直线和通过结晶峰高温侧曲线斜率最大点所引切线的交点温度;外推结晶终止温度 T_{ec} 取低温侧基线向高温侧延长的直线和通过结晶峰低温侧曲线斜率最大点所引切线的交点的温度。呈现两个以上独立的结晶峰时,求出各自的 T_{pc}、T_{ic} 和 T_{ec}。另外,存在两个以上重叠峰时则求出 T_{ic} 及若干个 T_{pc} 和 T_{ec}。再有,结晶缓慢持续发生,结晶峰低温侧的基线难以决定时,也可不求出 T_{ec}。

3)转变点的测定

转变点的测定与熔点的测定,同样可应用于未知物质的鉴定、热量标定、温度校正及相图的解释等方面。

同质多晶转变是指加热或冷却过程中,成分相同的物质产生的多晶型转变,表 3 - 2 中列出可用差热分析方法进行温度校正和热量标定的几种物质的转变温度和转变热。

表 3 - 2　几种物质的转变温度及转变热

物质	转变温度/K	转变热/(J/kg)
KNO_3	401	0.05
石英	846	0.008 ~ 0.017
$BaCO_3$	1083	0.095
$KClO_4$	572.5	0.099
K_2SO_4	856	0.047
$SrCO_3$	1198	0.133
Ag_2SO_4	685	0.025
K_2CrO_4	938	0.053

3. 确定水在化合物中的存在状态

按水的存在状态，含水化合物可分为吸附水、结晶水和结构水。由于水的结构状态不同，失水温度和差热曲线的形态也不同，依此可以确定水在化合物中的存在状态，做定性和定量分析。

1）吸附水

吸附水是吸附在物质表面、颗粒周围或间隙中的水，其含量因大气湿度、颗粒细度和物质的性质而变化。吸附在固体表面的吸附水，一般加热至393K左右即可失去，有些物质的吸附水由于结合力较强，必须加热至423K左右才能完全失去。

层间水、胶体水和潮解水等均属于吸附水。层间水是层状硅酸盐矿物中较典型的吸附水，其脱水温度较表面吸附水高。

2）结构水

结构水又称为化合水，是矿物中结构最牢固的水，并以H^+、OH^-或H_3O^+等形式存在于矿物晶格中，其含量一定。加热过程中，随着结构水的溢出，矿物晶格发生改变或破坏。由于含结构水的各种矿物结构不同，其脱水温度和差热曲线的形态也不同。图3-23中示出部分含吸附水和结构水的层状硅酸盐矿物的差热曲线。

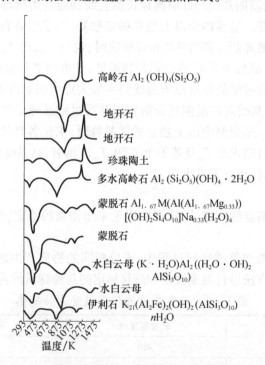

图3-23 黏土矿物的差热曲线

高岭石族的3种同质多型变体（高岭石、地开石、珍珠陶土）的差热曲线形态及脱水温度虽然有些不同，但总的情况比较接近。

多水高岭石与高岭石族矿物相比，除373 K左右失去层间吸附水外，结构水失去的温度（820~870 K）较高岭石族矿物低。

蒙脱石矿物于373~623 K之间失去层间吸附水，423 K左右吸热峰最大，而且是复峰,说明层间可交换的阳离子以 2 价(Ca^{2+}、Mg^{2+})为主。吸热峰的大小与层间吸附水的含量有关。吸热峰是单峰或复峰,则与层间可交换的阳离子价数有关。如果层间可交换的阳离子为 1 价(如 K^+、Na^+、…),吸热峰为单峰。蒙脱石结构水失去的温度为 873 ~ 923K,峰形平缓,结构水的失水是逐渐进行的。

3)结晶水

结晶水是矿物水化作用的结果,水以水分子的形式占据矿物晶格中的一定位置,其百分含量固定不变。结晶水在不同结构的矿物中结合强度不同,因此,失水温度也不同。例如,二水石膏($CaSO_4 \cdot 2H_2O$)随温度的升高有以下脱水规律,即

$$CaSo_4 \cdot 2H_2O \xrightarrow{413 \sim 423K} CaSO_4 \cdot \frac{1}{2}H_2O \xrightarrow{576 \sim 673K} CaSO_4 \cdot \varepsilon H_2O \xrightarrow{1466K} CaSO_4$$

$$(3-15)$$

二水石膏在 413 ~ 423K 时开始失去结晶水,变为半水石膏,产生一个毗连的双吸热峰,表明半水石膏存在 α 和 β 两种类型,其峰值温度分别为 417K 和 440K,β 型的半水石膏加热至 573 ~ 673K 产生一放热峰,峰值温度 633K,是因转变为六万晶系的石膏($CaSO_4 \cdot \varepsilon H_2O$)所致。加热至 1466K 形成无水的斜方晶系 α – $CaSO_4$,产生一个吸热峰(图 3 – 24)。

4. 结晶度的测定

结晶度对物质的模量、硬度、透气性、密度、熔点等物理性质有着显著的影响。结晶度可由下式求得,即

$$结晶度 = \frac{\Delta H_{试样}}{\Delta H_{标准样}} \times 100\% \qquad (3-16)$$

式中:$\Delta H_{试样}$ 为试样的熔化热(J/g);$\Delta H_{标准样}$ 为标准样相同化学结构 100% 结晶材料的熔融热(J/g)。

例如,对于完全结晶的聚乙烯的熔融热,可以具有相同化学结构的正 32 碳烷的数值来代替,或取平均值 290J/g,标准偏差为 5.2%。用 DSC 可以测得聚乙烯的熔融热,如图 3 – 25 所示,从室温到 180℃测得的 DSC 曲线,熔峰为 131.6℃。

$$结晶度 = \frac{\Delta H_{试样}}{\Delta H_{标准样}} \times 100\% = \frac{180J/g}{290J/g} \times 100\% = 62.1\%$$

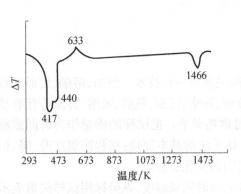

图 3 – 24　石膏 $CaSO_4 \cdot 2H_2O$ 差热曲线

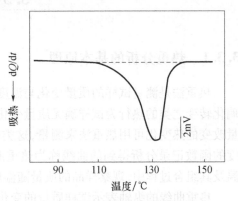

图 3 – 25　聚乙烯熔融的 DSC 曲线
（升温速率5℃/min,氮气气氛）

5. 测绘二元相图

利用 DSC 测绘合金等多元体系的相图是一种较为简便的方法,以二元为例说明此种方法的基本原理。图 3 - 26(a)是根据图 3 - 26(b)所示的 DSC 数据绘制的相图,为了明显显示这两个图的关系,调换了图 3 - 26(b)按照惯例的横、纵轴方向,以纵轴表示温度,自下向上增高。试样 4 的组成正处于共晶点处,从 DSC 曲线可以观察到共晶熔融的尖锐吸收峰;试样 2、3、5 的组成比介于纯试样 A、B 和共晶点之间,DSC 曲线呈现共晶熔融吸热峰之后,持续吸热,直到全部转为液相才恢复到基线。反过来,测定未知组成比的二元试样时,利用相图从吸热恢复到基线的温度也可以推知体系的组成比。

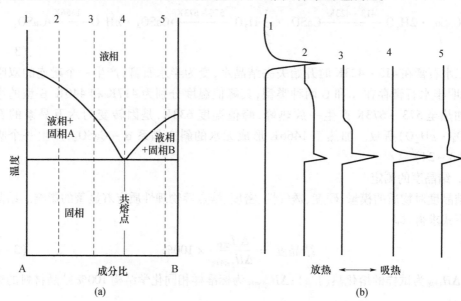

图 3 - 26 存在共晶点的二元相图及其 DSC 曲线

(a)相图;(b)DSC 曲线。

另外,差热分析在其他方面的应用还有定量分析、热能的测定等。

3.3 热重分析

3.3.1 热重分析的基本原理

热重法是测量试样的质量变化与温度或时间关系的一种技术。例如,熔融、结晶和玻璃化转变之类的热行为试样确无质量变化,而分解、升华、还原、热解、吸附、蒸发等伴有质量改变的热变化可用热重法来测量,这类仪器通称热天平。把试样的质量作为时间或温度的函数记录分析得到的曲线称为热重曲线。热重法的基本原理:在程序温度升、降、恒温及其组合过程中,观察样品的质量随温度或时间的变化过程。

热重曲线的纵轴表示试样质量的变化,横轴表示时间或温度,纵坐标用试样失重表示构成图 3 - 27 所示曲线,纵坐标以试样余重表示构成图 3 - 28 所示的曲线。

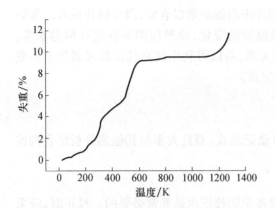

图 3 - 27　$Bi_{0.5}(Na_{0.7}K_{0.2}Li_{0.1})_{0.5}TiO_3$
陶瓷粉体的热重曲线

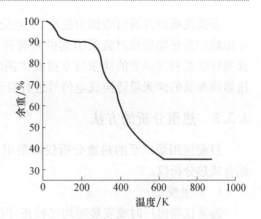

图 3 - 28　$PVE/Eu(NO_3)_3$
复合前驱纤维的热重曲线

3.3.2　热重分析仪

热重分析通常有两种方法,即静法和动法。静法是把试样在各给定的温度下加热至恒温,然后按质量温度变化作图。动法是在加热过程中连续升温和称重,按质量温度变化作图。静法的优点是精度较高,能记录微小的失重变化;缺点是操作繁复,时间较长。动法的优点是能自动记录,可与差热分析法紧密配合,有利于对比分析;缺点是对微小的质量变化灵敏度较低。

热重分析仪有热天平式和弹簧秤式两种,如图 3 - 29 所示。

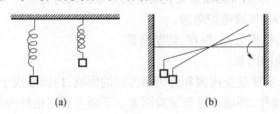

(a)　　　　　　　　　(b)

图 3 - 29　各种类型的微量天平
(a)弹簧;(b)扭丝。

1. 热天平式

目前的热重分析仪多采用热天平式。天平梁的支点使用刀口、针轴或扭丝。采用扭丝支点时,质量的变化表现为梁的倾斜,灵敏度较低。用变位法或零位法测量和记录试样质量的变化。变位法是使天平梁的倾斜与试样质量的变化成比例,以差动变压器等检测其倾斜度,进行自动记录。零位法采用差动变压器,光学方法及电触点等检测天平梁的倾斜,用螺旋管线圈作用于天平系统中的永久磁铁,致使倾斜的天平梁复位,由于施加给永久磁铁的力与试样的质量变化成比例,又与流过螺旋管线圈中电流成比例,因此测量和记录电流的变化量便可得到热重曲线。

2. 弹簧秤式

弹簧秤式的原理是胡克定律,即弹簧在弹性限度内其应力与应变呈线性关系。一般的弹簧材料弹性模量随温度变化,容易产生误差,所以采用随温度变化小的石英玻璃或退火的钨丝制作弹簧。

石英玻璃丝弹簧内摩擦力极小，一旦受到冲击而振动难以衰减，因此操作困难。为防止加热炉的热辐射和对流所引起的弹簧弹性模量的变化，弹簧周围装有循环恒温水等。弹簧秤法是利用弹簧的伸张与重量成比例的关系，所以可利用测高仪读数或者用差动变压器将弹簧的伸张量转换成电信号进行自动记录。

3.3.3　热重分析的方法

目前应用最广泛的热重分析仪多采用自动记录式，而且大多与其他热分析组合构成综合式热分析仪。

1. 参量校正

通常仪器出厂时或安装时均已校正，但设备定期校正也是非常必要的。校正时，应采用砝码校正记录仪（如弹簧的伸张、天平梁的倾斜、流过螺旋线圈的电流等）与试样质量变化的比例关系进行。

2. 试验程序

（1）将测试仪器打开，并进行预热，进行基本参数的设置。

（2）试样的预处理，称量及装填。

（3）试样应预先干燥、磨细，过 100～300 目筛。试样的称量是热重分析最基本的数据，应该精确，试样越少对精确称量的要求越高。准确称量后的试样装入坩埚中，其装填方式可参考差热分析试样的情况。

（4）选择升温速率应以保证基线平稳为原则。同时试样与某温度下的质量变化，在仪器灵敏度范围内，应以能得到质量变化明显的热重曲线为宜。

（5）启动电源开关，接通电炉电源。

（6）试验完毕后，数据处理、保存，切断电源。

3. 影响热重曲线的因素

热重曲线的形态主要是受内因和外因两方面的影响，内因取决于试样的本质特征，外因取决于仪器结构、操作、环境条件等试验因素。下面主要讨论外因的影响。

1）升温速率对热分析试验结果的影响

升温速率对热分析试验结果有十分明显的影响。

对于以 TG 曲线表示的试样的某种反应（热分解反应），提高升温速率通常是使反应的起始温度 T_i、峰温 T_p 和终止温度 T_f 增高。快速升温，使得反应尚未来得及进行，便进入更高的温度，造成反应滞后。例如，$FeCO_3$ 在氮气中升温失去 CO_2 的反应，当升温速率从 1℃/min 提高到 20℃/min 时，则 T_i 从 400℃ 升高到 480℃，T_f 从 500℃ 升高到 610℃。对多阶段反应，慢速升温有利于阶段反应的相互分离，TG 曲线本来快速升温时的转折，转而呈现平台。升温速率影响试样内部的温度分布。

2）浮力、对流和对流的变化对试验结果的影响

浮力的变化起因于升温时试样周围气体产生的膨胀，而导致质量变化，573K 时浮力约为常温下浮力的 1/2，1173K 时减少到 1/4。因此，测定结果为质量有些增加。当受热部位的试样盘和支撑杆的体积较大时，浮力的变化尤为显著。

3）对流对试验结果的影响

对流在热重试验中也是重要影响因素，而且难以消除。因为天平系统处于常温状态

下,而试样却处于高温下,两者之间由温差形成的对流必将影响到测试的精度。为此,采用热天平或者在试样与天平间装置冷却水等方法,来减少或消除对流对测试结果的影响,其效果则因试样与天平的相对位置不同而异。试样与天平的相对位置一般有 3 种,如图 3-30 所示,即水平式、悬挂式和直立式,其中以水平位置的较好。

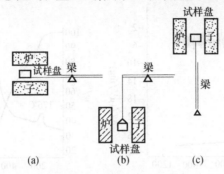

图 3-30　梁、试样盘、炉子的相对位置与对流的关系
(a)水平式;(b)悬挂式;(c)直立式。

因对流产生的浮力变化对测试结果也产生一定的影响。浮力减小及对流的影响,除因装置不同而异外,还随试样的体积而变化。

4)挥发物的再凝聚

加热过程中能分解及有挥发产物的试样,挥发物往往凝聚于试样盘支撑杆的低温部分,造成热重分析中的误差,可利用屏板来防止。

5)其他影响因素

影响热重曲线的因素还有试样盘的形状、试样量及气氛等。

气氛的影响不仅与气体的种类有关,而且与气体的存在状态(如静态、自然对流、流动中等)有关。试样加热过程中有挥发性产物时,这些产物必然要在内部扩散,而不能立即排除,所以经常会出现减重时间滞后的现象。此外,振动也能影响热重曲线形态,所以热重分析仪应安置在防震台上。

3.3.4　热重分析的应用

热重分析适用于加热或冷却过程中有质量变化的一切物质,配合差热分析法能对这些物质进行精确的鉴定。

热重曲线可以进行烧结温度的确定。利用磁性体的热重曲线可以进行测温校正,以及进行活化能的计算等。

1. 烧结温度范围的确定

图 3-31 所示为 $Hf(OH)_4$ 的 TG-DTA 曲线。从该图可见,TG 曲线从 40℃ 开始出现失重,失重主要发生在两个阶段。第一阶段为 40~181℃,由于吸附水的挥发而失重;第二阶段为 181~610℃,$Hf(OH)_4$ 发生分解反应,生成 HfO_2 有

$$Hf(OH)_4 \longrightarrow HfO_2 + 2H_2O \tag{3-17}$$

温度 610℃ 以后质量不再发生变化。

在 DTA 曲线上,存在两个明显的吸热峰。在 82℃ 左右的吸热峰对应的是吸附水的挥

发,在298℃左右的吸热峰对应的是Hf(OH)₄的分解脱水,所以,Hf(OH)₄的烧结温度应在298℃左右。

图3-32所示为Al(NO₃)₃·9H₂O、柠檬酸(A.R)和聚乙二醇(PEG1000)所形成的干凝胶的TG-DTA曲线。

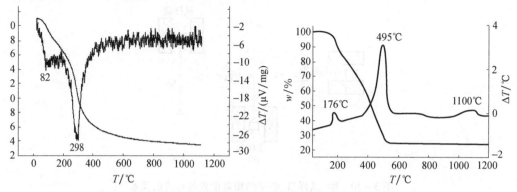

图3-31　Hf(OH)₄的TG-DTA曲线　　　　图3-32　干凝胶的TG-DTA曲线

从图3-30可以看出,在DTA曲线上对应于176℃有一放热峰,是干凝胶内未溶胶化的柠檬酸热分解所致,并伴随着14.74%的质量损失。495℃左右出现的剧烈放热峰是干凝胶中大量有机物燃烧和硝酸盐分解反应所引起的,并伴随着质量的急剧减少,质量损失约为60.64%。对于1000~1150℃的放热峰是γ-Al₂O₃向α-Al₂O₃转变所致。所以,若采用此干凝胶制备Al₂O₃超细粉体,烧结温度应在1100℃左右。

图3-33给出了前驱体NH₄MO(OH)HCO₃(M为Cr³⁺、Al³⁺)的TG-DTA曲线。

从图中可以看出,在DTA曲线上对应于58℃有一吸热峰,是前驱物内吸附水和乙醇蒸发所致,并伴随着35.68%的质量损失。187℃左右有一吸热峰,对应着NH₄MO(OH)HCO₃的分解反应(M=Al³⁺、Cr³⁺),此时TG曲线上伴随着13.28%的质量损失。886℃的放热峰是晶型转变的放热引起的。

2. 分步反应TG数据的定量

可对照理论失重量与试样的实测值推断预想的各步反应。含水草酸钙CaC₂O₄·H₂O是一个很典型的例子。如图3-34中三步失重量的测定值是12%、32%和62%,它们与以下的反应过程完全相符。

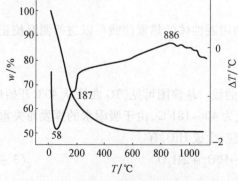

图3-33　NH₄MO(OH)HCO₃的
TG-DTA曲线

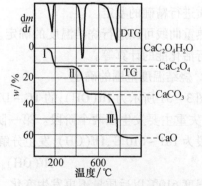

图3-34　CaC₂O₄·H₂O的
TG-DTA曲线(空气,升温速率3℃/min)

第一步：失水反应，即

$$CaC_2O_4 \cdot H_2O(固) = CaC_2O_4(固) + H_2O(气) \tag{3-18}$$

$$w_{失重量} = \frac{M_{H_2O}}{M_{CaC_2O_4 \cdot H_2O}} = \frac{18}{146} \times 100\% = 12.3\%$$

第二步：草酸钙分解，即

$$CaC_2O_4(固) = CaCO_3(固) + CO(气) \tag{3-19}$$

$$w = \frac{M_{CO}}{M_{CaC_2O_4 \cdot H_2O}} = \frac{28}{146} \times 100\% = 19.2\%$$

$$w_{总失重量} = 12.3\% + 19.2\% = 31.5\%$$

第三步：碳酸钙分解，即

$$CaCO_3(固) = CaO(固) + CO_2(气) \tag{3-20}$$

$$w = \frac{M_{CO_2}}{M_{CaC_2O_4 \cdot H_2O}} = \frac{44}{146} \times 100\% = 30.1\%$$

$$w_{总失重量} = 12.3\% + 19.2\% + 30.1\% = 61.6\%$$

通常，黏土矿物的定性、定量分析要结合热重、差热及示差扫描热曲线的综合结果进行判断，以免产生错误。

利用热重曲线还可以进行强磁性体居里点、活化能和反应级数等的测定。

3.4　其他热分析方法

除了以上介绍的热分析方法外，还有其他的热分析方法，这里进行简单介绍。

3.4.1　热膨胀法

由于理论研究和低温工程的需要，近半个世纪以来，热膨胀测量在高灵敏（$\Delta l/l$ 高达 10^{-12}）、高精度方面发展很快。工业上的膨胀测量则向自动化快速反应方向发展。测量膨胀所用的仪器称为膨胀仪。膨胀仪的主要任务：①测量试样温度变化时其长度的变化，作出伸长 Δl 与温度 T 的关系曲线；②测出试样在某一温度下随着时间的增长所发生的长度变化，作出伸长 Δl 与时间 t 的关系曲线。

1. 热膨胀法的基本原理

任何物质在一定的温度、压力下均具有一定的体积，温度变化时物质的体积也相应地变化。物质的体积或长度随温度升高而增大的现象称为热膨胀。测量物体的体积或长度随温度变化的方法称为热膨胀法。

物质的热膨胀是基于构成的质点间的平均距离随温度升高而增大。物质的此种性质与物质的结构、键型及键力大小、热容、熔点等密切相关。

以纵轴表示物质的长度变化，横轴表示温度记录，作图可得到物质的热膨胀曲线。测定物体某一方向的长度变化称为线膨胀。其用下式表示，即

$$l_t = l_0 + \Delta l = l_0(1 + \alpha \Delta t) \tag{3-21}$$

式中：l_0 为物体原来的长度（mm）；Δl 为温度升高 Δt 后长度的增量（mm）；α 为线胀系数；l_t 为物体在温度 t 时的长度（mm）。

测定一定形状固体的三维方向的尺寸变化称为体膨胀。其可用下式表示，即

$$V_t = V_0(l + \beta \Delta t) \tag{3-22}$$

式中：V_0 为物体原来的体积（mm^3）；V_t 为物体在温度 t 时的体积（mm^3）；β 为体胀系数。

如果物体为立方体，则

$$V_t = V_0(1 + 3\alpha \Delta t) \tag{3-23}$$

即 $\beta = 3\alpha_0$。对于各向异性的晶体，由于各晶轴方向的线胀系数不同，假如分别为 $2a$，$2b$、$2c$，则得出下式，即

$$V_t = V_0[1 + (2a + 2b + 2c)\Delta t] \tag{3-24}$$

即

$$\beta = 2a + 2b + 2c \tag{3-25}$$

线胀系数或体胀系数均不是一个恒定值，而是在给定温度范围内的一个平均值。

通常，热膨胀法均是以测定固体试样的某一方向长度的变化为主，即线膨胀测定居多。测定时如果将棒状试样与作为标注的石英棒并排放置，固定两者的一端，准确地测定自由端的位移差值，此种方法称为示差热膨胀法。

2. 热膨胀仪

热膨胀仪种类繁多，按其测量原理可以分为机械放大、光学放大和电磁放大 3 种类型。目前应用的热膨胀仪多是与其他热分析方法相结合的综合式热分析仪。

1）机械式膨胀仪

机械式膨胀仪用机械的方法放大并检测试样的膨胀量，包括简易机械式膨胀仪和机械杠杆式膨胀仪等。机械杠杆式膨胀仪通常由加热炉、试样热膨胀时位移的传递机构和位移的记录装置组成。在工业上为了精确测定材料的膨胀系数和临界点，需要对热膨胀引起的位移进行放大和记录。杠杆机构是较早采用的一种放大系统，这种系统一般将位移放大几百倍，且工作情况相当稳定，如图 3-35 所示。从图中可以看出，试样的膨胀量经过两次杠杆放大传递到记录用的笔尖上，由于安装在转筒上的记录笔以一定的速度移动，因而可以把膨胀量随时间的变化记录下来。与此同时，同一个温度控制与记录试样的升温情况。根据这两条曲线可得出膨胀曲线，即膨胀量与温度的关系曲线。

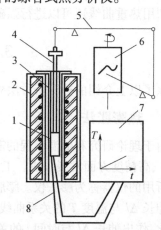

图 3-35 机械杠杆式膨胀仪示意图
1—试样；2—加热炉；3—石英套管；
4—石英顶杆；5—杠杆机构；6—转筒；
7—温度记录仪；8—热电偶。

为了提高材料膨胀系数测量的精确度，通常选用的试样不宜过短，且必须考虑石英膨胀系数对测量数据的影响，即

$$\overline{\alpha}_l = \frac{\Delta l}{u \Delta T} \cdot \frac{1}{l_1} + 0.54 \times 10^{-6} \, ℃^{-1} \tag{3-26}$$

式中：u 为杠杆的放大倍数；ΔT 为从 T_1 到 T_2 的温度区间；Δl 为 ΔT 温度区间的膨胀量；l_1 为温度 T_1 时的长度；$0.54 \times 10^{-6} \, ℃^{-1}$ 为石英的线胀系数。

2）光学膨胀仪

光学膨胀仪应用广泛而且精度高，它是利用光学杠杆放大试样的膨胀量，同时用标准

样品的伸长标出试样的温度,又通过照相的方法自动记录膨胀曲线。其一般为卧式。按光学杠杆机构安装方式可分为普通光学膨胀仪和示差光学膨胀仪,这里只介绍示差光学膨胀仪。

示差光学膨胀仪的测量部分是三脚架,其形状不是等腰三角形,而是一个具有 30°角和 60°角的直角三角形,如图 3 – 36 所示,三脚架内有一个凹面反射镜。30°角的顶点 B 为固定支点,标准试样 1 的石英杆顶在直角顶点 A 处,待测试样 2 的石英杆顶在 60°角的顶点 C 处。若标准试样长度不变,仅待测试样加热伸长时,三脚架以 AB 为轴转动,经镜 3 反射后,光点向上移动。若试样长度不变,仅标准试样加热伸长时,三脚架以 BC 为轴转动,则光点沿着与水平轴成 α 角的方向移动,如图 3 – 37 所示。OB 代表试样伸长,OA 代表标准试样的伸长。若试样和标准试样受热膨胀,则光点位置应在 C 点,此时,有

$$CC' = OA\sin\alpha - OB \qquad (3-27)$$

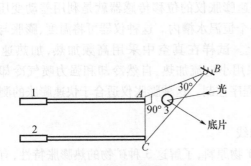 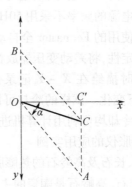

图 3 – 36 示差光学膨胀仪原理　　　　图 3 – 37 示差原理
1—标准试样;2—待测试样;3—镜。

显然,C 点在纵轴的投影即为标准样品伸长在纵轴上的投影与试样伸长之差,故称为示差。图中 OA 和 OB 是为了便于理解示差法的原理而画出的。实际测量时底片上只能照出 C 点的移动轨迹,即示差膨胀曲线。

示差光学膨胀仪还可以进行相变测试,而且灵敏度高于普通光学膨胀仪,但不能用于测试材料的膨胀系数。

标注试样用于指示待测试样的温度,在加热和冷却时,其位置应该靠近待测试样。由于采用标准样品膨胀量来表示待测试样温度,故对照相记录膨胀曲线十分方便。对标准试样有以下要求,即其膨胀系数不随温度而变化且较大、在使用温度范围内没有相变、不易氧化、与试样的热导率接近等。根据上述要求,在较低温度范围研究有色金属及合金时,常用纯铝和纯铜作为标准试样;研究钢铁材料时,由于加热温度比较高,常用镍铬合金(w_{Ni} 为 80%、w_{Cr} 为 20%)或皮洛斯合金(w_{Ni} 为 80%、w_{Cr} 为 16%、w_{W} 为 4%)作为标准试样。这种合金的特点是热稳定性好,在 0~1000℃不发生相变,其线胀系数可均匀地由 $12.27 \times 10^{-6}K^{-1}$ 增加到 $21.24 \times 10^{-6}K^{-1}$。

3)电测式膨胀仪

根据非电量的电测法,可以把试样的长度变化转换为相应的电信号,然后进行电信号的处理和记录。这类膨胀仪包括应变电阻式膨胀仪、电感式膨胀仪和电容式膨胀仪等。这里介绍电感式膨胀仪。

电感式膨胀仪是目前自动记录式膨胀仪中应用最多的一种,它的放大倍数可达 6000 倍。这种膨胀仪用差动变压器作传感器,故也称为差动变压器膨胀仪,如图 3 - 38 所示。当试样未加热时,铁芯处于平衡位置,差动变压器输出为零。试样受热膨胀时,通过石英杆使铁芯上升。差动变压器次级线圈中的上部线圈的电感增加,下部电感减小,于是反向串联的两个次级线圈中便有信号电压输出,这个信号电压与试样伸长呈线性关系,将此信号放大后输入 $X - Y$ 记录仪的一个坐标轴,

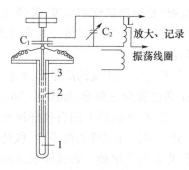

图 3 - 38　电容式膨胀仪测量原理
1—试样;2—石英管;3—石英杆。

温度信号输入另一个坐标轴,便可得到试样的膨胀曲线。为了防止工业电网的干扰,多数差动变压器电源的频率不采用 50Hz,而采用 200 ~ 400Hz。

近年来使用的 Formastor 全自动快速膨胀仪的位移传感器就是利用差动变压器。为保证测量稳定性,将差动变压器放在一个恒温水槽内。这种仪器可将温度、膨胀与时间的关系曲线同时描绘在 $X - Y$ 记录仪上。试样在真空中采用高频加热,加热速度可在 500℃/s 以下变化。试样的冷却可以采用小电流加热、自然冷却和强力喷气冷却 3 种方式。加热和冷却均可利用计算机进行程序控制。这种膨胀仪适合于快速膨胀的测量。

3. 热膨胀仪的应用实例

1)石英、长石及高岭石的热膨胀曲线

石英、长石、高岭石是陶瓷的主要矿物原料,了解这 3 种矿物的热膨胀特性,有助于陶瓷烧成曲线的确定,图 3 - 39 中为石英、长石、高岭石的热膨胀曲线。在同样的温度(723K)下,高岭石大约收缩 0.3%,石英和长石分别膨胀约 0.7% 和 3.5%。

2)非晶态合金热膨胀曲线

图 3 - 40 是 Fe - Co - Si - B 非晶态合金热膨胀曲线,其中曲线 1 为非晶态合金的松弛状态,曲线 2 为非晶态合金的淬火状态。在结晶前,淬火状态的样品其线膨胀比松弛状态的约低 8%。

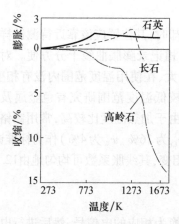

图 3 - 39　高岭石、石英、
长石的热膨胀曲线

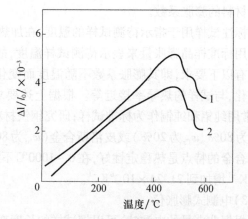

图 3 - 40　Fe - Co - Si - B 合金
热膨胀曲线
1—松弛状态;2—淬火状态。

3.4.2　热传导法

当固体材料一端温度比另一端高时,热量就会自动从热端传向冷端,这种现象称为热传导。不同的材料在导热性能上有很大的差别,因为有些材料是极为优良的绝热材料,而有些又是热的良导体。在热能工程、制冷技术、工业炉设计、工件加工和冷却、燃气轮机热片散热以及航天器返回大气层的隔热等一系列技术领域中,材料的导热性能都是一个重要的问题。

1. 热传导的基本原理

如图 3 – 41 所示,当固体材料两端存在温度差时,如果垂直于 x 轴方向的截面积为 ΔS,

沿 x 轴方向材料内的温度梯度为 $\dfrac{\mathrm{d}T}{\mathrm{d}x}$,在 Δt 时

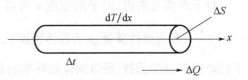

图 3 – 41　热传导模型

间内沿 x 轴正方向传过截面上的热量为 ΔQ,对于各向同性的物质存在以下关系,即

$$\Delta Q = - \lambda \frac{\mathrm{d}T}{\mathrm{d}x} \Delta S \Delta t \tag{3 – 28}$$

式中:λ 为热导率,指在一定温度梯度下单位时间内通过单位垂直面积上的热量(W/(m · K)或 J/(m · s · k));负号表示传递的热量 ΔQ 与温度梯度 $\dfrac{\mathrm{d}T}{\mathrm{d}x}$ 具有相反的符号,即 $\dfrac{\mathrm{d}T}{\mathrm{d}x} < 0$,$\Delta Q > 0$,热量沿 x 轴正向传递。

式(3 – 28)也称为傅里叶定律,它只适用于稳定传热的条件,即传热过程中材料在 x 方向上各处的温度是恒定的,与时间无关,$\Delta Q / \Delta t$ 是一个常数。

对于不稳定传热过程,即物体内各处的温度随时间而改变,这时物体内单位面积上温度随时间的变化率为

$$\frac{\partial T}{\partial t} = \frac{\lambda}{\rho C_{\mathrm{P}}} \cdot \frac{\partial^2 T}{\partial x^2} \tag{3 – 29}$$

式中:ρ 为密度;C_{P} 为恒压热容。

例如,一个与外界无热交换本身存在温度梯度的物体,随时间改变,温度梯度趋于零。这种情况下,热端温度不断下降,冷端温度不断升高,最终达到平衡温度。

1)声子和声子热导

温度不太高时,光频支的能量是很微弱的,因此在讨论热容时就忽略了它的影响。同样在导热过程中,温度不太高时,也主要考虑声频支格波的作用。

为了方便讨论,需要引入“声子”的概念。根据量子理论,一个谐振子的能量是不连续的,能量的变化不能任意取值,而只能取量子能量的整数倍。一个量子的能量为 $h\gamma$(h 为普朗克常数,γ 为振动频率),而晶格振动中的能量同样也应该是量子化的。声频支波可以看成一种弹性波,类似在固体中传播的声波,于是就把声频的“量子”称为“声子”,它所具有的能量仍然应该是 $h\gamma$。

当把声频支格波的传播看成声子的运动以后,就可把格波与物质的相互作用理解为声子和物质的碰撞,把格波在晶体中传播时遇到的散射看作声子同晶体中质点的碰撞,把理想晶体中热阻的来源看成声子同声子的碰撞,也正因为如此,可以用气体中热传导的概

念来处理声子热传导问题。因为气体热传导是气体分子(质点)碰撞的结果,晶体热传导是声子碰撞的结果,它们的热导率也就应该有相同形式的数学表达式。

根据气体分子运动理论,理想气体的导热公式为

$$\lambda = \frac{1}{3}C\bar{v}l \tag{3-30}$$

式中:C 为气体容积热容;$\bar{v}$ 为气体分子平均速度;l 为气体分子平均自由程。

将上述结果引用到晶体材料上去,式(3-30)中各参数就可以看成:C 为声子的热容;$\bar{v}$ 为声子的平均速度;l 为声子的平均自由程。

对于声频支来讲,声子的速度 v 可以看作仅与晶体的密度和弹性力学性质有关,即 $v = \sqrt{\dfrac{E}{\rho}}$ (E 为弹性模量,ρ 为晶体密度),而与角频率 ω 无关。热容 C 和自由程 l 都是声子振动频率 ω 的函数,所以固体热导率的普遍形式可写成

$$\lambda = \frac{1}{3}\int C(v)vl(v)\,\mathrm{d}v \tag{3-31}$$

关于热容 C 已经在前面讨论过了,以下对声子的平均自由程 l 加以说明。

如果把晶格热振动看成严格的线性振动,则晶格上各质点是按各自频率独立地做简谐振动,也就是说格波间没有相互作用,各种频率的声子间不相互干扰,没有声子与声子碰撞,没有能量转移,声子在晶格中畅通无阻,则晶体中的热阻也应为零。这样热量就以声子的速度(声波的速度)在晶体中得到传递,然而这种看法是与试验结果不符的。实际上,在很多晶体中热量传递速度是很迟缓的。这是因为晶格热振动并非是线性的,格波间有一定的耦合作用,声子间会产生碰撞,这样使声子的平均自由程 l 减小。格波间相互作用越大,也就是声子碰撞概率越大,相当的平均自由程越小,热导率也就越低。因此,这种声子间碰撞引起的散射是晶体中热阻的主要来源。

另外,晶体中的各种缺陷、杂质以及晶粒界面都会引起格波的散射,也等效于声子平均自由程的减小而降低热导率。

平均自由程还与声子振动频率有关,不同频率的格波波长不同,波长长的格波容易绕过缺陷使自由程加大,热导率也大。

平均自由程还与温度有关。温度升高,声子的振动能量加大,频率加快,碰撞增多,l 减小;但其减小有一定限度,在高温下最小的平均自由程等于几个晶格间距,在低温下最长的平均自由程长达晶粒的尺度。

2)光子热导

固体中除了声子热传导外,还有光子热传导。

固体中分子、原子和电子的振动、转动等运动状态的改变,会辐射出频率较高的电磁波。这类电磁波覆盖了一较宽的频谱,但是其中具有强烈热效应的是波长在 $0.4 \sim 40\mu\mathrm{m}$ 之间的可见光与部分红外光的区域。这部分辐射线称为热射线,热射线的传递过程称为热辐射。由于它们都在光谱范围内,所以在讨论它们的导热过程时可以看作光子的导热过程。

在温度不太高时,固体中电磁辐射能很微弱,因此光子的热导可以忽略。但在高温时它的效应就明显了,这时它们的辐射能量与温度的 4 次方成比例。

例如,在温度 T 时,黑体(黑体是在任何温度下,对任何波长的辐射能的吸收系数都等于 1 的物体,真正的黑体不存在,只是一种模型)单位容积的辐射能为

$$E_T = \frac{4\sigma n^3 T^4}{v} \qquad (3-32)$$

式中:σ 为斯忒藩-玻耳兹曼常数($5.67 \times 10^{-8}\,\text{W}/(\text{m}^2 \cdot \text{K}^4)$);$n$ 为折射率;v 为光速。

热辐射中容积热容 C_R 相当于提高辐射温度所需的能量,即

$$C_R = \left(\frac{\partial E}{\partial T}\right) = \frac{16\sigma n^3 T^3}{v} \qquad (3-33)$$

同时,辐射线在介质中的速度 $v_r = \dfrac{v}{n}$,将 C_R、v 代入导热公式 $\lambda = \dfrac{1}{3}Cvl$,有

$$\lambda_r = \frac{1}{3} \times \frac{16\sigma n^3 T^3}{v} \cdot \frac{v}{n} \cdot l_r \qquad (3-34)$$

$$\lambda_r = \frac{16}{3}\sigma n^2 T^3 l_r \qquad (3-35)$$

式中:l_r 为辐射线光子平均自由程。

介质中辐射传热过程可以定性地解释为:处于任何温度下的物体都既能辐射出一定频率范围的射线,也能吸收由外界而来的同样频率范围的射线。在热带稳定状态(平衡状态)时,介质中任一体积元平均辐射的能量与平均吸收的能量是相等的。而当介质中存在温度梯度时,在两相邻体积间温度高的体积元辐射的能量大,而吸收的能量小。温度低的体积元则相反,辐射的能量小,吸收的能量大。因此,产生了能量转移,以致整个介质中热量会从高温处向低温处传递。

热导率 λ,就是描述介质中这种辐射能的传递能力的,它在很大程度上取决于辐射能传播过程中光子的平均自由程 l_r。对于辐射线是透明的介质,热阻很小,l_r 较大;对于辐射线不透明的介质,热阻很小,l_r 就很小;对于辐射线完全不透明的介质,热阻很小,$l_r = 0$,在这种介质中辐射传热可以忽略不计。

一般单晶和玻璃对于热射线是比较透明的,因此在 800~1300K 内辐射传热已很明显。而大多数烧结陶瓷材料是半透明或透明度很差的。l_r 要比单晶、玻璃小得多。因此,对于一些耐火氧化物在 1800K 高温下,辐射传热才明显地起作用。

2. 热导率的测量与应用

1)热导率的测量

测量材料热导率的方法很多,对不同温度范围、不同热导率范围以及不同的要求精度常需要采用不同的测量方法,很难找到一种方法对各种材料和各个温区都适用,往往要根据材料热导率的范围、所需结果的精确度、要求的测量周期等因素确定试样的几何形状和测量方法。根据试样内温度场是否随时间改变,可将固体导热分为稳定导热和不稳定导热,因此,热导率的测量方法也可分为两大类,即稳态法和非稳态法。在稳定导热状态下测定试样热导率的方法称为稳态法,而在不稳定导热状态下测量的方法称为不稳态法。稳态法测量的是每单位面积上的热流速率和试样上的温度梯度,非稳态法则直接测量热扩散率,因此在试验中要测定热扰动传播一定距离所需的时间,得到材料的密度和比热容数据。

(1)稳态法。

在稳定导热状态下,试样上各点温度稳定不变,温度梯度和热流密度也都稳定不变,

根据所测得的温度梯度和热流密度，就可以按傅里叶定律计算材料的热导率。稳态法的关键在于控制和测量热流密度。通常的方法是建立一个稳定的、功率可测量的热源（常用电阻加热源），令所产生的热量全部进入试样，并以一定的热流图像通过试样。这样，就可以根据热功率确定热流密度，也可以方便地确定温度梯度。采取各种技术措施以形成理想的热流图像是这类方法的关键，测量的失败和误差往往源于热流图像的破坏。由于稳态法是在稳定条件下进行测量，直接测量（如温度等）较为精确；但达到稳定状态需要较长时间，效率较低。为了保证温度梯度测量的精确度，要求在有效距离内有较大的温差。

从理论上讲，把热源放在空心球试样的中心就没有热的损失。但是，把试样做成球很困难，球状中心热源也很难制作，且安装和测量都有一定难度。所以，通常把试样做成方柱、平板等形状比较简单的试样。为保证试样只在预定的方向上产生热流，需要在其他方向采取热防护，使旁向热流减至最小。

依照美国热物理性能研究中心（TPRC）的分类，热导率的稳态法测量可分为纵向热流法、径向热流法、直接通电加热法、福培斯（Fobes）法、热电法及热比较仪法等。

（2）非稳态法。

由于稳态法测量材料的热导率时防止热损失是一大难题，特别是在高温情况下，要满足稳态法所要求的一维热流条件是十分困难的。所以，为了避免热损失的影响，出现了非稳态测量法。非稳态法是根据试样温度场随时间变化的情况来测量材料热传导性能的方法。在非稳态法的试验中无须测量试样中的热流速率，只要测量试样上某些部位温度变化的速率即可。实际上这时所得到的是热扩散率，若需要热导率，则还应知道材料的比热容和密度。

非稳态法在不稳定导热状态下进行测量，试样上各点的温度处于变化之中，变化的速率取决于试样的热扩散率。试验时，令试样上的温度形成某种有规律的变化（单调的或者是周期的），通过测量温度随时间的变化以获得热扩散率值，在已知比热容和密度的条件下，可求得材料的热导率。非稳态法测量同样要求建立起某点变温速度与热扩散率的关系。但由于测量速度快，热损失的影响较小，较易于处理。非稳态法测量要求记录温度时间的变化，较稳态测量要复杂些。

由于非稳态法测量热扩散率所需的时间比较短，热损失的影响要比稳态法小得多，而且热损失系数往往可以通过试验消去。它的缺点是要有已知的比热容，但是与热导率相比，材料的比热容对杂质和结构不十分敏感，而且在德拜温度以上温度对比热容影响不大，测量比热容的方法相对比较成熟，已有的数据也齐全可靠。因此，非稳态法日益为人们所重视，有广阔应用前景。

依照试样提供热流的方式，非稳态法可以分为周期热流法和瞬态热流法两大类。热流的方式可以有纵向和径向。瞬态热流法中可以采用线热源或移动热源，有许多具体的测量方法可供选择。

2）热导率的应用

热导率是工程上选择保温或热交换材料时依据的参数之一，是热处理零件计算保温时间的一个重要参数，也是正确生产和选用金属材料的一个重要物理参数。特别是随着低温技术、原子能、航空、宇航工业的发展，测量乃至预测材料的热导率 λ 和热扩散率 a 值的重要性就更为突出。这些场合有时要求材料具有极高、极低或限定的 λ、a 值，材料的这些值常成为该领域的技术关键。下面以碳钢和合金钢的热导率对其加热产生热应力的影响为例进行说明。

钢件在淬火过程中外部温度低,内部温度高,出现温度梯度。若其热扩散率 a 大,则温度梯度小,内外温度比较均匀;反之,内外温差大,容易产生热应力,甚至在应力集中处发生开裂。取钢材中相距单位长度的两点 a 和 b,若 a、b 处温度不同,在其等质量的体积元件中:体积 $V_a \neq V_b$,长度 $L_a \neq L_b$,其差 $|L_a - L_b|$ 将正比于 $\dfrac{\overline{\alpha_1}}{a}$,于是在 a、b 间将产生热应力:

$$\sigma \propto E \, \overline{\alpha_1} a^{-1} \qquad\qquad (3-36)$$

式中:E 为弹性模量;$\overline{\alpha_1}$ 为平均线胀系数;a 为热扩散率。

由热扩散率的公式 $a = \dfrac{\lambda}{\rho C_P}$ 可得

$$\sigma \propto E \, \overline{\alpha_1} \rho C_P \lambda^{-1} \qquad\qquad (3-37)$$

式中:ρ 为密度;C_P 为热容。

当几种金属材料的 E、ρ、C_P 相差不大时,则 $\sigma \propto \overline{\alpha_1} \lambda^{-1}$,即 $\overline{\alpha_1}$ 及 λ 是影响热应力大小差异的主要因素。在金属材料中,碳钢的 λ 约为 66.9888 W/(m·K);18-8 不锈钢的 λ 为 12.5604W/(m·K),Fe-Ni33 合金的 λ 为 17.5846W/(m·K)。合金钢的 λ 只是碳钢的 λ 的 26%,在相近条件下加热和冷却时,合金钢的热应力 σ 要比碳钢高 2~3 倍。因此,在生产和使用合金钢时,必须考虑 λ、$\overline{\alpha_1}$ C_P,尤其是 λ 的影响。

热分析除了以上介绍的方法外,还有热-力法、动态-力法、热释电流法等,在这里不做一一介绍。

参考文献

[1] 杨南如. 无机非金属材料测试方法[M]. 武汉:武汉工业大学出版社,2001.

[2] 左演声,陈文哲,梁伟. 材料现代分析方法[M]. 北京:北京工业大学出版社,2006.

[3] 刘振海,富山立子. 分析化学手册(第八分册:热分析)[M]. 北京:化学工业出版社,1999.

[4] 陈泓,李传儒. 热分析及其应用[M]. 北京:科学出版社,1985.

[5] 宋鸿恩. 热天平[M]. 北京:中国计量出版社,1985.

[6] 辽宁省地质局中心实验室. 矿物差热分析[M]. 北京:地质出版社,1975.

[7] 徐叙瑢,苏勉曾. 发光学与发光材料[M]. 北京:化学工业出版社,2004.

[8] 陈翡瑕. 材料物理性能[D]. 大连:大连理工大学,2005.

[9] 张希艳,卢利平,刘全生,等. 稀土发光材料[M]. 北京:国防工业出版社,2004.

[10] 张希艳. 稀土长余辉发光材料及其应用[M]. 长春:吉林科技出版社,2005.

[11] 张希艳,刘全生,卢利平. 无机材料性能[M]. 北京:兵器工业出版社,2007.

[12] 米晓云,张希艳,卢利平,等. 溶胶-凝胶燃烧法合成 $Cr^{3+}:Al_2O_3$ 纳米粉体[J]. 硅酸盐学报,2009,37(2):243-246.

[13] 米晓云,张希艳,卢歆,等. 共沉淀法合成 $Cr^{3+}:Al_2O_3$ 纳米粉体及其发光性能研究[J]. 无机化学学报,2007,23(10):1819-1823.

第 ❹ 章

振动光谱分析

当光波和物质相互作用时,会引起物质分子或原子基团的共振,从而产生对光的吸收。记录透射光的辐射强度与波长的关系曲线,就可得到振动光谱(吸收光谱)。如果入射光波长在红外光范围,即 $0.75 \sim 1000\mu m$,称为红外吸收光谱。红外光谱是直接观察样品分子对辐射能量的吸收情况。而拉曼光谱是分子对单色光的散射引起的拉曼效应产生的,通过它可间接观察分子的振动跃迁。这两种方法在产生光谱的机理上是有差别的。

19 世纪初,人们通过试验证实了红外光的存在。20 世纪初,人们进一步系统地了解不同官能团具有不同红外吸收频率这一事实。当物质受到频率连续变化的红外光照射时,分子吸收了某些频率的辐射,并由其振动或转动引起偶极矩的净变化,产生分子振动和转动能级从基态到激发态的跃迁,得到分子振动能级和转动能级变化产生的振动 – 转动光谱,又称红外光谱(infrared spectroscopy,IR),红外光谱属于分子吸收光谱的范畴。从 20 世纪 40 年代开始,红外光谱仪商品就已经投入应用。随着计算机科学的进步,1970 年以后出现了傅里叶变换型红外光谱仪。全反射红外、显微红外、光声光谱以及色谱 – 红外联用等红外测定技术的不断发展和完善,使红外光谱法得到了广泛应用。

红外光谱作为"分子的指纹",广泛应用于分子结构和物质化学组成的分析研究。根据分子对红外光吸收后得到谱带频率的位置、强度、形状,以及吸收谱带和温度、聚集状态等的关系,便可确定分子的空间构型,计算出化学键的力常数、键长和键角。从光谱分析的角度看,主要是利用特征吸收谱带的频率推断分子中存在某一基团或键,根据特征吸收谱带频率的变化推测邻近的基团或键,进而确定分子的化学结构,也可以根据特征吸收谱带强度的改变对混合物及化合物进行定量分析。

▨ 4.1 红外吸收的基本原理

4.1.1 光与物质分子的相互作用

光不仅具有波动性质,而且具有粒子性,光的这种双重性质称为光的波粒二象性。光的传播过程中波长、频率和光速之间的关系:

$$c = \lambda \nu$$

式中:c 为光速,即 $3 \times 10^5 km/s$;λ 为波长(m);ν 为频率(Hz 或 s^{-1})。

按普朗克公式表示为

$$E = h\nu \tag{4-1}$$

式中:E 为光量子的能量;h 为普朗克常数,$h = 6.33 \times 10^{-34} J \cdot s$。

也可以写为

$$E = h\left(\frac{c}{\lambda}\right) \quad 或 \quad E = hc\tilde{\nu} \tag{4-2}$$

式中:$\tilde{\nu}$ 称为波数,$\tilde{\nu} = \frac{1}{\lambda}$ 这是红外光谱中习惯采用的表示方法。红外光谱中常使用波数来表示吸收谱带的位置,其符号 $\tilde{\nu}$ 代表每厘米距离中包括的电磁波的数目。

当波长 λ 用 μm 表示时,波数和波长之间有

$$\tilde{\nu} = \frac{10^4}{\lambda} \quad cm^{-1} \tag{4-3}$$

即 $\tilde{\nu}$ 的量纲用 cm^{-1} 表示。例如,中红外区的波长为 2.5 ~ 25μm,则其波数是 $4000 \sim 400 cm^{-1}$。

采用波数表示红外光谱吸收谱带位置的优点是辐射能量随波数的增加呈线性增长,吸收谱带形状的数学描述比较简单,谱带轮廓对称规整,也有利于和同样使用波数的拉曼光谱进行对照。对于吸收谱带沿横坐标排列不均衡的弱点,可用对总波数区域进行分段的方法来弥补。

表征红外光的波长、波数、频率及能量取值的范围如表 4-1 所列。

表 4-1 红外光的波长、波数、频率及能量取值范围

红外光	取值范围
波长	0.75 ~ 1000 μm
波数	13334 ~ 10 cm^{-1}
频率	$3.8 \times 10^{14} \sim 3 \times 10^{11} Hz$
能量	$1.489 \times 10^{-12} \sim 1.986 \times 10^{-15} erg$ $0.924 \sim 1.239 \times 10^{-3} eV$

注:$1 erg = 10^{-7} J$。

分子的运动可分为移动、转动、振动和分子内的电子运动,而每种运动状态又都属于一定的能级。分子光谱是由分子中的能级跃迁而产生的辐射或吸收,分子的总能量可以表示为

$$E = E_0 + E_t + E_r + E_v + E_e \tag{4-4}$$

式中:E_0 为分子内在的能量,不随分子运动而改变;E_t 为分子的动能,它只是温度的函数,不会产生光谱;和产生光谱有关的能量变化主要为 E_r、E_v、E_e,分别表示分子的转动、振动和电子能量。每一种能量都是量子化的,能级的间隔均不同。每种能量都有一定的基态能级,同时还有一列或多列激发能级,分别称为基态和激发态。

图 4-1 所示为分子能级示意图。由图 4-1 可见,电子能级的间隔最大,它从分子的基态至电子激发态的能量间隔一般为 1 ~ 20eV。电子能级跃迁所吸收的辐射能位于电磁波的可见区和紫外区,由于是价电子能级跃迁产生的光谱,所以称为电子光谱。

振动能级的间隔为 0.05 ~ 1.0eV,能级跃迁所吸收的辐射能位于电磁波谱的中红外区,因为是振动能级跃迁产生的光谱,所以红外光谱又称为振动光谱。转动能级间隔最小,能级间的能量差一般为 0.001 ~ 0.05eV,转动能级所吸收的辐射能一般在电磁波谱的

远红外区和微波区，产生的光谱称为转动光谱。

由于电子能级跃迁所需能量较振动和转动能级跃迁所需能量大，当发生电子能级跃迁时也伴随振动－转动能级的改变，因而实践测得的电子光谱也包括分子的振动－转动光谱；分子转动的能级较小，一般出现在远红外或微波波长范围，由于红外光的能量包括远红外和微波，也会引起分子转动能量变化，所以通常所说的分子的红外光谱实质是分子的振动－转动光谱是由分子的振动－转动能级跃迁引起的。

4.1.2　双原子分子的红外吸收

从经典力学理论出发，可以采用谐振子模型（图4－2）来研究双原子分子的振动，即化学键相当于无质量的弹簧，它连接两个刚性小球（分别表示两个原子），假设它们以较小的振幅在其平衡位置做振动运动，可以近似地看成谐振子。

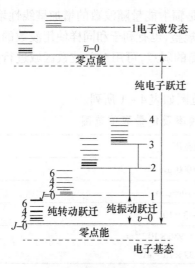

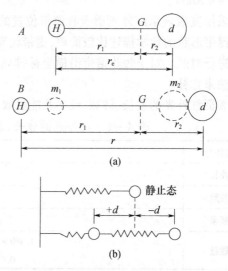

图4－1　分子能级示意图　　　　图4－2　双原子分子振动模型

(a)平衡状态；(b)伸展状态。

假设两原子的质量各为 m_1 和 m_2，分子吸收红外光时，原子在其连接线上相对地沿平衡核间距 r_e 产生周期性的微小振动。两原子至质量中心 G 的距离分别为 r_1 和 r_2。当振动的某一瞬间，两原子至质量中心 G 的距离移至 r_1' 和 r_2'，由于只讨论重心不变的振动，所以具有以下的关系，即

$$\begin{cases} r = r_1' + r_2' \\ m_1 r_1' = m_2 r_2' \end{cases} \tag{4-5}$$

则

$$\begin{cases} r_1' = \dfrac{m_2 r}{m_1 + m_2} \\ r_2' = \dfrac{m_1 r}{m_1 + m_2} \end{cases} \tag{4-6}$$

而体系的动能为

$$E_k = \frac{1}{2} m_1 (r_1')^2 + \frac{1}{2} m_2 (r_2')^2 = \frac{1}{2} \mu r^2 \qquad (4-7)$$

式中：μ 为折合质量，其值由下式定义，即

$$\mu = \frac{m_1 m_2}{m_1 + m_2} \qquad (4-8)$$

又设当两原子振动时的位移 $R = r - r_e$，那么分子振动时的势能用简谐振动近似地表示为

$$E_p (R) = \frac{1}{2} k R^2 = \frac{1}{2} k (r - r_e)^2 \qquad (4-9)$$

式中：k 为两原子间化学键的弹力常数。

从量子力学角度考虑，当分子吸收红外光引起分子振动与转动，其能级间的跃迁要满足一定的量子化选律。若把 $E_p (R)$ 代入薛定谔方程，就可以得到分子振动的总能量为

$$E_v = (v + \frac{1}{2}) h \nu \qquad (4-10)$$

式中：v 为振动量子数，$v = 0, 1, 2, 3, \cdots$；ν 为振动频率。

如图 4-3 所示，在势能(位能)曲线上的原子间的距离和位能均可取连续变化的值，但由于分子的振动能量是量子化的，即能量只可取某些特定的分立值。在图 4-3 中，平行于横坐标的横线表示分子可能取的振动能态，而根据振动量子数($v = 0, 1, 2, \cdots$)可以区别各自的振动能级。

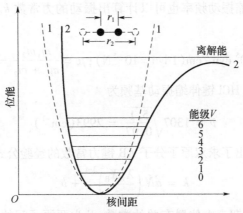

实线—实际位能；虚线—谐振子位能。

图 4-3　双原子分子位能曲线

如果双原子分子间的振动是简谐振动，则势能曲线为图 4-3 中虚线所示的抛物线。但实际分子中原子的振动只有在振幅非常小时才可以大致认为是简谐振动，振幅较大时原子间的振动已不是简谐振动，势能曲线如图 4-3 中实线所示的抛物线。当原子间距增加到某一程度时，原子核间引力趋于零，最终使两原子完全离开，原子之间完全失去回复力，分子发生了离解。再增加距离时势能也不变化，能量曲线显示一条水平线。从这个位置到 $v = 0$ 的能量高度就是分子的离解能。

从式(4-10)可知，当 $v = 0$ 时，体系能量 E_v 不等于零，此时的能量称为零点能。$v = 0$ 时为基态($E_0 = \frac{1}{2} h \nu$)，$v \neq 0$ 时为激发态。室温下绝大多数分子处于基态，受到光照

时可以吸收光的能量从基态跃迁到激发态,但振动能级跃迁应遵守选择规则,对于谐振子体系只有两个相邻能级间的跃迁才是允许的,其振动量子数的变化应为 $\Delta v = \pm 1$。

根据胡克定律,谐振子的振动频率 v 是弹簧力常数 k 及小球质量 m 的函数,并有关系式 $v = \dfrac{1}{2\pi}\sqrt{\dfrac{k}{m}}$,将该关系式应用于双原子分子时可写成 $v = \dfrac{1}{2\pi}\sqrt{\dfrac{k}{\mu}}$,或用波数表示为

$$\tilde{\nu} = \frac{1}{2\pi c}\sqrt{\frac{k}{\mu}} \tag{4-11}$$

化学键的力常数是指两个原子由平衡位置伸长 0.1nm 后的回复力。

如果键力常数 k 以 N/cm 为单位,折合质量 μ 以原子质量单位为单位,则式(4-11)也可写为

$$\tilde{\nu} = 1307\sqrt{\frac{k}{\mu}} \tag{4-12}$$

折合质量 μ 为

$$\mu = \left(\frac{m_1 m_2}{m_1 + m_2}\right)\frac{1}{N_0} \tag{4-13}$$

式中: N_0 为阿伏加德罗常数, $N_0 = 6.022 \times 10^{23}\ \mathrm{mol}^{-1}$ 。

如果知道了化学键的力常数 k 就可以求出双原子分子的伸缩振动频率,即吸收谱带的位置 $\tilde{\nu}(\mathrm{cm}^{-1})$;由伸缩振动频率也可以计算出振动的力常数 k 。下面以 HCl 分子为例进行说明。

已知 $k_{\mathrm{HCl}} = 5.1 \times 10^5\ \mathrm{dyn/cm}(1\mathrm{dyn} = 10^{-5}\mathrm{N})$; $\mu = \dfrac{m_1 m_2}{m_1 + m_2} = \dfrac{35.1 \times 1.0}{35.1 + 1.0} = 0.97$,代入式(4-12)中,计算出 HCl 键伸缩振动基频为

$$\tilde{\nu} = 1307\sqrt{\frac{5.1}{0.97}} = 2993(\mathrm{cm}^{-1})$$

Badger 和 Gardy 提出了求双原子分子 AB 键力常数的经验公式:

$$k = aN\left(\frac{X_A X_B}{r_0^2}\right)^{3/4} + b \tag{4-14}$$

式中: a、b 为与原子在周期表中位置有关的常数; N 为两原子间的价键数; r_0 为核间距离; X_A 和 X_B 分别代表两原子的电负性。

试验测得 HCl 分子的伸缩振动频率是 2885cm^{-1},与经典力学的计算结果较为接近。这表明将双原子分子看成谐振子用经典力学的方法处理能够说明振动光谱的主要特征。

式(4-12)的另一个主要用途是测定同位素质量。因为振动和转动与分子质量有关,分子中的原子被其他同位素取代后几乎不影响原子间的距离和化学键的力常数,这样就可以通过两个同位素的振动频率与分子折合质量的关系求出同位素的质量,即

$$\frac{\tilde{\nu}_1}{\tilde{\nu}_2} = \sqrt{\frac{M_2}{M_1}} \tag{4-15}$$

表 4 - 2 所列为一些键的伸缩振动力常数。

表 4 - 2　一些键的伸缩振动力常数

键	分子	$k / (\mathrm{N/cm})$	$\tilde{\nu} / \mathrm{cm}^{-1}$
H—F	HF	8.8 ~ 9.7	3958
H—Cl	HCl	4.5 ~ 5.1	2885
H—Br	HBr	3.8 ~ 4.1	2559
H—O	H_2O(结构)	7.8	3640
H—O	H_2O(结晶)	7.12	3200 ~ 3250
H—N	NH_3	6.5	
H—C—X（H，H）	CH_3X	4.7 ~ 5.0	
H—C	$CH_2{=}CH_2$	5.1	
H—C	$CH{\equiv}CH$	5.9	
C—C		4.5 ~ 5.6	1195
C=C		9.5 ~ 9.9	1685
C≡C		15 ~ 17	2070

4.1.3　多原子分子的红外吸收

1. 振动自由度

由 N 个原子构成的复杂分子内的原子振动有多种形式,通常称为多原子分子的简正振动。多原子分子简正振动的数目称为振动自由度,每个振动自由度对应于红外光谱图上一个基频吸收带。在笛卡儿坐标系中,每个质点都可以在 x、y、z 这 3 个方向上运动,所以 N 个质点运动的自由度为 $3N$ 个,去掉整个分子平动的 3 个自由度和整个分子转动的 3 个自由度,则分子内原子振动自由度为 $3N-6$ 个,但对于直线型分子,若贯穿所有原子的轴是在 x 方向,则整个分子只能绕 y、z 轴转动。因此,直线型分子的振动形式为 $3N-5$ 个。由 N 个原子构成的非线性分子有 $N-1$ 个化学键,所以伸缩振动(键长变化)有 $N-1$ 种,剩余的 $2N-5$ 种称为变形振动(键角变化),线性分子的伸缩振动和变形振动的个数分别为 $N-1$ 和 $2N-4$ 种。

图 4 -4 所示为 CO_2 分子的基本振动形式,它有 $3N-5$ 个振动自由度。ν_1 为对称伸缩振动,ν_2 为不(反)对称伸缩振动,ν_3 为面内变形(弯曲或变角)振动,ν_4 为面外变形(弯曲或变角)振动。ν_3 和 ν_4 的振动模式是等效的,所以基频振动的频率相等,因此它们在红外光谱图上对应同一吸收谱带($667\mathrm{cm}^{-1}$),使得红外光谱中真正的基频吸收数目小于基本振动形式的数目,这种现象称为振动的简并。凡两个振动形式相同的称为二重简并,分子的对称性越高,简并度就越大,如 SO_4^{2-} 和 SiO_4^{4-}。除二重简并外,还有三重

简并。图 4-5 是 SiO_4^{4-} 的振动形式,理论上应有 $15-6=9$ 个振动,但是它有一个二重简并、两个三重简并和一个独立振动。需要指出,这种简并也会因为分子所处的环境不同而发生能级分裂,所以有时也可以依据简并谱带的分裂判断分子结构或原子所处环境的变化。

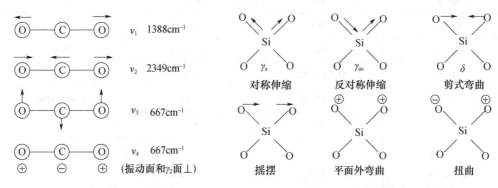

图 4-4 CO_2 分子的简正振动

⊕表示从纸面向外运动;⊖表示从纸面向内运动。

图 4-5 SiO_4^{4-} 离子团的振动

2. 分子振动的基本类型

多原子分子的振动可分为伸缩振动和弯曲振动两种基本类型,如图 4-6 所示。

1)伸缩振动

原子沿键轴方向做伸长和收缩的振动,振动过程中键长发生周期性变化,键角不变,这样的振动称为伸缩振动,用 ν 表示。原子振动时所有键都同时伸长或收缩称为对称伸缩振动,用 ν_s 表示,原子振动时有些键伸长而另一些键收缩称为不对称(又称反对称或非对称)伸缩振动(用 ν_{as} 表示)。一般不对称伸缩振动的频率比对称伸缩振动的频率高。

2)弯曲振动(又称变形振动或变角振动)

原子与键轴呈垂直方向振动,振动过程中键角发生周期变化、键长不变的振动称为变形振动,用 δ 表示。根据对称性不同可以分为对称变形振动(δ_s)和不对称变形振动(δ_{as});根据振动方向是否在原子团所在平面又可分为面内变形振动(β)和面外变形振动(γ)。面内变形振动又分为剪式(以 δ 或 β 表示)和平面摇摆振动(以 γ 或 ρ 表示);面外变形振动又分为垂直摇摆(以 ω 表示)和扭曲振动(以 τ 或 t 表示)。

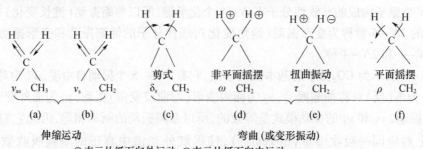

⊕表示从纸面向外运动;⊖表示从纸面向内运动。

图 4-6 多原子分子基本振动类型

3. 红外光谱吸收频率

多原子分子有 $3N-6$ 种独立的振动形式,若相应的振动频率分别为 ν_1, ν_2, $\cdots$, ν_{3N-6},每种振动形式都可写成式(4-10)的形式,则分子的总振动能级为

$$E = h\nu_1\left(v_1 + \frac{1}{2}\right) + h\nu_2\left(v_2 + \frac{1}{2}\right) + \cdots + h\nu_{3N-6}\left(v_{3N-6} + \frac{1}{2}\right) \quad (4-16)$$

在振动量子数 $v_1 = v_2 = \cdots = v_{3N-6} = 0$ 时,基态分子的能量为

$$E_0 = \frac{1}{2}h\nu_1 + \frac{1}{2}h\nu_2 + \cdots + \frac{1}{2}h\nu_{3N-6} \quad (4-17)$$

在简谐振动模型中,谐振子吸收或发射辐射依照 $\Delta v \geqslant \pm 1$ 的规律增减,称为选律或选择定则。即振动光谱的跃迁选律是 $\Delta v = \pm 1, \pm 2, \pm 3, \cdots$,因此当红外辐射的能量与分子中振动能级跃迁所需能量相当时就会产生吸收光谱。由于振动量子数的取值可以任意形式组合,所以由式(4-16)可知,多原子分子振动能级总数很大,但由于存在各振动能级上的分子数分布、振动的简并、振动跃迁选择规则以及某种振动是否为红外活性振动等,红外光谱并非想象的那样复杂,而是相当简单和清晰。红外吸收峰的数目一般比理论振数数目少,这是因为有些振动是非红外活性的,如 CO_2 的对称伸缩振动;有些分子因对称性,某些振动是简并的,如 CO_2 的两种变形振动;有些振动频率相近,仪器分辨不开;有的振动能量跃迁太小,落在仪器测量范围之外等。

1)基频

根据玻耳兹曼分布定律,通常情况下(一定温度)处于基态的分子数比处于激发态的分子数多。因此,通常 $v=0 \rightarrow v=1$ 跃迁概率最大,所以出现的相应吸收峰的强度也最强,称为基频吸收峰,一般特征峰都是基频吸收。其他跃迁的概率较小,如 $\nu=0 \rightarrow \nu=2$ 或 $\nu=1 \rightarrow \nu=2$ 等跃迁概率较小,出现的吸收峰强度就弱。

2)倍频

振动能级由基态($v=0$)跃迁至第二激发态($v=2$)、第三激发态($v=3$)、$\cdots$,所产生的吸收峰称为倍频吸收峰(又称为泛频峰)。由于振动的非谐性,故能级的间隔不是等距离的,所以倍频往往不是基频波数的整数倍而是略小些。表4-3所列为 HCl 的基频和倍频吸收频率。

表4-3　HCl 的基频和倍频吸收频率

吸收峰	跃迁类型	波数/cm^{-1}	强度
基频峰	$v=0 \rightarrow v=1$	2885.9	最强
2 倍频峰	$v=0 \rightarrow v=2$	5668.0	较弱
3 倍频峰	$v=0 \rightarrow v=3$	8346.9	较弱
4 倍频峰	$v=0 \rightarrow v=4$	10923.1	较弱
5 倍频峰	$v=0 \rightarrow v=5$	13396.5	较弱

3)合频

合频为两个(或更多)不同频率(如 $\nu_1 + \nu_2$, $2\nu_1 + \nu_2$)之和,这是由于吸收光子同时激发两种频率的振动。

4)差频

差频为两个频率之差(如 $\nu_2 - \nu_1$),是已处于一个激发态的分子在吸收足够的外加辐射而跃迁到另一激发态。

合频与差频统称为组合频。

4. 振动吸收的条件

对于红外光谱法来说,要产生振动吸收需要有两个条件。

(1)振动频率与红外光光谱段的某频率相等。即红外光波中的某一波长恰好与某分子中的一个基本振动形式的波长相等,吸收了这一波长的光,可以把它的能级从基态跃迁到激发态。这是产生红外吸收光谱的必要条件。

(2)偶极矩的变化。分子在振动过程中,原子间的距离(键长)或夹角(键角)会发生变化,这可能引起分子偶极矩的变化,结果产生了一个稳定的交变电场,它的频率等于振动的频率,这个稳定的交变电场将和运动的具有相同频率的电磁辐射电场相互作用,从而吸收辐射能量,产生红外光谱的吸收。例如,对于一个有极性的双原子分子 AB 就有这种现象产生;而对于一个非极性的双原子分子,如 N_2 和 O_2 分子,它们虽然也会有振动,但由于在振动中没有偶极矩变化,也就不会产生交变的偶极电场,这种振动不会与红外辐射发生相互作用,分子没有红外吸收光谱。

如果是多原子分子,尤其是分子具有一定的对称性,则除了振动简并外,也会有些振动没有偶极矩的变化。如图 4-4 所示的 CO_2 的振动中,ν_1 是对称伸缩运动。该振动不伴随偶极矩的变化,因而不会产生红外辐射的吸收。所以,CO_2 在红外吸收光谱图中,就只有 ν_2(2349cm^{-1})和 ν_3(667cm^{-1})两个基频振动,它们是红外活性的。又如,SiO_2 中应当有 $15-6=9$ 个基本振动,但真正属于红外活性的只有两个振动,即不对称伸缩振动(1050cm^{-1})和弯曲振动(650cm^{-1})。这种不发生吸收红外辐射的振动称为非红外活性振动,非红外活性振动往往是拉曼活性的。

4.2 红外光和红外光谱

4.2.1 红外光

红外光和可见光一样都是电磁波,是波长介于可见光和微波之间的一段电磁辐射区。电磁波包括波长从 $10^{-12} \sim 10^6$ cm 之间的多种形式,按波长由小到大顺序依次分成宇宙射线、γ 射线、X 射线、紫外线、可见光、红外线、微波以及无线电波,其中红外光波长范围为 $0.75 \sim 1000~\mu m$。红外光又可依据波长范围进一步分成近红外、中红外和远红外 3 个波区,根据分子对它们的吸收特征也可称为泛音区、基频区和转动区。其波长和波数范围如表 4-4 所列。

表 4-4 红外光的波长和波数范围

名 称	波 长/μm	波 数/cm^{-1}
近红外(泛音区)	0.75 ~ 2.5	13334 ~ 4000
中红外(基频区)	2.5 ~ 25	4000 ~ 400
远红外(转动区)	25 ~ 1000	400 ~ 10

中红外区 $(2.5 \sim 25\mu m; 4000 \sim 400cm^{-1})$ 能很好地反映分子内部所发生的各种物理过程以及分子结构方面的特征,对解决分子结构和化学组成中的各种问题最有效,因而中红外区是红外光谱中应用最广的区域,红外光谱大都是指这一范围的光谱。

除传统的结构解析外,红外吸收及发射光谱法可用于复杂样品的定量分析,显微红外光谱法用于表面分析,全反射红外以及扩散反射红外光谱法用于各种固体样品分析等方面的研究也在不断增多。近红外仪器与紫外 - 可见分光光度计类似,有的紫外 - 可见分光光度计直接可以进行近红外区的测定,其主要应用是工农业产品的定量分析以及过程控制等。远红外区可用于无机化合物研究等。利用计算机的三维绘图功能(习惯上把数学中的三维在光谱中称为二维)给出分子在微扰作用下用红外光谱研究分子相关分析和变化,这种方法称为二维红外光谱法。二维红外光谱是提高红外谱图的分辨能力、研究高聚物薄膜的动态行为、液晶分子在电场作用下的重新定向等的重要手段。

4.2.2 红外光谱图

当样品受到频率连续变化的红外光照射时,分子吸收某些频率的辐射,产生分子振动能级和转动能级从基态到激发态的跃迁,使相应于这些吸收区域的透射光强度减弱,记录红外光的透过率与波数或波长关系曲线,就得到红外光谱图。红外光谱图通常以红外光通过样品的透过率 $T(\%)$ 或吸光度 A 为纵坐标,以红外光的波数 $\tilde{\nu}$ 或波长 λ 为横坐标。

红外光谱图一般要反映 4 个要素,即吸收谱带的数目、位置、形状和强度。由于每个基团的振动都有特征振动频率,在红外光谱中表现出特定的吸收谱带位置,并以波数 (cm^{-1}) 表示。因此,红外光谱图中吸收峰在横轴的位置、吸收峰的形状和强度可以提供化合物分子结构信息,用于物质的定性和定量分析。在鉴定化合物时,谱带位置(波数)常常是最重要的参数。例如,OH^- 基的吸收波数在 $3650 \sim 3700cm^{-1}$,而水分子的吸收在较低的波数 $3450cm^{-1}$ 左右。谱带的形状与样品的纯度、结晶的完整程度等因素有关。如果所分析的化合物较纯,则它们的谱带较尖锐,对称性好。若所分析的样品为混合物,则有时出现谱带的重叠、加宽,对称性也被破坏。对于晶体固态物质,其结晶的完整性程度也会影响谱带形状。图 4 - 7 所示为典型的聚苯乙烯红外光谱。

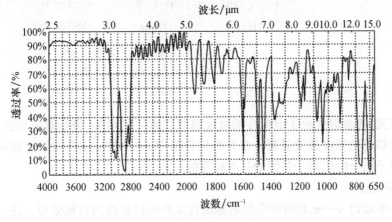

图 4 - 7 聚苯乙烯的红外光谱

红外光的透过率 T 为入射光被样品吸收后透过光的强度与入射光强度的百分比,即

$$T = \frac{I}{I_0} \times 100\% \qquad (4-18)$$

$$A = \lg\left(\frac{1}{T}\right) = \lg\left(\frac{I_0}{I}\right) = kb \qquad (4-19)$$

式中:A 为吸光度或摩尔吸收系数;I_0、I 为入射光和透射光的强度;b 为样品厚度(cm);k 为吸收系数(cm^{-1})。

4.2.3 影响频率位移的因素

红外光谱的特点是,一方面官能团特征吸收频率的位置基本上是固定的,另一方面它们又不是绝对不变的,其频率位移可以反映分子的结构特点,从而使红外光谱成为结构分析的重要工具。基团振动的特征频率可根据原子间的键力常数计算得到。但是基团和周围环境会发生力学和电学的耦合,使得键力常数发生变化,导致基团的特征频率也可能发生变化,从而产生谱带位移,这种变化反过来也会对分子邻近的基团产生作用。以 C—H 键为例,C—H 的对称伸缩振动 ν_s 在 2800~3000cm^{-1}。如果 C—H 的一端连着另一个 C 原子,而且分别是单键、双键和三键,那么 C—H 的伸缩振动频率(波数)分别在 2850~3000cm^{-1}、3000~3100cm^{-1} 和 3300cm^{-1}。

掌握了频率位移的规律,有助于正确地推断结构。产生频率位移的因素可分为与分子结构有关的内部因素和与测定状态有关的外部因素,大体上可以归纳为以下几方面。

1. 诱导效应

在具有一定极性的共价键中,或组成共价键的两个原子上带有高负电性取代基时,会产生静电诱导作用,引起分子中电荷分布的变化,从而改变振动的键力常数,使振动的化学键电子密度降低,振动频率发生变化的效应称为诱导效应。它只沿键的方向发生作用,且与分子的几何形状无关,主要取决于取代原子的电负性或取代基的总的电负性。以丙酮为例,随取代基(取代 -CH$_3$ 基)的电负性增强,羰基(C=O)的伸缩振动频率向高频方向位移,即

$\nu_e=0$

| CH$_3$-C-CH$_3$ | H-C-R | Cl-C-CH$_3$ |
| 1715cm^{-1} | 1730cm^{-1} | 1807cm^{-1} |

| Cl-C-Cl | F-C-CH$_3$ | F-C-F |
| 1872cm^{-1} | 1920cm^{-1} | 1942cm^{-1} |

由上可见,随着取代原子电负性的增大或取代数目的增加,诱导效应增强,吸收峰向高波数方向移动的程度越发显著。在无机化合物中,这种效应主要反映在相同阴离子团与不同阳离子结合时阴离子基团的基本频率的影响。

2. 共轭效应

由分子中双键 π—π 共轭所引起的基团特征频率位移称为共轭效应。这一效应使共轭体系中的电子云密度平均化,双键略伸长,单键略缩短,单键键力常数增大,双键键力常

数减少,从而使相应谱带位移向高波数或低波数方向移动。

3. 键应力效应

例如,在正常情况下,Si—O 结合时,Si 原子位于 O 原子正四面体的中心,它们之间的键角为 $109°28'$。但是 SiO_4 四面体相互可以结合,从而改变 Si—O 键角并引起键能变化,产生振动频率的位移。例如,当 SiO_4^{4-} 为孤立结构时的伸缩振动频率小于 $1000cm^{-1}$,当两个硅氧四面体结合,形成 Si—O—Si 键,其伸缩振动频率就增大至 $1080cm^{-1}$ 左右,它还将随结构形式的不同而有所增减。

4. 氢键效应

氢键(可以写作 X—H⋯Y)通常是给电子基团 X—H 如 OH、NH_2 的氢和吸电子基团 Y 之间形成,Y 通常是 O、N 和卤素等,像 C=C 键这样的不饱和基体也可以作为质子接受体。

形成氢键一方面与原子的极性有关,另一方面也与原子的尺寸有关。例如,S、P 原子因本身极性弱,所以生成的氢键也弱;Cl 原子虽然极性很强,但原子本身体积大,形成的氢键也很弱。氢键对红外光谱的主要作用是使峰变宽,使基团频率发生迁移。形成氢键以后,原来键的伸缩振动频率将向低频方向移动,而且氢键越强,位移越多;同时谱带变得越宽,吸收强度也越大。而对于弯曲振动的情况却恰恰相反,氢键越强,谱带越窄,且向高频方向位移。例如,乙醇溶于 CCl_4 中,将随 CCl_4 的浓度变化而产生强度不同的氢键,自由 OH 基可以发生缔合作用,从而形成二聚体甚至多聚体的氢键,并出现 $3515cm^{-1}$ 和 $3350cm^{-1}$ 宽而强的带。当 CCl_4 浓度增大至 $0.1mol/L$ 时,自由的 OH 基已经很少,$3640cm^{-1}$ 带已经变得很弱了,而 $3350cm^{-1}$ 带却很强并且加宽。

5. 振动的耦合效应

当两个频率相同或相近的基团相关联时会发生耦合作用,使原来的谱带分裂成两个峰,一个频率比原来的谱带高一点,另一个低一点,这就称为振动的耦合。例如,酸酐类化合物,在它的 C=O 伸缩振动频率区出现两条谱带。

6. 物质状态的影响

同一个样品不同的聚集态(气态、液态和固态),红外光谱的差异很大,这是因为气、液、固分子间相互的作用是不同的。气态中分子间距很远,可以认为分子振动不受其他分子影响,振动频率最高,峰位波数高,谱带精细;液态中分子间相互作用较强,峰位往往向低波数方向移动,同时峰加宽,精细结构较少;晶态时,由于分子在晶格中规则排列,加强了分子间相互作用,使谱带产生分裂,称为晶带。

4.2.4　影响谱带强度的因素

红外光谱上吸收带的强度主要由偶极矩的变化和能级跃迁的概率决定。

1. 偶极矩的变化

振动过程偶极矩的变化是决定基频谱带强度的主要因素,这是产生红外共振吸收的先决条件。瞬间偶极矩越大,吸收谱带越大。而瞬间偶极矩的大小又取决于下列 4 个因素。

(1)原子的电负性大小。两原子间的电负性相差越大(极性越强),伸缩振动时引起的吸收谱带也越强,如 $\nu_{OH} > \nu_{CH}$。

(2)振动的形式不同,也使谱带强度不同。一般地 $\nu_{as} > \nu_s$,$\nu_s > \nu_\delta$,这是振动形式对分子的电荷分布影响不同而造成的。

（3）分子的对称性对谱带强度也有影响。这主要指结构对称的分子在振动过程中，因整个分子的偶极矩始终为零，不产生共振吸收，也就没有谱带出现。

（4）其他如倍频与基频之间振动的耦合（称费米共振），使很弱的倍频谱带强化。

2. 能级的跃迁概率

能级跃迁的概率也直接影响谱带的强度，跃迁概率大，谱带的强度也大，所以被测物的浓度和吸收带的强度有正比关系，这是定量分析的依据。倍频是从 $\nu_0, \nu_1, \cdots, 2\nu_0$，$2\nu_1, \cdots$，振动的振幅加大，偶极矩变化也增大。从理论上讲，吸收带的强度应当增大，可是由于这类的跃迁概率很少，所以倍频谱带一般较弱。

4.2.5 红外光谱区的划分

物质的红外光谱反映了其分子结构的信息，谱图中的吸收峰与分子中各基团的振动形式相对应。多原子分子的红外光谱与其结构的关系，一般通过试验手段获得，即通过比较大量已知化合物的红外光谱，从中总结出各种基团的振动频率变化的规律。结果表明，组成分子的各种基团如 C—H、O—H、N—H、C=C、C=O 等都有自己特定的红外吸收区域，分子的其他部分对其吸收带位置的影响较小。通常把这种能代表基团存在并有较高强度的吸收谱带称为基团特征频率，其所在的位置一般又称为特征吸收峰。只要掌握了各种官能团的特征频率及其位移规律，就可以应用红外光谱来确定化合物中官能团的存在及其在化合物中的相对位置。

红外光谱（中红外）的工作范围一般是 $4000 \sim 400 cm^{-1}$，常见官能团都在这个区域产生吸收带。按照红外光谱与分子结构的关系可将整个红外光谱区分为特征谱带区（$4000 \sim 1300 cm^{-1}$）和指纹区（$1300 \sim 400 cm^{-1}$）两个区域。

1. 特征谱带区

它也称为官能团区、特征谱带区。在此波长范围的振动吸收数较少，多数是 X—H 键（X 为 N、O、C 等）和有机化合物中 C=O、C=C、C≡C、C=N 等重要官能团才在该范围内有振动。在无机化合物中，除 H_2O 分子及 OH^- 键外，CO_2、CO_3^{2-}、N—H 等少数键在此范围内有振动吸收。

2. 指纹区

无机化合物的基团振动大多产生在这一波长范围内。对有机化合物来说，有许多键的振动频率相近，强度差别也不大，而且原子质量也相似，谱带出现的区域就相近。因此，在中红外谱上这一区域的吸收带数量密集且复杂，各种化合物在结构上的微小差别在这里都可以区别出来，如人的指纹各不相同，因而把它称为指纹区。又因为每种基团常有几种振动形式，每种红外活性的振动通常都相应产生一个吸收谱带，在习惯上把这种相互依存而且可佐证的吸收谱带称为相关谱带。图 4-8 是水的振动与相关谱带，由图可见不对称伸缩 ν_{as} 为 $3756 cm^{-1}$；对称伸缩 ν_s 为 $3657 cm^{-1}$；弯曲振动 δ 为 $1595 cm^{-1}$。

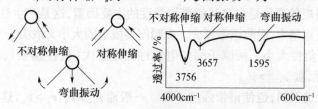

图 4-8　水的振动及相关谱带

4.2.6　红外光谱法的特点

红外光谱法与其他研究物质结构的方法相比较具有以下特点:

(1)特征性高。从红外光谱图的产生条件以及谱带的性质可知,每种化合物都有特征红外光谱图,这与组成分子化合物的原子质量、键的性质、键力常数以及分子的结构形式密切相关。因此,几乎很少有两个不同的化合物具有相同的红外光谱图。

(2)它不受物质的物理状态的限制,气态、液态和固态均可以测定。此外,对固体来说,它还可以测定非晶态、玻璃态等。

(3)测定所需的样品量极少,只需几毫克甚至几微克。

(4)操作方便,测定速度快,重复性好。

(5)标准图谱较多,便于查阅。

红外光谱法也有局限性和缺点:灵敏度和精度不够高,含量小于1%就难以测出,目前多用在鉴别样品做定性分析,定量分析还不够精确;而且大多数谱带的位置集中在指纹区,使得谱带重叠,解叠困难。

4.3　红外光谱仪

红外分光光度计可分为色散型和干涉型两大类。色散型又有棱镜分光型和光栅分光型。干涉型为傅里叶变换红外光谱仪(FTIR),它没有单色器和狭缝,是由迈克尔逊干涉仪和数据处理系统组合而成的。

4.3.1　色散型红外分光光度计

1. 色散型红外分光光度计的原理及特点

第一代色散型红外分光光度计为棱镜分光的红外光谱仪;第二代仪器采用光栅分光,光束的分辨率要比棱镜高得多,但基本原理是一致的。它是由光学系统、机械传动部分和电学系统三大部分组成。图4-9所示为色散型红外分光光度计的光路图。光源发出的光被分成两束:一束通过样品池;另一束通过参比池。各光束交替通过扇形旋转镜 M7,利用参比光路的衰减器(测试光栅)对经参比光路和样品光路的光的吸收强度进行对照。因此,通过参比池和样品池后溶剂的影响被消除,得到的谱图只是样品本身的吸收。

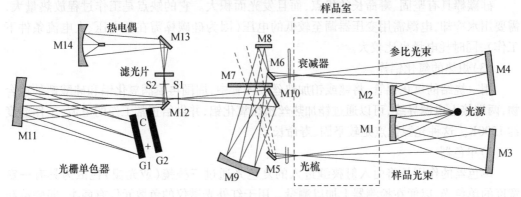

图 4-9　色散型红外分光光度计光路图

色散型仪器在红外光谱仪出现后的很长一段时间内一直使用。该仪器的特点如下。

（1）其为双光束仪器。使用单光束仪器时，大气中的 H_2O、CO_2 在重要的红外区域内有较强的吸收，因此需要参比光路来补偿，使这两种物质的吸收补偿到零。采用双光束光路可以消除它们的影响，测定时不必严格控制室内的湿度及人数。

（2）单色器在样品室之后。由于红外光源的低强度以及检测器的低灵敏度，需要对信号进行大幅度放大。而红外光谱仪的光源能量低，即使靠近样品也不足以使其产生光分解，并且单色器在样品室之后可以消除大部分散射光而不至于到达检测器。

（3）切光器转动频率低，响应速率慢，以消除检测器周围物体的红外辐射。

2. 色散型红外分光光度计的结构

1）光源

一般分光光度计中的氘灯、钨灯等光源能量较大，要观察分子的振动能级跃迁，测定红外吸收光谱，需要能量较小的光源。黑体辐射是最接近理想工艺的连续辐射。满足此要求的红外光源是稳定的固体在加热时产生的辐射，常见的有以下几种。

（1）能斯特灯。

能斯特灯是由耐高温的氧化锆、氧化钍和氧化钇的混合物烧结而成的细棒（或管），棒的直径为 $1\sim3mm$、长 $20\sim50mm$，两端绕有铂丝作电极，这种灯在室温下是非导体，加热至 1000K 就变成导体。在工作前要将它预热，工作温度达 $1200\sim2200K$，功率约 100W。

能斯特灯发出的光强度高，约为同温度下硅碳棒光源的 2 倍，而且不需要夹套水冷却。但是它的机械强度低，寿命仅 $6\sim12$ 个月。此种光源具有很大的电阻负温度系数，需要预先加热并设计电源电路能控制电流强度，以免灯过热损坏。

（2）碳化硅棒。

它是由金刚砂（合成的 SiC）加压成型，经煅烧制成的，一般制成两端粗中间细的实心棒。作为光源的中间部分直径约 5mm、长 50mm，两端加粗的目的是降低电阻值以保证在工作状况时两端呈冷态，顶端镶有铝电极，工作温度为 $1300\sim1650K$。硅碳棒在高温下有升华现象，温度过高会缩短硅碳棒的使用寿命，还可能污染周围的光学系统。硅碳棒在室温下就是导体，工作前无须预热。

碳化硅棒与能斯特灯相反，具有正的电阻温度系数，电触点需水冷以防放电。其辐射能量与能斯特灯接近，但在 $2000cm^{-1}$ 以上区域能量输出远大于能斯特灯。

硅碳棒具有坚固、寿命长的优点，而且发光面积大。它的缺点是工作过程放热量大，需要用水冷却，电源需用变压器调至较低的电压（因为硅碳棒需在低电压、大电流条件下工作），同时耗电量也比较大。

（3）炽热的氧化铝棒。

用一烧结的氧化铝管，将铑或铂加热丝放入管中，周围再填满氧化铝和硅酸锆的混合物，两端接上电源导线，可以通过铑加热丝预热氧化铝，并供给正常工作的电流，工作温度约 1500K。这种光源优点是较坚固、寿命长。

2）单色器

单色器的作用是将由入射狭缝进入的复色光通过三棱镜（或光栅）色散为具有一定宽度的单色光，以便在检测器上加以测量。用于红外光谱仪的色散元件有两类，即棱镜和光栅。早期第一代红外光谱仪都是用三棱镜分光的；近年来的仪器主要采用光栅分光，一般采用反射型平面衍射光栅。多数仪器在出口狭缝后配有滤光片,用来消除多级次光谱线的重叠。光栅型仪器测定的波长范围虽然仍是 $4000 \sim 650 cm^{-1}$,但光栅的分辨率要比棱镜高得多。棱镜的光谱在 $1000 cm^{-1}$ 处分辨率为 $1 \sim 3 cm^{-1}$,而光栅的光谱在 $1034 cm^{-1}$ 处分辨率为 $0.16 cm^{-1}$。第三代干涉型为傅里叶变换红外光谱仪,其分辨率更高。单色器一般包括狭缝、准直镜和色散元件(棱镜或光栅)。

(1)狭缝。

入射狭缝的作用是提供一整齐的窄光源,以供色散元件色散。出射狭缝的作用是选择色散后的单色光穿过它到达检测器。红外光谱仪中的狭缝都做成两边对称型,当狭缝的宽度变化时,其两边相对于中心线做对称运动。狭缝的精密度要求很高,以保证它启闭的重复性。

在扫描的过程中,狭缝将按光源的发射特性曲线自动调节缝宽,使得在保证尽可能大的分辨能力下达到检测器上的能量近似不变。在红外光谱仪中入射和出射狭缝的调节是同步的,依靠安置在波数(或波长)凸轮上的非线性环状电位器并通过伺服系统来实现,在以机械方式与狭缝连接的计数器上还能直接读出狭缝的几何宽度。

(2)准直镜。

准直镜起到准直、发散和聚焦光的作用。球面镜或抛物镜都可使点光源发散成平行光或者使平行光束汇聚于一点,因此都可用作准直镜。但是从球面镜反射得到的光像有球差和像散,成像清晰度差,影响仪器的分辨率,所以目前都用抛物镜。当镜面镀铝时,其反射率可达 96%,镀金则可高达 99%。

在组成单色器时,入射狭缝位于准直镜焦距处,以保证射向色散元件的光是平行的,从色散元件回到准直镜的光也是平行地被准直镜聚焦在出射狭缝上。准直镜的大小取决于色散元件的尺寸,一般以能够充分照亮色散元件为准。

(3)色散元件。

① 棱镜。棱镜的作用是将红外光透过并进行色散,因此用于红外光谱仪的棱镜材料必须具有良好的透过红外光的性能和尽可能大的光的色散性。常用于红外光谱仪中的光学材料列于表 4 - 5 中,其中最常用的材料是氯化钠,适用分光范围为 $5000 \sim 455 cm^{-1}$,其他还有溴化钾($500 \sim 303 cm^{-1}$)、碘化铯($4200 \sim 181 cm^{-1}$)等卤素化合物。由于这些材料的折射率随温度变化,所以必须保持单色器室的温度恒定。此外,大多数棱镜材料都容易吸水、潮解,所以一定要注意保持环境的干燥。

表 4 - 5　红外光谱仪常用的光学材料

材料名称	光波透过区域		折射率		室温下的溶解度 /(g / 100g 水)
	波长/μm	波数/cm⁻¹	波长/μm	n	
氟化锂	$0.12 \sim 8$	$8.3 \times 10^3 \sim 1250$	2.0	1.38	0.27
氟化钙	$0.13 \sim 11$	$7.69 \times 10^3 \sim 909$	2.0	1.42	1.6×10^{-3}
氯化钠	$0.2 \sim 22$	$5.0 \times 10^3 \sim 455$	9.0	1.50	35.7(0℃)
氯化银	$0.4 \sim 25$	$2.5 \times 10^3 \sim 400$	10.0	1.98	0
溴化钾	$0.2 \sim 33$	$5.0 \times 10^3 \sim 303$	10.0	1.53	54
碘化铯	$0.24 \sim 55$	$4.2 \times 10^3 \sim 181$	10.0	1.74	44

材料名称	光波透过区域		折射率		室温下的溶解度
	波长/μm	波数/cm⁻¹	波长/μm	n	/(g/100g 水)
KRS－5(TIBR－42%TII－58%)	0.5~40	$2.0 \times 10^3 \sim 250$	10.0	2.37	0.05
Trtran－1(MgF₂)	1~7.5	$10^3 \sim 1333$	4.0	1.35	7.6×10^{-3}
Trtran－2(ZnS)	2~14	5000~714	4.0	2.25	0.69×10^{-3}
Irtran－5(MgO)	0.4~8.5	$2.5 \times 10^3 \sim 1176$	4.0	1.67	0.62×10^{-3}

棱镜的色散能力可以用角色散 $\mathrm{d}\theta/\mathrm{d}\lambda$ 表示,即

$$\frac{\mathrm{d}\theta}{\mathrm{d}\lambda} = \frac{\mathrm{d}\theta}{\mathrm{d}n}\frac{\mathrm{d}n}{\mathrm{d}\lambda} \qquad (4-20)$$

式中:n 为棱镜材料的折射率;λ 为波长(μm);$\dfrac{\mathrm{d}n}{\mathrm{d}\lambda}$ 为折射率随波长的变化。

当光线的入射光和出射光与棱镜平面成相等角度时,则 $\mathrm{d}\theta/\mathrm{d}n$ 有以下关系,即

$$\frac{\mathrm{d}\theta}{\mathrm{d}n} = \frac{2\sin\left(\dfrac{A}{2}\right)}{\cos i} \qquad (4-21)$$

式中:A 为棱镜的顶角 i 为光的入射角或折射角。

每一种棱镜材料的透过波长各有一范围,而且色散曲线不一样,所以单用一个棱镜来扫描整个中红外区往往得不到满意的分辨率。例如,NaCl 棱镜,虽然对 5μm 以下的波长光透过性能十分良好,但是色散率低,它的最佳使用区在 8.5~15.4 μm(1176~650cm⁻¹)。为了在整个中红外区都能获得满意的分辨率,有些红外光谱仪中备有不同的棱镜。

② 衍射光栅。图4-10所示为反射型平面衍射光栅示意图。光栅角色散公式为

$$\frac{\mathrm{d}\beta}{\mathrm{d}\lambda} = \frac{n}{d\cos\beta} \qquad (4-22)$$

式中:λ 为光的波长(μm);d 为光栅常数(μm);n 为衍射级数;β 为衍射角。

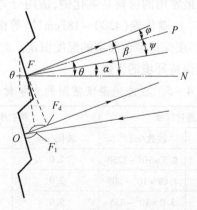

图4-10　反射型光栅的衍射示意图

由式(4-22)可知,d 越小,光栅的角色散越大,但 d 不能小于所色散的光的波长。

当衍射光线与光栅面法线 FP 所成的角度 φ 等于入射光线与光栅槽面法线所成的角度 ψ 时,则该衍射强度最大。对于光栅常数和闪耀角 θ 一定的光栅,只有某一波长的光才能满足这一条件,其衍射强度最大,称为该光栅的闪耀波长。大于或小于这个波长的光的衍射主极大的强度均将被减弱,可见,一个光栅只能对应于一个较窄的波长区域。

入射角 α 相同时,它们的衍射主极大会在同一衍射角 β 的位置出现,从而造成不同级次光谱的重叠,因此必须使用滤光器或前置棱镜等进行光谱级次的分离。

3)检测器

红外检测器有热检测器、热电检测器和光电导检测器 3 种,前两种可用于色散型光度计中,后一种在傅里叶变换分光光度计中多见。

检测器的作用是把照射在它上面的红外光变成电信号。由于射向检测器的红外光是很弱的,要求检测器具有红外响应灵敏度高、热灵敏度高、热容量低、响应快、电子的热波动产生的噪声小、对红外光的吸收没有选择等性能特点。常用探测本领来表征红外检测器的性能,即

$$D^* = \frac{\dfrac{S}{N}}{P_D}\left(\frac{\Delta f^{1/2}}{A}\right) \tag{4-23}$$

式中:D^* 为探测本领($\mathrm{cm \cdot Hz^{1/2}}/\omega t$),$D^*$ 值越大检测器的质量越好;S/N 为信噪比;P_D 为检测器每单位面积被照射的辐射功率;A 为检测器的面积;Δf 为测量系统频率响应带宽。

(1)热检测器。

热检测器依据的是辐射的热效应。辐射被黑体吸收后,黑体温度升高,测量升高的温度可检测红外吸收。热检测器检测红外辐射时,最主要的是防止周围环境的热噪声。一般热检测器都置于真空舱内,斩光器使光源辐射断续照射样品池。

热检测器中最简单的是热电偶,热电偶应选择高热电能并具有高电导性的热电材料,常用的是金属镍、锑、铋及其合金。在接受红外辐射的位置开一个窗口,窗口用透红外光材料(KBr、NaCl 或 KRS-5)制成。

当黑体(金箔或铂箔表面沉积一薄层金黑)接受红外辐射时,检测端结点温度升高,参比点仍保持在室温,热电偶的两接点间产生电位差,其大小取决于红外辐射的强度。热电偶的时间常数较大(约为 0.05s),光断续频率(斩光频率)不能太高,但寿命长,可以用 10 年以上。但是热电偶的阻抗很低(一般在 10 Ω 左右),所以在和前置放大器耦合时需要用升压变压器。热电偶可检测 10^{-6}K 的温度变化。

(2)热电检测器。

热电检测器使用具有特殊热电性质的绝缘体,一般采用热电材料的单晶片,如硫酸三甘氨酸[triglycine sulfate,TGS($\mathrm{NH_2CH_2COOH}$)$_3 \cdot \mathrm{H_2SO_4}$]。通常是氘代或部分甘氨酸被丙氨酸代替。在电场中放一绝缘体会使绝缘体产生极化,极化度与介电常数成正比。但移去电场,诱导的极化作用也随之消失。而热电材料即使移去电场,其极化也并不立即消失,且极化强度与温度有关。当辐射照射时,温度会发生变化,从而影响晶体的电荷分布,这种变化可以被检测。热电检测器通常做成三明治状,将热电材料晶体夹在两片电极间,一个电极是红外透明的,允许辐射照射。辐射照射引起温度变化,从而晶体电荷分布发生变化,通过外部连接的电路测量电流变化可实现检测。电流的大小与晶体的表面积、极化

度随温度变化的速率成正比。当热电材料的温度升至某一特定值时极化会消失,此温度称为居里点。TGS 的居里点为 322K。热电检测器的响应速率很快,斩光频率可达 2000Hz,可以跟踪干涉仪随时间的变化,可在傅里叶变换红外光谱仪中使用。

(3)光电导检测器。

光电导检测器采用半导体材料薄膜,如 Hg – Cd – Te(MCT)或 PbS 或 InSb,将其置于非导电的玻璃表面密闭于真空舱内。吸收辐射后非导电性的价电子跃迁至高能量的导带,从而降低了半导体的电阻,产生信号。该检测器用于中红外区及远红外区,检测的波长已达 100 μm,但由于长波段的激发能很小,所以检测器需要用液氮冷却以降低噪声。

光电导检测器比热电检测器更为灵敏,在 FT – IR 及 GC/FT – IR 仪器中获得广泛应用。此外,PbS 检测器用于近红外区室温下的检测。

3. 色散型红外分光光度计的操作性能及影响因素

红外分光光度计的操作参数主要包括分辨率、测量准确度和扫描速度。此外,由于是依据样品吸收带的位置进行物质的结构分析,所以仪器波数(或波长)的准确度和波数的再现性也是十分重要的参数条件。

1)分辨率

分辨率是仪器的重要性能之一,表示仪器分开相邻光谱波数(或波长)的能力。普通红外分光光度计的分辨率至少应为 $2cm^{-1}$ 或 $1cm^{-1}$。更精密的仪器,如傅里叶变换光谱仪的分辨率可达到 $0.1cm^{-1}$ 甚至更小。

红外分光光度计测量分辨率主要取决于狭缝的宽度,光谱狭缝宽度越小,仪器的分辨率越好。提高仪器的分辨率,应尽可能使狭缝的宽度减小。图 4 – 11 是聚苯乙烯膜C—H伸缩振动吸收区分辨率与狭缝宽度的关系。由图可见,随着狭缝宽度的变化,光谱仪的分辨率、谱带形状及强度均发生变化。

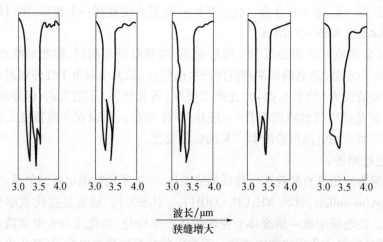

图 4 – 11 仪器狭缝宽度对分辨率的影响

但是,狭缝也只能调节到适宜的宽度而不可能无限缩小,因为到达检测器上的光能量是和几何狭缝的宽度平方成正比,减小狭缝的同时会带来信噪比减小的问题。在通常情况下,如果没有特殊要求,不必追求过高的分辨能力。

2）测量准确度

仪器记录样品真实透过率的准确程度是又一重要参数，它直接影响定量分析的结果。影响测量准确度的因素除仪器本身的光学因素外，还有以下几点。

（1）噪声。主要来自检测器的前置放大器，噪声过大，吸收谱带最大强度会因"颤动"而增大。

（2）杂散光。有时出现不应到达检测器上的光造成对测量的干扰，主要来自不是穿过样品到达检测器上的光，以及虽穿过样品但不是所要求波长的光。杂散光严重时将使吸收带向短波长（高波数）方向移动，并使吸收强度降低，对定性和定量分析都是不利的。

（3）仪器的动态响应。仪器自动扫描时所得谱图与手动下用"逐点法"所得谱图的相似程度称为仪器的动态响应。决定动态响应的主要因素是光度计的增益大小，增益太大或太小都不能完全反映样品的真实结构情况，所以增益必须选择合适。

3）扫描速度

较精确的红外分光光度计都可以连续改变或分挡改变扫描速度，最快与最慢挡之间的速度差可达数百倍。一般红外分光光度计做 4000～400cm^{-1}全程扫描时约需 15min。

4）波数校正

波数的准确度是物质结构分析最重要的参数。引起仪器波数读数产生误差的原因很多，有仪器因素，也有人为操作因素，如单色器各元件的温度变化、各部件位置的移动以及电子系统的特性变化都会引起波数位置的显著位移。

4.3.2　傅里叶变换红外分光光度计

目前几乎所有的红外光谱仪都是傅里叶变换型的。色散型仪器扫描速度慢，灵敏度及分辨率低，因此局限性很大。傅里叶变换红外分光光度计的工作原理和色散型的红外分光光度计是完全不同的，它没有单色器和狭缝，是利用一个迈克尔逊干涉仪获得入射光的干涉图，再通过数学运算（傅里叶变换）把干涉图变成红外光谱图。

1. 傅里叶变换红外分光光度计的构成

图 4-12 所示为 FTIR 的构成示意图。光源发出的光被分束器分为两束，一束经反射到达动镜，另一束经透射到达定镜，两束光分别经定镜和动镜反射再回到分束器。动镜以一恒定速度 v_m 做直线运动，因而经分束器分束后的两束光形成光程差 δ，产生干涉。干涉光在分束器汇合后通过样品池，然后被检测。傅里叶变换红外光谱仪的检测器有 TGS、MCT 等。

2. 傅里叶变换红外分光光度计的基本原理

傅里叶变换红外分光光度计的核心部分是迈克尔逊干涉仪，其示意图如图 4-13 所示。动镜通过移动产生光程差，由于移动速度 v_m 一定，光程差与时间有关。光程差产生干涉信号，得到干涉图。光程差 $\delta = 2d$，d 代表动镜移动离开原点的距离与定镜与原点的距离之差。由于是一来一回，应乘以 2。若 $\delta = 0$，即动镜离开原点的距离与定镜与原点的距离相同，则无相位差，是相长干涉；若 $d = \lambda/4$，$\delta = \lambda/2$，相位差为 $\lambda/2$，正好相反，是相消干涉；若 $d = \lambda/2$，$\delta = \lambda$，又为相长干涉。因此，动镜移动产生可以预测的周期性信号。

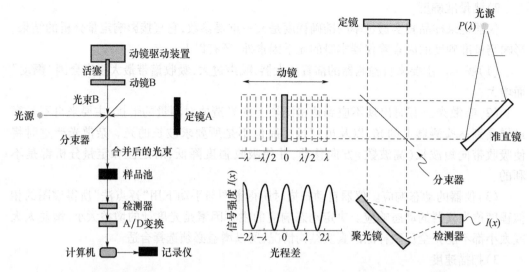

图 4-12　傅里叶变换红外光谱仪　　　　图 4-13　迈克尔逊干涉仪原理
　　　　　构成示意图

经干涉仪调制的红外光频率已从高频区变为音频区。设动镜移动 $\lambda/2$ 距离需 t 秒,则

$$v_{\mathrm{m}} t = \frac{\lambda}{2} \qquad (4-24)$$

调制频率为

$$f = 1/t = 2v_{\mathrm{m}}/\lambda = 2v_{\mathrm{m}} \frac{\nu}{c} \qquad (4-25)$$

式中: ν 为光源频率。

若 $v_{\mathrm{m}} = 1.5 \mathrm{cm/s}$,则 $f = 10^{-10}\nu$,即调制后的频率大大降低。

经干涉仪得到的干涉信号是时间的函数,为时域谱,时域谱通过傅里叶变换得到随频率变化的谱图,即频域谱。

干涉信号强度是光程差 δ 和时间 t 的函数,可表示为

$$I(\delta) = \frac{1}{2} I(\bar{\nu}) \cos(2\pi f t) \qquad (4-26)$$

由于光被分束器分为两束,因此前面要乘以 $1/2$。 $I(\bar{\nu})$ 指入射光强度,是频域函数。

若考虑分束器分光并非绝对均等,检测器的响应也与频率有关,则式(4-26)变为

$$I(\delta) = B(\bar{\nu}) \cos(2\pi f t) \qquad (4-27)$$

$B(\bar{\nu})$ 与 $I(\bar{\nu})$ 等有关。将 $f = 2v_{\mathrm{m}}, v_{\mathrm{m}} = \delta/2t$ 代入式(4-27),则

$$I(\delta) = B(\bar{\nu}) \cos(2\pi\delta)\bar{\nu} \qquad (4-28)$$

式(4-28)表明,干涉信号强度是光程差和入射光波数的函数。

对于 $\bar{\nu}_1$、$\bar{\nu}_2$ 两束光,其干涉结果为

$$I(\delta) = B_1(\bar{\nu}) \cos(2\pi\delta)\bar{\nu}_1 + B_2(\bar{\nu}) \cos(2\pi\delta)\bar{\nu}_2 \qquad (4-29)$$

对连续光,则需要对整个波段积分,即

$$I(\delta) = \int_{-\infty}^{+\infty} B(\bar{\nu}) \cos(2\pi\delta)\bar{\nu} \mathrm{d}\bar{\nu} \qquad (4-30)$$

傅里叶变换将式(4-30)所示时域谱变换为频域谱,即

$$B(\bar{\nu}) = \int_{-\infty}^{+\infty} I(\delta)\cos(2\pi\delta)\bar{\nu}d\delta \qquad (4-31)$$

式(4-30)和式(4-31)为波长连续分布的光的总干涉结果。

时域谱和频域谱的关系以及多色光干涉的时域谱如图 4-14 及图 4-15 所示。图 4-14(b)为图 4-14(a)中 ν_1、ν_2 两束光干涉的结果。

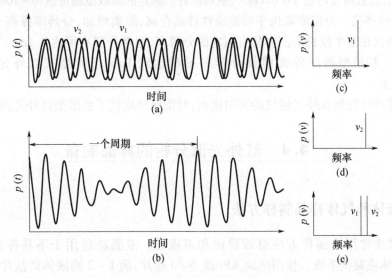

图 4-14　时域谱和频域谱的关系
(a)(b)时域谱;(c)~(e)频域谱。

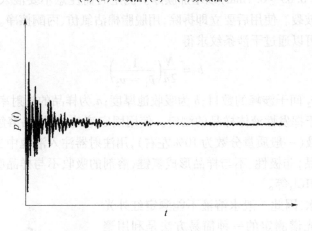

图 4-15　多色光干涉的时域谱

从图 4-15 中可以看出,光程差为零时有一极大值。这是因为任一波长的单色光在该处均为相长干涉且位相相同;反之,偏离零光程差的位置,总的干涉光强度则迅速下降。

3. 傅里叶变换红外分光光度计的特点

(1)测量速度快。在几秒内就可以完成一张红外光谱的测量工作,比色散型仪器快几百倍。由于扫描速度快,一些联用技术得到了发展。

（2）谱图的信噪比高。FT－IR仪器所用的光学元件少，无狭缝和光栅分光器，因此到达检测器的辐射强度大，信噪比大。它可以检出 $10 \sim 100\mu g$ 的样品。对于一般红外光谱不能测定的散射性很强的样品，傅里叶变换光谱仪采用漫反射附件可以测得满意的光谱。

（3）波长（数）精度高，测定波数范围宽。在实际的傅里叶变换红外光谱仪中，除了红外光源的主干涉仪外，还引入激光参比干涉仪，用激光干涉条纹准确测定光程差，从而使波数更为准确，波数精度可达 $\pm 0.01cm^{-1}$，重现性好。测定的波数范围可达 $10 \sim 10000cm^{-1}$。

（4）分辨率高。分辨率取决于动镜线性移动距离，距离增加，分辨率提高。傅里叶变换红外光谱仪在整个波长范围内具有恒定的分辨率，通常分辨率可达 $0.1cm^{-1}$，最高可达 $0.005cm^{-1}$。棱镜型的红外光谱仪分辨率很难达到 $1cm^{-1}$，光栅式红外光谱也只在 $0.2cm^{-1}$ 以上。

由于傅里叶变换红外光谱仪的突出优点，目前已经取代了色散型红外光谱仪。

4.4 红外光谱分析的样品制备

4.4.1 液体和气体样品制样方法

液体试样常用的制样方法有液膜法和溶液法。液膜法适用于不易挥发（沸点高 $80℃$）的液体或黏稠溶液。使用两块 KBr 或 NaCl 盐片，滴 $1 \sim 2$ 滴液体到盐片上，用另一块盐片将其夹住，用螺钉固定后放入样品室测量。若测定吸收较低的碳氢化合物，可以在中间放入夹片（厚 $0.05 \sim 0.1mm$）以增加膜厚。测定时需注意不要混入气泡，螺钉不应拧得过紧以免窗板破裂。使用后要立即拆除，用脱脂棉沾氯仿、丙酮擦净。

吸收池厚度可以通过干涉条纹求得

$$b = \frac{N}{2n}\left(\frac{1}{\bar{\nu}_1 - \bar{\nu}_2}\right) \tag{4-32}$$

式中：N 为 $\bar{\nu}_1$ 与 $\bar{\nu}_2$ 间干涉峰的数目；b 为吸收池厚度；n 为样品的折射率。

溶液法适用于挥发性液体样品的测定。使用固定液池，将样品溶解于适当溶剂中配成一定浓度的溶液（一般质量分数为 10% 左右），用注射器注入液池中进行测定。所用溶剂应易于溶解样品，非极性、不与样品形成氢键，溶剂的吸收不与样品吸收重合。常用溶剂为 CS_2、CCl_4、$CHCl_3$ 等。

盐片窗口怕水，因此一般水溶液不能测定红外光谱。水溶液红外光谱测定的一种简易方法是利用聚乙烯薄膜。需注意的是，聚乙烯、水及重水都有红外吸收。

气态样品可使用气体槽（图4－16）进行测量。气体槽是一直径约为 40mm、窗板间隔为 $2.5 \sim 10cm$ 的石英或玻璃圆筒，两端配有透红外窗口（NaCl 或 KBr），玻璃管两端要求密封性良好，以防气体泄漏。气体槽还可用于挥发性很强的液体样品的测定。

图4－16 气体样品槽

吸收带的强度可以通过调整池内的压力加以控制,在测定时必须防止水蒸气的干扰。

4.4.2 固体样品制样方法

固体试样以结晶、无定型粉末及凝胶等形式存在,其调制方法也各不相同。制备固体样品常用的有粉末法、糊状法、压片法、薄膜法、热裂解法等,尤其前3种用得最多,现分别介绍如下。

1. 粉末法

这种方法是把固体样品研磨至2 μm左右的细粉,悬浮在易挥发的液体中,移至盐窗上,待溶剂挥发后即形成一均匀薄层。

当红外光照射在样品上时,粉末粒子会产生散射,较大的颗粒会使入射光发生反射,这会降低样品光束到达检测器上的能量,使谱图的基线抬高。散射现象在短波长区表现尤为严重,甚至可以使该区无吸收谱带出现。为了减少散射现象,必须把样品研磨至直径小于入射光的波长,即磨至直径2 μm以下(因为中红外光波波长是从2 μm起)。

2. 糊状法

粉末法尽管将试样的粒度控制在2 μm左右,但其散射损失仍然较大。为减少光的散射,常选取与试样折射率相近的液体混合物研磨制成糊膏状。通常固体有机化合物的折射率为1.5~1.6,而作为液体的分散介质主要有液体石蜡(或称Nujol油,$n_D = 1.46$)、六氯丁二烯($n_D = 1.55$)以及氟化煤油。试样调制时将5mg左右的样品与一滴石蜡油在玛瑙研钵中充分研匀,转移到可拆液体红外池窗片上,盖上另一窗片固定后进行测定。这种方法的优点是调制容易且快速,凡能变成细粉末的试样都可以进行测量,尤其对于溶液法没有适当溶剂的试样更为有效。

石蜡油是一种精制过的长链烷烃,不含芳烃、烯烃和其他杂质,黏度大、折射率高,它本身的红外谱带较简单,只有4个吸收光谱带,即3000~2850cm^{-1}的饱和C—H伸缩振动吸收、1468cm^{-1}和1379cm^{-1}的C—H弯曲振动吸收以及720cm^{-1}处的CH$_2$平面摇摆振动弱吸收。假如被测定物含饱和C—H键,则不宜用液体石蜡作悬浮液,可以改用六氯丁二烯或氟化煤油代替石蜡作糊剂,两者互为补充就可以获得试样在中红外区的完整谱图。

对于大多数固体试样,都可以使用糊状法来测定它们的红外光谱,如果样品在研磨过程中易发生分解,则不宜用糊状法。因为液体槽的厚度难以掌握,光的散射也不易控制,所以糊状法的重复性不好,很难用于定量分析。

3. 卤化物压片法

固体样品常用压片法,这也是固体样品红外测定的标准方法。精确称取样品0.3~3mg,与约200mg的卤化物共同研磨并混合均匀,将混合物倒入压模中,要使样品在模砧上均匀堆积,用压杆略加压使之完全铺平,装配好后,再将压模置于压片机上(图4-17)并与真空系统相连,在真空条件下,同时缓慢加压至约15 MPa,维持1min就可以获得透明的薄片。

卤化物具有较高的红外透过率,如KBr在中红外区直到250cm^{-1}都是透明的,是在压片法中常用的基质材料,这主要

图4-17 样品压片机

考虑到基质材料与样品的折射率应比较接近。

常用的卤化物的折射率,KCl 为 1.49,NaCl 为 1.54,KBr 为 1.56。这几种材料中 KBr 不仅红外透过率好,而且吸湿性相对较差,不变软,烧结压低,特别是它的折射率与许多矿物相近,所以是最常用的制片基质。假如样品的折射率较低,则宜采用 KCl。若样品的折射率高,则应选用 KI 或铯、铊以至银的卤化物 AgCl($n = 1.98$)。

KBr 的主要缺点是吸湿性偏大,因此在使用前样品必须烘干,不能带吸附水;否则影响压片质量。在制备样品时,即使在干燥箱中进行样品的混研,也难以避免吸水,在测谱时要注意游离水的吸收谱带是否因 KBr 的吸水造成。因此,为消除它的影响,常用纯 KBr 在同样条件下压一个补偿片。

压片法制备固体红外光谱样品有很多优点:①使用的卤化物在红外扫描区域内不出现干扰的吸收谱带;②可以根据样品的折射率选择不同的基质,把散射光的影响尽可能减小;③压成的薄片易于保存(可放在干燥器中),便于重复测试或携带;④压片时所用的样品和基质都可以借助天平精确称量,可以根据需要精确地控制压片中样品的浓度和片的厚度,便于定量测试。

4. 薄膜法

这是红外光谱试验中常用的另一种固体制样方法。当某些固体试样不能用以上方法调制时,将其直接制成薄膜可能更为方便。根据样品的物理性质,有不同的制备薄膜的方法。

1)熔融成膜法

当样品的熔点低且又热稳定时,将样品直接放在可拆池的窗片上烘烤,使样品受热变成流动性的液体,再盖上另一窗片时样品铺展成均匀薄膜,逐渐冷却固化后测定。如果样品的成膜性能较好,也可以放在两块抛光面的金属块间加热加压,冷却后揭下薄膜测定。

2)溶液成膜法

这一方法的实质是将样品悬浮在沸点低、对样品的溶解度大的溶剂中,使样品完全溶解,但不与样品发生化学变化,将溶液滴在成膜介质上,室温下待溶液挥发,再用红外灯烘烤,以除去残留溶剂,这时就得到了薄膜,将薄膜揭下测定。常用的溶剂有苯、丙酮、甲乙酮、N,N - 二甲基甲酸胺等。薄膜的厚度可根据溶液浓度和展开面积来调节。这种方法往往在薄膜中残留溶剂,应予以注意。

3)真空蒸着法

可将升华性的固体试样真空加热蒸发,使其冷却在池的窗片表面上,形成薄膜测定。

4)剥离薄片法

有些矿物如云母类是以薄层状存在,小心剥离出厚度适当的薄片(10 ~ 150 μm),即可直接用于红外光谱的测绘。如用胶黏带,可以剥离出 1 ~ 10 μm 的薄片。由于表面的平行度极高,这时需用细砂纸在表面轻擦,使表面略呈粗糙,以消除这种干扰。有机高分子材料常常制成薄膜,作红外光谱测定时只需直接取用。

5)沉淀薄片法

称取几毫克的样品用酒精或异丙醇充分研磨,再稀释到所需浓度后,吸一滴悬浮液到窗片上,继续搅动成为较稠厚的液体,当溶剂蒸发、干燥后得到厚度相当均匀的薄膜。

4.4.3　制样方法对红外光谱图质量的影响

样品制备的方法和技术是红外光谱测试的关键因素,如果样品处理不恰当,会对测试结果产生影响。在制备样品时应注意以下几点。

1. 样品的浓度和厚度

一般定性测试时,样品的厚度均选择在 $10 \sim 30 \mu m$ 之间,如样品制得过薄或浓度过低,会使弱的甚至中等强度的吸收谱带显示不出来,从而失去了谱图的特征;如果样品太厚或过浓,会使许多主要吸收谱带超出标尺刻度,看不出准确的波数位置和精细结构。一般应使大多数吸收带的透过率处于 20% ～ 60% 范围内。为了得到一张完整的红外光谱图,往往需采用多种厚度的样品。

2. 样品中水和 CO_2 的影响

样品中不应含有游离水,水的存在不但干扰试样的吸收谱面貌,而且会腐蚀吸收槽窗。同时注意光路中不应有 CO_2,它也会干扰吸收谱的形态。

3. 多组分样品处理

对于多组分的样品,在进行红外光谱测绘前应采用化学萃取、选择性溶解、气相色谱、重结晶等方法尽可能将组分分离;否则谱带重叠,以致无法解释谱图。

4. 样品表面反射的影响

在强的吸收谱带附近,表面反射引起的能量损失可高达 15% 以上,特别是低频一侧,样品的折射率变得很大,使反射引起的能量损失增加,造成谱带变形。可在参比光路中放一厚度小得多的同组分样品,以补偿折射造成的谱带变形。样品表面反射还会产生干涉条纹,消除条纹影响的常用措施之一是使表面变得粗糙,或制成一边厚、一边薄的样品。

📊 4.5　红外光谱分析在材料研究中的应用

无机化合物的红外光谱图比有机化合物简单,谱带数较少,并且很大部分是在 $1500 cm^{-1}$ 以下的低频区,特别是在 $650 \sim 400 cm^{-1}$ 区间。因此一般在测定无机化合物时,要选用测量波数极限低的红外光谱仪,至少能测至 $400 cm^{-1}$。因此一些新型的红外光谱仪可测至 $200 cm^{-1}$ 甚至 $20 cm^{-1}$,对于无机物的红外光谱分析尤为理想。

4.5.1　无机化合物的基团振动频率

无机化合物在中红外区的吸收,主要是阴离子(团)的晶格振动引起的,它的吸收谱带位置与阳离子的关系较小,通常当阳离子的原子序数增大时,阴离子团的吸收位置将向低波数方向做微小的位移。因此,在鉴别无机化合物的红外光谱图时,主要着重于阴离子团的振动频率。

1. 水的红外光谱

这里的水是指化合物中以不同状态存在的水,在红外光谱图中,表现出的吸收谱带也有差异。表 4 - 6 所列为不同状态水的红外吸收频率。

表 4-6　不同状态水的红外吸收频率　　　（单位:cm^{-1}）

水的状态	O—H 伸缩振动	弯曲振动
游离水	3756	1595
吸附水	3435	1630
结晶水	3200~3250	1670~1685
结构水(羟基水)	~3640	1350~1260

1) 碱性氢氧化物中 OH$^-$ 的伸缩振动

无水的碱性氢氧化物中 OH$^-$ 的伸缩振动频率都在 3550~3720cm^{-1} 范围内,如 KOH 为 3678cm^{-1}、NaOH 为 3637cm^{-1}、Mg(OH)$_2$ 为 3698cm^{-1}、Ca(OH)$_2$ 为 3644cm^{-1}。两性氢氧化物中 OH$^-$ 的伸缩振动偏小,其上限为 3660cm^{-1},如 Zn(OH)$_2$、Al(OH)$_3$ 分别为 3260cm^{-1} 和 3420cm^{-1}。这里阳离子对 OH$^-$ 的伸缩振动有一定的影响。

2) 水分子的 O—H 振动

已知一个孤立的水分子是用两个几何参数来表示的,即 $R_{O-H} = 0.0957$nm, $\widehat{HOH} = 104.50°$,它有 3 个基本振动。但是含结晶水的离子晶体中,由于水分子受其他阴离子团和阳离子的作用,改变了 R_{O-H} 甚至 $\widehat{HOH}$,从而会影响振动频率。例如,以简单的含水络合物 M·H$_2$O 为例,它含有 6 个自由度,其中 3 个是与水分子内振动有关的,H$_2$O 处在不同的阳离子(M)场中,使振动频率发生变化。当 M 是一价阳离子时,R_{M-O} 约为 0.21nm,这时 OH$^-$ 的伸缩振动频率位移的平均值 $\Delta\nu$ 为 90cm^{-1}。而当 M 是 3 价阳离子时,R_{M-O} 为 0.18nm,频率位移高达 500cm^{-1}。

至于含氧盐水合物中晶体水吸收带的结构与水分子间的相互作用,以石膏 CaSO$_4$·2H$_2$O 为例可以说明它的特点。因为石膏中的水分子在晶格中处在等价的位置上,每一个水分子与 SO$_4^{2-}$ 离子的氧原子形成两个氢键。由中子衍射测量 O$_w$⋯O 核间的间隔几乎都相等。而 O—H 键长的差别却很大,所以在 CaSO$_4$·2H$_2$O 的多晶样品 O—H 伸缩振动区内,除有水分子的两个伸缩振动外,还有多个分振动谱带

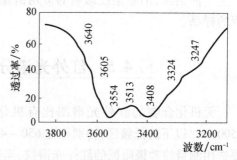

图 4-18　石膏在伸缩振动区的红外光谱

(图 4-18),即 3554cm^{-1}、3513cm^{-1} 和 3408cm^{-1},而且在谱带的两斜线上还有几个弱的吸收台阶,石膏中 H$_2$O 的弯曲振动在 1623cm^{-1} 和 1688cm^{-1}。若石膏脱水生成半水石膏以后,则只留下 1623cm^{-1} 弯曲振动,伸缩振动减少为两个,并略向高波数移动至 3615cm^{-1}、3560cm^{-1}。

2. 碳酸盐的基团振动

碳酸盐离子 CO$_3^{2-}$ 和 SO$_4^{2-}$、PO$_4^{3-}$ 或 OH$^-$ 都具有强的共价键,键力常数较高。未受微扰的碳酸离子是平面三角形对称型(D$_{3h}$),它的简正振动模式有:

对称伸缩振动　　　　1064cm^{-1}　　　　红外非活性(拉曼活性)

非对称伸缩振动　　　1415cm^{-1}　　　　红外 + 拉曼活性

| 面内弯曲振动 | $680cm^{-1}$ | 红外 + 拉曼活性 |
| 面外弯曲振动 | $879cm^{-1}$ | 红外活性 |

根据价力场，G·赫尔兹柏尔格（Herzberg）1945 年计算得到伸缩振动力常数 $k = 1067N/m$。

应当说明，碳酸盐离子总是以化合物形式存在，自由离子的频率是很难测定的。以方解石和白云石为例，它们的红外光谱如下：

方解石（$CaCO_3$）单晶及粉末的振动吸收谱带值见表 4-7。可见 ν_4 的波数十分吻合，弯曲振动 ν_2 也是十分尖锐的吸收谱带，两者相差平均为 $5cm^{-1}$，而精度已扩大至 $10cm^{-1}$；至于非对称伸缩振动精度平均差为 $18cm^{-1}$。粉末测得数值比单晶的数值高，是受到长距离极化场影响的结果。同时粉末测量时还受到颗粒大小的影响。

表 4-7　方解石单晶及粉末的振动吸收谱带值

	单晶/cm^{-1}	粉末（平均值）/cm^{-1}
非对称伸缩振动 ν_s	1407	1425
面外弯曲振动 $1\nu_2$	872	877
面内弯曲振动 $2\nu_4$	712	712

一些具有方解石结构的其他碳酸盐，其阳离子是中等大小的 2 价元素，如 Mg^{2+}、Cd^{2+}、Fe^{2+}、Mn^{2+} 等，均具有类似的红外光谱（图 4-19）。

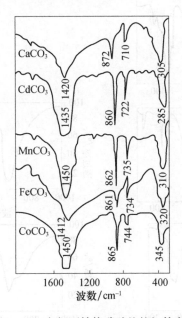

图 4-19　方解石结构碳酸盐的红外光谱

白云石是具有混合阳离子的三元碳酸盐，如果在方解石结构的阳离子位置，一个阳离子以 1∶1 的有序方式代替 Ca^{2+} 离子，就可以得到白云石结构的碳酸盐。这时垂直于主轴的一个阳离子被离子半径较大的 Ca^{2+} 占据，另一个阳离子层则被离子半径较小的阳离子，如 Mg^{2+}、Mn^{2+}、Fe^{2+} 等占满。表 4-8 所列为白云石结构碳酸盐的红外振动频率。

表4-8　白云石结构的红外振动频率

矿　物	振动频率/cm^{-1}
白云石 CaMg(CO$_3$)$_2$	881,1439,729,1099,1444,724
铁白云石 Ca(Fe、Mg)(CO$_3$)$_2$	877,1450,726
镁菱白云石 Ca(Mn、Mg)(CO$_3$)$_2$	869,1435,721

3. 无水氧化物

1）MO 化合物

这类氧化物大部分具有 NaCl 结构,所以它只有一个三重简并的红外活性振动模式,如 MgO、NiO、CoO 分别在 400cm^{-1}、465cm^{-1}、400cm^{-1}有吸收谱带。

2）M$_2$O$_3$化合物

刚玉结构类氧化物有 Al$_2$O$_3$、Cr$_2$O$_3$、Fe$_2$O$_3$等,它们的振动频率低且谱带宽,为 700~200cm^{-1},Fe$_2$O$_3$的振动频率低于相应的 Cr$_2$O$_3$。这 3 种氧化物的红外光谱示于图 4-20(a)中,但是对于刚玉结构的振动却尚无较满意的解释。

3）AB$_3$O$_4$尖晶石结构化合物

尖晶石结构的化合物在 700~400cm^{-1}之间有两个大而宽的吸收谱带,是由 B^{3+}-O 的振动引起。以 MgAl$_2$O$_4$尖晶石为例,其红外光谱示于图 4-20(b)中。

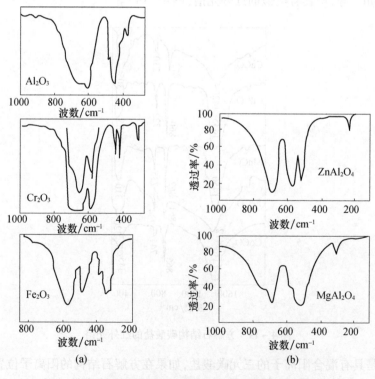

图 4-20　M$_2$O$_3$刚玉结构和尖晶石 MgAl$_2$O$_4$的红外光谱

(a)M$_2$O$_3$刚玉结构;(b)光晶石 MgAl$_2$O$_4$。

表 4-9 所列为一些金属氧化物的振动频率。金属在红外光谱中是没有吸收带的，即使是纳米级厚的金属薄膜红外光也无法透射。金属氧化物和非金属氧化物有红外吸收谱带。氧化物的红外吸收谱带通常都在中红外的低频区和远红外区。多数氧化物吸收谱带是宽谱带，但也有一些氧化物吸收谱带很尖锐。

表 4-9　一些金属氧化物的振动频率

化学式	吸收峰位置/cm^{-1}	化学式	吸收峰位置/cm^{-1}
Al_2O_3	3300,3093,1075,745,618	MgO	528,410
CaO	394,322	MnO_2	574,527,478,380
Co_2O_3	867,564	Nd_2O_3	345
Cr_2O_3	966,892,580,322	SiO_2	1164,1097,1063,799,780,696,459,396,372
Cu_2O	620,147	TiO_2	459,345
CuO	515,322,164,148	VO_3	816,766
Fe_2O_3	583,462,308	Y_2O_3	381
Fe_3O_4	561,392	ZnO	432

4. 硫酸盐化合物

这是以 SO_4^{2-} 孤立四面体的阴离子团与不同的阳离子结合而成的化合物。当 SO_4^{2-} 保持全对称时，孤立离子团将有 4 种振动模式，即 ν_1 为对称伸缩振动；ν_3 为非对称伸缩振动；ν_2、ν_4 为弯曲振动，它们的振动频率分别是 983cm^{-1}、1150cm^{-1}、450cm^{-1}、611cm^{-1}。

SO_4^{2-} 总是与金属元素化合，这时就会影响特征吸收谱带的位置。例如，碱金属硫酸盐的 SO_4^{2-} 的对称振动频率随阳离子的原子量增大而减小，如 $Li_2SO_4 \cdot H_2O$，ν_1 为 1020cm^{-1}，Na_2SO_4 为 1000cm^{-1}，K_2SO_4 为 983cm^{-1}，Rb_2SO_4 和 Cs_2SO_4 均为 990cm^{-1}。对于 2 价阳离子的硫酸盐也有类似规律。

石膏是硅酸盐工业中常用的原料之一，它可分为二水石膏 $CaSO_4 \cdot 2H_2O$、半水石膏 $CaSO_4 \cdot \frac{1}{2}H_2O$ 和硬石膏（无水），三者的红外光谱有一定的差别。表 4-10 是石膏的振动频率数值。

表 4-10　石膏的红外振动频率　　　　（单位:cm^{-1}）

名称	ν_1	ν_2	ν_3	ν_4	水振动
硬石膏	1013	515 420	1140 1126 1095	671,612 592 667,634	—
$CaSO_4 \cdot \frac{1}{2}H_2O$	1012	465	1158 1120		3615 1629
$CaSO_4 \cdot 2H_2O$	1000 1006	492 413	1131,1142 1118,1138	602~669	3555,1690 3500,1629

金属阳离子与 SO_4^{2-} 结合后，因 SO_4^{2-} 周围化学环境发生变化，有时消除振动的简并分

裂为两个或 3 个谱带,如 $CaSO_4$ 最多达到 8 个振动频率。同时由于石膏中水分子的影响,当水除去时,SO_4^{2-} 的振动频率也相应地有所变化,水的 O—H 键伸缩振动也有变化。

5. 硼酸盐和磷酸盐

1）硼酸盐

硼酸盐类矿物可以形成 BO_3 三角形或 BO_4 四面体,这两种多面体既可分别聚合也可混合相连成聚合体,它们常常是含水的矿物,依据前面介绍过的一些原则,红外光谱中也可以把这些不同的阴离子团加以区别。

BO_3 离子为 D_{3h} 对称,有 4 种振动,即对称和非对称伸缩以及面内和面外弯曲振动(一些含 BO_3 离子团的矿物具有方解石的结构)。它们分别在 800 ~ 1000cm^{-1}、1000 ~ 1300cm^{-1}、600 ~ 800cm^{-1} 和 550 ~ 650cm^{-1} 之间。若是 BO_3 离子发生聚合,也由于形成桥氧和非桥氧,而使简并的振动分裂,并且分别移向 1496cm^{-1}、1285cm^{-1}、1270cm^{-1} 及 834cm^{-1}。

对 BO_4 的振动模式,1082cm^{-1}、1037cm^{-1}、927cm^{-1} 为伸缩振动;弯曲振动为 717cm^{-1}、470cm^{-1},甚至可能在 230cm^{-1}。

2）磷酸盐

磷酸盐具有 PO_4 四面体阴离子基团,它的基本振动也有 4 个,即对称伸缩、非对称伸缩、两个弯曲振动。它与 SiO_4 一样也只有非对称振动 1080cm^{-1} 和一个弯曲振动 500cm^{-1} 是红外活性的。在实际的化合物中,由于其他阳离子的加入不仅谱带发生位移,而且会发生分裂,消除原来的简并振动。

一些无机化合物基团的基本振动列于表 4 – 11 中。

表 4 – 11　常见无机物中阴离子在红外区的振动频率

基团	吸收峰位置/cm^{-1}	基团	吸收峰位置/cm^{-1}
$B_2O_7^{3-}$	1280 ~ 1340(强、宽),1150 ~ 1100 1050 ~ 1000,950 ~ 900,~ 825	$P_2O_7^{4-}$	1220 ~ 1100(强、宽), 1060 ~ 960(常以尖的双峰或多峰出现), 950 ~ 850,770 ~ 705
CN$^-$	2230 ~ 2130(强)	AsO_3^{3-}	840 ~ 700 (强、宽)
SCN$^-$	2160 ~ 2040(强)	AsO_4^{3-}	850 ~ 770(强、宽)
HCO$_3^-$	3300 ~ 2000(宽,多个峰), 1930 ~ 1840(弱、宽),1700 ~ 1600(强), 1000 ~ 940,840 ~ 830,710 ~ 690	VO_4^{3-}	900 ~ 700(强、宽)
		HSO$_4^-$	~ 288(宽),2600 ~ 2200(宽), 1350 ~ 1100(强、宽),1080 ~ 1000, 890 ~ 850
CO_3^{2-}	1530 ~ 1320(强),1100 ~ 1040(弱), 890 ~ 800,745 ~ 670(弱)		
SiO_3^{2-}	1010 ~ 970(强、宽)	SO_3^{2-}	980 ~ 910[强、$(NH_4)_2SO_3$ 无此峰], 660 ~ 615
SiO_4^{2-}	1175 ~ 860(强、宽)		
TiO_3^{2-}	700 ~ 500(强、宽)	SO_4^{2-}	1210 ~ 1040(强、宽), 1036 ~ 960(弱,尖),680 ~ 580
ZrO_3^{2-}	770 ~ 700(弱),600 ~ 500(强、弱)		

续表

基团	吸收峰位置/cm^{-1}	基团	吸收峰位置/cm^{-1}
SnO_3^{2-}	700~600（强、宽）	$S_2O_4^{2-}$	1310~1260（强、宽），1070~1050（尖），740~690
NO_2^-	1350~1170（强、宽），850~820（弱）		
NO_3^-	1810~1730（弱、尖、有的呈双峰），1450~1330（强、宽），1060~1020（弱、尖），850~800（尖），770~715（弱、中）	SeO_4^{2-}	770~700（强、宽）910~840（强、宽）
		$Cr_2O_7^{2-}$	990~880（强，常在920~880出现1~2个尖峰），840~720（强）
$H_2PO_2^-$	2400~3200（强），1200~1140（强、宽），1102~1075，1065~1035，825~800	CrO_4^{2-}	930~850（强、宽）
		MoO_4^{2-}	840~750（强、宽）
HPO_3^{2-}	2400~2340（强），1120~1070（强、宽），1020~1005（弱、尖），1000~970	WO_4^{2-}	900~750（强、宽）
		ClO_3^-	1050~900（强、双峰或多个峰）
PO_3^{3-}	1350~1200（强、宽），1150~1040（强），800~650（常出现多个峰）	ClO_4^-	1150~1050（强、宽）
		BrO_3^-	850~740（强、宽）
$H_2PO_4^-$	2900~2750（弱、宽），2500~2150（弱、宽），1900~1600（弱、宽），1410~1200，1150~1040（强、宽），1000~950，920~830	IO_3^-	830~690（强、宽）
		MnO_4^-	950~870（强、宽）
		结晶水	3600~3000（强、宽），1670~1600
PO_4^{3-}	1120~940（强、宽）		

4.5.2　红外光谱分析在无机材料制备研究中的应用

随着纳米材料与纳米技术的不断发展，以纳米粉体作为前驱粉体烧结功能陶瓷的研究成为近年来的研究热点。由于纳米材料本身所具有的表面效应、小尺寸效应和量子效应的作用，大大提高了烧结过程粉体的表面活性，降低了陶瓷材料成核、晶界扩散所需的能量，从而可显著降低透明陶瓷的烧结温度，提高陶瓷的致密度。采用纳米前驱坯体烧结透明陶瓷，烧结温度可降至1700℃以下，陶瓷致密度可达98%以上，从而真正实现功能陶瓷材料的低温烧结。在透明陶瓷前驱粉体的煅烧过程中，应用红外吸收光谱测试技术，再结合其他测试手段，可对粉体的物相和化学结构的变化进行分析，从而对确定和优化工艺参数提供依据。

1. 碳酸盐沉淀法制备 Nd^{3+}:YAG 激光陶瓷纳米粉体

图 4-21 所示为共沉淀法合成的 Nd^{3+}:YAG 激光陶瓷纳米粉体的前驱体和1100℃煅烧后3h后获得的粉体的红外光谱图。试验中，以 $Al(NO_3)_3 \cdot 9H_2O$、Y_2O_3 和 Nd_2O_3 为原料，NH_4HCO_3 为沉淀剂，$(NH_4)_2SO_4$ 为静电稳定剂制备 Nd^{3+}:YAG 纳米粉体，为下一步的 Nd^{3+}:YAG 激光陶瓷的制备提供相应的原料。NH_4HCO_3 在滴加过程中分解，得到 CO_2 和 NH_4^+，使得金属离子与之反应生成碱式碳酸盐前驱体，反应为

$$NH_4HCO_3 + H^+ \longrightarrow NH_3 \cdot H_2O + CO_2 \uparrow$$

$$3RE^{3+} + 3OH^- + 3CO_3^{2+} + nH_2O \longrightarrow RE_2(CO_3)_3RE(OH)_3 \cdot nH_2O \downarrow$$

在随后的煅烧过程中,前驱体发生分解生成 Nd^{3+} 掺杂的 $YAG(Y_3Al_5O_{12})$ 纳米粉体。

对于碳酸盐共沉淀法所制备的前驱体,从前驱体与1100℃煅烧后3h后获得的粉体的红外光谱可以观察到,图4-21(a)中的前驱体中波数为 $1521cm^{-1}$、$1419cm^{-1}$、$837cm^{-1}$ 的吸收由 CO_3^{2-} 的非对称伸缩振动和弯曲振动引起;$1130cm^{-1}$ 附近的吸收峰对应的是 SO_4^{2-} 的振动吸收;$3437cm^{-1}$ 和 $1633cm^{-1}$ 分别对应 H—O—H 伸缩和弯曲振动;$613cm^{-1}$ 附近的峰为 Al—O 键的振动引起。图4-21(b)的煅烧后在 $460\sim800cm^{-1}$ 出现的一系列峰值为 YAG 中晶格振动与光子相互作用所引起的吸收所对应的峰值,同时 $900cm^{-1}$ 以上的峰值基本消失,只剩下波数为 $3416cm^{-1}$ 左右一个吸收峰,可能由空气中的吸附水引起,说明 CO_3^{2-}、SO_4^{2-}、OH^- 等离子已被煅烧分解,结合 TG - DTA 和 XRD 测试的结果,可以断定煅烧后粉体的成分为 YAG 相。

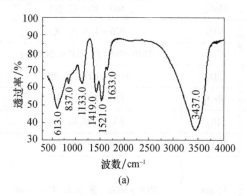
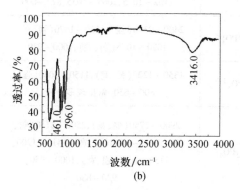

图4-21 碳酸盐共沉淀法合成 Nd^{3+}:YAG 粉体的红外光谱

(a)前驱体;(b)1100℃煅烧3h后粉体。

2. 氨水共沉淀法制备 $Nd:Y_2O_3$ 透明陶瓷纳米粉体

试验中,以 $Y_2O_3(99.99\%)$、$Nd_2O_3(99.99\%)$ 和 HNO_3(分析纯)为原料,以氨水为沉淀剂制备 $Nd:Y_2O_3$ 透明激光陶瓷纳米粉体。当向稀土硝酸盐溶液中加入氨水时,生成相应稀土氢氧化物的胶状沉淀,而在沉淀中 OH^-/RE^{3+} 物质的量的比并不是正好等于3,而是随着金属离子的不同在 $2.48\sim2.88$ 之间变化,沉淀也并不是符合化学计量比的 $RE(OH)_3$,而是组成不同的碱式盐,它们只有与过量碱长期接触才能转变成 $RE(OH)_3$。图4-22所示为共沉淀法制备 $Nd:Y_2O_3$ 透明陶瓷纳米粉体的前驱体和1000℃煅烧3h后粉体的红外光谱。

在图4-22中,前驱体中 $3485cm^{-1}$、$1640cm^{-1}$ 附近的谱带分别由吸附水的 O—H 伸缩振动和 O—H 弯曲振动引起。对无机硝酸盐而言,由 NO_3^- 引起的红外光谱谱带在 $1400\sim1370cm^{-1}$ 及 $840\sim820cm^{-1}$ 区域,前驱体中 $1385cm^{-1}$ 附近的谱带应由 NO_3^- 引起。根据以上分析结果,再结合 TG/DTA 分析和 XRD 分析结果可以确定前驱沉淀产物为 $RE_2(OH)_5(NO_3)\cdot H_2O(RE = Y、Nd)$。

1000℃煅烧后,以上特征谱带已基本消失,位于 $400\sim800cm^{-1}$ 的低频区又出现了 $438cm^{-1}$、$465cm^{-1}$、$562cm^{-1}$ 等谱峰,这是 Y_2O_3 晶相金属与氧原子间特征 M—O 振动谱峰,这标志着 Y_2O_3 晶相已经形成。粉体中还有微量未去除的 NO_3^- 存在,$3466cm^{-1}$ 处的微弱 H—O 吸收峰为粉体在空气中吸附少量的水所致。

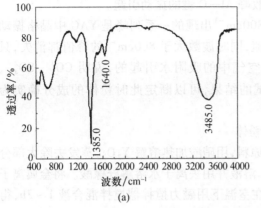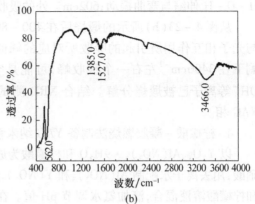

图 4 - 22　氨水共沉淀法制备 Nd^{3+} : Y_2O_3 粉体的红外光谱

(a)前驱体;(b)1000℃煅烧 3h 后粉体。

3. 均相沉淀法制备 Er^{3+} : YAG 激光陶瓷纳米粉体

图 4 - 23 所示为均相沉淀法制备 Er^{3+} : YAG 激光陶瓷纳米粉体的前驱体和 1100℃煅烧 3h 后获得的粉体的红外光谱。实验中,以 $Al(NO_3)_3 \cdot 9H_2O \backslash Y_2O_3$ 和 Er_2O_3 为原料,以尿素为沉淀剂,以 $(NH_4)_2SO_4$ 为静电稳定剂制备 Nd^{3+} : YAG 纳米粉体。尿素在溶液中的作用与反应机理为

$$CO(NH_2)_2 + 3H_2O \longrightarrow 2NH_3 \cdot H_2O + CO_2 \uparrow$$

$$NH_3 \cdot H_2O \longrightarrow NH_4^+ + OH^-$$

$$RE^{3+} + 3OH^- + CO_2 \longrightarrow RE(OH)CO_3 \cdot H_2O \downarrow$$

在以上几步反应中,沉淀反应是瞬间反应,而氨水的电离也可以认为近似是瞬间反应,只有尿素的水解是缓慢的反应,这步反应控制着沉淀物的生成,从而形成均相沉淀。在随后的煅烧过程中,前驱体发生分解生成 Er^{3+} : YAG 纳米粉体。

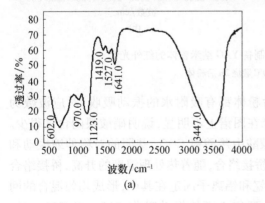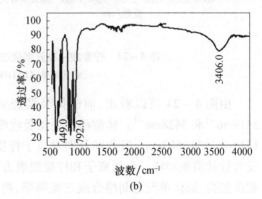

图 4 - 23　均相沉淀法制备 Er^{3+} : YAG 粉体的红外光谱

(a)前驱体;(b)1100℃煅烧 3h 后粉体。

对于尿素共沉淀法所制备的前驱体,从图 4 - 23(a)中前驱体的红外光谱可以看出,波数为 1527cm^{-1} 和 1419cm^{-1} 的吸收峰是由 CO_3^{2-} 的非对称伸缩振动引起的;970cm^{-1}、1123cm^{-1} 的吸收峰对应的是 SO_4^{2-} 的振动吸收;3447cm^{-1} 和 1641cm^{-1} 的吸收峰分别对应

H—O—H 伸缩与弯曲振动；602cm^{-1}处的吸收峰 Al—O 键的振动引起。

从图 4-23(b)所示的煅烧后在 400～800cm^{-1}出现的一系列峰是 YAG 中晶格振动与光子相互作用所引起的吸收所对应的峰值，同时波数大于 860cm^{-1}的峰值都消失，只剩下在 3406cm^{-1}左右一个吸收峰，可能是空气中的吸附水引起的，说明 CO_3^{2-}、SO_4^{2-}、OH^- 等离子已被煅烧分解。结合 XRD 测试的结果，可以断定此时粉体的成分确实为 YAG 相。

4. 柠檬酸-凝胶燃烧法制备 YAG 纳米粉体

以 Y_2O_3、$Al(NO_3)_3 \cdot 9H_2O$ 和柠檬酸为原料，用硝酸加热溶解 Y_2O_3，蒸发去除大部分硝酸，用去离子水配制 $Al(NO_3)_3$ 和 $Y(NO_3)_3$ 溶液并用去离子水溶解柠檬酸。将金属离子和柠檬酸溶液混合，滴加氨水调节 pH 值。在室温下用磁力搅拌器搅拌混合液 1～2h，得到无色透明溶胶，对凝胶进行加热，发生以下剧烈燃烧反应，即

$$18Y(NO_3)_3 + 30Al(NO_3)_3 + 40C_6H_8O_7 \longrightarrow 9Y_2O_3 + 15\ Al_2O_3 + 72N_2 \uparrow + 240CO_2 \uparrow + 160H_2O \uparrow$$

反应过程中释放大量 CO_2、N_2 和 H_2O，有机网络以及气体的作用可以大大减轻纳米粉体的团聚。反应结束后得到黄黑色的多孔蓬松状前驱体，再将前驱体研磨后在空气中进行不同温度的热处理，得到颗粒均匀、分散性好、形状较规则的 YAG 纳米粉体。前驱体及煅烧后粉体的红外光谱如图 4-24 所示。

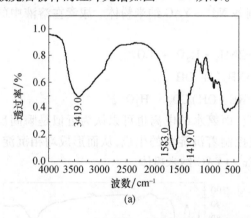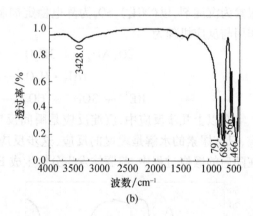

图 4-24 柠檬酸-凝胶燃烧法制备 YAG 纳米粉体的红外光谱
(a)前驱体；(b)1100℃煅烧 2h 后粉体。

由图 4-24 可以看出，前驱体及煅烧后粉体都有吸附水的振动吸收，对应波数为 3419cm^{-1}和 3428cm^{-1}。硝酸根的振动吸收峰在图谱上不明显，说明硝酸根的含量很少。1419cm^{-1}和 1583cm^{-1}吸收峰分别对应于柠檬酸中羧酸根 COO^- 基团的对称伸缩振动和反对称伸缩振动峰。金属离子和柠檬酸根为桥接络合，随着热处理温度的升高，桥接络合程度加强，结构单元之间络合成三维网络，将钇和铝离子固定在其中，形成均匀混合的网络结构。432cm^{-1}、466cm^{-1}对应于 Al^{3+} 的 4 配位 4 面体振动吸收，516cm^{-1}、566cm^{-1}、686cm^{-1}对应于 Y^{3+} 的 8 配位 12 面体的振动吸收，725cm^{-1}和 790cm^{-1}对应于 Al^{3+} 的 6 配位 8 面体的振动吸收，与钇铝石榴石的晶体结构相符合，说明经过 1100℃烧结已经形成了稳定的 YAG 晶体结构，和 XRD 衍射结果相一致。可见，结合 TG-DTA、XRD 等分析手段，红外吸收光谱分析在无机物的物相和组分鉴别中有重要作用。

4.5.3　红外光谱的定性分析

用红外光谱进行官能团或化合物定性分析的最大优点是特征性强。一方面由于不同官能团或化合物都具有各自不同的红外谱图，其谱峰数目、位置、强度和形状只与官能团或化合物的种类有关，根据化合物的谱图可以像辨别人的指纹一样确定官能团或化合物，所以有人把用红外光谱进行定性分析称为指纹分析；另一方面，由于红外光谱测试方便，不受样品分子量、形态（气体、液体、固体和溶液均可）和溶解性等方面的限制，测试用样较少（常规分析约 20mg，微量分析为 0.02 ~ 5mg，气体为 10 ~ 200mL），所以在官能团或化合物结构鉴定，特别是化合物的指认或从几种可能结构中确定一种结构方面有广泛的应用。

1. 定性分析的一般方法

1）分析谱带的特征

首先应分析所有的谱带数目、各谱带的位置和相对强度。不必如鉴定有机化合物那样把谱带划分成若干个区，因为无机物阴离子团的振动绝大多数在 1500cm^{-1} 以下。但要注意高频率振动区是否有 OH$^-$ 或 H$_2$O 存在，以确定矿物是否含水（但是要注意吸附水），再依次确定每一个谱带的位置及相对强度。最先应注意最强的吸收谱带的位置，而后可以用以下方法中任一种来进行分析。

2）对已知物的验证

为合成某种无机物，须知它的合成纯度时，可以取另一标准物分别作红外光谱加以比较或借助已有的标准红外谱图或资料卡查对。假如除了应该有的谱带外，还存在其他的谱带，则表明其中尚有杂质，或未反应完全的原料化合物或反应的中间物。这时还可进一步把标准物放在参比光路中，与待分析试样同时测定，就得到其他物质的光谱，根据光谱可以确定杂质属于何种物质。

3）未知物的分析

如果待测物完全属未知情况，则在做红外光谱分析以前，应对样品做必要的准备工作，并对其性能有所了解。例如，被测物的外观、晶态或非晶态、化学成分（这一点很重要，因为从化学成分可以得知待测物主要属于硅酸盐、铝酸盐或其他阴离子盐的化合物，可作为进一步分析的参考依据）；待测物是否含结晶水或其他水（可以用差热分析先进行测定，这对处理样品有指导意义，因为红外测定必须除去吸附水）；待测物是属于纯化合物或混合物或者是否有杂质等。如果是晶态物质，也可以借助 X 射线进行测定。

根据情况对样品进行预处理，尤其是对复杂的混合物，若能进行分离或者用其中已含的已知物作对照就可以较为方便地获得结果。对于硅酸盐材料，若用化学方法把硅酸盐萃取，只留下铝酸盐和铁铝酸盐，红外光谱图就可大大简化；若在溶解硅酸盐以后进一步把铝酸盐溶解，单独测定铁铝酸盐的结构，将获得更有效的结果。同样，对于陶瓷产品、莫来石、石英的测定也可以用类似方法。

2. 标准红外光谱图的应用

常见的红外光谱标准谱图有 Sadtler 标准红外光谱图库、Aldrich 红外光谱图库、Sigma Fourier 红外光谱图库、DMS（documentation of molecular spectroscopy）孔卡片、API（american petroleum institute）红外光谱资料，以及一些仪器厂商开发的联机检索谱图库。应用最多的是 Sadtler 标准红外光谱图库，它收集了 7 万多张红外谱图，而且每年都增补一些新的谱图；该谱图集有多种检索方法，如分子式索引、化合物名称索引、化合物分类索引和分子量索引等，而且可以同时检索紫外、核磁氢谱和核磁共振碳谱的标准谱图。但是，上述资料对无机化合物红外光谱图的收集不多。

《矿物的红外光谱法》(*Infrared Spectroscopy of Minerals*)已有中译本。它除了讲述红外光谱的基本原理外，对无机化合物的基团振动特点和矿物的分析收集了一些谱图和数据，对硅酸盐矿物按结构分析尤为详尽。

《无机化合物的红外光谱》(*Infrared Spectrum of Inorganic Compounds*)收集了纯无机化合物的红外光谱图，但属于矿物的分析比较少。

4.5.4　红外光谱定量分析

红外光谱定量分析是通过对特征吸收谱带强度的测量来求出组分含量。其理论依据仍然是比尔－朗伯(Beer－Lambert)定律。用红外光谱做定量分析时，对各组分要确定一个特征振动频率，不受其他振动频率的干扰。由于红外光谱的谱带较多，选择的余地大，所以能方便地对单一组分和多组分进行定量分析。此外，由于红外光谱法不受样品状态的限制，能定量测定气体、液体和固体样品。但红外光谱法定量灵敏度较低，尚不适用于微量组分的测定。

1. 红外光谱定量分析原理

当红外光源通过样品时，也会如可见光一样产生光的吸收。红外光 I_0 通过一均匀介质时，若光传输了距离 db，则其能量的减少 dI 与光在这点的总能量 I 成正比，即

$$- \frac{dI}{db} = KI \tag{4-33}$$

其解为

$$I = I_0 e^{-Kb} \tag{4-34}$$

或

$$T = \frac{I}{I_0} = e^{-Kb} \tag{4-35}$$

$$A = \lg \frac{1}{T} = \lg \frac{I_0}{I} = Kb \tag{4-36}$$

式中：A 为吸光度；I_0、I 为入射光和透射光的强度；$T = I/I_0$，为透射率；b 为样品的厚度；K 为吸收系数 (cm^{-1})。

式(4-36)即为比尔－朗伯定律，红外光谱定量的基础就在于吸光度 A 的测量。

2. 选择吸收带的原则

(1)一般选组分的特征吸收峰，并且该峰应该是一个不受干扰、和其他峰不相重叠的孤立峰；如分析酸、酯、醛、酮时，应该选择与羰基振动有关的特征吸收带。

(2)所选择的吸收带的吸收强度应与被测物质的浓度呈线性关系。

(3)若所选的特征峰附近有干扰峰时，也可以另选一个其他的峰，但此峰必须是浓度变化时其强度变化灵敏的峰，这样定量分析误差较小。

3. 吸光度的测量

一般总是在谱带吸收最大的位置来测量吸光度，因为这个位置是谱带轮廓的固有点，

可以容易而准确地加以确定;同时灵敏度也最高,测量的数据也比较精确。测量谱带吸光度大小的方法主要有两种。

(1)一点法。这是最简单而直观的测量方法,但是要有一定的条件,即在参比光路中插入补偿槽,不考虑背景吸收的情况下,选择所要分析的波数,并从谱图的纵坐标上直接读出分析波数处的透过率 T,按吸光度 $A = \lg \dfrac{1}{T}$ 即可计算出吸光度。但是这种方法往往由于杂散光以及背景吸收而影响测量的精度。

(2)基线法。由于一点法的测量精度不能令人满意,常采用基线法测量分析波数的吸光度更接近真实值。红外光谱的背景线常常不水平,或者在一个波数区域有几个吸收谱带紧连在一起,这时就需要根据具体情况采用不同的方法取得基线。其方法与热分析的定量基本相同。

4. 定量分析的方法

设有二元或多元组分的混合物(x,y),选择它们在谱图上的分析谱带,并假设都遵守吸收定律,则可以将两组分的吸光度分别写成

$$\begin{cases} A_x = a_x + b_x + c_x \\ A_y = a_y + b_y + c_y \end{cases} \tag{4-37}$$

式中:A_x、A_y 为 x、y 组分的吸光度;a 为吸收率;b 为样品厚度;c 为样品中组分的浓度。

由于 x 和 y 是在同一压片内,因此 $b_x = b_y$,于是 A_x 和 A_y 有以下关系,即

$$A' = \frac{A_x}{A_y} = \frac{a_x c_x}{a_y b_y} = K \frac{c_x}{c_y} \tag{4-38}$$

对于两组分混合物,$c_x + c_y = 1$,这时配制一个或几个已知浓度比的混合物,并测量其对应谱带的吸光度,就可求得 K,从计算得到

$$\begin{cases} c_x = \dfrac{A'}{K + A'} \\ c_y = \dfrac{K}{K + A'} \end{cases} \tag{4-39}$$

当然,当组分比较复杂或浓度变化范围大,K 值不保持恒定时,就要作吸光度比 A' 对组分浓度比的变化曲线,这需要一系列已知组分比的标准样品才能得到上述曲线。

此外,也可以用内标法进行某组分的定量,它与比例法相似。在制样品时,内标物和试样都是经过精确称量的,所以它们的质量比,即浓度比是已知的,如果遵守比尔吸收定律,就可以按照上面方法求出 K 值和计算某组分的浓度。

4.6 激光拉曼光谱分析法

4.6.1 概述

电磁波或光子和分子发生碰撞时会发生光散射,如果所使用光的频率为 ν_0,则会得到频率为 $\nu_0 + \nu_i$(ν_i 为拉曼活性振动频率,$i = 1,2,\cdots$)的拉曼散射光。若 ν_0 为原点测量斯托克斯线 $\nu_0 - \nu_i$ 中 ν_i 的谱图,则所测得的拉曼光谱与红外光谱一样也是分子的振动光

谱。在分子的各种振动中，有些振动强烈地吸收红外光，而出现强的红外谱带，但产生弱的拉曼谱带；反之，有些振动产生强的拉曼谱带而只出现弱红外谱带。因此这两种方法是相互补充的，只有采用这两种技术才能得到完全的振动光谱。

拉曼效应早在 1923 年就被德国物理学家 A. Smekal 所预言，拉曼散射是印度科学家拉曼在 1928 年发现的，拉曼光谱因此而得名。光和介质分子相互作用时会引起介质分子做受迫振动从而产生散射光。在散射光中，有一部分散射光的频率和入射光的频率不同。拉曼在实验室里用一个大透镜将太阳光聚焦到一瓶苯溶液中，经过滤光的太阳光呈现蓝色，但是当光束再次进入溶液后，除了入射的蓝光外，拉曼还观察到微弱的绿光，拉曼认为这是光与溶剂分子相互作用产生的一种新频率的光谱线。因为这一重大发现，拉曼于 1930 年荣获诺贝尔物理学奖。为了纪念这一发现，人们将与入射光不同频率的散射光称为拉曼散射。拉曼散射的频率与入射光不同，频率位移称为拉曼位移。拉曼散射光与入射光的频率之差与发生散射的分子振动频率相等，通过拉曼散射的测定可以得到分子的振动光谱。

拉曼光谱得到的是物质的分子振动和转动光谱，是物质的指纹性信息，因此拉曼光谱可以作为认证物质和分析物质成分的一种有力工具（图 4-25 所示为正丙醇的拉曼光谱图）。而且拉曼峰的频率对物质结构的微小变化非常敏感，所以也常通过对拉曼峰的微小变化的观察，来研究在某些特定条件下（如改变温度、压力和掺杂特性等）所引起的物质结构的变化，从而间接推测出材料不同部分微观上的环境因素的信息（如应力分布等）。

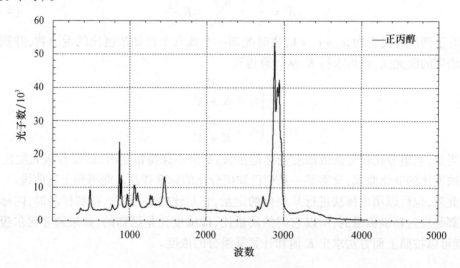

图 4-25　正丙醇的拉曼光谱图

1928—1945 年，拉曼光谱在结构化学的研究中起着重要的作用。在这 17 年间共发表了 2000 多篇论文，记载有 4000 多种化合物的拉曼谱图。但在试验上拉曼光谱法存在很多困难，主要原因是拉曼效应很弱，测量拉曼光谱时对样品要求很严格，只能测试纯液体或浓溶液样品。另外，样品本身若产生荧光和杂散光对测定会有干扰等。这些因素限制了拉曼光谱的应用和发展。

20 世纪 60 年代初期，随着激光技术的迅速发展，人们很快把激光用作拉曼光谱的激发光源,使拉曼光谱得以复兴,通常称为激光拉曼光谱。激光拉曼光谱是激光光谱学中的一个重要分支,应用十分广泛,在化学方面可应用于有机化学、无机化学、生物化学、石油化工、高分子化学、催化和环境科学、分子鉴定、分子结构等研究,在物理学方面可以应用于发展新型激光器、产生超短脉冲、分子瞬态寿命研究等;此外,在相干时间、固体能谱方面也有极其广泛的应用。

4.6.2　拉曼光谱的基本原理

入射光与物质相互作用时除了发生反射、吸收、透射及发射等光学现象外,还会发生物质对光的散射作用。相对于入射光的波数,散射光的波数变化会发生 3 类情况:第一类为瑞利散射,其频率变化小于 3×10^5 Hz,波数基本不变或者变化小于 10^{-5} cm^{-1};第二类为布里渊散射,其频率变化小于 3×10^9 Hz,波数变化一般为 $0.1 \sim 2$ cm^{-1};第三类为拉曼散射,频率改变大于 3×10^{10} Hz,波数变化较大。从散射光的强度看,最强的为瑞利散射,一般为入射光的 10^{-3},最弱的为拉曼散射,它的微分散射面积仅为 10^{-30} cm^2/(mol · sr),其强度约为入射光的 10^{-10}左右。

1. 光的瑞利散射

一个频率为 ν_0 的单色光(通常为可见光区域),当它不能被照射的物体吸收时,大部分入射光将沿入射光束方向通过样品,有 $10^{-5} \sim 10^{-3}$ 强度的光被散射到各个方向,并且在与入射光垂直的方向可以看到这种散射光,19 世纪 70 年代,瑞利(Rayleigh)首先发现了上述散射现象并命名为瑞利散射。瑞利散射可以看成光与样品分子间的弹性碰撞,它们之间没有能量的交换,即光的频率不变,只是改变了光子运动的方向,尽管入射光是平行的,散射光却是各向同性的。瑞利还发现散射光的强度与散射方向有关,且与入射光波长的 4 次方成反比。由于组成白光的各色光线中,蓝光的波长较短,因而其散射光的强度较大,这正是晴天天空呈现蔚蓝色的原因。

2. 拉曼散射

当单色光束照射在样品上时,也将发生瑞利散射,但是对散射光进行光谱研究后发现,在总散射强度中约有1%的光频率与入射光束的频率不同,也就是在考察散射光光谱谱线时,除在入射光频率处有一强的瑞利散射线外,在它的较低和较高频率处还有比它弱得多的谱线。1928 年印度物理学家拉曼在试验中观察到了这些弱的谱线,而把它命名为拉曼效应。

1)拉曼效应

拉曼效应可以简单地被看作光子与样品中分子的非弹性碰撞,也就是在光子与分子相互作用中有能量交换,产生了频率变化。如果入射光的频率为 ν_0,则光子的能量为 $h\nu_0$。当分子碰撞后,如发生能量(频率)变化,可能有以下两种情况。

(1)分子处于基态振动能级,与光子碰撞后,从入射光子中获取确定的能量达到较高的能级。若与此相应的跃迁能级有关的频率是 ν_1,那么分子从低能级跃迁到高能级时从入射光中得到的能量为 $h\nu_1$,而散射光子的能量要降低到 $h(\nu_0 - \nu_1) = h\nu$,频率降低为 $\nu_0 - \nu_1$。

(2)分子处于振动的激发态上,并且在与光子相碰时可以把 $h\nu_1$ 的能量传给光子,形成一条能量为 $h(\nu_0 + \nu_1)$ 和频率为 $\nu_0 + \nu_1$ 的谱线。

不论是哪种情况,散射光子的频率都变化了,减少或增加 ν_1,如图 4 - 26 所示。ν_1 称为拉曼位移,并且为了纪念在荧光光谱学上做过大量开创性工作的斯托克斯(Stokes),把负拉曼位移称为斯托克斯线,因为频率降低的谱线与荧光谱线在形式上很相似(但是两者发生的机理完全不同),把正拉曼位移统称为反斯托克斯线。正、负拉曼位移线的跃迁概率是一样的,但由于反斯托克斯起源于受激振动能级,而一般处于这种能级的粒子数很少,所以,反斯托克斯线总比相应的斯托克斯线的强度小,斯托克斯线的强度较大,所以它是在拉曼光谱中主要应用的谱线。

2）拉曼散射的解释和选择定则

如果以斯托克斯线发生机理为例,实际上是想象由电子基态的 $\nu=0$ 能级向一个"虚拟"的电子能级发生了"虚"跃迁(图4−27),当分子立即回到电子基态时,它可能回到 $\nu=1$ 的振动能级而重新发射能量较小的光子。由 $\nu=1$ 能级开始到 $\nu=0$ 能级终止的"虚"跃迁则产生反斯托克斯线。图4−26示出了基态和第一电子受激态的前3个振动能级。若入射光子的能量不足以引起电子能级间的跃迁,但它可以把分子激发到以虚线表示的"虚"能级上去,经过去激发,分子回到 $\nu=1$ 的振动能级,发出光子的能量将减少到图中所示的大小。

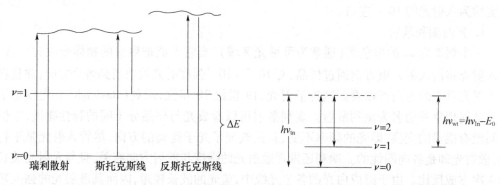

图4−26　瑞利散射和拉曼散射示意图　　图4−27　虚跃迁模型中斯托克斯拉曼线的起源

从上述的模型可以看到,拉曼散射发生的过程与直接吸收红外光子有很大不同,所以它们适用的选择定则也是不同的。在拉曼光谱的选择定则中,虽然允许跃迁也要求 $\Delta\nu = \pm 1$,但是它们的条件不同。

3）产生拉曼光谱线的条件

对于拉曼散射谱,不要求如红外吸收振动有偶极矩的变化,却要有分子极化率的变化。按照极化原理,把一个原子或分子放到静电场 E 中,感应出原子的偶极子 μ,原子核移向偶极子负端,电子云移向偶极子正端。这个过程应用到分子在入射光的电场作用下同样是合适的,这时,正、负电荷中心相对移动,极化产生诱导偶极矩 P,它正比于电场强度 E,有 $P=\alpha E$ 的关系,比例常数 α 称为分子的极化率。拉曼散射的发生必须在有相应极化率 α 变化时才能实现,这是和红外光谱所不同的。也正是利用它们之间的差别,使得两种光谱成为相互补充的谱学。

4.6.3　拉曼光谱仪

拉曼光谱仪一般由光源、单色器(或迈克尔逊干涉仪)、检测器以及数据处理系统组成(图4−28)。各部分有以下特点。

（1）拉曼光谱仪的光源为激光光源。由于拉曼散射很弱，因此要求光源强度大，一般用激光光源，有紫外、可见及红外激光光源等，如紫外激光器（308nm、351nm）、Ar^+ 激光器（488nm、514.5nm 可见光区）、$Nd:YAG$ 激光器（1064nm 近红外区）。

（2）色散型拉曼光谱仪有多个单色器。由于测定的拉曼位移较小，因此仪器需要具有较高的单色性。一般色散型拉曼光谱仪中有 2~3 个单色器。在傅里叶变换拉曼光谱仪中，以迈克尔逊干涉仪代替色散元件，光源利用率高，可采用红外激光，目的是避免分析物或杂质的荧光干扰。

（3）拉曼光谱仪的检测器为光电倍增管、多探测器，如电荷耦合器件（charge coupled device，CCD）等。

（4）微区分析装置的应用。微区分析装置是拉曼光谱仪的一个附件，由光学显微镜、电子摄像管、荧光屏、照相机等组成，可以将局部样品的放大图显示在荧光屏上，用照相机拍摄样品的显微图像。

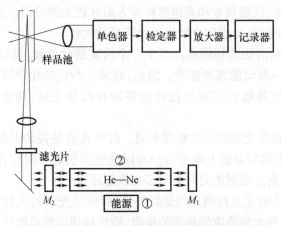

图 4 – 28　激光拉曼光谱仪示意图

（5）外光路。为了更有效地激发样品，收集散射光，外光路常包括聚光、集光、滤光、样品架和偏振等部件。

① 聚光：聚光的目的是增强入射光在样品上的功率密度。通过使用几块焦距合适的会聚透镜，可使入射光的辐照功率增强约 10^5 倍。

② 集光：为了更多地收集散射光，通常要求收集透镜的相对孔径较大，一般数值在 1 左右。对某些试验样品可在收集镜对面或者照明光传播方向上添加反射镜，从而进一步提高收集散射光的效率。

③ 滤光：在样品前面和后面均可安置合适的滤光元件。前置的单色器或干涉滤光片，可以滤去光源中非激光频率的大部分光能，从而进一步提高激光的单色性。在样品后面放置的干涉滤光片或吸收盒可以滤去瑞利线的大部分能量，从而提高拉曼散射的相对强度。安置滤光部件的主要目的是抑制杂散光以提高拉曼散射的信噪比。

④ 样品架：样品架的设计一方面要保证能够正确和稳定地放置样品，另一方面要使入射光最有效照射和杂散光最少，特别是要避免入射激光进入光谱仪的入射狭缝，干扰散射光的检测。目前入射光光路和收集散射光方向不同，样品架光路系统的设计可以分为垂直、斜入射、背反射和前向散射等。

⑤ 偏振:和荧光发射光谱一样,拉曼光谱除了对散射分子进行拉曼频移以及拉曼强度的测量外,还可以通过测量拉曼光谱的偏振性更好地了解分子的结构。在外光路中加入偏振元件,可以改变入射光和散射光的偏振方向以及消除光谱仪的退偏干扰。

固、液、气体样品都可用于拉曼光谱的测试。对于固体粉末,不需要压片,只要把粉末放在平底的小玻璃管毛细管中,所需样品为5mg以至微克的数量。对于液体样品,可以用水溶液,因为水的干扰吸收带很少,也可以把粉末悬浮在水中。测定时样品量尽可能少,因为在大多数情况下,激光光束穿透样品的厚度不大于0.2mm。

4.6.4 红外光谱与拉曼光谱的比较

拉曼光谱和红外光谱均属于分子振动和转动光谱,在化学领域中研究的对象大致相同,但是拉曼效应产生于来自高能量的入射光子与样品分子振动能级之间的能量交换,在许多情况下拉曼位移的程度对应于分子振动能级的跃迁。因此,拉曼光谱和红外光谱在产生光谱的机理、选律、试验技术和光谱解释等方面有较大的差别。为了更好地了解拉曼光谱的应用,有必要把红外光谱和拉曼光谱做简单的比较。

(1)红外及拉曼光谱法的相同点。对于一个给定的化学键,其红外吸收频率与拉曼位移相等,均代表第一振动能级的能量。因此,对某一给定的化学键,其红外吸收频率和拉曼位移完全相同,红外吸收波数与拉曼位移均在红外光区,两者都反映分子的结构信息。

(2)红外光谱和拉曼光谱的产生机理不同。红外光谱是振动引起分子偶极矩或电荷分布变化产生的,拉曼散射是键上电子云分布瞬间变形引起暂时极化,产生诱导偶极,当返回基态时发生的散射。散射的同时电子云也恢复原态。

(3)红外光谱的入射光及检测光均是红外光,而拉曼光谱的入射光大多是可见光,散射光也是可见光。红外光谱测定的是光的吸收,横坐标用波数或波长表示;而拉曼光谱测定的是光的散射,横坐标是拉曼位移。

(4)拉曼光谱的常规范围是 $40 \sim 4000 cm^{-1}$,一台拉曼光谱仪就包括了完整的振动频率范围。而红外光谱包括近、中、远范围,通常需要用几台仪器或者用一台仪器分几次扫描才能完成整个光谱的记录。

(5)虽然红外光谱可用于任何状态的样品(气、固、液),但对于水溶液、单晶和聚合物是比较困难的;而拉曼光谱就比较方便,几乎可以不需特别的制样处理就可以进行光谱分析。拉曼光谱可以分析固体、液体和气体样品,固体样品可以直接进行测定,不需要研磨或制成 KBr 压片。但在测定过程中样品可能被高强度的激光束烧焦,所以应该检查样品是否变质。拉曼光谱法的灵敏度很低,因为拉曼散射很弱,只有入射光的 $10^{-6} \sim 10^{-8}$,所以早期的拉曼光谱需要采用相当浓缩的溶液,其浓度可以由 1mol/L 至饱和溶液,采用激光作为光源后样品量可以减少至毫克级。

(6)红外光谱一般不能用水作溶剂,因为红外池窗片都是金属卤化物,大多溶于水,且水本身有红外吸收。但是水的拉曼散射是极弱的,所以水是拉曼光谱的一种优良溶剂。由于水很容易溶解大量无机物,因此无机物的拉曼光谱研究很多。可以用在研究多原子无机离子和金属络合物。同样还可以通过拉曼光谱带的积分强度测定溶液中物质的浓度,因此可以用来研究溶液中的离子平衡。

(7)拉曼光谱是利用可见光获得的,所以拉曼光谱可用普通的玻璃毛细管作样品池,拉曼散射光能全部透过玻璃,而红外光谱的样品池需要特殊材料做成。

一般来说,极性基团的振动和分子非对称振动使分子的偶极矩变化,所以是红外活性的。非极性基团的振动和分子的全对称振动使分子极化率变化,所以是拉曼活性的。一般可用下面的规则来判别分子的拉曼或红外活性:①凡具有对称中心的分子,如 CS_2 和 CO_2 等线性分子,红外和拉曼活性是相互排斥的,若红外吸收是活性的,则拉曼散射是非活性的,反之亦然;②不具有对称中心的分子,如 H_2O、SO_2 等,其红外和拉曼的活性是并存的。当然,在两种谱图中各峰之间的强度比可能有所不同;③少数分子的振动其红外光谱和拉曼光谱都是非活性的,例如,平面对称分子乙烯的扭曲振动,既没有偶极矩变化,也不产生极化率的改变。由此可见,拉曼光谱最适用于研究同种原子的非极性键,如 S—S、$N=N$、$C=C$、$C≡C$ 等的振动。红外光谱适用于研究不同种原子的极性键如 $C=O$、C—H、N—H、O—H 等的振动。

同核双原子分子 $N≡N$、H—H 等无红外活性却有拉曼活性,是由这些分子的平衡态或伸缩振动引起核间变化但无偶极矩改变,对振动频率(红外光)不产生吸收。但两原子间键的极化度在伸缩振动时会产生周期性变化(核间距最远时极化度最大,最近时极化度最小),因此产生拉曼位移。CO_2分子的对称伸缩振动(O→C←O)无红外活性,但可以产生周期性极化度的改变(距离近时电子云变形小,距离远时电子云变化大),因此有拉曼活性。而非对称伸缩振动(O→C←O)有红外活性无拉曼活性。此时,一个键的核间距减小,一个键的核间距增大(一个键的极化度小,一个键的极化度大),总的结果是无拉曼活性。大多数有机化合物具有不完全的对称性,因此它的振动方式对于红外光谱和拉曼光谱都是活性的,并在拉曼光谱中所观察到的拉曼位移与红外光谱中所看到的吸收峰的频率也大致相同。只是对应峰的相对强度不同,即拉曼光谱、红外光谱与基团频率的关系基本一致,可以根据拉曼光谱谱带频率、形状和强度,利用基团频率表推断分子结构。

可见,这两种光谱方法是互相补充的,对分子结构的鉴定红外和拉曼是两种相互补充而不能相互代替的光谱方法,通常称为姊妹光谱。

图 4 - 29 为 1,3,5 - 三甲基苯和茚(C_9H_8)的红外和拉曼光谱图。拉曼及红外的横坐标均以 cm^{-1} 表示,拉曼峰(谱峰向上)的纵坐标是散射强度;红外吸收(谱峰向下)的纵坐标为吸收率。

拉曼光谱技术具有自身的优点。

(1)制样简单,气体样品可采用多路反射气槽测定。液体样品可装入毛细管中测定,不挥发的液体可直接用玻璃瓶装盛测量,固体粉末可直接放在载玻片上测试。

(2)由于激光束的直径较小,且可进一步对焦,因而微量样品也可测量。

(3)水是极性很强的分子,红外吸收非常强烈。但水的拉曼散射很微弱,因而这对生物大分子的研究非常有利;此外玻璃的拉曼散射也较弱,因而玻璃可以用作窗口材料。

(4)对于聚合物大分子,拉曼散射的选择定律被放宽,拉曼谱图上可以得到丰富的谱带。

(5)拉曼光谱的频率不受单色光频率的影响,因此可根据样品的性质选择不同的激发光源,对于荧光强的一些物质可以选择长波长或短波长的激发光。

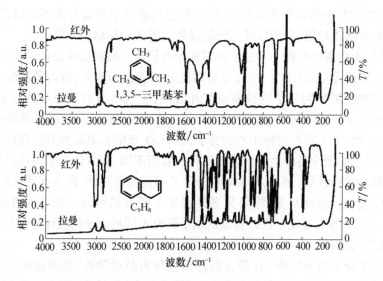

图 4-29　1,3,5-三甲基苯和茚的红外和拉曼光谱

4.6.5　拉曼光谱的应用

拉曼光谱技术由于信息丰富、制样简单、水干扰小等独特优点,在化学、材料、物理、高分子、生物、医药、地质等领域有广泛的应用。

1. 拉曼光谱在化学研究中的应用

拉曼光谱在有机化学方面主要用作结构鉴定和分子相互作用的手段,它与红外光谱互为补充,可以鉴别特殊的结构特征或特征基团。拉曼位移大小、强度及拉曼峰形状是鉴定化学键、官能团的重要依据。利用偏振特性,拉曼光谱还可以作为分子异构体判断的依据。

在无机化合物中,金属离子和配位体的中心元素相结合的阴离子或中性分子,如含有孤对电子的卤素元素、氨;天然水体中主要的配位体有无机的和有机的两类,前者有 CO_3^{2-}、OH^-、SO_4^{2-} 和 PO_4^{3-} 等,后者有腐殖质、氨基酸等。许多废水中也含有可与金属络合的配位体,如含氰废水中,CN^- 能与金属形成很稳定的络合物配位体。利用不同的络合配位体可对水体中金属离子进行测定、分离以及研究其形态和物理、化学特性等。另外,许多无机化合物具有多种晶型结构,它们具有不同的拉曼活性,因此用拉曼光谱能测定和鉴别红外光谱无法完成的无机化合物的晶型结构。

在催化化学中,拉曼光谱能够提供催化剂本身以及表面上物种的结构信息,还可以对催化剂制备过程进行实时研究。同时,激光拉曼光谱是研究电极/溶液界面结构和性能的重要方法,能够在分子水平上深入研究电化学界面结构、吸附和反应等基础问题并应用于电催化、腐蚀和电镀等领域。

2. 拉曼光谱在高分子材料中的应用

拉曼光谱可提供聚合物材料结构方面的许多重要信息,如分子结构与组成、立体规整性、结晶与取向、分子相互作用以及表面和界面的结构等。从拉曼峰的宽度可以表征高分子材料的立体化学纯度,如无规立场试样或头-头、头-尾结构混杂的样品,拉曼峰弱而宽,而高度有序样品具有强而尖锐的拉曼峰。研究内容包括以下几项。

(1)化学结构和立构性判断:高分子中的 C=C、C—C、S—S、C—S、N—N 等骨架对拉曼光谱非常敏感,常用来研究高分子的化学组分和结构。

(2)组分定量分析:拉曼散射强度与高分子的浓度呈线性关系,给高分子组分含量分析带来方便。

(3)晶相与无定形相的表征以及聚合物结晶过程和结晶度的监测。

(4)动力学过程研究:伴随高分子反应的动力学过程,如聚合、裂解、水解和结晶等。相应的拉曼光谱某些特征谱带发生强度的改变。

(5)高分子取向研究:高分子链的各向异性必然带来对光散射的各向异性,测量分子的拉曼带退偏比可以得到分子构型或构象等方面的重要信息。

(6)聚合物与共混物的相容性以及分子相互作用研究。

(7)复合材料应力松弛和应变过程的监测。

(8)聚合反应过程和聚合物固化过程监控。

3. 拉曼光谱技术在材料科学研究中的应用

拉曼光谱在材料科学中是物质结构研究的有力工具,在相组成界面、晶界等课题中可以做很多工作。包括以下内容。

(1)薄膜结构材料拉曼研究:拉曼光谱已成为化学气相沉积法制备薄膜的检测和鉴定手段。拉曼可以研究非晶硅结构以及硼化非晶硅、氢化非晶硅、金刚石、类金刚石等层状薄膜的结构。

(2)超晶格材料研究:可通过测量超晶格中的应变层的拉曼频移计算出应变层的应力,根据拉曼峰的对称性,知道晶格的完整性。

(3)半导体材料研究:拉曼光谱可测出经离子注入后的半导体损伤分布,可测半磁半导体的组分、外延层的质量、外延层混晶的组分载流子浓度。

(4)耐高温材料的相结构拉曼研究。

(5)全碳分子的拉曼研究。

(6)纳米材料的量子尺寸效应研究。

例如,拉曼光谱被广泛地用于碳材料结构不均匀性的表征工作。其原理主要是通过分别测试碳纤维皮层和芯部的结构特征,由其结构差异评估结构不均匀性程度。表征的指标量可以是石墨化度,I_D/I_G 也可以是微观应力、应变的分布等,这些指标对于结构不均匀性的评价具有高度一致性。图 4-30 是石墨化后碳纤维横截面皮层与芯部的拉曼光谱。数据显示,皮层 G 峰的强度显著高于芯部。此外,D 峰和 G 峰的强度比 I_D/I_G 也同样给出相同的对比关系。

4. 拉曼光谱在生物学研究中的应用

拉曼光谱是研究生物大分子的有力手段,由于水的拉曼光谱很弱,谱图又很简单,故拉曼光谱可以在接近自然状态、活性状态下来研究生物大分子的结构及其变化。生物大分子的拉曼光谱可以同时得到许多宝贵的信息。

(1)蛋白质二级结构:α-螺旋、β-折叠、无规卷曲及 β-回转。

(2)蛋白质主链构象:酰胺 I、C—C、C—N 伸缩振动。

(3)蛋白质侧链构象:苯丙氨酸、酪氨酸、色氨酸的侧链和后两者的构象及存在形式随其微环境的变化。

（4）对构象变化敏感的羧基、巯基、S－S、C－S 构象变化。

（5）生物膜的脂肪酸碳氢链旋转异构现象。

（6）DNA 分子结构以及和 DNA 与其他分子间的作用。

（7）研究脂类和生物膜的相互作用、结构、组分等。

（8）对生物膜中蛋白质与脂质相互作用提供重要信息。

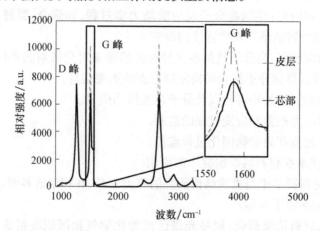

图 4－30　2500℃处理碳纤维的皮层与芯部的的拉曼光谱

5. 拉曼光谱在中草药研究中的应用

各种中草药因所含化学成分的不同而反映出拉曼光谱的差异，拉曼光谱在中草药研究中的应用包括以下方面。

（1）中草药化学成分分析：高效薄层色谱（TLC）能对中草药进行有效分离，但无法获得各组分化合物的结构信息，而表面增强拉曼光谱（SERS）具有峰形窄、灵敏度高、选择性好的优点，可对中草药化学成分进行高灵敏度的检测。利用 TLC 的分离技术和 SERS 的指纹性鉴定结合，是一种在 TLC 原位分析中草药成分的新方法。

（2）中草药的无损鉴别：由于拉曼光谱分析无须破坏样品，因此能对中草药样品进行无损鉴别，这对名贵中草药的研究特别重要。

（3）中草药的稳定性研究：利用拉曼光谱动态跟踪中草药的变质过程，可对中草药的稳定性预测、监控药材的质量具有直接的指导作用。

（4）中药的优化：对于中草药、中成药和复方这一复杂的混合物体系，不需任何成分分离提取，直接与细菌和细胞作用，利用拉曼光谱无损采集细菌和细胞的光谱图，观察细菌和细胞的损伤程度，研究其药理作用，并进行中药材、中成药和方剂的优化研究。

6. 拉曼光谱技术在食品行业中的应用

拉曼光谱是一种依赖散射效应的食品分析检测技术，在食品行业尤其是色素、农残、添加剂、抗生素等方面应用更为广泛。

（1）食品色素的检测分析：食品中色素的主要作用是使食品外观看起来更加漂亮，进而刺激人们的购买欲望。色素可在国家允许的范围内进行添加，如果大量食用，会造成色素在体内蓄积，影响身体健康，甚至还有致癌、致基因突变、致畸胎等风险。目前主要采用的食品检测色素的方法操作时间过长，无法达到快速便捷检测的需求。拉曼光谱技术具有快速检测、操作方便、检测仪器便于携带等优势,非常适合食品现场分析检测。

(2)食品农残的检测分析:随着生物技术的发展,为了使作物产量提高,越来越多的灭虫剂、除草剂、落叶剂等被大量喷洒在作物表面,过多的农药无法被作物本身转化,使得部分农残渗入土壤中被作物当作营养成分进行吸收,另有部分残留在农产品表面,肉眼无法辨别,清水无法洗掉这些残留,最后都进入到人体,直接危害人体健康。

(3)食品中禁止或非法添加的检测分析:随着食品添加剂在现代食品工业的广泛应用,部分食品生产商违规滥用、乱用食品添加剂事件层出不穷,传统检测方法已无法满足现有检测手段的需要。三鹿奶粉事件发生前,氮元素的测定主要采用传统凯氏定氮法,通过氮元素含量推算出奶粉中含有的蛋白质含量。依据该种检测手段测得添加三聚氰胺的奶粉氮含量会更高,但是传统凯氏定氮法无法检测出氮元素的来源,从而导致三聚氰胺事件的发生。为了避免同类事件的发生,增强检测方法的专属性,对食品检测方法尤其是特点物质的检测手段提出了更高的要求。随着检测手段的快速发展,表面增强拉曼技术在检测三聚氰胺、抗氧化剂、重金属、亚硝酸钠及有害毒素等都有着显著的优势。

(4)食品中主要成分的检测分析:食品中的主要成分为碳水化合物、蛋白质、脂肪、水、无机盐、维生素、膳食纤维等。目前市场上常常出现用其他非法替代品代替食品中主要成分的行为以获取暴利,所以食品主要成分的真伪检测也是食品安全检测亟待解决的难题。图4-31所示为牛油果油、棕榈油、玉米油、芥花籽油、核桃油和亚麻籽油的拉曼光谱。

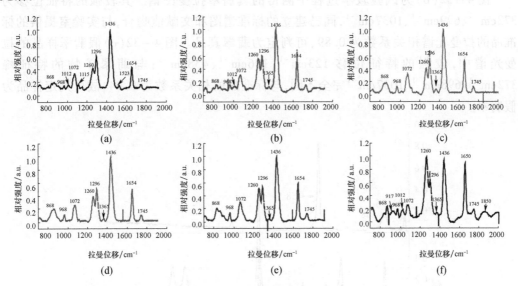

图4-31　几种油的拉曼光谱
(a)牛油果油;(b)棕榈油;(c)玉米油;(d)芥花籽油;(e)核桃油;(f)亚麻籽油。

7. 拉曼光谱技术在宝石研究中的应用

拉曼光谱技术已被成功地应用于宝石学研究和宝石鉴定领域。拉曼光谱技术可以准确地鉴定宝石内部的包裹体,提供宝石的成因及产地信息,并且可以有效、快速、无损和准确地鉴定宝石的类别——天然宝石、人工合成宝石和优化处理宝石。

(1)拉曼光谱在宝石包裹体研究中的应用:拉曼光谱可以用于宝石包裹体化学成分

的定性、定量检测，利用拉曼光谱技术研究矿物内的包裹体特征，可以获得有关宝石矿物的成因及产地信息。

（2）拉曼光谱在宝石鉴定中的应用：拉曼光谱测试的微区可达 $1\sim2\mu m$，在宝石鉴定中具有明显的优势，能够探测宝石中极其微小的杂质、显微内含物和人工掺杂物，且能满足宝石鉴定所必需的无损、快速的要求。

另外，拉曼显微镜的共聚焦设计可以实现在不破坏样品的情况下对样品进行不同深度的探测，同时完全排除其他深度样品的干扰信息，从而获得不同深度样品的真实信息，这在分析多层材料时相当有用。共焦显微拉曼光谱技术有很好的空间分辨率，从而可以获得界面过程中物种分子变化情况、相应的物种分布、物种分子在界面不同区域的吸附取向等。

下面以翡翠鉴定为例加以介绍。

翡翠标准品的拉曼光谱如图 4-32(a)所示，最强的 4 条谱带都与具有共价键链性质的氧四面体 $[Si_2O_6]^{4-}$ 有关。$372cm^{-1}$、$698cm^{-1}$ 峰位反映了 $NaAlSi_2O_6$ 中 $Si-O-Si$ 弯曲振动，其中 $372cm^{-1}$ 属 $Si-O-Si$ 不对称弯曲振动，$698cm^{-1}$ 属 $Si-O-Si$ 对称弯曲振动。$989cm^{-1}$、$1037cm^{-1}$ 与基团 $[Si_2O_6]^{4-}$ 的 $Si-O$ 对称伸缩振动对应，其余较弱的拉曼谱带与离子性质的 $M-O$ 伸缩振动及 $Si-O-Si$ 的耦合振动有关。是否包含硬玉配位体结构的特征峰 $372cm^{-1}$、$698cm^{-1}$、$1037cm^{-1}$ 是判断真假翡翠的重要依据。

图 4-32(b) 为试验教学过程中测得的真翡翠拉曼图谱。其较强的特征位移为 $372cm^{-1}$、$699cm^{-1}$、$1037cm^{-1}$，同已建立的标准谱图和文献值吻合，与实验室提供的标准品的拉曼光谱相关系数为 0.89，可判定为翡翠真品。图 4-32(c) 假翡翠样品的拉曼光谱中，较强的特征位移 $123cm^{-1}$、$196cm^{-1}$、$458cm^{-1}$；与翡翠矿物的特征峰 $372cm^{-1}$、$698cm^{-1}$、$1037cm^{-1}$ 完全不同，与标准品的相关系数为 0.04，故可判定样品为假翡翠。

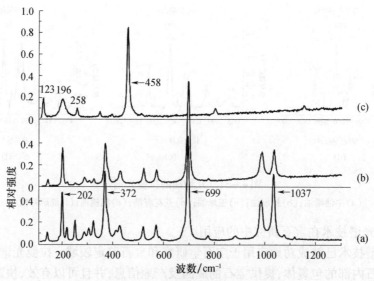

图 4-32　真假翡翠的拉曼光谱
(a)标准品；(b)真翡翠；(c)假翡翠。

材料现代分析与测试技术（第2版）

· 254 ·

■ 参 考 文 献

[1] 杨南如. 无机非金属材料测试方法[M]. 武汉:武汉理工大学出版社,2005.

[2] 刘密新,罗国安,张新荣,等. 仪器分析[M]. 北京:清华大学出版社,2002.

[3] 祁景玉. 现代分析测试技术[M]. 上海:同济大学出版社,2006.

[4] 刘志广,张华,李亚明. 仪器分析[M]. 大连:大连理工大学出版社,2004.

[5] 王能利,张希艳,刘全生,等. 氨水共沉淀法制备 Nd:Y_2O_3 透明陶瓷纳米粉体[J]. 无机化学学报,
2008,24(7):1137-1141.

[6] 刘景和,朴贤卿,卢利平,等. 碳酸盐共沉淀法制备 Er:YAG 透明激光陶瓷粉体[J]. 人工晶体学报,
2004,33(3):407-410.

[7] 朴贤卿,卢利萍,刘景和,等. 尿素共沉淀法制备 Yb:YAG 透明激光陶瓷[J]. 功能材料与器件学报,
2004,10(2):264-268.

[8] 张华山,苏春辉,韩辉,等. 柠檬酸-凝胶燃烧法制备钇铝石榴石($Y_3Al_5O_{12}$)纳米粉体的研究[J].
材料开发与应用,2005,20(3):5-7.

[9] 翁诗甫. 傅里叶变换红外光谱仪[M]. 北京:化学工业出版社,2005.

[10] 方惠群,于俊生,史坚,等. 仪器分析[M]. 北京:科学出版社,2002.

[11] 杨序纲,吴琪琳. 拉曼光谱的分析与应用[M]. 北京:国防工业出版社,2008.

[12] 陆同兴,路轶群. 激光光谱技术原理及应用[M]. 合肥:中国科学技术大学出版社,2006.

第 **5** 章
电子能谱分析

📐 5.1 概 述

材料表面质点所处环境不同于内部质点,表面质点在表面外侧存在断键,导致表面质点受力不均而处于高能状态。为了降低表面质点的能量,在表面 1~10 个原子层内的组成、结构将不同于内部的组成与结构。表面层组成与结构的不同,使得材料表面的物理、化学性质也不同于材料内部,将影响材料的物理、化学性能,尤其是对于纳米材料和薄膜材料影响更大。

表面分析是对固体表面或界面上只有几个原子层厚的薄层进行组成、结构和能态等分析的技术。表面分析的主要内容有以下几项。

(1)表面化学组成:表面元素组成和表面元素的化学态,表面元素的分布。

(2)表面分子结构:表面层原子的几何配置,原子间的精确位置,表面化学键,化学反应,及表面弛豫,表面再构,表面缺陷,表面形貌。

(3)表面原子态:表面原子振动状态,表面吸附(吸附能、吸附位)、表面扩散等。

(4)表面电子态:表面电荷密度分布及能量分布(DOS)、表面能级性质、表面态密度分布、价带结构、功函数、表面的元激发。

常见的表面分析方法有:电子能谱、二次离子质谱、离子中和谱、离子散射谱、低能电子衍射等技术,以及场离子显微镜分析等。这些表面分析方法的基本原理,大多是以一定能量的电子、离子、光子等与固体表面相互作用,然后分析固体表面所放射出的电子、离子、光子等,从而得到有关的各种信息。

电子能谱法,包括 X 射线光电子能谱法(X-ray photoelectron spectroscopy,XPS)、俄歇电子能谱法(auger electron spectroscopy,AES)、紫外光电子能谱法(ultraviolet photoelectron spectroscopy,UPS)。

在电子能谱法中,X 射线光电子能谱法可用来分析材料的元素组成及其在化合物中的价态,其优点是仪器简单,光谱解析简单。紫外光电子能谱法可用来分析价层轨道里电子的能量和作用,可以获得很多关于分子的稳定性、反应性等信息,但是由于电子的跃迁和振动能级有关,和分子对称性相关极为紧密,图谱解析复杂,对仪器要求较高。俄歇电子能谱法多用于对固体或凝聚态物质进行元素和价态的分析,其优点是图谱简单,但对仪器要求较高。常用来和 X 射线光电子能谱、荧光光谱互补联合使用。

本章主要介绍 X 射线光电子能谱法和俄歇电子能谱法。

◣ 5.2　X 射线光电子能谱分析的基本原理

　　X 射线光电子能谱法是由西格巴赫(Siegbahn)等在 20 世纪 50 年代提出并实现用于物质表面元素定性、定量分析的方法。西格巴赫由于对光电子能谱的谱仪技术和谱学理论的杰出贡献而获得了 1981 年诺贝尔奖,这是一种以光与物质相互作用的原理为基础的方法。

5.2.1　光与物质的相互作用

1. 光电效应

　　物质受光作用发射出电子的现象称为光电效应,也称为光电离或光致发射。当具有一定能量 $h\nu$ 的入射光子与试样中的原子相互作用时,光子把全部能量传给原子中某壳层(能级)上一个受束缚的电子,这个电子就获得了能量 $h\nu$,如果 $h\nu$ 大于该电子的结合能 E_b,这个电子就脱离受束缚的能级,并且剩余的光子能量转化为该电子的动能,使其从原子中发射出去成为光电子。这个电子所在的位置成为一个空穴,使原子变成激发态离子,这个过程称为光电效应或光电吸收。如图 5 - 1 所示,该过程表示为

$$h\nu + A \longrightarrow A^{*+} + e^- \qquad (5-1)$$

式中:A 为中性原子;$h\nu$ 为辐射能量;A^{*+} 为处于激发态离子;e^- 为发射出的光电子。

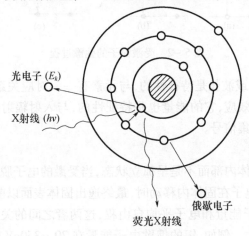

图 5 - 1　光电效应过程

　　为了表示不同壳层的光电子,通常采用被激发电子所在能级来标志光电子,即用 nlj 表示,其中 n 为主量子数,l 为轨道角量子数,j 为内量子数(总角动量量子数)。例如,光电子是 K 壳层的,就称它为 1s 电子,如是 L 层的,则计为 2s、2p1/2,2p3/2 电子,依此类推。

　　当光子与试样相互作用时,从原子中各能级发射出来的光电子数是不同的而是有一定的概率,这个光电效应的概率常用光电效应截面 σ 表示,它与电子所在壳层的平均半径 r、入射光子频率 ν 和受激原子的原子序数 Z 等因素有关。σ 越大,说明该能级上的电子越容易被光激发,与同原子其他壳层上的电子相比,它的光电子峰的强度就较大。各元素都有某个能级能够发出最强的光电子峰(最大的 σ),这是通常做 XPS 分析时必须利用的,同时光电子峰强度是 XPS 分析的依据。截面具有面积的量纲,原子核过程的各种截面常用的单位是靶恩 $b(1b = 10^{-24} cm^2)$。

2. 受激原子的弛豫

在光电效应过程中,内层电子被激发成为光电子,并留下一个空穴,使整个原子体系处于不稳定的激发态,激发态原子寿命为 $10^{-12} \sim 10^{-14}$ s,然后自发地由能量高的状态跃迁到能量低的状态,这个过程称为弛豫过程。假设入射光子将原子 K 壳层的一个电子轰击出去成为光电子,同时留下了一个空穴。这时去激发的方式一般有两种可能:发射特征 X 射线,即

$$A^{*+} + \rightarrow A^+ + h\nu \qquad (\text{特征 X 射线能量}) \qquad (5-2)$$

或者发射俄歇电子,即

$$A^{*+} + \rightarrow A^{2+} + e^- \qquad (\text{俄歇电子}) \qquad (5-3)$$

就是当 L 层电子跃迁到 K 层释放出的能量不再以 X 射线的形式表现,而是继续轰击出 L 层上另一个电子,从而在 L 壳层上造成了两个空穴。它们的去激发过程如图 5-2 所示。

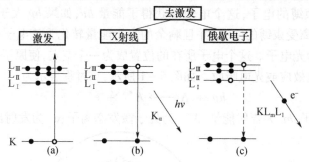

图 5-2　受激原子的弛豫过程

荧光 X 射线的能量或波长是特征性的,与元素有一一对应关系。俄歇效应也称次级入射光电效应或无辐射效应,它的能量也是特征性的,与入射辐射能量无关,俄歇电子是俄歇电子能谱分析的采集信号。

3. 光电子逸出深度

由于原子是处于物体内部而不是呈孤立状态,当受激的电子脱离原来原子,就有从表面逸出的可能性,当光电子在固体内移动时,最终逸出固体表面以前所经历的距离是电子逸出深度,它取决于电子能量和电子平均自由程,这两者之间的关系如图 5-3 所示。电子能量大,逸出深度也大。例如,银的俄歇电子能量在 $70 \sim 350eV$ 时,它们的逸出深度分别为 0.4nm 和 0.8nm。

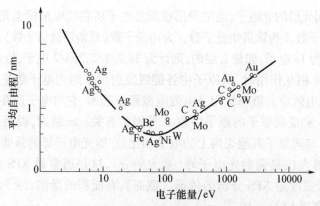

图 5-3　在某些固体中电子的平均自由程同能量的关系

光电子发射可以分为 3 个过程:①电子因光吸收而激发;②释放出的电子向固体表面移动;③克服表面势场而射出——脱离固体表面。其中过程②与电子的逸出深度和能量有关,而过程③则与化学位移有关。

5.2.2　X 射线光电子能谱分析的基本原理

X 射线光电子能谱分析是用 X 射线为激发源激发出光电子,即 X 射线与物质相互作用时,物质中原子某壳层的电子被激发,脱离原子而成为光电子。

光电效应产生的光电子即为 X 射线光电子能谱分析的采集信号。

1. 电子结合能 E_b

当 X 射线照射自由原子或分子,根据爱因斯坦的光电效应定律,X 射线被自由原子或分子吸收后,X 射线的能量 $h\nu$ 将用于克服电子结合能 E_b,剩余的能量转变为光电子的动能 E_k 以及激发态原子能量的变化,可以表示为

$$h\nu = E_b + E_k + E_r \tag{5-4}$$

式中:E_b 为电子的结合能;E_k 为光电过程中发射光电子的动能;E_r 为原子的反冲能。

电子的结合能 E_b 一般可理解为某一壳层上的电子从所在的能级转移到不受原子核吸引并处于最低能态时所需克服的能量,或者是电子从结合状态移到无穷远处时所做的功,并假设原子在发生电离时,其他电子仍维持原来的状态。

但是对于固体样品,计算结合能的参照点并不是选用真空中的静止电子,而是选用了费米能级。所以,固体样品中电子的结合能是指电子从所在能级跃迁到费米能级所需的能量,而不是跃迁到真空静止电子(不受原子核吸引的自由电子能级)所需的能量。费米能级是相当于 0K 时,固体能带中充满电子的最高能级,在绝缘体和半导体中,费米能级是在价带和导带中间的禁带。

表 5 -1 是一些元素的电子结合能。

表 5 -1　一些元素的电子结合能

元素	1s1/2	2s1/2	2p1/2	2p3/2	3s1/2	3p1/2	3p3/2	3d3/2	3d5/2	4s1/2	4p1/2	4p3/2	4d3/2	4d5/2	4f5/2	4f7/2
	K	LI	LII	LIII	MI	MII	MIII	MIV	MV	NI	NII	NIII	NIV	NV	NVI	NVII
1H	14															
2He	25															
3Li	55															
4Be	111															
5B	188		5													
6C	284			7												
7N	390			9												
8O	532	24		7												
9F	686	31		9												
10Ne	867	45		18												
11Na	1072	63		21	1											

元素	1s1/2	2s1/2	2p1/2	2p3/2	3s1/2	3p1/2	3p3/2	3d3/2	3d5/2	4s1/2	4p1/2	4p3/2	4d3/2	4d5/2	4f5/2	4f7/2
	K	LI	LII	LIII	MI	MII	MIII	MIV	MV	NI	NII	NIII	NIV	NV	NVI	NVII
12Mg	1305	89		52	2											
13Al	1560	118	74	73	1											
14Si	1839	149	100	99	8		3									
15P	2149	189	136	135	16		10									
16S	2472	229	165	164	16		8									
17Cl	2823	270	202	200	18		7									
18Ar	3203	320	247	245	25		12									
19K	3608	377	297	294	34		18									
20Ca	4038	438	350	347	44		26		5							
21Se	4493	500	407	402	54		32		7							
22Ti	4965	564	461	455	59		34		3							
23V	5465	628	520	513	66		38		2							
24Cr	5989	695	584	575	74		63		2							
25Mn	6539	769	652	641	84		49	4								
26Fe	7114	846	723	710	95		56		6							
27Co	7709	926	794	779	101		60		3							
28Ni	8333	1008	872	855	112		68		4							
29Cu	8989	1096	951	931	120		74		2							
30Zn	9659	1194	1044	1021	137		87		9							
31Ca	10367	1298	1143	1116	158	107	103	18				1				
32Ge	11104	1413	1249	1217	181	129	122	29				3				
33As	11867	1527	1359	1323	204	147	141	41				3				
34Se	12658	1654	1476	1436	232	168	162	57				6				
35Br	13474	1782	1596	1550	257	189	182	70	69	27		5				
36Kr	14326	1921	1727	1675	289	223	214	89		24		11				
37Rb	15200	2065	1864	1805	322	248	239	112	111	30	15	14				
38Sr	16105	2216	2007	1940	358	280	269	135	133	38		20				
39Y	17039	2373	2155	2080	395	313	301	160	158	46		26		3		
40Zr	17998	3532	2307	2223	431	345	331	183	180	52		29		3		
41Nb	18986	2698	2465	2371	469	379	363	208	205	58		34		4		
42Mo	20000	2866	2625	2520	505	410	393	230	227	62		35		2		
43Tc	21044	3043	2793	2677	544	445	425	257	253	68		39		2		

元素	1s1/2	2s1/2	2p1/2	2p3/2	3s1/2	3p1/2	3p3/2	3d3/2	3d5/2	4s1/2	4p1/2	4p3/2	4d3/2	4d5/2	4f5/2	4f7/2
	K	LI	LII	LIII	MI	MII	MIII	MIV	MV	NI	NII	NIII	NIV	NV	NVI	NVII
44Ru	22117	3224	2967	2838	585	483	461	284	279	75			43			2
45Rh	23220	3412	3146	3004	627	521	496	312	307	81			48			3
46Pd	24350	3605	3331	3173	670	559	531	340	335	86			51			1
47Ag	25514	3806	3524	3351	717	602	571	373	367	95	62		56	3		

对于确定的化学环境、确定的元素、确定壳层上的电子,有相对应的、确定的(或者说是具有特征性的)电子结合能 E_b,因此只要测出样品的电子结合能,就可以确定元素和元素的价态,并进一步确定样品的物质等。这就是光电子能谱分析的理论依据。

2. X 射线光电子能谱分析的基本原理

当 X 射线照射物质并产生光电效应时,其能量变化由式(5-4)表示为

$$hv = E_b + E_k + E_r$$

式中:E_b、E_k 和 E_r 分别为电子的结合能、发射光电子的动能和原子的反冲能。

这里先讨论原子反冲能。原子的反冲能量可以按下式计算,即

$$E_r = \frac{1}{2}(M - m)v^2 \qquad (5-5)$$

式中:M 和 m 分别为原子和电子的质量;v 为激发态原子的反冲速度。

在 X 射线能量不太大时,原子的反冲能量近似为

$$E_r = hv \frac{m}{M} \qquad (5-6)$$

电子的质量 m 相对于原子质量 M 是很小的,所以 E_r 的数值一般很小。表 5-2 列出了一些原子的最大反冲能,它与 X 射线源及受激原子的原子序数有关,E_r 随原子序数的增大而减小。表中 AlK_α 作为激发源时所引起的反冲能最小,MgK_α 也同样,所以在光电子能谱仪中,常用 Al 和 Mg 作 X 射线源,从而 E_r 可以忽略不计。这样,式(5-4)可简化为

$$hv = E_k + E_b \qquad (5-7)$$

在具体试验过程中,hv 是已知的。例如,若用 Mg 靶或 A1 靶发射的 X 射线,其能量分别为 1235.6eV 和 1484.8eV,电子的动能 E_k 可以实际测得,于是从式(5-7)就可以计算出电子在原子中各能级的结合能 E_b。而电子能谱也正是通过对结合能 E_b 的计算及其变化规律来了解被测样品。

表 5-2　不同 X 射线源引起的原子反冲能

原子	x 射线源反冲能/eV		
	AgK_α	RuK_α	AlK_α
H	16	5	0.9
Li	2	0.8	0.1
Na	0.7	0.2	0.04
K	0.4	0.1	0.02
Rb	0.2	0.06	0.01

3. 电子结合能的测量

在光电效应过程中，电子要脱离原子，还必须从费米能级跃迁到真空静止电子（自由电子）能级，这一跃迁所需的能量称为逸出功，也称为功函数 W_s。这样，对于固体样品来说，X 射线的能量被固体吸收后将分配在：①内层电子跃迁到费米能级所需的能量（E_b）；②电子由费米能级进入自由电子能级所需的能量，即克服功函数 W_s；③自由电子所具有的动能（E_k）。即

$$h\nu = E_k + E_b + W_s \tag{5-8}$$

图 5-4 可以表示上述几种能量的关系。在 X 射线光电子能谱仪中，样品与谱仪材料的功函数的大小是不同的（谱仪材料的功函数为 W'）。但固体样品通过样品台与仪器室接触良好且都接地，根据固体物理的理论，它们两者的费米能级将处在同一水平。于是，当具有动能 E_k 的电子穿过样品至谱仪入口之间的空间时，受到谱仪与样品的接触电位差 δW 的作用，使其动能变成了 E'_k，由图 5-4 可以看出有以下的能量关系，即

$$E_k + W_s = E'_k + W' \tag{5-9}$$

将式（5-9）代入式（5-8）得

$$E_b = h\nu - E'_k - W' \tag{5-10}$$

对一台仪器而言，仪器条件不变时，其功函数 W' 是固定的，一般在 4eV 左右。$h\nu$ 是试验时选用的 X 射线能量，也是已知的。因此，根据式（5-10），只要测出光电子的动能 E'_k，就可以算出样品中某一原子不同壳层电子的结合能 E_b。

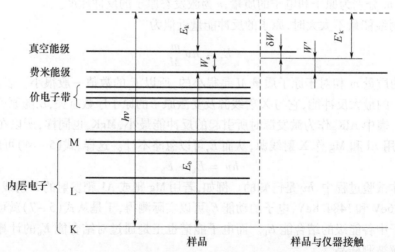

图 5-4 固体样品光电子能谱的能量关系示意图

5.2.3 X 射线光电子能谱谱图判读

1. XPS 谱图构成和采集模式

1）XPS 谱图坐标

XPS 谱图的横坐标是电子结合能 E_b 或者是光电子的动能 E_k，表明谱线对应的电子结合能或者光电子动能的大小，谱图的纵坐标表示单位时间内检测到的光电子数量，数量越多谱线强度越大，如图 5-5 所示。

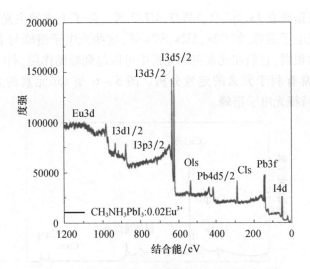

图 5 - 5　XPS 谱图坐标和背底随结合能变化的关系

2) XPS 谱图构成

XPS 谱图是由光电子谱峰和背底构成的。谱图中,有明显而尖锐的谱峰,这些谱峰强度大、峰宽小、对称性好,称为光电子谱峰(又称为光电子线)。光电子谱峰是未经非弹性散射、没有能量损失的光电子所产生,因此,光电子谱峰表征光电子的动能 E_k 或电子结合能 E_b 的大小以及光电子的数量。在尖锐的谱峰下面还有连续的背底,这些背底是由样品深层的光电子形成的,这些深层的光电子在逸出过程中发生非弹性散射而有能量损失,其动能不再具有特征性,成为谱图的背底或者形成伴峰。需要说明一点,在高结合能(低动能)端,由于逸出光电子的动能较低,背底电子较多,反映在谱图上,向高结合能(低动能)端,背底呈上升趋势。利用元素光电子主峰与其背景比值变化可研究元素的深度分布。

3) XPS 谱图数据采集模式

XPS 谱图数据采集有全谱扫描(全扫描谱)和窄谱扫描(高分辨谱)两种模式。全谱扫描能量范围宽(0 ~ 1100eV),灵敏度高,但分辨率低,适用于元素定性分析;窄谱扫描能量范围窄(0 ~ 20eV),分辨率低,用于元素定量分析、化学态分析和峰的解叠。

2. 光电子谱峰

1) 光电子谱峰

光电子谱峰是表面层未经非弹性散射的光电子所产生的,这样的光电子没有能量损失,其动能可确定电子的结合能。由于 X 射线激发源的光子能量较高,可以同时激发出多个轨道的光电子,因此在 XPS 谱图中会出现多个谱峰。由于大部分元素都可以激发出多组光电子峰,因此可以利用这些峰排除能量相近峰的干扰,非常有利于元素的定性分析。

光电子峰以发射光电子的元素和轨道来标记,如 C1s、Ag3d5/2 等。

2) 特征光电子谱峰

XPS 谱图中,强度最大、峰宽最小、对称性最好的谱峰,称为元素特征谱峰(也称为主谱峰或主线)。每一种元素都有自己的具有表征作用的光电子特征谱峰,它是元素定性分析的主要依据。

一般来说,同一壳层上的光电子,总轨道角动量量子数(j)越大,谱线的强度越强。常见的强光电子特征谱峰有 1s、2p3/2、3d5/2、4f7/2 等。除了上述的主光电子谱峰外,还有来自其他壳层的光电子谱峰,如 O2s、Al2s、Si2s 等,这些光电子谱峰与主光电子谱峰相比强度有的稍弱有的很弱,它们在元素定性分析中可以起到辅助作用,利用这些峰排除能量相近峰的干扰,非常有利于元素的定性分析。图 5-6 是 Cu 元素的光电子图谱,其中 Cu2p3 即是 Cu 的特征光电子谱峰。

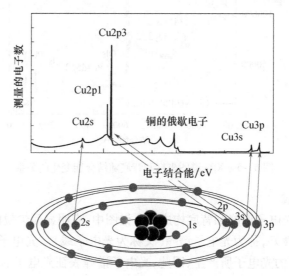

图 5-6　Cu 元素的光电子图谱(其中 Cu2p3 即是 Cu 的特征光电子谱峰)

3. 光电子谱峰的位移和分裂

原子中一个内壳层电子的 E_b 同时受到原子核内电荷和核外电荷分布的影响,当这些电荷分布发生变化时,就会引起 E_b 的变化。同种原子由于所处的化学环境不同,引起内壳层电子的 E_b 变化,在谱图上表现为谱峰的位移,即化学位移。谱峰分裂有两种:基态的闭壳层原子发生光电离后,必有一个未成对电子,若此未成对电子角量子数 $l > 0$,则必然会产生自旋-轨道耦合,从而导致光电子谱峰分裂,称为自旋-轨道分裂;原子、分子或离子价壳层有未成对电子存在,则内层能级电离后会发生能级分裂,从而导致光电子谱峰分裂,称为多重分裂。

1)谱峰位移

XPS 谱图中,原子所处化学环境不同,使原子内层电子结合能发生变化,则 X 射线光电子谱峰位置发生移动,称为谱峰的化学位移。某原子所处化学环境不同,大体有两方面的含义:一是指与它相结合的元素种类和数量不同;二是指原子具有不同的价态。例如,纯金属铝原子在化学上为零价 Al°,其 2p 能级电子结合能为 72.4eV;当它被氧化反应化合成 Al_2O_3 后,铝为正 3 价 Al^{3+},由于它的周围环境与单质铝不同,这时 2p 能级电子结合能为 75.3eV,增加了 2.9eV,即化学位移为 2.9eV,如图 5-7 所示。随着单质铝表面被氧化程度的提高,表征单质铝的 Al2p(结合能为 72.4eV)谱线的强度在下降,而表征氧化铝的 Al2p(结合能为 75.3eV)谱线的强度在上升。这是氧化程度提高,氧化膜变厚,使下表层单质铝的 Al2p 电子难以逃逸出的缘故,从而也说明 XPS 是一种材料表面分析技术。

除化学位移外,由于固体的热效应与表面荷电效应等物理因素也可能引起电子结合能改变,从而导致光电子谱峰位移,称为物理位移。在应用 X 射线光电子谱进行化学分析时,应尽量避免或消除物理位移。

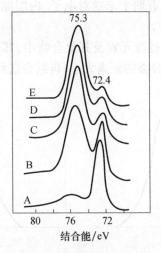

A—干净铝表面;B—空气中氧化;C—酸处理;D—硫酸处理;E—铬酸处理。

图 5 - 7　经不同处理后铝箔表面的 Al2p 谱图

2) 自旋 - 轨道分裂

一个处于基态的闭壳层(闭壳层指不存在未成对电子的电子壳层)原子发生光电离后,生成的离子中必有一个未成对电子。若此未成对电子角量子数 $l > 0$,则必然会产生自旋 - 轨道耦合(相互作用),使未考虑此作用时的能级发生能级分裂(对应于内量子数的取值 $j = 1 + 1/2$ 和 $j = 1 - 1/2$ 形成双层能级),从而导致光电子谱峰分裂;此称为自旋 - 轨道分裂。图 5 - 8 所示为 Ag 的光电子谱峰,除 3s 峰外,其余各峰均发生自旋 - 轨道分裂,表现为双峰结构(如 3p1/2 与 3p3/2)。

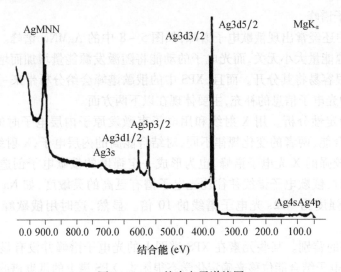

图 5 - 8　Ag 的光电子谱峰图

3)多重分裂

如果原子、分子或离子价壳层有未成对电子存在,则内层能级电离后会发生能级分裂,从而导致光电子谱峰分裂,称为多重分裂。图 5 – 9 所示为 O_2 分子 X 射线光电子谱多重分裂。电离前 O_2 分子价壳层有两个未成对电子,内层能级($O1s$)电离后谱峰发生分裂(多重分裂),分裂间隔为 1.1eV。

多重分裂现象普遍存在于过渡元素及其化合物中,其分裂的距离是对元素的化学状态的表征,根据谱线是否分裂、分裂的距离大小,再结合谱线能量的位移和峰形变化,常常能准确地确定一元素的化学态。

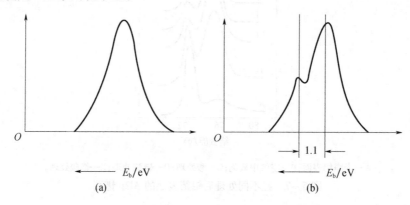

图 5 – 9　O_2 分子 X 射线光电子谱多重分裂

(a)氧原子 O1s 峰;(b)氧分子中 O1s 峰分裂。

4. 伴峰

XPS 谱图中,除反映电子结合能的光电子谱峰外,还会出现一些非光电子谱峰称为伴峰,如俄歇电子谱峰、特征能量损失谱峰、震激和震离谱峰、价带谱结构谱峰、X 射线源的强伴线等。在这些伴峰中,有些谱峰也能反映材料的组成、结构、化学态等信息,有助于元素和化学态分析。

1)俄歇电子谱峰

XPS 谱图中还经常出现俄歇电子谱峰,如图 5 – 8 中的 AgMNN 谱峰。由于俄歇电子的动能与激发源能量大小无关,而光电子的动能将随激发源能量增加而增加,因此,利用双阳极激发源很容易将其分开。而且,XPS 中的俄歇谱峰会给分析带来一些有价值的信息,是 XPS 谱中光电子信息的补充,主要体现在以下两方面。

(1)元素的定性分析。用 X 射线和用电子束激发原子内层电子时的电离截面,相应于不同的结合能,两者的变化规律不同,对结合能高的内层电子,X 射线电离截面大,这不仅能得到较强的 X 光电子谱峰,也为形成一定强度的俄歇电子创造了条件。进行元素定性分析时,俄歇电子谱线往往比光电子谱有更高的灵敏度,如 Na 在 265eV 的俄歇峰 Na – KLL 强度为 Na2s 光电子谱线的 10 倍。显然,这时用俄歇峰作元素分析更方便。

(2)化学态的鉴别。某些元素在 XPS 谱图上的光电子谱峰并没有显出可观测的位移,这时用内层电子结合能位移来确定化学态很困难,XPS 谱上的俄歇谱峰却出现明显的位移,且俄歇谱峰的位移方向与光电子谱线方向一致,如表 5 – 3 所列。

表 5 - 3　俄歇谱峰和光电子谱峰化学位移比较

状态变化	光电子位移/eV	俄歇位移/eV
Cu→Cu$_2$O	0.1	2.3
Zn→ZnO	0.8	4.6
Mg→MgO	0.4	6.4

　　俄歇电子位移量之所以较光电子位移量大,是因为俄歇电子跃迁后的双重电离状态的离子能从周围易极化介质的电子获得较高的屏蔽能量。

　　2)特征能量损失峰

　　部分光电子在被激发后逸出固体表面的过程中,不可避免地要发生非弹性散射而损失能量,当光电子能量在 100 ~ 150eV 范围内时,它所发生的非弹性散射的主要方式是激发固体中的自由电子集体振荡,产生等离子激发。晶体可以看作处于点阵位置的正离子和漫散在整个空间的价电子云组成的电中性体,它类似于等离子体。在光电子传输到固体表面的过程中,所行经的路径附近价电子受斥力作用而做径向发散运动,从而在电子行经路径的附近出现带正电区域,而在远离路径的区域带负电。由于正、负电荷区域的静电作用,使负电区域的价电子向正电区域运动,当运动超过平衡位置后,负电区与正电区交替作用,从而引起价电子的集体振荡(等离子激发),如图 5 - 10 所示。这种振荡的角频率为 ω_p,能量是量子化的,$E_p = h\omega_p$,一般金属 $E_p = 10eV$。可见,等离子激发造成光电子能量的损失相当大。在 XPS 谱图上显示为主峰低动能一侧出现不连续的伴峰,称为特征能量损失峰。能量损失峰和固体表面特性密切相关。图 5 - 5 中显示了 Al2s 和 Al2p 特征量损失峰(等离子激发峰)。

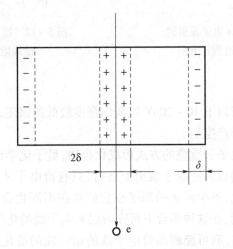

图 5 - 10　入射电子引起价电子的集体振荡模型

　　3)震激和震离谱线

　　样品受 X 射线辐射时,产生多重电离的概率很低,却存在多电子激发过程,吸收一个光子,出现多个电子激发过程的概率可达 20%,最可能发生的是两个电子过程。

　　光电发射过程中,当一个核心电子被 X 射线光电离除去时,由于屏蔽电子的损失,原子中心电位发生突然变化,将引起价壳层电子的跃迁。这时有两种可能的结果:一是价壳层的电子跃迁到最高能级的束缚态,则表现为不连续的光电子伴线,其动能比主谱线低,所低的数值是基态和距核心空位的离子激发态的能量差,这个过程称为电子的震激(shake up);二是如果电子跃迁到非束缚态成了自由电子,则光电子能谱示出,从低动能区平滑上升到一阈值的连续谱,其能量差与具核心空位离子基态的电离电位相等,这个过程称为震离(shake off)。以 Na 原子为例,这两个过程的差别和相应的谱峰特点如图 5-11 所示,震激、震离过程的特点是它们均属单极子激发和电离,电子激发过程只有主量子数变化,跃迁发生只能是 ns→ns、np→np,电子的角量子数和自旋量子数均不改变,通常震激谱比较弱,只有高分辨率的 XPS 谱仪才能测出。

由于电子的震激和震离是在光电发射过程中出现的,本质上也是一种弛豫过程,所以对震激谱的研究可获得原子或分子内弛豫信息;同时,震激谱的结构还受到化学环境的影响,它的表现对分子结构的研究很有价值。图 5-12 所示为锰化合物的震激谱线位置及强度,它们结构的差别与锰相结合的配位体上的电荷密度分布密切相关。

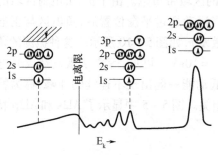

图 5-11　Na1s 电子发射时
震激和震离过程示意图

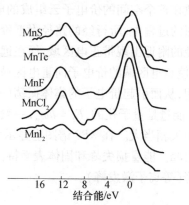

图 5-12　锰化合物中 Mn2p3/2
谱线附近的震激谱

4)价带谱

价电子线指费米能级以下 10～20eV 区间内强度较低的谱图,这些谱线是由分子轨道和固体能带发射的光电子产生的。

两个以上的原子以电子云重叠的方式形成化合物,量子化学计算结果表明,各原子内层电子几乎仍保持在它们原来原子轨道上运行,只有价电子才形成有效的分子轨道而属于整个分子。正因如此,不少元素的原子在它们处在不同化合物分子中时的内层电子的结合能数值并没有区别,在这种场合下研究内层光电子线的化学位移便显得毫无用处。如果观测它们的价电子谱,有可能根据价电子线的结合能的变化和价电子线的峰形变化的规律来判断该元素在不同化合物分子中的化学状态及有关的分子结构。

由固体材料中原子和分子价电子能级所形成宽的能带结构为材料的价带谱结构。价电子谱线对有机物的价键结构很敏感,其价电子谱往往成为有机聚合物唯一特征的指纹谱,具有表征聚合物材料分子结构的作用。价带谱的结构和特征直接与分子轨道能级次序、成键性质有关,因此对分析分子的电子结构是非常有用的一种技术。根据价电子线结合能的变化和价电子线峰形变化的规律,来判断该元素在不同化合物分子中的化学状态及有关的分子结构。

　　从价带谱结构分析材料的能带结构,需要对材料的能带结构进行一定的模型理论计算,以和试验得到的价带谱结果进行比较。一般情况下,理论计算工作是十分复杂和困难的,因此在通常的研究中主要比较价带谱的结构来进行唯象的分析。如果通过 XPS 技术来鉴别聚乙烯和聚丙烯材料,则从 C1s 结合能是无法区分这两种材料的。而这两种材料的价带谱则有很大的不同(具体谱线参见图 5 – 13),通过 VB – XPS 技术就能够鉴定该物质究竟是聚乙烯还是聚丙烯材料。

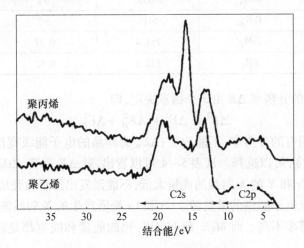

图 5 – 13　聚乙烯和聚丙烯的价带谱

5.3　光电子能谱仪

5.3.1　概述

　　以 X 射线为激发源的光电子能谱仪主要由激发源、能量分析器和电子检测器 3 部分组成,如图 5 – 14 所示。

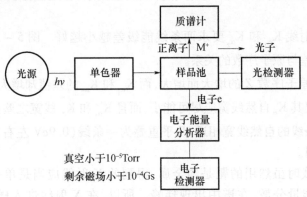

图 5 – 14　光电子能谱仪组成框图

(1Ton≈133pa)

1. 激发光源

光电子能谱的激发源是特征 X 射线,常用的 X 射线源如表 5－4 所列。

表 5－4　常用于电子能谱的 X 射线激发源

阳极靶材料	X 射线	能量 E_x/eV	宽度 ΔE_x/eV	单色后宽度 /eV
Mg	MgK_α	1253.6	0.68	
Al	AlK_α	1486.6	0.83	0.17
Cu	CuK_α	8055	>2	
Cr	CrK_α	5417	>2	
Zr	ZrM_ζ	151.4	0.77	
Y	YM_ζ	132.3	0.45	

电子能谱分析的分辨率 ΔE 由 3 个因素决定,即

$$\Delta E^2 = \Delta E_x^2 + \Delta E_样^2 + \Delta E_仪^2$$

式中:$\Delta E_仪$ 为仪器固有的分辨率,不能改变;$\Delta E_样$ 为样品的电子能级宽度,它随样品而异;ΔE_x 是 X 射线的宽度,可以选择。从表 5－4 可以看出,就 ΔE_x 而言,ZrM_ζ 和 YM_ζ 虽可以作为激发源,但由于 Zr 和 Y 的 X 射线的能量太低,不能激发出原子内壳层的电子,只能激发价电子,不适于作光电子能谱的激发源。Cu 和 Cr 靶所产生的 X 射线能量虽很高,但射线本身的宽度大,分辨率不高。而 MgK_α 靶和 AlK_α 靶的能量和线宽都是较为理想的光电子能谱的激发源。

常见的 X 射线源具有 Al 和 Mg 的双阳极,其特征 K_{α_1}、K_{α_2} 线的能量分别为 1486.6eV 和 1253.6eV,谱线的半高宽(FWHM)分别为 0.9eV 和 0.7eV。如采用单色器,线宽可减到 0.2eV 以下。最高电功率可分别达到 1000W 和 600W(阳极水冷系统要求有严格的流量)。除不能分辨的 K_{α_1} 和 K_{α_2} 外,还有 K_{α_3} 和 K_{α_4} 等 X 射线存在,它们与 K_{α_1}、K_{α_2} 有恒定的能量差和强度比,导致在结合能的低能端出现小谱峰,它们不难识别,用计算机很容易排除干扰。X 射线发射的光子通量与阳极电流(0~60mA)有很好的线性关系。加速电压通常取 K 能级结合能的 5~10 倍(在 0~15kV 范围内可调)。在 8~15kV 范围内,光子通量与电压有近乎线性的关系。根据试验数据算出这些关系,在定量分析中可作光子通量换算之用。

在 K 系的 X 射线 K_{α_1} 和 K_{α_2} 要求两条线能级差越小越好。图 5－15 是 K_α 线宽度和 K_{α_1}、K_{α_2} 射线能量差与原子序数的关系。

K_{α_1} 线宽度随原子序数 Z 的增大而增大,而 K_{α_1} 和 K_{α_2} 的差值却增大得更迅速。所以,选择激发源时不仅其 K_α 自然线宽应尽可能小,而且 K_{α_1} 和 K_{α_2} 线宽之差也要小,Al K_α 两线的能量间隔与每条线的自然线宽相近,几乎重叠为一条线(0.9eV 左右),这是选用 Al_α 作激发源的又一原因。

在获取 X 射线时虽然用的靶是纯金属,得到的 X 射线应当是单一波长,但在激发过程中总会产生能量分散,在谱中出现伴峰。所以,在 X 射线进入样品室之前都要利用晶体的色散效应,使 X 射线单色化。一般采用弯曲的石英晶体做成 X 射线的单色器。

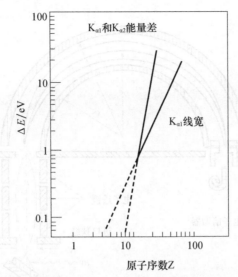

图 5 – 15　K_{α_1} 射线宽度以及 K_{α_1} 和 K_{α_2} 射线能量差与原子序数的关系

2. 光电子能量分析器

电子能量分析器是把不同能量的电子分开,使其按能量顺序排列成能谱。样品在 X 射线激发下发射出来的电子具有不同的功能,必须把它们按能量大小进行分离。在普通 X 射线激发源下产生的光电子能量一般在 1500eV 以下,所以光电子能量分析器常采用静电型。它可以绘出线性能量标度,分辨率高(1eV),而且精确度可达到 ±0.02eV。为了提高分辨率,光电子在进入能量分析器之前要进行减速,以降低电子能量。

静电式能量分析器有球形、球扇形和筒镜形 3 种。它们共同的特点是对应于内、外两面的电位差值只允许一种能量的电子通过,连续改变两面间的电位差值就可以对电子动能进行扫描。

图 5 – 16 所示为半球形电子能量分析器示意图。这种分析器具有双聚焦特性,透过率和分辨率比较高,加、减速场易于实现。分析器由内、外两个同心半球构成,内球半径为 r_1,外球半径为 r_2。当在内、外球之间加上电压 V 时,其间任意点 a 处的径向电场为

$$\varepsilon = \frac{V}{a^2\left(\frac{1}{r_1} - \frac{1}{r_2}\right)} \tag{5-11}$$

若要使能量为 E_0、速度为 v_0 的电子沿分析器平均半径 r 轨道运动,则必须满足下述关系式,即

$$\frac{V}{a^2\left(\frac{1}{r_1} - \frac{1}{r_2}\right)} = \frac{rmv_0^2}{ea^2} \tag{5-12}$$

而电子的能量 $E_0 = \frac{1}{2}mv_0^2$,由此求得

$$eV = 2rE_0\left(\frac{1}{r_1} - \frac{1}{r_2}\right) = CE_0 \tag{5-13}$$

式中:$C = 2r\left(\frac{1}{r_1} - \frac{1}{r_2}\right)$,是与分析器几何尺寸有关的常数,称为仪器常数。

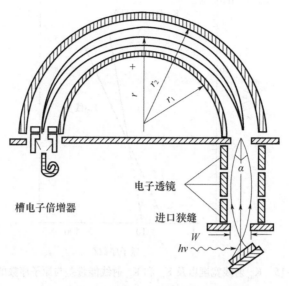

图 5 - 16　半球形电子能量分析器示意图

　　从式(5 - 13)可知,同心球形电容器上的电场对不同能量的电子具有不同的偏转作用,从而将能量不同的电子分离出来。如果在球形电容器上加扫描电压,可以使能量不同的电子在不同的时间沿着中心轨道通过,从而测出每一种能量的电子数目,就得到了谱图。

　　如果分析器的入口和出口狭缝宽度 W 相等,而 $\Delta E_{仪} = \frac{1}{2} \Delta E$,忽略式(5 - 11)中的 a^2 项,可以得到

$$\frac{\Delta E_{仪}}{E_0} = \frac{W}{2r} \qquad (5 - 14)$$

式中:r 为分析器平均半径。

　　式(5 - 14)的左边是球形分析器的相对分辨率,它与球形分析器的平均半径 r 和狭缝宽度 W 有关。如球形分析器的几何尺寸一定,则它的分辨率也就确定了。若某分析器的 $r_1 = 101.6mm$、$r_2 = 152.4mm$,则 $r = 127.0mm$。它的狭缝宽度为 lmm,进入分析器的电子能量为 65eV,则分析器的分辨率将为

$$\Delta E_{仪} = E_0 \frac{W}{2r} = 65 \times \frac{1}{2 \times 127} = 0.26eV$$

　　表 5 - 5 是按式(5 - 14)计算得到的电子能量与分析器的分辨率之间的对应值。对于高能量的电子,分辨率超过 5.0eV。这样的分辨率不能为电子能谱仪所接受,这时就要在分析器前加一减速透镜。减速透镜的目的是使电子动能在进入分析器前减小到某个数值,得到一个较好的分辨率。在电子能谱仪上常用固定减速比和固定能量透射两种方式。前者是使经过减速透镜后的电子能量与未减速前的能量 E_0 之比 E/E_0 为固定值 K,假如令 $K = 0.052$,则能量为 1250eV 的电子,经减速后能量就降到 65eV,分析器的分辨率从 5eV 变至 0.26eV。后一种减速方式是将电子的能量在进入分析器时均减到一个固定值,如一般减到 65eV,因此 $\Delta E_{仪}$ 也是一常数。

表 5 - 5　分析器分辨率与电子能量

E/eV	25	50	65	75	100	1000	1250
$\Delta E_\alpha/eV$	0.10	0.20	0.26	0.30	0.40	4.0	5.0

3. 探测和记录

检测的目的是通过计数的方式测量电子数目,因为一般的盖氏计数器要加速电子,这会降低谱仪的分辨率,使谱图的结构复杂化,所以常用电子倍增管作探测器。

电子能谱仪的记录有模拟式和数字输出式两种,前者得到计数率相对于电子能量的谱图,后者则有荧光屏显示数字,其优越性是在操作过程中可以观察谱图信号建立的过程。

如果激发源同时配有紫外线、电子枪,由于它们激发的电子也是低能量的,所以同一台仪器可以使用同一个样品室、电子能量分析器、检测器而使仪器具有多种功能,即成为可以同时进行光电子能谱、俄歇电子能谱、低能量电子能谱、离子质谱分析的多功能电子能谱仪。

5.3.2　光电子能谱样品测定

光电子能谱仪同样可以测定固、液、气体样品。同时由于它测定的主要是物质表面的信息(0.5~5nm),所以表面性质将影响测定的精度,在测定前需要进行样品的预处理。

1. 样品的制备

1)粉末样品

(1)粉末黏结在双面导电胶带上。其缺点是在真空下黏结剂可能蒸发,污染样品和样品室,从而难以获得高真空度;同时黏结剂不能加热处理,也不能冷却。

(2)压片法:把样品粉末均匀地撒在金属网上,然后加压成片。金属网所用的材料不与样品作用,在加热时不与样品反应。这个方法的优点是不怕污染,可以在加热或冷却条件下进行测试,信号强度高。

(3)溶剂处理法:把样品溶于易挥发溶剂中,制备成溶液(水也可以作溶剂),把溶液涂在样品台或金属片上,待溶剂蒸发。所用的样品量仅在 $\mu g/cm^2$ 以下,只需要使溶液附着均匀即可。需要注意的是,溶剂必须完全蒸发掉,特别是其中含有与样品相同的元素时尤其要注意;否则将引起测量误差。

2)块状样品

块状样品可以直接固定在样品台上。如是金属样品,则采用点焊法;如是非金属样品,则可用真空性能好的银胶黏在样品台上,块状样品的表面应当尽可能光滑,这样可以得到强度较高的谱图。为了获得光滑表面,样品经研磨后,需除去研磨剂,并保持样品表面清洁,防止油渍污染,以消除附加的 C、O 等元素峰的影响。可以用挥发性好的溶剂清洗或者微加热样品(不能使样品氧化)。块状固体样品的大小和形状主要取决于样品台的大小。此外,根据样品的性质还可采用其他制样的方法,如真空蒸发喷镀等。

3)液体与气体样品

液体样品的电子能谱测定有间接法与直接法两种。间接法用冷冻法或蒸发冷冻法,把液体转变为固体然后再测定。直接法是将溶液铺展在被酸侵蚀过的金属板上，待溶剂挥发后测定（如不用溶剂则可直接测定）。金属板一般采用铝板，在浓度为 $3mol/dm^2$ 的 HCl 溶液中浸蚀 $2 \sim 3min$。

气体样品可以用冷凝法，也可以直接测定。直接测定气体样品有相当大的技术难度，因为气体有一定的压力，同时要防止光电子与气体分子的相互碰撞。

2. 样品的预处理

为避免样品受到污染，电子能谱仪都设有样品预处理室，它与样品室分隔。样品制备好后都要放在样品预处理室内进行预处理，然后才能进行样品测试。

样品预处理的作用主要有以下几点。

（1）利用样品预处理室的真空度（$10^{-5}Pa$ 或更小）对样品进行烘烤或去气处理。

（2）清洁样品表面，以消除样品表面可能的污染对测定结果准确度的影响。样品表面的处理常用的有两种方法：

① 加热法：可以将表面的油污等除去。但是对有些易氧化的样品，在高温下样品基体与表面会产生扩散现象，不适用于加热法。

② 离子溅射（刻蚀）法：用 Ar^+ 轰击样品表面层，将表面附着物除去。这种方法还可用于做纵向成分分析，即用 Ar^+ 离子溅射逐层除去表面层，从溅射的时间与剥离层厚度的线性关系而获得沿纵向的深度信息变化。

（3）通过预处理室内的加热蒸发装置，可以在样品处理室中进行蒸发制备样品。

（4）对于非导体样品，经过表面清洁后，为减少表面带电现象，可以在预处理室内进行喷镀贵重金属涂层的操作。

3. 测定时的注意事项

1）非导体样品荷电效应及消除

当 X 射线射向样品时，表面不断产生光电子，造成表面电子 – 空穴，使样品带正电。如果样品是导体，表面电子 – 空穴可以从金属样品托得到补充。但是，对于非导体就难以实现负电子的补充，从而使表面带正电。X 射线单色器中的中和电荷的电子又很少，于是荷电效应引起发射出的光电子的动能降低，造成记录谱线位移，有时可以达到几个电子伏，影响测量精度。

上述荷电现象的程度受多种因素的影响，如 X 射线电压和电流大小、样品的厚度等。为解决表面荷电效应，可以用负电子中和表面的电子 – 空穴。X 射线的入射窗口器材是铝质材料，当它受 X 射线照射后就发出二次电子，可以中和一部分正电荷，若采用 Al 窗口表面镀金，中和样品表面荷电效应更为有效。由于窗口材料发出的二次电子数还不足以补充表面电子 – 空穴，所以在样品室附近还安装有中和电子枪，喷射出的电子专供中和表面正电荷。

此外，在制作样品时可把导体与样品紧密接触混合，或夹在导体间。也可以在样品表面和周围喷涂金属或将样品用导电胶黏结在样品托上。上述方法虽然都可以在一定程度上消除荷电效应，但是需要进行修正，或者用标准的结合能（如真空泵中 C1s 电子的结合能），再做其他结合能的推算。

2）能量轴的标定和校正

（1）相对定标能量法。利用已精确测定的标准谱线，把产生此谱线的电子发射源样品混入被测样品中，或利用同一分子中不同原子发射的谱线，根据它的能量位置可定出其他谱线的位置,再换算成结合能。这种相对定标方法是基于仪器常数是常量。常用的标准谱线如表5-6所列。表中气体原子的轨道电子结合能数值是相对于自由电子能级,而金属则是相对于费米能级。选用的标准谱线最好在空气中不产生氧化作用。

(2)能量绝对标定。由式(5-8)可知,从仪器测得的是电子的动能 E_k,这时需要知道仪器的功函数 W_s。最简便的方法是双光法,即用两种不同的已知能量的 X 射线作激发源,测定同一束缚能级上的电子,并测量其光电子谱线所对应的分析器电压或电流值。通常用 MgK_α 和 AlK_α 作已知能量激发源,两者有以下关系,即

$$E_k^1 - E_k^2 = h\nu_1 - h\nu_2 = W' \tag{5-15}$$

式中: $h\nu_1$ 和 $h\nu_2$ 分别为两种 X 射线的能量; E_k^1 和 E_k^2 为由它们所激发出的电子动能。

或者用已知的标准 E_b 测量出 E_k,计算出 W',再用从双光法获得的数据 W',比较两者的数值是否相等即可。

表5-6　光电子能谱常用标准谱线

能级	结合能/eV	能级	结合能/eV
Cu2p3/2	932.8 (2)	Na1s	870.37 (9)
Ag3p3/2	573.0 (3)	F1s (CF₄)	695.52 (14)
Ag3d5/2	368.2 (2)	O1s (CO₂)	541.28 (12)
Pd3d5/2	335.2 (2)	N1s (N₂)	409.93 (10)
C1s	284.3 (3)	Cl1s (Cl₂)	297.69 (14)
(石墨)		Ar2p3/2	248.62 (8)
	122.9 (2)	Kr3p3/2	214.55 (15)
Au4f5/2	83.8 (2)	Kr3d5/2	93.80 (10)
Pt4f7/2	71.0 (2)	Na2s	48.47
	0.01 (1)	Na2p	21.59
		Ar3p	15.81

3)仪器操作条件的选择

仪器的真空度是 XPS 测试操作时应主要考虑的因素,要使真空度保持在 10^{-7} ~ 10^{-14} Pa;否则样品表面将有污染。此外,还要选择合适的扫描速度、时间常数等。对于非导体还必须采取措施以消除荷电效应。

XPS 获得的信息常因各种因素干扰使谱峰发生畸变、加宽,需要进行数据处理和谱峰的分离,这些工作均可由能谱仪配备的计算机来分析完成。

◢ 5.4　X 射线光电子能谱的应用

X 射线光电子能谱分析是一种表面分析方法,可有效探测深度。金属材料分析深度一般在 0.5 ~ 3nm 间,无机非金属材料分析深度一般在 2 ~ 4nm 间,有机材料分析深度一般在 4 ~ 10nm 间。X 射线光电子能谱分析是一种研究表面层元素组成与离子状态的表面分析技术,并以此为基础,进一步研究分子结构、原子结构(电子组态)。

X 射线光电子能谱对材料进行表面分析具有以下优点:

① 它可以分析除 H 和 He 以外的所有元素。

② 它可以分析元素沿深度方向的分布。

③ 它可以提供分子结构、原子结构(电子组态)的信息。光电子能谱直接测定来自样品单个能级光电发射电子的能量分布,且直接得到电子能级结构的信息。从能量范围看,如果把红外光谱提供的信息称为"分子指纹",那么电子能谱提供的信息可称为"原子指纹"。它提供有关化学键方面的信息,即直接测量价层电子及内层电子轨道能级。

④ 它是一种无损分析。

⑤ 它是一种高灵敏超微量表面分析技术。分析所需试样 10^{-8} g 即可,绝对灵敏度高达 10^{-18} g。

X 射线光电子能谱分析常用于以下 3 个方面的分析。

① 元素及元素价态分析,鉴定除 H、He 以外的所有元素,包括元素及元素价态定性分析、定量分析,元素表面分布分析,元素深度分布分析。

②分子结构分析,包括化学键和电荷分布方面的信息。

③原子结构分析,包括电子态结合能、电子态密度、固体价电子能带结构。

X 射线光电子能谱分析在这 3 个方面分析的基础上,可应用于各个领域。表 5 - 7 是 XPS 已经开发的一些应用领域。

表 5 - 7　XPS 的应用领域

应用领域	可提供的信息
冶金学	元素的定性,合金的成分设计
材料的环境腐蚀	元素的定性,腐蚀产物的化学(氧化)态,腐蚀过程中表面或体内(深度剖析)的化学成分及状态的变化
摩擦学	滑润剂的效应,表面保护涂层的研究
薄膜(多层膜)及黏合	薄膜的成分、化学状态及厚度测量,薄膜间的元素互扩散,膜/基结合的细节,黏结时的化学变化
催化科学	中间产物的鉴定,活性物质的氧化态,催化剂和支撑材料在反应时的变化
化学吸附	衬底及被吸附物在发生吸附时的化学变化,吸附曲线
半导体	薄膜涂层的表征,本体氧化物的定性,界面的表征
超导体	价态、化学计量比、电子结构的确定
纤维和聚合物	元素成分、典型的聚合物组合的信息,指示芳香族形成的携上伴线,污染物的定性
巨磁阻材料	元素的化学状态及深度分布,电子结构的确定

5.4.1　元素及其离子价态定性分析

1. 定性分析理论依据

光电子能谱作元素及其离子价态定性分析的理论依据是,XPS 图谱中的光电子谱峰都对应着相应的元素及其离子价态,通过 XPS 图谱中的光电子谱峰,就可确定不同轨道上电子的结合能 E_b,进一步分析出光电子谱峰对应的元素及其离子价态。

由于不同元素的原子各层能级的电子结合能数值相差较大,给测定带来了极大方便。以第Ⅱ~Ⅲ周期的元素的 K 层电子结合能的数据为例,由表 5 - 8 可见,相邻元素的原子

K 层 1s 的电子结合能差 ΔE 多数大于 100eV,而它们本身线宽只在 1eV 以下,所以相互间很少干扰,分辨率好。

表 5 - 8　第 Ⅱ ～ Ⅲ 周期元素的 K 层电子结合能　　　单位:eV

Li	Be	B	C	N	O	F	Ne
55	111	188	285	399	532	686	867
Na	Mg	Al	Si	P	S	Cl	Ar
1072	1305	1560	1839	2149	2472	2823	3203

2. 定性分析方法

元素及其离子价态定性分析方法是以实测光电子谱图与标准谱图相对照,根据元素特征峰位置及其化学位移确定样品(固态样品表面)中存在哪些元素及这些元素的离子价态。X 射线光电子标准谱图载于相关手册、资料中。常用的 Perkin - Elmer 公司的《X 射线光电子谱手册》载有从 Li 开始的各种元素的标准谱图(以 MgK_α 和 AlK_α 为激发源),标准谱图中有光电子谱峰与俄歇谱峰位置并附有化学位移数据。

定性分析原则上可以鉴定除氢、氦以外的所有元素。对物质的状态没有选择,样品需要量很少,可少至 $10^{-8}g$,而灵敏度可高达 $10^{-18}g$,相对精度可达 1%,因此特别适于做痕量元素的分析。

分析时首先通过对样品(在整个光电子能量范围)进行全扫描,以确定样品中存在的元素;然后再对所选择的谱峰进行窄扫描,以确定化学状态。

图 5 - 17 所示为已标识的 $(C_3H_7)_4NS_2PF_2$ 的 X 射线光电子谱图。由图 5 - 17 可知,除氢以外,其他元素的谱峰均清晰可见。图中氧峰可能是杂质峰,说明该化合物可能已部分氧化。

定性分析时,必须注意识别伴峰和杂质、污染峰(如样品被 CO_2、水分和尘埃等沾污,谱图中出现 C、O、Si 等的特征峰)。

定性分析时一般利用元素的主峰(该元素最强、最尖锐的特征峰)。显然,自旋 - 轨道分裂形成的双峰结构情况有助于识别元素。特别是当样品中含量少的元素的主峰与含量多的另一元素非主峰相重叠时,双峰结构是识别元素的重要依据。

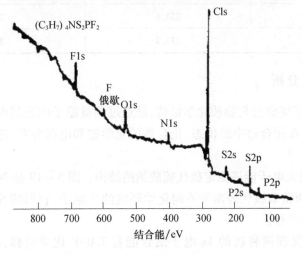

图 5 - 17　$(C_3H_7)_4NS_2PF_2$ 的 XPS 图谱

5.4.2 元素的定量分析

从光电子能谱测得的信号是该物质含量或相应浓度的函数,在谱图上它表示为光电子峰的面积。虽然目前已有几种 X 射线光电子能谱定量分析的模型,但是影响定量分析的因素相当复杂包括样品表面组分分布不均匀、样品表面被污染、记录光电子动能差别过大、化学结合态不同对光电截面的影响等,都影响定量分析的准确性。所以,在实际分析中用得更多的方法是对照标准样品校正,测量元素的相对含量。

在无机分析中不仅可以测得不同元素的相对含量,还可以测定同一种元素的不同种价态的成分含量。以 MoO_2 为例,它的表面往往被氧化成 MoO_3。为了解其氧化程度,可以选用 C_{1g} 电子谱作参考谱,测 Mo3d3/2、3d5/2 谱线,两谱线的能量间距为 (3.0 ± 0.2) eV。图 5-18 是 MoO_3 的双

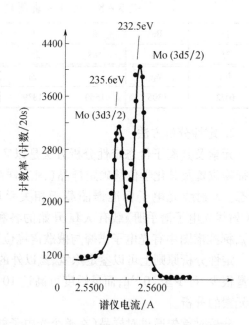

图 5-18　MoO_3 的 Mo3d3/2、3d5/2 电子谱线

线谱,MoO_3 及 MoO_2 中 Mo 的 3d 3/2 和 3d 5/2 的电子结合能见表 5-9。

可见,MoO_3 和 MoO_2 的 Mo3d 电子结合能有 1.7eV 的化学位移。根据这种化学位移可以区别氧化钼混合物中不同价态的钼。如果作 MoO_3/MoO_2 不同掺量比的校正曲线,就可以定出混合物中 MoO_3 的相对含量。

表 5-9　MoO_3 及 MoO_2 中 Mo 的 3d3/2 和 3d5/2 电子结合能　　（单位:eV）

电子结合能	Mo3d3/2	Mo3d5/2
MoO_3	235.6	232.5
MoO_2	233.9	230.9

5.4.3 化学结构分析

用 X 射线光电子能谱分析物质化学结构,是通过测量原子内壳层电子的结合能的化学位移,来研究离子在化合物中的价态、化合物的化学键和电荷分布,进而研究物质的化学结构。

例如,用 X 射线光电子能谱测定硫代硫酸钠的结构。图 5-19 是 $Na_2S_2O_3$ 的 S2p 1/2 和 S2p 3/2双线,这两重双线代表两种不同化学环境的 S 原子,它们的 S2p 电子结合能之间有 6.04eV 的化学位移。

用同样的方法发现两种硫的 1s 电子结合能有 7.0eV 化学位移,2s 电子结合能有5.8eV 化学位移,从而证实硫代硫酸根分子结构如图 5-20 所示。

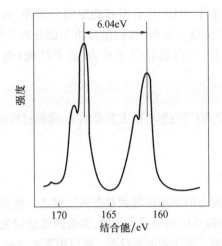

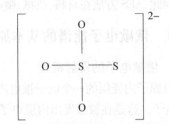

图 5-19　硫代硫酸钠的 S2p1/2 和 S2p3/2 谱线　　图 5-20　硫代硫酸根分子结构示意图

　　氧的电负性高于硫,因此中心硫原子带正电,它的结合能高,配位硫原子带负电荷,结合能低,它们的氧化数分别为 +6 价和 -2 价。这就是由于两种硫原子所处的化学环境不同而造成内壳层电子结合能的化学位移,利用它可以推测出化合物的结构。

　　对于固体样品,X 射线光电子平均自由程只有 0.5~2.5nm(对于金属及其氧化物)或 4~10nm(对于有机物和聚合材料),因而 X 射线光电子能谱法是一种表面分析方法。以表面元素定性分析、定量分析、表面化学结构分析等基本应用为基础,可以广泛应用于表面科学与工程领域的分析、研究工作,如表面氧化(硅片氧化层厚度的测定等)、表面涂层、表面催化机理等的研究,表面能带结构分析(半导体能带结构测定等)以及高聚物的摩擦带电现象分析等。

5.5　俄歇电子能谱法

　　俄歇电子能谱法是用具有一定能量的电子束(或 X 射线)激发样品俄歇效应,通过检测俄歇电子的能量和强度,从而获得有关表面层化学成分和结构信息的方法。

　　30 多年以来,俄歇电子能谱无论在理论上还是试验技术上都已获得了长足的发展。俄歇电子能谱的应用领域已不再局限于传统的金属和合金,而扩展到现代迅猛发展的纳米薄膜技术和微电子技术,并大力推动了这些新兴学科的发展。目前 AES 分析技术已发展成为一种主要的表面分析工具。在俄歇电子能谱仪的技术方面也取得了巨大的进展,在真空系统方面已淘汰了会产生油污染的油扩散泵系统,而采用基本无有机物污染的分子泵和离子泵系统,分析室的极限真空也从 10^{-8}Pa 提高到 10^{-9}Pa 量级。在电子束激发源方面,已完全淘汰了钨灯丝,发展到使用六硼化镧灯丝和肖特基场发射电子源,使得电子束的亮度、能量分辨率和空间分辨率都有了大幅度提高。现在电子束的最小束斑直径可以达到 20nm,使得 AES 的微区分析能力和图像分辨率都得到了很大提高。

　　与 XPS 相比,俄歇电子能谱分析具有以下特点。

　　(1)分析元素广。与 XPS 相同,可以分析除 H 和 He 外的所有元素,对轻元素敏感。

　　(2)更适合于元素深度分布分析。AES 的采样深度为 1~2nm,比 XPS 还要浅,更适合于元素深度分布分析。

（3）可进行微区分析。由于电子束束斑非常小，AES 具有很高的空间分辨率，可进行不大于 50nm 区域内成分分析，并可以进行元素的选点分析、线扫描分析和面分布分析。

（4）与 XPS 相同，可获得元素化学态的信息，可以提供分子结构、原子结构（电子组态）的信息。

（5）是一种无损分析。

因此，AES 方法在材料、机械、微电子等领域具有广泛的应用，尤其是纳米、薄膜材料领域。

5.5.1 俄歇电子能谱的基本原理

1. 俄歇电子的发射机理

当原子内壳层的一个电子被电离后，处于激发态的原子恢复到基态的过程之一是发射出俄歇电子。这是在被激发出内层电子的空穴已被较外层的电子填入时，多余的能量以无辐射的过程传给另一个电子，并将它激发出来，最后使原子处于双电离状态。可以用下式表示，即

$$A^{*+} \rightarrow A^{2-} + e^-$$

图 5-2 说明了其过程。

与光电子辐射相比，俄歇效应是一个无辐射跃迁过程，而且光电子的能量与激发它的 X 射线源有关，而俄歇电子与激发源无关。同时俄歇电子并无严格的选择定则，主要受已电离壳层中的空穴与它周围电子云的相互作用所产生的静电力控制，而光电子（X 射线发射）受偶极辐射的选择定律控制。

俄歇电子的表示常用 X 射线能级表示，如常用的 KL_1L_{II} 符号，表示原子已有空穴是 K 层能级上一个电子被激发出，L_I 能级上的一个电子填入 K 能级空穴，多余的能量传给 L_{II} 能级上的电子，若其能量足够大时，就把它发射出来，所以俄歇跃迁通常都有 3 个能级参与，至少涉及两个能级。俄歇电子的符号可以通用表示为 KL_pL_q、KLM 或者 L_pL_qM 等。

2. 俄歇电子产额与俄歇电子选择

俄歇电子产额或俄歇跃迁概率决定俄歇谱峰强度，直接关系到元素的定量分析。俄歇电子与特征 X 射线是两个互相关联和竞争的发射过程。对同一 K 层空穴，去激发过程中荧光 X 射线与俄歇电子的相对发射概率，即荧光产额（ω_K）和俄歇电子产额（$\bar{\alpha}_K$）满足

$$\bar{\alpha}_K + \omega_K = 1$$

即

$$\bar{\alpha}_K = 1 - \omega_K \tag{5-16}$$

荧光 X 射线产额和俄歇电子产额随原子序数的变化如图 5-21 所示。由图可知，对于 K 层空穴，原子序数在 19 以下的轻元素原子在去激发过程中发射俄歇电子的概率在 90% 以上；随着原子序数（Z）的增加，X 射线荧光产额增加，而俄歇电子产额下降。$Z<33$ 时，俄歇发射占优势，因而对轻元素而言，用俄歇电子谱分析有较高灵敏度。对中、高原子序数的元素，采用 L 系和 M 系俄歇电子信息的分析灵敏度也比采用相应线系荧光 X 射线高。通常对于 $Z \leq 14$ 的元素，采用 KLL 俄歇电子分析（此时 KLL 峰是最显著的俄歇峰）；$14<Z<42$ 的元素，采用 LMM 电子较合适；$Z \geq 42$ 时，以采用 MNN 和 MNO 俄歇电子为佳。为了激发上述类型的俄歇跃迁，产生初始电离所需的入射电子能量在 1~5 keV 范围内。

大多数元素在 50~1000eV 能量范围内都有产额较高的俄歇电子，它们的有效激发体积（空间分辨率）取决于入射电子束的束斑直径和俄歇电子的发射深度。能够保持特征

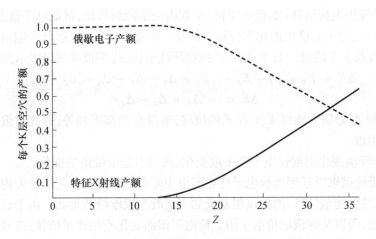

图 5-21　俄歇电子产额与原子序数的关系

能量(没有能量损失)而逸出表面的俄歇电子,发射深度仅限于表面以下大约 2nm,约相当于表面几个原子层,且发射(逸出)深度与俄歇电子的能量以及样品材料有关。在这样浅的表层内逸出俄歇电子时,入射电子束的侧向扩展几乎尚未开始,故其空间分辨率直接由入射电子束的束斑直径决定。

在实际工作中,(一次)电子束采用较小的掠射角(10°～30°)入射,可增大检测体积,获得较大的俄歇电流。

3. 直接谱与微分谱

常用的俄歇电子能谱有直接谱和微分谱两种。直接谱即俄歇电子强度[密度(电子数)]$N(E)$对其能量 E 的分布[$N(E)-E$]。而微分谱由直接谱微分而来,是 $dN(E)/dE$ 对 E 的分布[$dN(E)/dE-E$]。微分改变了谱峰的形状(直接谱上的一个峰,到微分谱上变成一个"正峰"和一个"负峰"),大大提高了信噪比(使本底信号平坦,俄歇峰清楚地显示出来),便于识谱。用微分谱进行分析时,一般以负峰能量值作为俄歇电子能量,用以识别元素(定性分析),以峰-峰值(正负峰高度差)代表俄歇峰强度,用于定量分析。

4. 俄歇电子的能量

俄歇电子的能量一般只几十到几百电子伏特,俄歇电子的动能可以根据 X 射线的能量来计算,即从已知能级电子的结合能可计算出不同元素的各俄歇电子能量,以 KL_IL_{II} 的俄歇电子为例(当电离空穴和填补空穴电子在同一能级内的称为 Coster - Kronig 过程)。

$$E_{KL_IL_{II}} = E_K - E_{L_I} - E_{L_{II}} \qquad (5-17)$$

当然,这种表示方法不完全正确或不够严格,因为 E_K、E_{L_I}、$E_{L_{II}}$ 分别表示 K、L_I 和 L_{II} 能级上电子的结合能,E_{L_I}、$E_{L_{II}}$ 都是指单电离状态的能量。而俄歇过程是双电离过程,当 L_I 能级的电子跃迁到 K 能级时,L_{II} 能级的结合能就要增大,双电离状态的位能就比 $E_{L_I} + E_{L_{II}}$ 大。这样自由电子的俄歇电子的能量将在式(5-17)中加上 $\Delta E_{L_IL_{II}}$ 一项而成,即

$$E_{KL_IL_{II}} = E_K - E_{L_I} - E_{L_{II}} - \Delta E_{L_IL_{II}} \qquad (5-18)$$

5. 俄歇电子谱中的化学效应

这里所谓的化学效应是指原子因周围化学环境的改变引起的谱结构的变化;反之,根据谱结构的变化,由 $\Delta E_{L_IL_{II}}$ 可推测原子的化学环境。俄歇电子谱上反映的化学效应有 3 种。

（1）原子发生电荷转移（如价态变化）引起内壳层能级移动，俄歇电子谱发生位移。

在 X 射线光电子能谱中的化学位移只涉及一个能级，而在俄歇电子能谱的化学位移因跃迁过程涉及 3 个能级。对于 X、Y、Z 俄歇跃迁来说，化学位移可以表示为

$$\Delta E = E_X - E_Y - E_Z - (E_X + \Delta_X - E_Y - \Delta_Y - E_Z - \Delta_Z)$$

$$\Delta E = -\Delta_X + \Delta_Y + \Delta_Z \tag{5-19}$$

式中：Δ_X、Δ_Y 和 Δ_Z 分别为能级 X、Y 和 Z 的位移，通常它们都不相等，因此对俄歇能谱的位移测量较为困难。

（2）化学环境变化引起价电子态密度变化，从而引起价带谱的变化。

涉及价带的俄歇跃迁因为价电子变化而更为复杂。如氧化反应后价带内的电荷要重排，这时不仅发生能量位移，而且以很复杂的方式改变俄歇峰的形状。由于这是直接反映价电子的变化，所以又称俄歇价电子谱。价电子谱的变化不是能量位移，这和化学位移有区别。它是由于新的化学键（或带结构）形成时电子重排造成了谱图形状的改变。例如，当 Mn 经氧化后，它的俄歇电子峰均有几个电子伏的能量位移（化学位移），位移的数值不一。同时峰形变化，有的峰分裂成两个峰。

（3）俄歇电子逸出样品表面时，由于能量损失引起峰的低能端形状改变，它有时也与化学效应有关。图 5 – 22 是纯 Mg 和 MgO 的俄歇电子谱图，Mg 的谱中出现一群小峰，它是等离子损失峰。

从以上分析可见，俄歇电子谱中的化学效应可以说明物质化学环境的变化。

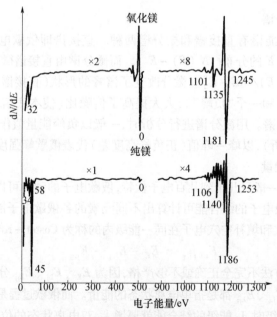

图 5 – 22　氧化镁和纯镁的俄歇电子能谱

5.5.2　俄歇电子能谱分析技术

1. 定性分析

定性分析的任务是根据实测的直接谱（俄歇峰）或微分谱上负峰的位置识别元素，方法是与标准谱进行对比，主要俄歇电子能量图和各种元素的标准谱图可在《俄歇电子谱手

册》(L. E. Davis 等编)等资料中查到。图 5 – 23 为主要俄歇电子能量图。图中给出每种元素所产生的(各系)俄歇电子能量及其相对强度(空圆圈表示主要俄歇峰的能量,实心圆圈表示强度高的俄歇电子)。由于能级结构强烈依赖于原子序数,用确定能量的俄歇电子来鉴别元素是准确的,因此从谱峰位置可以鉴别元素。由于电子轨道之间可实现不同的俄歇跃迁过程,所以每种元素都有丰富的俄歇谱,由此导致不同元素俄歇峰的干扰。对于原子序数为 3 ~ 14 的元素,最显著的俄歇峰是由 KLL 跃迁形成的;对于原子序数14 ~ 40 的元素,最显著的俄歇峰则是由 LMM 跃迁形成的。

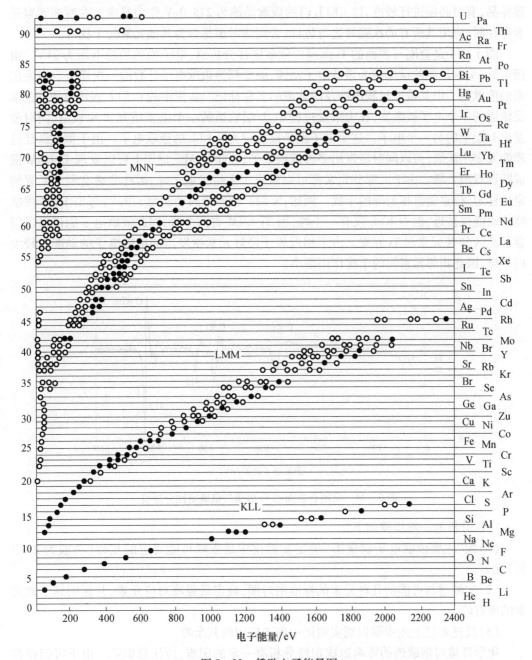

图 5 – 23 俄歇电子能量图

定性分析是一种最常规的分析,也是俄歇电子能谱最早的应用之一。一般利用 AES 谱仪的宽扫描程序,收集 20~1700eV 动能区域的俄歇谱。为了增加谱图的信背比,通常采用微分谱来进行定性鉴定。对于大部分元素,其俄歇峰主要集中在 20~1200eV 的范围内,对于有些元素则需利用高能端的俄歇峰来辅助进行定性分析。此外,为了提高高能端俄歇峰的信号强度,可以通过提高激发电子能量的方法来获得。通常采取俄歇谱的微分谱的负峰能量作为俄歇动能,进行元素的定性标定。在分析俄歇能谱图时,必须考虑荷电位移问题。一般来说,金属和半导体样品几乎不会荷电,因此不用校准。但对于绝缘体薄膜样品,有时必须进行校准,以 CKLL 峰的俄歇动能为 278.0eV 作为基准。在判断元素是否存在时,应用其所有的次强峰进行佐证;否则应考虑是否为其他元素的干扰峰。

图 5-24 是金刚石表面的 Ti 薄膜的俄歇定性分析谱,电子枪的加速电压为 3kV。由图可见,AES 谱图的横坐标为俄歇电子动能,纵坐标为俄歇电子计数的一次微分。激发出来的俄歇电子由其俄歇过程所涉及的轨道的名称标记。如图中的 C KLL 表示碳原子的 K 层轨道的一个电子被激发,在去激发过程中,L 层轨道的一个电子填充到 K 轨道,同时激发出 L 层上的另一个电子。这个电子就是被标记为 C KLL 的俄歇电子。由于俄歇跃迁过程涉及多个能级,可以同时激发出多种俄歇电子,因此在 AES 谱图上可以发现 Ti LMM 俄歇跃迁有两个峰。由于大部分元素都可以激发出多组光电子峰,因此非常有利于元素的定性标定,排除能量相近峰的干扰。例如,N KLL 俄歇峰的动能为 379eV,与 Ti LMM 俄歇峰的动能很接近,但 N KLL 仅有一个峰,而 Ti LMM 有两个峰,因此俄歇电子能谱可以很容易地区分 N 元素和 Ti 元素。由于相近原子序数元素激发出的俄歇电子的动能有较大的差异,因此相邻元素间的干扰作用很小。

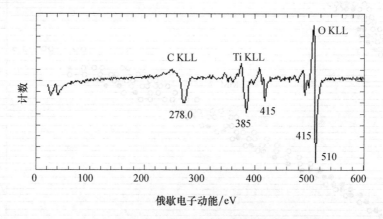

图 5-24　金刚石表面的 Ti 薄膜的俄歇定性分析谱

定性分析的一般步骤如下。

(1)用"主要俄歇电子能量图"确定实测谱中最强峰可能对应的几种(一般为 2~3 种)元素。

(2)实测谱与可能的几种元素的标准谱对照,确定最强峰对应元素,并标明属于此元素的所有峰。

(3)反复重复上述步骤识别实测谱中尚未标识的其余峰。

化学环境对俄歇谱的影响造成定性分析有一定的困难,应注意识别。由于可能存在化学位移,实测谱上峰能量位置与标准谱上相对应峰能量位置相差几个电子伏特是可能的。但这也为研究样品表面状况提供了有益的信息。

2. 定量分析

从样品表面出射的俄歇电子的强度与样品中该原子的浓度(单位面积或体积中的粒子数)有线性关系,因此可以利用这一特征进行元素的定量分析。因为俄歇电子的强度不仅与原子的多少有关,还与俄歇电子的逸出深度、样品的表面粗糙度、元素存在的化学状态以及仪器的状态有关。因此,AES 技术一般不能给出所分析元素的绝对含量,仅能提供元素的相对含量。因为俄歇电流近似地正比于被激发的原子数目,把样品的俄歇电子信号与标准样品的信号在相同条件下比较,有近似的关系式,即

$$C = C_s \frac{I}{I_s} \tag{5-20}$$

式中:C、C_s 分别为样品与标准样品的浓度;I、I_s 分别为样品与标准样品的俄歇电流。

当然,这要求测量的试验参数和条件不变,如射入电子能量、入射角、调制电压等。若表面覆盖层增加时,还要求样品表面原子的排列和它们的化学性质也不改变。使样品与标准样品有相等的激发和逸出概率分布函数。

在定量分析中必须注意的是,元素的灵敏度因子不仅与元素种类有关,还与元素在样品中的存在状态及仪器的状态有关。AES 谱仪对不同能量的俄歇电子的传输效率是不同的,并会随谱仪污染程度而改变。当谱仪的分析器受到严重污染时,低能端俄歇峰的强度会大幅度下降,样品表面的 C、O 污染以及吸附物的存在也会严重影响其定量分析的结果。还必须注意的是,由于俄歇能谱各元素的灵敏度因子与一次电子束的激发能量有关,所以俄歇电子能谱的激发源的能量也会影响定量结果。因此,对于 AES 测量,即使是相对含量不经校准也存在很大的误差。此外,还必须注意,虽然 AES 的绝对检测灵敏度很高,可以达到 10^{-3} 原子单层,但它是一种表面灵敏的分析方法,对于体相检测灵敏度仅为0.1% 左右。AES 是一种表面灵敏的分析技术,其表面采样深度为 $1 \sim 3nm$,提供的是表面上的元素含量,其表示的组成不能反映体相成分。最后还应注意 AES 的采样深度与材料性质和光电子的能量有关,也与样品表面和分析器的角度有关。所以,在俄歇电子能谱分析中几乎不用绝对含量这一概念,它给出的仅是一种半定量的分析结果,即是相对含量而不是绝对含量。

由 AES 提供的定量数据是以摩尔百分数表示的,而不是我们平常所使用的质量百分数。这种比例关系可以通过下列公式换算,即

$$c_i^{wt} = \frac{c_i \cdot A_i}{\sum\limits_{i=1}^{i=n} c_i \cdot A_i} \tag{5-21}$$

式中:c_i^{wt} 为第 i 种元素的质量百分数;c_i 为第 i 种元素的 AES 摩尔分数;A_i 为第 i 种元素的相对原子量。

3. 表面元素的化学价态分析

表面元素化学价态分析是 AES 分析的一种重要应用,但由于谱图解析的困难和能量分辨率低,一直未能获得广泛的应用。随着计算机技术的发展,采用积分谱和抠背底处理,谱图的解析变得容易得多。再加上俄歇化学位移比 XPS 的化学位移大得多,且结合

深度分析可以研究界面上的化学状态。因此,近年俄歇电子能谱的化学位移分析在薄膜材料的研究上获得了重要的应用,取得了很好的效果。但是,由于很难找到俄歇化学位移的标准数据,要判断其价态,必须用自制的标样进行对比,这是利用俄歇电子能谱研究化学价态的不足之处。此外,俄歇电子能谱不仅有化学位移的变化,还有线形的变化,俄歇电子能谱的线形分析也是进行元素化学价态分析的重要方法。

图 5-25 所示为 SiO_2/Si 界面不同深度处的 SiLVV 俄歇谱。由图可见,SiLVV 俄歇谱的动能与 Si 原子所处的化学环境有关。在 SiO_2 物相中,SiLVV 俄歇谱的动能为 72.5eV,而在单质硅中,其 SiLVV 俄歇谱的动能则为 88.5eV。可以根据 Si 元素的这种化学位移效应研究 SiO_2/Si 的界面化学状态。从图 5-25 可以看出,随着界面的深入,SiO_2 相的量不断减少,而单质 Si 的量则不断增加。

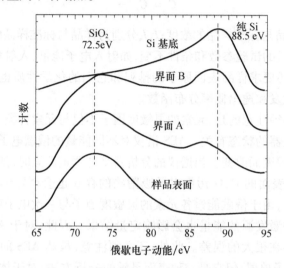

图 5-25　SiO_2/Si 界面不同深度处的 SiLVV 俄歇谱

4. 元素沿厚度(深度)方向的分布分析

AES 的深度分析功能是俄歇电子能谱最为重要的分析功能之一,一般采用 Ar 离子剥离样品表面的深度分析的方法。该方法是一种破坏性分析方法,会引起表面晶格的损伤、择优溅射和表面原子混合等现象。但当其剥离速度很快时和剥离时间较短时,以上效应就不太明显,一般可以不考虑。其分析原理是先用 Ar 离子把表面一定厚度的表面层溅射掉,然后用 AES 分析剥离后的表面元素含量,这样就可以获得元素在样品中沿深度方向的分布。由于俄歇电子能谱的采样深度较浅,因此俄歇电子能谱的深度分析比 XPS 的深度分析具有更好的深度分辨率。当离子束与样品表面的作用时间较长时,样品表面会产生各种效应。为了获得较好的深度分析结果,应当选用交替式溅射方式,并尽可能地降低每次溅射间隔的时间。离子束/电子枪束的直径比应大于 10 倍,以避免离子束的溅射坑效应。

图 5-26 是 PZT/Si 薄膜界面反应后典型的俄歇深度分析谱。横坐标为溅射时间,与溅射深度有对应关系。纵坐标为元素的摩尔百分数。从图上可以清晰地看到各元素在薄膜中的分布情况。在经过界面反应后,在 PZT 薄膜与硅基底间形成了稳定的 SiO_2 界面层。这界面层是通过从样品表面扩散进的氧与从基底上扩散出的硅反应而形成的。

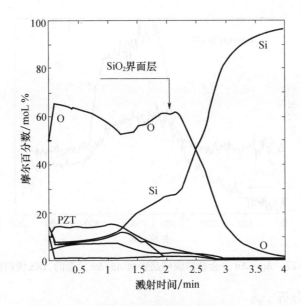

图 5 – 26　PZT/Si 薄膜界面的俄歇深度分析谱

5. 微区分析

微区分析也是俄歇电子能谱分析技术应用的一个重要方面,分为定点分析、线扫描分析和元素面扫描分析 3 个方面。这种功能是俄歇电子能谱在微电子器件研究中最常用的方法,也是纳米材料研究的主要手段。

1)定点分析

俄歇电子能谱由于采用电子束作为激发源,其束斑面积可以聚焦到非常小。从理论上,俄歇电子能谱选点分析的空间分辨率可以达到束斑面积大小。因此,利用俄歇电子能谱可以在很微小的区域进行选点分析,当然也可以在一个大面积的宏观空间范围内进行选点分析。微区范围内的选点分析可以通过计算机控制电子束的扫描,在样品表面的吸收电流像或二次电流像图上锁定待分析点。在大范围内的选点分析,一般采取移动样品的方法,使待分析区和电子束重叠。这种方法的优点是可以在很大的空间范围内对样品点进行分析,选点范围取决于样品架的可移动程度。利用计算机软件选点,可以同时对多点进行表面定性分析、表面成分分析、化学价态分析和深度分析。这是一种非常有效的微探针分析方法。

2)线扫描分析

俄歇电子能谱的线扫描分析常应用于表面扩散研究及界面分析研究等方面,可以在微观和宏观的范围内($1 \sim 6000\mu m$)研究元素沿某一方向的分布情况。图 5 – 27 所示为 Ag – Au 合金超薄膜在 Si(111) 面单晶硅上的电迁移后的样品表面的 Ag 和 Au 元素的俄歇线扫描谱图,横坐标为线扫描宽度,纵坐标为元素的信号强度。从图上可见,虽然 Ag 和 Au 元素的分布结构大致相同,但可见 Au 已向左端进行了较大规模的扩散。这表明 Ag 和 Au 在电场作用下的扩散过程是不一样的。此外,其扩散是单向性,方向取决于电场的方向。

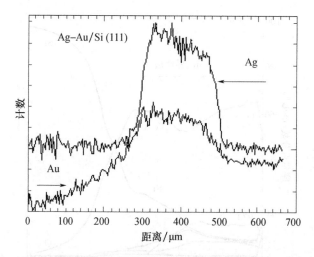

图 5 – 27　Ag – Au 合金超薄膜样品表面 Ag/Au 元素的 AES 线扫描谱

3)元素面分布分析

俄歇电子能谱的面分布分析也称为俄歇电子能谱的元素分布的图像分析,它可以把某个元素在某一区域内的分布以图像的方式表示出来,就像电镜照片一样,只不过电镜照片提供的是样品表面的形貌像,而俄歇电子能谱提供的是元素的分布像。结合俄歇化学位移分析,还可以获得特定化学价态元素的化学分布像。俄歇电子能谱的面分布分析适合于微型材料和技术的研究,也适合表面扩散等领域的研究。在常规分析中,由于该分析方法耗时非常长,一般很少使用。

5.5.3　俄歇电子能谱法的特点及应用

AES 是材料科学研究和材料分析的重要方法,作为一种表面分析方法,它具有以下主要特点。

(1)作为固体表面分析法,其信息深度取决于俄歇电子逸出深度(电子平均自由程)。对于能量为 50 ~ 2keV 范围内的俄歇电子,逸出深度为 0.4 ~ 2nm。深度分辨率约为 1nm,横向分辨率取决于入射束斑大小。

(2)可分析除 H、He 以外的各种元素。

(3)对于轻元素 C、O、N、S、P 等有较高的分析灵敏度。

(4)可进行成分的深度剖析

(5)可进行薄膜及界面分析。

在材料科学研究中,俄歇电子能谱的应用有以下方面。

(1)材料表面偏析、表面杂质分布、晶界元素分析。

(2)金属、半导体、复合材料等界面研究。

(3)薄膜、多层膜生长机理的研究。

(4)表面的力学性质(如摩擦、磨损、黏附、断裂等)研究。

(5)表面化学过程(如腐蚀、钝化、催化、晶间腐蚀、氢脆、氧化等)研究。

(6)集成电路掺杂的三维微区分析。

（7）固体表面吸附、清洁度、沾染物鉴定等。

图 5-28 是 Ni-Cr 合金钢断口晶界表面的俄歇电子能谱。由图可知,脆化(回火脆)断口晶界上有微量元素 Sb 的偏聚(可能是引起回火脆性的原因)。

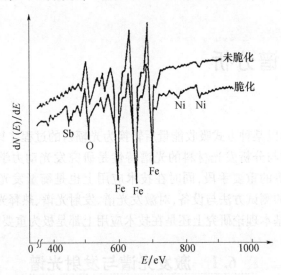

图 5-28　Ni-Cr 合金钢回火脆断口的俄歇电子能谱

俄歇电子能谱法虽然有广泛的应用,但也还存在一定的局限性,主要表现在以下方面。

（1）不能分析氢和氦元素。

（2）定量分析的准确度不高,只能进行半定量分析。

（3）对多数元素的探测灵敏度为摩尔分数 0.1% ~ 1.0%。

（4）电子束轰击损伤和电荷积累问题限制其在有机材料、生物样品和某些陶瓷材料中的应用。

（5）对样品要求高,要求表面必须清洁、光滑等,增加了测试的成本和难度。

俄歇电子能谱分析方法不论在理论和技术方面,还是在实际应用方面都还处在不断发展阶段。提高定量分析的准确性和增强横向分辨能力是 AES 分析方法今后的主要发展方向。

参 考 文 献

[1] 杨南如. 无机非金属材料测试方法[M]. 武汉:武汉理工大学出版社,2005.
[2] 黄新民,解挺. 材料分析测试方法[M]. 北京:国防工业出版社,2006.
[3] 左演声,陈文哲,梁伟. 材料现代分析方法[M]. 北京:北京工业大学出版社,2000.
[4] 刘密新,罗国安,张新荣,等. 仪器分析[M]. 北京:清华大学出版社,2002.
[5] 潘承,赵良仲. 电子能谱基础[M]. 北京:科学出版社,1981.
[6] 刘志广,张华,李亚明. 仪器分析[M]. 大连:大连理工大学出版社,2004.
[7] 杜希文,原续波. 材料分析方法[M]. 天津:天津大学出版社,2006.
[8] 马超. 气相沉积法制备钙钛矿太阳能电池吸光层形态控制的研究[D]. 长春:长春理工大学,2021.

第❻章
发光材料光谱分析

发光是物体内部以某种方式吸收能量后转换为光辐射的过程。具有发光特性的材料称为发光材料。测试与分析发光材料的光谱特性是研究发光动力学、跃迁概率、能量传输、辐射和猝灭过程等的重要手段,同时在技术应用上也是衡量发光材料性能的重要参数。因此,选择适当的测试方法与设备,对激发光谱、发射光谱、热释光谱进行标准测量与分析,无论在发光的基本理论研究上还是在技术应用上都是极为重要的。

▌ 6.1   激发光谱与发射光谱

发光材料受外界作用而发光,发光学中称这种作用为激发。在技术应用上,通常根据激发的方式区别发光的类型,如光致发光、电致发光、阴极射线发光、X 射线发光等,其中光致发光材料是应用最广泛的一类发光材料。本节针对光致发光材料,介绍激发、发射光谱的测试方法与光谱分析。

6.1.1   激发光谱与发射光谱测试

发光材料的发射光谱(也称发光光谱)是指发光的能量按波长或频率的分布。由于发光的绝对能量不易测量,通常试验测量的都是发光的相对能量,因此在发射光谱图中横坐标为波长(或频率),纵坐标为单位波长间隔(或单位频率间隔)里的相对能量(相对强度)。

发射光谱类似人的指纹,是发光材料独具的特征。一般地,光谱的谱形可以用高斯函数来表示,即

$$E_{(\nu)} = E_{(\nu_0)} \exp[-a(\nu - \nu_0)^2] \tag{6-1}$$

式中:ν 为频率;ν_0 为峰值频率;E 为光强或能量。

常用发射光谱的全峰半高宽(高斯型谱线上强度最大值的一半处的谱线宽度)来区分光谱的类型,可分为线谱和带谱两种类型,有时也会出现既有线谱又有带谱的情况。

激发光谱是指发光的某一谱线或谱带的强度随激发光波长(或频率)变化的曲线,横轴代表激发光波长,纵轴代表发光的强弱。

激发光谱反映不同波长的光激发材料产生发光的效果,它表示发光的某一谱线或谱带可以被什么波长的光激发、激发的本领是高还是低;也表示用不同波长的光激发材料时,使材料发出某一波长光的效率。

光致发光材料的激发条件通常是紫外线、可见光或红外光。紫外线可利用氙灯分光

或汞灯获得,可见光可利用氙灯分光、白炽灯、荧光灯或 LED 灯获得,红外光可利用钨灯、溴钨灯获得,目前也常利用各种波长的红外激光器获得。在发光学的研究中,常用光源有以下几种。

1. 氙灯

用于荧光分光光度计,测试材料的激发光谱和发射光谱,常使用的型号为 150 ~ 500W 球形高压氙灯,光谱范围覆盖了紫外 – 可见光区。氙灯的光谱分布曲线如图 6 – 1 所示。

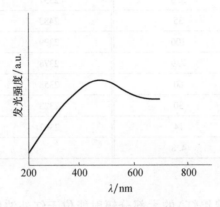

图 6 – 1 氙灯的发射光谱

2. 低压汞灯

多用于材料的发光亮度测试、余辉衰减特性测试及紫外辐照稳定性试验,常使用的型号为 2 ~ 4W 螺旋形低压汞灯。低压汞灯在紫外 – 可见光区的相对能量分布列于表 6 – 1,其发射光谱峰值在 254nm 附近。

表 6 – 1 低压汞灯的相对能量分布

波长/0.1nm	相对能量分布/%	波长/0.1nm	相对能量分布/%
5770/90	0.85	3022/26	0.30
5461	4.2	2967	0.38
4916	0.03	2894	0.13
4358	7.0	2804	0.06
4078	0.14	2753/60	0.05
4047	2.7	2699	0.01
3656/63	2.0	2652	0.21
3341	0.14	2537	100
3126/32	2.5	2483	0.06

3. 高压汞灯

高压汞灯在紫外 – 可见光区的相对能量分布列于表 6 – 2,其发射光谱峰值在 365nm 附近。

表6-2 高压汞灯的相对能量分布

波长/0.1nm	相对能量分布/%	波长/0.1nm	相对能量分布/%
5770/90	68	2804	11
5461	65	2753/60	3.2
4916	0.1	2699	4.6
4358	64	2652	23
4078	5.3	2537	30
4047	35	2483	8.3
3656/63	100	2399	3.5
3341	7.9	2378	2.9
3126/32	60	2358	3.4
3022/26	30	2323	8.0
2967	14	2302	4.6
2894	4.8		

4. 钨灯及溴钨灯

钨灯及卤钨灯(常用溴钨灯)的大部分辐射能位于红外波段,少部分位于可见光波段,仅有约1%位于紫外波段,因此常用作红外上转换材料的激发光源。在荧光分光光度计中,钨灯或溴钨灯发出的光经单色器分光后,可测试红外上转换材料的红外响应光谱和红外上转换发射光谱。常用的型号为150~500W直流供电石英玻壳溴钨灯。

5. 激光器

选用特定波长的激光器与荧光分光光度计耦合。利用激光器发出一定波长的激光激发样品,样品发射的荧光出发射单色器接收,经光电倍增管放大,得到样品的发射光谱。常用的激光器一般是连续激光器,发射功率低于1W,发射的光波长常见为980nm、1064nm、1550nm等。

发射光谱和激发光谱通常使用荧光分光光度计测量。

荧光分光光度计的工作原理如图6-2所示。

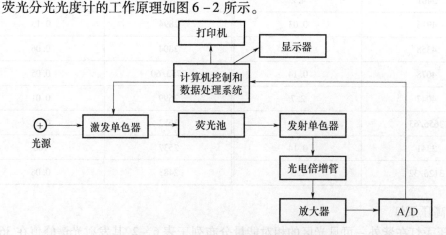

图6-2 荧光分光光度计工作原理框图

　　光源多选用氙灯、钨灯、激光器等,用于提供激发能量。激发单色器用于选择激发光源的波长和调节激发光源的发射能量。发射单色器用来测量材料发光的波长,精度比激发单色仪高。所使用的光电倍增管要求波长响应范围宽、灵敏度高。

　　由光源发出的光,通过激发单色器后变成单色光,而后照在荧光池中的被测样品上,由此激发出的荧光被发射单色器收集后,经单色器色散成单色光而照射在光电倍增管上转换成相应的电信号,再经放大器放大反馈进入 A/D 转换单元,将模拟电信号转换成相应的数字信号,并通过显示器记录被测样品的谱图。以上为荧光分光光度计工作原理。

　　用荧光分光光度计进行紫外－可见光谱测试时,由于激发光波长在紫外至可见光范围,所使用的光源多为球形高压氙灯,因此要求通电后先开氙灯,接着开风扇,待氙灯启动高压稳定之后,再开启计算机进入程序控制软件,待激发光栅、激发狭缝、激发滤光片、发射光栅、发射狭缝、发射滤光片等一系列初始化完成后,即可进行正常的发射光谱或激发光谱测试。当用荧光分光光度计进行红外－可见光谱测试时,激发光波长位于红外光波段,因此光源常采用钨灯或红外激光器。

　　测试发射光谱之前,需使用标准白板对检测系统进行能量标定。光谱测量中常用的标准白板,由 $BaSO_4$ 或海伦(Halon)粉体材料压制,两者之间的光谱漫反射比列于表 6－3 中。

表 6－3　$BaSO_4$ 和海伦的漫反射比

λ/nm	$BaSO_4$	海伦
250	0.950	0.946
300	0.968	0.968
350	0.968	0.979
400	0.979	0.979
450	0.991	0.991
500	0.991	0.991
550	0.992	0.992
600	0.992	0.992
650	0.992	0.992
700	0.992	0.992
750	0.992	0.991
800	0.992	0.991

　　测试发射光谱时,样品放入荧光池后,输入激发波长 λ_{ex},则激发单色器自动检索并锁定 λ_{ex},发射单色器按一定的步长由 400nm 扫描到 760nm,则可记录出待测样品在激发光 λ_{ex} 的激发下的发射光谱。应注意的是,有时需要使用特定滤光片过滤激发光产生的二次谱。

　　图 6－3 是绿色长余辉发光材料 $SrAl_2O_4:Eu^{2+}$,Dy^{3+} 在 365nm 紫外光激发下的发射光谱。由图可见,在 450～600nm 范围内是一个较宽的带谱,峰值位于 520nm 附近,是 Eu^{2+} 的 $4f^65d$ 组态到基态 $4f^7$ 的能级跃迁所致。

　　图 6－4 是 $Mg_{0.3}Zn_{0.7}O$ 薄膜样品分别在 280nm 和 260nm 紫外光激发下的发射光谱,

谱图是峰值位于421nm的宽带谱,在365nm处存在较弱的发射峰。由图可见,激发波长不同,发光光谱能量分布也不同:280nm激发条件下421nm蓝色发光峰较强,说明长波长光激发有利于蓝光发射;而260nm波长光激发时近500nm处存在弱的绿色发光峰,说明短波激发有利于绿光发射。

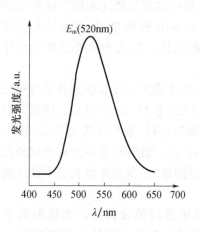

图6-3　$SrAl_2O_4:Eu^{2+},Dy^{3+}$的发射光谱($\lambda_{ex}=365nm$)

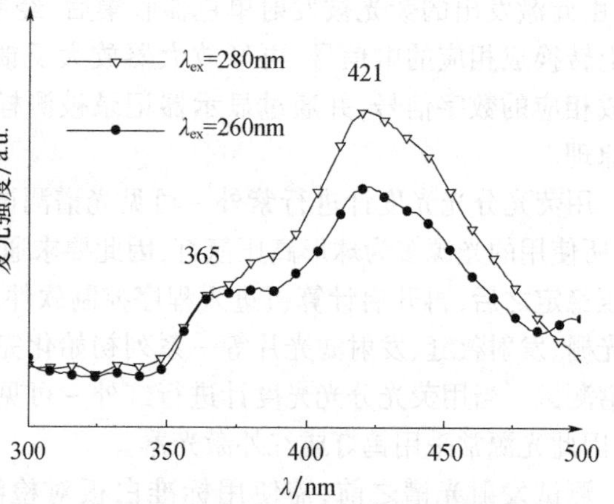

图6-4　$Mg_{0.3}Zn_{0.7}O$薄膜的发射光谱

当把荧光分光光度计的发射单色器固定在某一波长(监测波长,通常以发光光谱的峰值作为监测波长)和一定带通,在200~600nm范围内通过扫描连续改变激发光的波长,就会得到某一特定波长辐射随激发波长变化的曲线,即激发光谱。需要注意的是,由于每台仪器所用的激发光源的强度、分布、激发单色器的参数等不尽相同,即使同一台仪器,激发光源的强度、分布也会随使用时间发生变化,因此,不同仪器测量的同一种发光材料的激发光谱都带有自身的个性,彼此之间存在差异而不能相互对比。

图6-5是$SrAl_2O_4:Eu^{2+},Dy^{3+}$材料的激发光谱(监测波长为520nm)在300~450nm内的宽带谱,峰值位于365nm,表明紫外光和可见光均可有效激发该材料。

图6-6是$Mg_{0.3}Zn_{0.7}O$薄膜的激发光谱(监测波长为421nm),为220~380nm范围内的宽带谱,除250nm处的激发最弱外,其余都能有效激发,350nm附近的激发效果最强,说明$Mg_{0.3}Zn_{0.7}O$薄膜具有较宽的激发区间且具有近紫外激发优势。

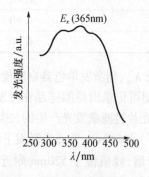

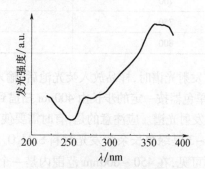

图6-5　$SrAl_2O_4:Eu^{2+},Dy^{3+}$的激发光谱($\lambda_{em}=520nm$)

图6-6　$Mg_{0.3}Zn_{0.7}O$薄膜的激发光谱($\lambda_{em}=421nm$)

6.1.2　激发光谱与发射光谱分析

在发光材料的研究中,对材料激发、发射光谱的分析是经常使用的,通过激发光谱和发射光谱分析可以了解材料的发光特性,明确材料结构与性能的关系。图 6-7 是 $Ca_2NaMg_2V_3O_{12}$ 和 $Ca_2NaMg_2V_3O_{12}:Eu^{3+}$ 发光材料的发射光谱。由图可见,两种发光材料在 365nm 紫外线的激发下,发射光谱范围均在 $400\sim700nm$ 之间。$Ca_2NaMg_2V_3O_{12}:Eu^{3+}$ 的光谱由两部分组成:一部分是位于 $400\sim575nm$ 范围内的宽带发射,其显示出蓝-绿光,主要是 VO_4^{3-} 离子的能级跃迁造成的,电荷从 VO_4^{3-} 的配位四面体 O^{2-} 的 2p 轨道转移到 V^{5+} 的 3d 轨道。在此发射范围内,光谱的结构为非对称性,这是由于 VO_4^{3-} 的离子团包含两种 $^3T_2-{}^1A_1$ 和 $^3T_1-{}^1A_1$ 能级跃迁所致。另外,因为 $^3T_2$ 和 $^3T_1$ 能级之间能量差较小,大约有 $500cm^{-1}$,所以跃迁产生的辐射波相互重叠,因此光谱分辨不明显。光谱的另一部分是在 $575\sim700nm$ 范围内,由 4 个尖锐的发射峰形成,对应着 Eu^{3+} 的 4 个能级跃迁,属于 Eu^{3+} 特征 $^5D_0-{}^7F_J(J=1,2,3,4)$ 辐射跃迁所对应的发射谱带。在 590nm 处的发射峰由 $^5D_0-{}^7F_1$ 辐射跃迁引起,650nm 处发射峰与 $^5D_0-{}^7F_3$ 的跃迁相对应,698nm 处发射峰对应 $^5D_0-{}^7F_4$ 的辐射跃迁。强电偶极子 $^5D_0-{}^7F_2$ 的跃迁处于主导地位,对应于 607nm 最高的峰值。一般来说,Eu^{3+} 离子的 $^5D_0-{}^7F_2$ 跃迁容易受到发光中心周围的化学环境和其对称性的影响,而 $^5D_0-{}^7F_1$ 跃迁则相反。通常有两种情况发生,当 Eu^{3+} 离子处于晶体的非反演对称中心的格位时,$^5D_0-{}^7F_2$ 电偶极跃迁占主导,电偶极强度高于磁偶极强度,而该实验制得的 $Ca_2NaMg_2V_3O_{12}:Eu^{3+}$ 发光材料完全与 Eu^{3+} 位于非反演对称中心一致。当 Eu^{3+} 离子占据晶体的反演对称中心格位时,$^5D_0-{}^7F_1$ 磁偶极跃迁主导发光,与经典的 YAG 石榴石结构中 $^5D_0-{}^7F_1$ 和 $^5D_0-{}^7F_4$ 占主导地位相同。$Ca_2NaMg_2V_3O_{12}$ 的发射光谱中只含 $Ca_2NaMg_2V_3O_{12}:Eu^{3+}$ 的光谱的第一部分,显示 $400\sim575nm$ 范围内的宽带蓝-绿光发射,来源于 VO_4^{3-} 离子团的 $^3T_2-{}^1A_1$ 和 $^3T_1-{}^1A_1$ 能级跃迁。

图 6-8 所示为 $Ca_2NaMg_2V_3O_{12}$ 的激发光谱($\lambda_{em}=497nm$)和 $Ca_2NaMg_2V_3O_{12}:Eu^{3+}$ 的

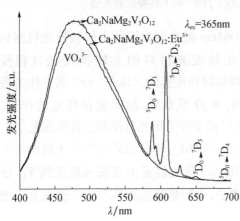

图 6-7　$Ca_2NaMg_2V_3O_{12}$ 和
$Ca_2NaMg_2V_3O_{12}:Eu^{3+}$ 的发射光谱

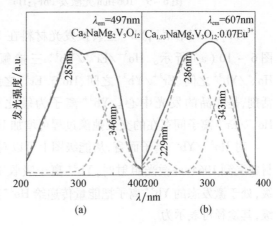

图 6-8　激发光谱及其高斯拟合曲线
(a)$Ca_2NaMg_2V_3O_{12}$;(b)$Ca_{1.93}NaMg_2V_3O_{12}:Eu^{3+}$。

激发光谱（$\lambda_{em}=607\text{nm}$）。在不同波长的激发下,两种发光材料的激发光谱覆盖了200～400nm区域,为了分析在此范围内的所有能级跃迁,对两种发光材料的激发光谱进行高斯曲线拟合,$Ca_2NaMg_2V_3O_{12}$发光材料有两个拟合峰,归功于VO_4^{3-}离子在激发过程中的$^1A_1-{^1T_2}$和$^1A_1-{^1T_1}$能级跃迁;而掺杂Eu^{3+}的发光材料可以对应3个拟合峰,在229nm处对应着$O^{2-}-Eu^{3+}$的能级跃迁。因此掺杂Eu^{3+}的荧光粉的激发光谱主要由VO_4^{3-}的吸收和O^{2-}到Eu^{3+}的电子转移带形成。

图6-9是$PbF_2:Ho^{3+},Er^{3+},Yb^{3+}$在1064nm激光激发下的上转换发射光谱。由光谱可见,541nm、548nm处存在强的绿光发射,这是由于$Ho^{3+}:{^4F_{9/2}}\rightarrow{^4I_{15/2}}$及$Er^{3+}:{^4S_{3/2}}\rightarrow{^4I_{15/2}}$跃迁共同作用的结果;523nm处较弱的绿光发射源于Er^{3+}的$^2H_{11/2}\rightarrow{^4I_{15/2}}$跃迁;而653nm及667nm处的微弱红光发射源于$Ho^{3+}:{^5F_5}\rightarrow{^5I_8}$及$Er^{3+}:{^4F_{9/2}}\rightarrow{^4I_{15/2}}$跃迁的共同作用。

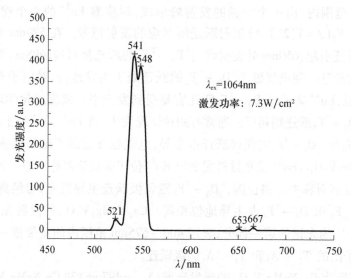

图6-9 1064nm光激发$PbF_2:Ho^{3+}$、Er^{3+}、Yb^{3+}的上转换发射光谱

$PbF_2:Ho^{3+},Er^{3+},Yb^{3+}$上转换发光材料在1064nm激光激发下的上转换发光机制如图6-10(a)所示。$Ho^{3+}/Er^{3+}/Yb^{3+}$三掺氟化物发光材料的上转换发光过程受Ho^{3+}/Yb^{3+}之间、Er^{3+}/Yb^{3+}之间、Ho^{3+}/Er^{3+}之间共同作用影响。Ho^{3+}、Er^{3+}离子作为激活剂,是样品的发光中心。Yb^{3+}离子为敏化剂,本身不发光,起到能量传递的作用。Ho^{3+}/Er^{3+}离子间存在的交叉弛豫过程可增加Ho^{3+}离子在可见光范围的上转换强度。

对Ho^{3+}/Yb^{3+}离子而言,从能级图上可以看出,当$PbF_2:Ho^{3+},Er^{3+},Yb^{3+}$上转换发光材料受到1064nm激光照射时,$Yb^{3+}$离子吸收1064nm激光能量由基态被激发到$^2F_{5/2}$能级,处于激发态的$Yb^{3+}$离子把能量传递给$Ho^{3+}$离子,从而将基态的$Ho^{3+}$离子激发至$^5I_6$能级,其途径可表示为

$$^5I_8(Ho^{3+})+{^2F_{5/2}}(Yb^{3+})\rightarrow{^5I_6}(Ho^{3+})+{^2F_{7/2}}(Yb^{3+}) \qquad ①$$

$^5I_6$能级上的部分离子弛豫到$^5I_7$能级,接着Yb^{3+}继续向Ho^{3+}传递能量并使之由$^5I_7$激发至$^5F_5$,由$^5I_6$激发至$^5F_3$:

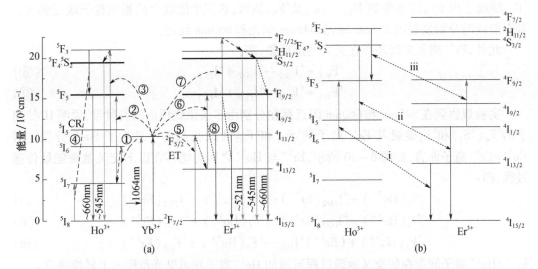

图 6 – 10   1064nm 光激发下 PbF_2：Ho^{3+}，Er^{3+}，Yb^{3+} 中 Ho^{3+}/Yb^{3+} 和 Er^{3+}/Yb^{3+}

上转换机理图及 Er^{3+}/Ho^{3+} 离子的交叉弛豫作用

(a)转换机理;(b)交叉弛豫作用。

$$^5I_7(Ho^{3+}) + {}^2F_{5/2}(Yb^{3+}) \rightarrow {}^5F_5(Ho^{3+}) + {}^2F_{7/2}(Yb^{3+}) \qquad (②)$$

$$^5I_6(Ho^{3+}) + {}^2F_{5/2}(Yb^{3+}) \rightarrow {}^5F_3(Ho^{3+}) + {}^2F_{7/2}(Yb^{3+}) \qquad (③)$$

$^5F_3$ 能级上离子快速弛豫到 $^5F_4({}^5S_2)$ 和 $^5F_5$ 能级,这两个能级上的离子辐射跃迁到 $^5I_8$ 基态能级时分别发射出 545nm 绿光和 660nm 红光。另一方面,Ho^{3+} 离子 $^5F_3$ 和 $^5F_5$ 能级之间与 $^5I_7$ 和 $^5I_8$ 能级之间能量差相当,因此 Ho^{3+} 离子之间还存在:

$$^5F_3(Ho^{3+}) + {}^5F_5(Ho^{3+}) \rightarrow {}^5I_7(Ho^{3+}) + {}^5I_8(Ho^{3+}) \qquad (④)$$

交叉弛豫过程。

这里需要指出的是,Yb^{3+} 离子与 Ho^{3+} 离子之间的能量传递是以声子辅助能量转移形式,因为 Yb^{3+} 离子与 Ho^{3+} 离子能量并不是很匹配,但是 Yb^{3+} 的 $^2F_{5/2}$ 和 $^2F_{7/2}$ 与 Ho^{3+} 的 $^5I_8$ 和 $^5I_6$,$^5I_6$ 和 $^5F_3$ 的能隙相差不大,相应的声子辅助能量转移概率大,因此通过 Yb^{3+} 与 Ho^{3+} 离子的两步能量传递最终将 Ho^{3+} 离子激发至 $^5F_3$、$^5F_4({}^5S_2)$ 等高能级,实现粒子数积累。

对 Er^{3+}/Yb^{3+} 离子而言,由于 Yb^{3+} 的 $^2F_{5/2}$ 能级与 Er^{3+} 的 $^4I_{11/2}$ 能级非常接近,且 Er^{3+} 的 $^4F_{7/2}$ 能级能量约是 Yb^{3+} 的 $^2F_{5/2}$ 能级能量的 2 倍,使 Er^{3+} 与 Yb^{3+} 离子间的能量传递过程得以发生。Yb^{3+} 离子吸收 1064nm 的红外光,使处于 $^2F_{7/2}$ 能级的粒子跃迁至 $^2F_{5/2}$ 能级,Er^{3+} 离子吸收来自 Yb^{3+} 离子 $^2F_{5/2}$ 能级的能量,产生能级跃迁 $^4I_{15/2} \rightarrow {}^4I_{11/2}$,其途径可表示为:

$$^4I_{15/2}(Er^{3+}) + {}^2F_{5/2}(Yb^{3+}) \rightarrow {}^4I_{11/2}(Er^{3+}) + {}^2F_{7/2}(Yb^{3+}) \qquad (⑤)$$

$^4I_{11/2}$ 能级上的部分离子弛豫到 $^4I_{13/2}$ 能级,接着处于 $^4I_{13/2}$ 和 $^4I_{11/2}$ 能级的粒子接收来自 Yb^{3+} 离子 $^2F_{5/2}$ 能级的能量,分别到达更高的 $^4F_{9/2}$ 和 $^4F_{7/2}$ 能级,即:

$$^4I_{13/2}(Er^{3+}) + {}^2F_{5/2}(Yb^{3+}) \rightarrow {}^4F_{9/2}(Er^{3+}) + {}^2F_{7/2}(Yb^{3+}) \qquad (⑥)$$

$$^4I_{11/2}(Er^{3+}) + {}^2F_{5/2}(Yb^{3+}) \rightarrow {}^4F_{7/2}(Er^{3+}) + {}^2F_{7/2}(Yb^{3+}) \qquad (⑦)$$

$^4F_{7/2}$能级上离子可以弛豫到$^2H_{11/2}$、$^4S_{3/2}$及$^4F_{9/2}$能级,这三个能级上的累积粒子跃迁到$^4I_{15/2}$基态能级时分别发射出 521nm 绿光、545nm 绿光和 660nm 红光。

此外,Er^{3+}离子之间还存在交叉弛豫现象,即:

$$^4F_{9/2} + {}^4I_{13/2} \rightarrow {}^4I_{11/2} + {}^4I_{15/2} \tag{⑧}$$

$$^4F_{7/2} + {}^4I_{11/2} \rightarrow {}^4I_{11/2} + {}^4I_{15/2} \tag{⑨}$$

实验观察到在 545nm 和 660nm 附近存在分别由多条谱线形成的发射带,说明 Ho^{3+} 离子的$^5F_4(^5S_2)$和$^5F_5$能级及 Er^{3+} 离子的$^4S_{3/2}$和$^4F_{9/2}$能级在晶场中发生了 Stark 分裂。对 Ho^{3+}/Er^{3+}离子而言,如图 6 – 10 所示,Er^{3+} 与 Ho^{3+} 之间可能存在以下交叉弛豫能量传递过程,即:

$$^5I_6(Ho^{3+}) + {}^4I_{13/2}(Er^{3+}) \rightarrow {}^5F_5(Ho^{3+}) + {}^4I_{15/2}(Er^{3+}) \tag{ⅰ}$$

$$^5I_6(Ho^{3+}) + {}^4I_{11/2}(Er^{3+}) \rightarrow {}^5F_4(Ho^{3+}) + {}^4I_{15/2}(Er^{3+}) \tag{ⅱ}$$

$$^5F_3(Ho^{3+}) + (Er^{3+})^4I_{11/2} \rightarrow {}^5F_5(Ho^{3+}) + {}^4F_{9/2}(Er^{3+}) \tag{ⅲ}$$

Er^{3+}/Ho^{3+}离子间存在的交叉弛豫过程可增加 Ho^{3+} 离子在可见光范围的上转换强度。

▌ 6.2　热释光谱

热释光是指固体在受辐射作用后积蓄的能量在加热过程中以光的形式释放出来的现象,又称为热释发光或加热发光、热激励发光、辉光。其发光强度与温度的关系叫热释光谱。热释发光反映了固体中电子陷阱的深度和分布,可以研究温度对物体发光性能的影响,也可以研究物体所受辐射剂量,做成计量计,可以鉴别文物的真伪和化石的年代。热释光谱分析已用于半导体和磷光体的研究,以及确定岩石和陶瓷器年代的研究。

6.2.1　热释光过程的简单能级模型

1. 陷阱及其作用

陷阱是指半导体带隙中的一些状态。能够俘获导带中电子的称为电子陷阱,能够俘获价带中空穴的称为空穴陷阱。陷阱的主要作用如下。

(1)调制复合发光动力学过程。当激发停止以后,陷阱能够使发光延续一定的时间,造成发光的特征衰减规律。

(2)存储光。激发停止后,激发的信息以光的形式在陷阱中被保存下来,并可以储存一定的时间。

(3)深陷阱。它能够俘获激发态载流子,造成对发光中心发光的猝灭。

(4)等电子陷阱。它促成某些间接带半导体出现高效率的发光,在可见光发光二极管的研发中曾起到关键的推动作用。

2. 热释光

陷阱是由半导体中的杂质或缺陷形成的,通常可称为局域能级。由上述可知,陷阱具有调制发光和储存激发能量的性质。

对材料进行某种刺激,陷阱中俘获的电子或空穴可以被重新释放出来,并复合发光。

图 6-11 表示热释光产生过程的能级图,包括激发、存储和热释光。

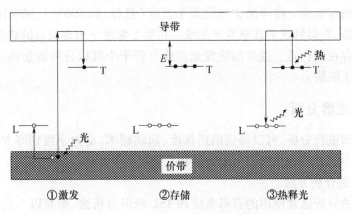

图 6-11　热释光产生过程的能级图

(1)激发。材料吸收能量,电子被激发到导带并被陷阱 T 俘获,同时价带中的空穴被发光中心 L 俘获。

(2)发光中心上的空穴和电子陷阱上的电子在激发作用下不断积累和存储。

(3)在加热刺激下,电子从陷阱被释放到导带,然后与发光中心上的空穴复合发光,形成热释光。

6.2.2　热释光谱测试

1. 热释光测试系统

图 6-12 所示为热释光测试系统框图。它由装在暗箱中作为高灵敏光检测器的光电倍增管、控制等速升温的试样池等组成。升温速率一般为 5~10K/min。例如,30kV 和 50mA 条件下,用铜管产生的 X 射线进行辐照来激发试样。为测得可靠、重复的结果,已辐照的试样应在暗处低温冷藏、待测。

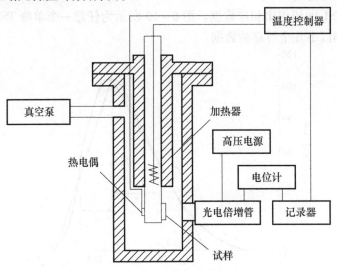

图 6-12　热释光测试系统框图

2. 测试过程

通常是以恒定速率 v 将样品加热到某个温度（量程，如 500℃），同时记录发光强度，作为温度的函数，获得特征的加热发光曲线。在某个温度下出现明显的热释光峰，反映样品中电子陷阱存在的位置。通常加热发光曲线有若干个可以分辨的加热发光峰，对应于不同深度的电子陷阱。

6.2.3　热释光谱分析

对热释光谱进行分析，可以得到陷阱深度、起跳频率、动力学级别等方面的信息。热释光过程的动力学方程有一级动力学方程和二级动力学方程。

1. 热释光谱分析方法

热释光谱的分析通常使用的有斜率法和 TSL 峰形分析法，都是以一定的近似程度逼近热释发光过程的方法。

1）斜率法

将热释光谱曲线方程简化为

$$I(T) = c \cdot e^{-E/k_BT} \tag{6-2}$$

式中：常数 c 为对温度变化缓慢的量；E 为陷阱能级的深度（J）；k_B 为玻耳兹曼常数，为 1.38×10^{-23}（J/K）。

这一表达式不管是一级过程还是二级过程，都是有效的。对方程两边取对数，可得

$$\ln I(T) = \ln c - \frac{E}{k_B} \cdot \frac{1}{T} \tag{6-3}$$

式（6-3）是 $\ln I(T)$ 关于 $\frac{1}{T}$ 的 $Y = A + B \cdot X$ 型一次线性方程，作 $\ln I(T) \sim \frac{1}{T}$ 关系图，应为直线，由直线的斜率 $-\frac{E}{k_B}$ 即可求出陷阱能级的深度 E。

2）TSL 峰形分析法

通过单峰 TSL 曲线得出相应数据。图 6-13 所示为任意一个单峰 TSL 曲线。从 TSL 曲线上可以得到以下几个可靠的数据。

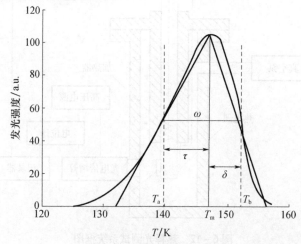

图 6-13　任意 TSL 峰形曲线

(1)峰位温度 $T_{\rm m}$。

(2)全峰半高宽所对应的温度 $T_{\rm a}$ 和 $T_{\rm b}$，以及它们至 $T_{\rm m}$ 的距离 τ 和 δ。

采用一级动力学方程可得

$$E = \frac{k_{\rm B}T_{\rm m}^2}{\delta} \qquad (6-4)$$

采用二级 TSL 方程可得

$$E = \frac{2k_{\rm B}T_{\rm m}^2}{\delta} \qquad (6-5)$$

式中：$k_{\rm B}$ 为玻耳兹曼常数，为 $1.38 \times 10^{-23}{\rm J/K}$；$T_{\rm m}$ 为峰值温度（K）；δ 为 $T_{\rm b} - T_{\rm m}$ 的温度差（K）。

2. 热释光谱分析实例

1）CaS:Eu,Sm 热释光谱分析

图 6-14 是 CaS:Eu,Sm 样品的热释光谱曲线。由图可知，在 20～500℃ 的量程范围内，曲线出现了一小一大两个热释发光峰，峰值温度分别为 74.13℃ 和 351.02℃。74.13℃ 对应的陷阱是浅能级，在室温热运动条件下，陷落在该陷阱内部的电子能够获得足够的能量返回到激发态，并通过与离化中心的复合而产生可见光，这将表现为宏观的余辉发光现象，事实的确如此，样品确有微弱余辉发光现象存在。而 351.02℃ 则大大超出了通常长余辉材料所具有的热释光峰值温度，这表明 351.02℃ 对应的陷阱是深能级，陷落在其中的激发态电子不能通过室温的热运动而重返激发态能级，只能长时间驻留在陷阱能级中，这就是激发光能量被储存的过程。

下面分别采用斜率法、一级 TSL 方程峰形分析法和二级 TSL 方程峰形分析法计算 CaS:Eu,Sm 样品中的陷阱能级深度 E。

（1）斜率法。

将图 6-14 所示的发光强度纵坐标取对数记为 $\ln I(T)$，同时将图 6-14 的温度横坐标取倒数记为 $\frac{1}{T}$，作 $\ln I(T) - \frac{1}{T}$ 关系图，如图 6-15 所示。由图可知，CaS:Eu,Sm 样品热释发光的 $\ln I(T) - \frac{1}{T}$ 曲线的斜率分为 K_1 和 K_2 两段，分别对应热释发光曲线的两个发光峰。

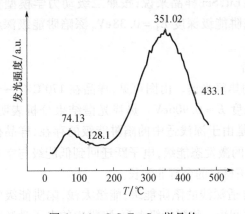

图 6-14　CaS:Eu,Sm 样品的
热释光谱曲线

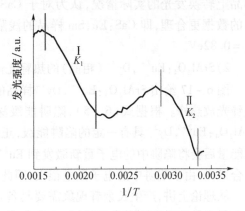

图 6-15　CaS:Eu,Sm 样品热释发光的
$\ln I(T) \sim 1/T$ 关系

由 $K = \dfrac{y_2 - y_1}{x_2 - x_1}$ 算得斜率 $K_1 = -5170$,再由斜率 K_1 导出陷阱能级深度 $E_1 = 0.4\text{eV}$。同理算得斜率 $K_2 = -5366$,再由斜率 K_2 导出陷阱能级深度 $E_2 = 0.46\text{eV}$。

(2)峰形分析法。

从图 6-16 可以得到以下可靠数据:

$T_{m1} = 74.13\text{℃} = 347.13\text{K}, T_{m2} = 351.02\text{℃} = 624.02\text{K}$

$T_{b1} = 128.1\text{℃} = 401.1\text{K}, T_{b2} = 433.1\text{℃} = 706.1\text{K}$

$\delta_1 = T_{b1} - T_{m1} = 53.97\text{K}, \delta_2 = T_{b2} - T_{m2} = 82.08\text{K}$

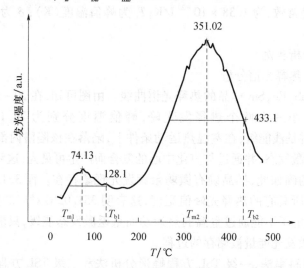

图 6-16 CaS:Eu,Sm 样品热释光曲线的峰形分析示意图

热释光峰 1 的数据代入式(6-4)即得按一级动力学方程算出的浅能级深度 $E_{1(\text{一级})} = 0.19\text{eV}$;代入式(6-5)则得按二级动力学方程算出的浅能级深度 $E_{1(\text{二级})} = 0.38\text{eV}$。

热释光峰 2 的数据代入式(6-4)即得按一级动力学方程算出的深能级深度 $E_{2(\text{一级})} = 0.41\text{eV}$;代入式(6-5)则得按二级动力学方程算出的深能级深度 $E_{2(\text{二级})} = 0.82\text{eV}$。

比较上述 3 种计算方法算得的陷阱能级深度,再结合动力学推导的前提条件以及样品上转换发光的实际情况,认为对于 CaS:Eu,Sm 样品来说,按照二级动力学模型算得的数据更合理,即 CaS:Eu,Sm 样品的浅陷阱能级深度 $E_1 = 0.38\text{eV}$,深陷阱能级深度 $E_2 = 0.82\text{eV}$。

2)$SrAl_2O_4 : Eu^{2+}, Dy^{3+}$(粗晶)的热释光谱

图 6-17 给出 $SrAl_2O_4 : Eu^{2+}, Dy^{3+}$ 样品的热释光谱。由图可见,样品在 170℃ 有一个热释光放热峰。根据式(6-5),陷阱能级深度 $E \approx 0.906\text{eV}$。热释光谱结果分析表明,$SrAl_2O_4 : Eu^{2+}, Dy^{3+}$ 具有一定的陷阱能级,正是由于深浅适中的陷阱能级的存在,样品得到能量后会将陷阱中的电子重新激发到 Eu^{2+} 的激发态能级,电子跃迁回到低能级与空穴复合发光,由于陷阱中的电子数量很大,因此该材料的余辉非常长。

从理论上讲,产生长余辉现象需要具备合适深浅的陷阱能级,能级太浅,陷阱能级中的电子容易受激回到激发态能级,导致余辉时间短。陷阱能级太深,陷阱中的电子受激回到激发态能级需要较高的能量,导致电子只能存储在陷阱能级中,而不能返回 Eu^{2+} 的激

发态能级。在具备长余辉的能级范围内,峰值温度越高,激发所需的能量越高,电子重新激发而产生发射的速率越慢,则余辉时间越长。

3) $SrAl_2O_4:Eu^{2+},Dy^{3+}$ 纳米粉的热释光谱

图 6-18 给出 $SrAl_2O_4:Eu^{2+},Dy^{3+}$ 纳米粉的热释光谱。与 $SrAl_2O_4:Eu^{2+},Dy^{3+}$ 发光粉的热释光谱比较可知,两者均有一个发光峰,峰值温度略有差别。$SrAl_2O_4:Eu^{2+},Dy^{3+}$ 纳米发光粉的热释光发光峰值位于 157℃,比粗晶 $SrAl_2O_4:Eu^{2+},Dy^{3+}$ 发光粉的 170℃ 低 13℃。根据式(6-5),其陷阱能级深度 $E=0.568eV$。这说明 $SrAl_2O_4:Eu^{2+},Dy^{3+}$ 发光粉由微米级变为纳米级时,陷阱能级变浅。

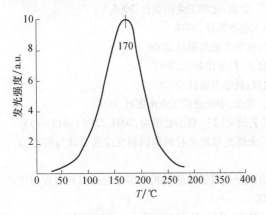

图 6-17　$SrAl_2O_4:$
Eu^{2+},Dy^{3+} 的热释光谱

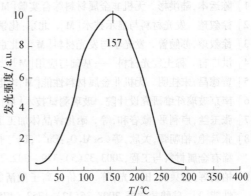

图 6-18　$SrAl_2O_4:Eu^{2+},Dy^{3+}$
纳米粉的热释光谱

4) $CaAl_2O_4:Eu^{2+},Nd^{3+}$ 的热释光谱

图 6-19 所示为 $CaAl_2O_4:Eu^{2+},Nd^{3+}$ 发光粉的热释光谱。由图可见,样品的热释发光峰峰值位于 110℃。根据式(6-5)计算,样品的陷阱能级深度 $E=0.576eV$。

5) $M_{0.2}Ca_{0.8}TiO_3:Pr^{3+}$ $(M=Ca^{2+},Mg^{2+},Sr^{2+},Ba^{2+},Zn^{2+})$ 热释光谱

图 6-20 给出 $M_{0.2}Ca_{0.8}TiO_3:Pr^{3+}$ (MCTP)的热释光光谱曲线。可见,热释光光谱曲线有一个热释发光峰,位于 107℃。根据式(6-5),计算其陷阱深度 $E=0.852eV$。一般说来,长余辉发光需要合适深度的陷阱能级,陷阱能级深度太浅,陷阱中的电子很容易被

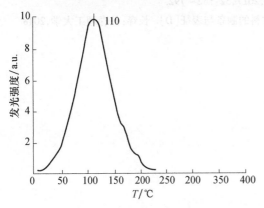

图 6-19　$CaAl_2O_4:Eu^{2+},Nd^{3+}$ 的热释光谱

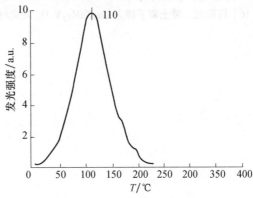

图 6-20　MCTP 样品的热释光谱

激发到高能级与空穴复合而发光,因而余辉很短。陷阱太深,需要更高的能量将陷阱中的电子激发,因而室温的能量不足以使陷阱中的电子被激发到高能级与空穴复合而发光,也不能产生长余辉发光。因此,可以认为 $M_{0.2}Ca_{0.8}TiO_3:Pr^{3+}$($M = Mg^{2+}$、$Sr^{2+}$、$Ba^{2+}$、$Zn^{2+}$)具有合适的陷阱深度,得到能量后会将陷阱能级中的电子重新激发到 Pr^{3+} 的激发态能级,电子跃迁回到低能级产生发光,导致长余辉现象。

参考文献

[1] 陈运本,陆洪彬. 无机非金属材料综合实验[M]. 北京:化学工业出版社,2006.

[2] 徐叙瑢. 发光材料与显示技术[M]. 北京:化学工业出版社,2003.

[3] 徐叙瑢,苏勉曾. 发光学与发光材料[M]. 北京:化学工业出版社,2004.

[4] 洪广言. 稀土发光材料——基础与应用[M]. 北京:科学出版社,2017.

[5] 贾德昌,宋桂明. 无机非金属材料性能[M]. 北京:科学出版社,2008.

[6] 南京玻璃纤维研究设计院. 玻璃测试技术[M]. 北京:中国建筑工业出版社,1987.

[7] 张玉兰,卢利平,藏春和,等. 硒化锌晶体加工工艺研究[J]. 硅酸盐学报,2004,32(5):612 – 615.

[8] 张希艳,柏朝晖,关欣,等. $SrAl_2O_4:Eu^{2+}$,Dy^{3+} 长余辉光致发光材料的固相反应法合成与特性[J]. 稀有金属材料与工程,2003,32(5):379 – 382.

[9] 柏朝晖,龚兵勇,田一光,等. 二价铕离子激活的碱土金属铝硅酸盐长余辉发光材料的合成与发光性能[J]. 硅酸盐学报,2008,36(12):1753 – 1757.

[10] WU T T,MI X Y,BAI Z H*. Preparation of $PbF_2:Ho^{3+}$,Er^{3+},Yb^{3+} phosphors and its multi – wavelength sensitive upconversion luminescence mechanism[J]. Materials Research Bulletin,2018,107:308 – 313.

[11] 马小易. 多波长响应稀土掺杂氟化铅基发光材料研究[D]. 长春:长春理工大学,2019.

[12] YANG L X,MI X Y,SU J C,et al. Tunable luminescence and energy transfer properties in $Ca_{2x}NaMg_2V_3O_{12}:xEu^{3+}$ phosphors[J]. Journal of Materials Science:Materials in Electronics,2017,28(14):9975 – 9982.

[13] XU W,SONG H W,YAN D T,et al. $YVO_4:Eu^{3+}$,Bi^{3+} UV to visible conversion nano – films used for organic photovoltaicsolar cells [J]. Journal of Materials Chemistry,2011,21:12331 – 12336.

[14] NAKAJIMA T,ISOBE M,TSUCHIYA T et al. Photoluminescence property of vanadates $M_2V_2O_7$(M:Ba,Sr and Ca)[J]. Journal of Luminescence,2009,129:1598 – 1604.

[15] SU J G,MI X Y,SUN J C,et al. Tunable luminescence and energy transfer properties in $YVO_4:Bi^{3+}$,Eu^{3+} phosphors [J]. Journal of Materials Science,2017,52:782 – 792.

[16] 杨丽欣. 稀土离子掺杂 $Ca_2NaMg_2V_3O_{12}$ 发光材料的制备与表征[D]. 长春:长春理工大学,2018.

第 7 章
核磁共振

20世纪30年代,伊西多·拉比发现在磁场中的原子核会沿磁场方向呈正向或反向有序平行排列,而施加无线电波之后,原子核的自旋方向发生翻转。这是人类关于原子核与磁场以及外加射频场相互作用的最早认识。由于这项研究,拉比于1944年获得了诺贝尔物理学奖。1946年,菲利克斯·布洛赫和爱德华·珀塞尔发现,将具有奇数个核子(包括质子和中子)的原子核置于磁场中,再施加以特定频率的射频场,就会发生原子核吸收射频场能量的现象,这就是人们最初对核磁共振(NMR)现象的认识,为此两人于1952年获得了诺贝尔物理学奖。

根据量子力学基本理论,只要知道了物质微粒的体系波函数,就可以得到一个微观体系的任何信息。核磁共振波谱仪研究物质分子由自旋量子数 $I \neq 0$ 的原子核在外磁场中所产生的共振吸收现象,是对各种有机物和无机物的成分、结构进行定性分析的强有力工具之一(表7–1)。

表7–1 不同频率电磁波的种类及运动模式

电磁波	波长范围		跃迁方式	研究应用技术
	波长/m	频率/Hz		
微波	$2 \times 10^{-3} \sim 1$	150GHz ~ 330MHz	电子自旋核自旋	顺磁共振(ESR),雷达,微波,核磁共振(NMR),电视,射频(FM),通信,无线电等
超短波	$1 \sim 10$	330 ~ 33MHz		
短波	$10 \sim 10^2$	33 ~ 3.3MHz		
中波	$10^2 \sim 10^3$	3300 ~ 330kHz		
长波	$10^3 \sim 10^4$	330 ~ 33kHz		

📌 7.1 核磁共振基础原理

原子核磁矩是核的性质之一,由核内质子和中子的自旋磁矩所组成。它反映了核内电流分布状况,与核内核子的运动状态有关。构成原子核的质子和中子都有一定的磁矩,即带电的质子在核内运动会产生磁矩,两者总效应使原子核具有一定的磁矩。磁矩的值有正有负,表示核磁矩的方向与自旋角动量方向相同或相反。核磁共振是核有磁矩而产生的一种重要效应。

7.1.1 基本概念

1. 原子核的磁矩 μ 与核自旋(自旋量子数 I)

原子核具有自旋运动。核电荷为正,由电磁学产生磁场,可以拟作磁针看待,是一个矢量 μ。

2. 核自旋

由力学可知,在磁场中具有自旋角动量表达式,即

$$J \to J_i = \frac{h}{2\pi} \sqrt{I(I+1)} \tag{7-1}$$

式中: J 为量子化的,即空间量子化取向。

3. μ 与 J 的关系

$$\mu = \gamma J \tag{7-2}$$

定义

$$\gamma = \frac{|\mu|}{|J|} = \frac{e}{2 m_p c} g_n \tag{7-3}$$

式中: γ 为常数,叫旋磁比(又叫磁旋比), γ 与性质有关,是某一类同位素的特征常数,有表可查。

4. 与电子自旋比较

核磁子,即

$$\beta_n = \frac{e\hbar}{2 m_p c} \tag{7-4}$$

电子玻尔磁子,即

$$\beta_e = \frac{e\hbar}{2 m_e c} \tag{7-5}$$

电子总磁矩,即

$$\mu_e = \mu_{orb} + \mu_s \tag{7-6}$$

式中: μ_{orb} 为轨道磁矩,通常为 0。一般只有自旋磁矩 μ_s。

因此

$$\gamma = \frac{|\mu|}{|P|} = \frac{e}{2 m_p c} g_n = \frac{\beta_n g_n}{\hbar}, \mu_n = \gamma\hbar I \tag{7-7}$$

核自旋是电子自旋的 1/1840。

5. 中子具有磁矩 μ

由于中子不带电荷中子磁矩应根据其在磁场中的受力作用来定义,并以此来测量。不能从关系式求各核的磁矩,只能通过 NMR 技术来精确测定。

7.1.2 NMR 核的判别规则

能显示出核磁共振现象的同位素核叫 NMR 核。只有当 $I \neq 0$ 的一类同位素核才能有 NMR 效应,叫 NMR 核。

奇偶规则：

$$\begin{cases} \text{质量数 A} \\ \text{原子序数} \end{cases} \text{只要两者不同时为偶数,} I \neq 0$$

$$\text{或} \begin{cases} \text{质子数 Z} \\ \text{中子数(或质量数)} \end{cases} \text{不同时为偶数时,} I \neq 0$$

如果上述各对参数均为偶数时, $I = 0$,叫"偶偶非 NMR 核"。表 7 - 2 所列为 NMR 核示例。

表 7 - 2　NMR 核示例

质量数 A	质子数 Z	中子数 N	I	例子
偶数	偶数	偶数	0	${}^{12}C_6, {}^{16}O_8, {}^{32}S_{16}, {}^{4}Ne_2, {}^{20}Ne_{10}$
奇数	偶数	奇数	1/2,3/2,5/2	${}^{1}n_0, {}^{3}He_2, {}^{13}C_6, {}^{17}O_8$
奇数	奇数	偶数	1/2,3/2,5/2	${}^{31}P_{15}, {}^{1}H_1, {}^{11}B_5, {}^{15}N_7, {}^{19}F_9$
偶数	奇数	奇数	1,2	${}^{2}H_1, ({}^{2}D), {}^{10}B_5, {}^{14}N_7$

7.1.3　塞曼能级

$I \neq 0$ 的核在外磁场(也可以是交变场)中,理论讨论时,一般视为静磁场 H_0 (方向取 z 轴),则 $I \neq 0$ 的 NMR 核的磁矩受到一个力矩 τ ,有

$$\boldsymbol{\tau} = \boldsymbol{\mu} \cdot \boldsymbol{H}_0 \tag{7-8}$$

由经典电动力学原理, $\boldsymbol{\mu}$ 应转向与 $\boldsymbol{H}_0$ 平行的方向,使其势能最低,有

$$E = -\boldsymbol{\mu} \cdot \boldsymbol{H}_0 \tag{7-9}$$

微观粒子必须遵守量子力学规律, $\boldsymbol{\mu}$ 的方向不是完全与 $\boldsymbol{H}_0$ 平行,而是成一夹角 θ , $\boldsymbol{\mu}$ 自旋受磁场 $\boldsymbol{H}_0$ 恒力作用,在此力矩作用下, $\boldsymbol{\mu}$ 轴绕 $\boldsymbol{H}_0$ 以一定角速度进动(图7-1),于是角动量 J 在 z 轴的投影 J_z 是量子化的,有

$$J_z = I_z \hbar = m\hbar \quad m = -I, -I+1, \cdots, I-1, I \tag{7-10}$$

这样 $\boldsymbol{\mu}$ 在 z 轴上的投影也对应有 $2I+1$ 个取值,相应于 $2I+1$ 个能级。

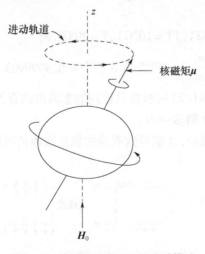

进动轨道

核磁矩 $\boldsymbol{\mu}$

H_0

图 7 - 1　核磁矩 $\boldsymbol{\mu}$ 绕 $\boldsymbol{H}_0$ 的进动模式

μ 在无磁场时,这些基态能级是简并的;有磁场时,简并就被解除,产生不同的能级。这种能级分裂的现象叫做塞曼分裂,这种磁能级叫做塞曼能级。

塞曼能级特点如下。

① 能级间是等间距的。

② 能级差 ΔE 值为 $\Delta E = \gamma H_0 \hbar$。

图 7-2 所示为核自旋 $I = 1/2$ 和 3/2 在外场 B_0 方向的投影。

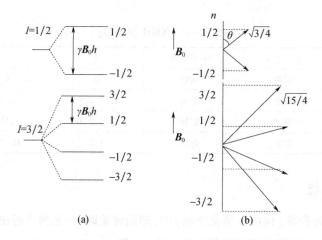

图 7-2　核自旋 $I = 1/2$ 和 3/2 在外场 B_0 方向的投影

(a)塞曼磁能级;(b)自旋磁矩相对于外场 B_0 的取向(这里 $\gamma > 0$)。

7.1.4　平衡态与玻耳兹曼分布

1. 玻耳兹曼分布

在磁场下的塞曼分裂能级上,$I = 1/2$ 的两种能态上的粒子概率分布符合玻耳兹曼分布(图 7-3),即

$$\frac{n_{\rm h}}{n_{\rm l}} = {\rm e}^{-\Delta E / kT} \tag{7-11}$$

式中:k 为玻耳兹曼常数。

若磁场强度 $H_0 = 1.4092{\rm T}(1{\rm T} = 10^4{\rm G})$,$T = 298{\rm K}$,则

$$\frac{n_{\rm h}}{n_{\rm l}} = {\rm e}^{-\Delta E / kt} = {\rm e}^{-h\nu / kT} \approx 0.9999903 \tag{7-12}$$

即在室温下,处于低能态($+1/2$)的核数只比高能态高出约百万分之十,仅相当于 1mol 水上升 1℃ 所需能量的 1/600 稍多一点。

但正是这种平衡态的维持,才能导致有净的能量吸收的可能性,所以保持这一平衡态很重要。

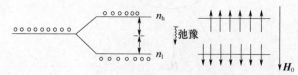

图 7-3　塞曼分裂上下能粒子概率分布示意图

2. 核弛豫

当不断供给能量,核自旋体系吸收后,高能态核粒子数大于低能态数,偏离平衡态,不能有 NMR 吸收,这时叫"饱和"。

因此,必须存在一种机制,使体系维持 $n_1 > n_h$,即不断回复到平衡态,以维持低能态粒子数有过量的占有数,这一过程叫核弛豫。

核弛豫途径分为以下两种。

① 自旋 – 晶格弛豫(核环境因素),与 t_1 有关。

② 自旋 – 自旋弛豫(核自旋内部之间交换能量),与 t_2 有关。

7.1.5 核磁共振理论

目前通常有两种描述核磁共振理论的方法。

1. 量子力学矢量空间描述(用自旋算符 $|I>$、$|-I>$)

核自旋产生的核磁矩在磁场方向(z 轴)取向是不连续的,是量子化取向,如 $I = 1/2$ 的核,I_z 的取值为 $-1/2$、$+1/2$ 两个态,可见在量子力学矢量空间(又叫希尔伯特(Hilbert)空间)处理是严密的。

通常将两相反的矢量用两个狄拉克(Dirac)符号,即基矢 $|1/2>$、$|-1/2>$ 表示(又称为右矢,自旋算符)。

自旋态不能任意取向,所以用上述的 $|1/2>$、$|-1/2>$ 展开,系数分别为 a、b,则可得到态矢量 $= a|1/2> + b|-1/2>$

当 $\pmb{\mu}_i$ 自旋轴与量子化 z 轴之间的夹角为 θ 时,有

$$\begin{cases} a = \cos\left(\dfrac{\theta}{2}\right) = \left[\dfrac{1}{2}(1+\cos\theta)\right]^{\frac{1}{2}} \\ b = \sin\left(\dfrac{\theta}{2}\right) = \left[\dfrac{1}{2}(1-\cos\theta)\right]^{\frac{1}{2}} \end{cases} \tag{7-13}$$

这种展开又叫态的叠加。但量子力学矢量空间的两个矢量 $|1/2>$、$|-1/2>$ 是相互正交的。

在 Bloch 三维空间中,这两个矢量是反平行的。而系数 a、b 却是将布洛赫(Bloch)空间与希尔伯特(Hilbert)空间联系在一起的桥梁。

2. 布洛赫三维真实空间描述

直观地,通常用 xyz 三维坐标轴,将 z 轴定义为自旋量子数为 I 的量子化轴,就可以对像 $I = \pm 1/2$ 这样的两个角动量用反平行的两个矢量表示。这是一种常用的几何图解,并可以与电磁学理论联系起来,同时与能级图(两条线间距)相对应,于是可以获得与量子力学相一致的结果。

从以上两种方法可见,在量子矢量空间中认为 $\pmb{\mu}_i$ 是量子化取向,而在布洛赫空间中认为 $\pmb{\mu} i$ 的运动是连续的,这是否存在矛盾? 量子力学中已经严格证明:单个核磁矩对时间的平均 $<\pmb{\mu}>$ 在磁场 $\pmb{H}_0$ 中的运动方程为

$$\frac{\mathrm{d}\langle\pmb{\mu}\rangle}{\mathrm{d}t} = \langle\pmb{\mu}\rangle \times \gamma \pmb{H}_0 \tag{7-14}$$

这个结果与后面从布洛赫空间导出的运动方程一致。只是布洛赫空间中应用经典力

学来处理$\boldsymbol{\mu}_i$对时间平均值的运动。

因此,唯象论者在实际研究中(特别是入门时),根据具体问题而确定使用哪种方法或两种处理方法交叉使用。在对 NMR 理论及试验结果进行严格计算分析时,应使用量子力学方法,结果令人满意。在某些无须严格的条件下,使用经典力学方法更简单且直观易懂。特别是在处理目前使用最多的脉冲核磁共振时,加上电磁学理论,其结果已经相当完美。

7.1.6 孤立核磁矩在磁场中的运动形式

1. 基本方程和核磁共振条件表达式

经典力学中的刚体圆周运动如图 7-4 所示,质量为 m 的刚体绕某轴或中心做匀速圆周运动时,其角动量 $\boldsymbol{J}$ 对时间的一次导数等于该物体的力矩 $\boldsymbol{\tau}$:

$$\frac{\mathrm{d}\boldsymbol{J}}{\mathrm{d}t} = \boldsymbol{\tau} \tag{7-15}$$

动量 $\boldsymbol{P} = m\boldsymbol{v}$,角动量 $\boldsymbol{J} = \boldsymbol{r} \times m\boldsymbol{v}$。故有

$$\frac{\mathrm{d}\boldsymbol{J}}{\mathrm{d}t} = \frac{\mathrm{d}}{\mathrm{d}t}[\boldsymbol{r} \cdot m\boldsymbol{v}] = \left[\boldsymbol{r} \cdot m\frac{\mathrm{d}v}{\mathrm{d}t}\right] = \boldsymbol{r} \cdot m\boldsymbol{a} = \boldsymbol{r} \cdot \boldsymbol{F} = \boldsymbol{\tau} \tag{7-16}$$

自旋角动量矩指当物体自身旋转时产生的动量矩,如陀螺在重力场中的自旋运动(图 7-5)。

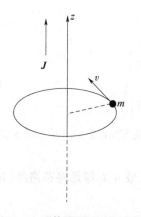

图 7-4 刚体圆周运动示意图

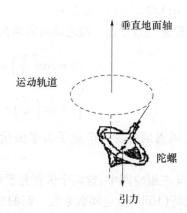

图 7-5 陀螺在重力场中的示意图

电磁学中的自旋运动会产生磁矩 $\boldsymbol{\mu}_i$,由电动力学可知,(核磁矩)在外磁场中同样受到一个力矩 $\boldsymbol{\tau}$ 的作用,即

$$\begin{cases} \boldsymbol{\tau} = \dfrac{\mathrm{d}\mathbf{j}}{\mathrm{d}t} = \boldsymbol{\mu}_i \cdot \boldsymbol{H}_0 \\[2mm] \dfrac{\mathrm{d}\boldsymbol{\mu}_i}{\mathrm{d}t} = \gamma[\boldsymbol{\mu}_i \cdot \boldsymbol{H}_0] \end{cases} \tag{7-17}$$

故有 $\dfrac{\mathrm{d}\boldsymbol{\mu}}{\mathrm{d}t} = \gamma\begin{pmatrix} i & j & k \\ \mu_x & \mu_y & \mu_z \\ H_x & H_y & H_z \end{pmatrix}$,磁旋比 $\gamma = \dfrac{|\boldsymbol{J}|}{|\boldsymbol{\mu}|}$

这就是 $\boldsymbol{\mu}_i$ 在磁场中运动的基本方程。

在布洛赫空间坐标中的分量形式为

$$\begin{cases} \dfrac{\mathrm{d}\mu_x}{\mathrm{d}t} = \gamma(\mu_y H_z - \mu_z H_y) \\[2mm] \dfrac{\mathrm{d}\mu_y}{\mathrm{d}t} = \gamma(\mu_z H_x - \mu_x H_z) \\[2mm] \dfrac{\mathrm{d}\mu_z}{\mathrm{d}t} = \gamma(\mu_x H_y - \mu_y H_x) \end{cases} \qquad (7-18)$$

式中：$H_x = H_y = 0, H_z = H_0$，即只有 H_z 存在。

令 $\omega = \gamma H_0$，则有

$$\begin{cases} \dfrac{\mathrm{d}\mu_x}{\mathrm{d}t} = \gamma \mu_z H_0 \\[2mm] \dfrac{\mathrm{d}\mu_y}{\mathrm{d}t} = -\gamma \mu_x H_0 \\[2mm] \dfrac{\mathrm{d}\mu_z}{\mathrm{d}t} = 0 \end{cases} \qquad (7-19)$$

可见，μ_z 为常数。

对 $\mathrm{d}\mu_x/\mathrm{d}t$ 二次求导，得到

$$\frac{\mathrm{d}^2\mu_x}{\mathrm{d}t^2} + \gamma^2 H_0^2 \mu_x = 0 \qquad (7-20)$$

此方程为简谐振动方程，其解为 $\mu_x = A\cos(\gamma H_0 t + \varphi)$。

同理，可求解另外两个方程，得全解为

$$\begin{cases} \mu_x = \mu_i \cos(\omega_0 t + \varphi) \\ \mu_y = -\mu_i \sin(\omega_0 t + \varphi) \\ \mu_z = \text{constant} \end{cases} \qquad (7-21)$$

该解说明 μ_x、μ_y 在 xy 平面上的投影为圆周运动，φ 是初相角。

对照磁场，当

$$\begin{cases} \gamma > 0, \omega_0 > 0, \text{顺时针方向旋转} \\ \gamma < 0, \omega_0 < 0, \text{逆时针方向旋转} \end{cases}$$

而 $\boldsymbol{\mu}$ 在 z 轴上投影 μ_z 为一常数。

核磁矩 $\boldsymbol{\mu}_i$ 在磁场中围绕 H_0 进动，它的轨迹描绘出一个圆锥体，进动频率 $\omega_0 = \gamma H_0$，这种进动叫做拉莫进动，也称为拉莫角频率。

当 $\gamma > 0$ 时，有 $\boldsymbol{\omega}_0 = -\gamma \boldsymbol{H}_0 (\mathrm{rad/s})$ 或 $v_0 = -\dfrac{1}{2\pi}\gamma \boldsymbol{H}_0 (\mathrm{Hz/s})$

一般也写成

$$\omega = \gamma H_0, v = \gamma H_0/2\pi$$

这就是核磁共振条件的表达式。

对于自旋为 $I = 1/2$ 的同位素核，磁矩可能出现的运动状态及对应的能级如图 7-6 所示。

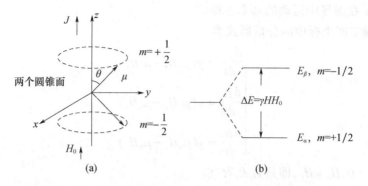

图 7-6　自旋为 $I = 1/2$ 的同位素核运动状态及能级示意图

2. 存在微小扰动场时核磁矩、磁化矢量的运动方程和形式

如果除了 z 轴方向的 $\boldsymbol{H}_0$（强），再于 x 轴方向加一个微小的交变场 $\boldsymbol{H}_1$。由于交变磁场是一个线偏振场，$\boldsymbol{H}_1$ 可以分解成大小相等、方向相反的两个圆偏振磁场 $2H_1\cos(\omega t)$，其中一个与 $\boldsymbol{\mu}_i$ 进动方向相同，它与 $\boldsymbol{\mu}_i$ 发生相互作用，而另一个方向相反，相互作用时间短，可以忽略。此时，$\boldsymbol{\mu}_i$ 受到两个力矩的作用，即

$$\boldsymbol{\tau}_{\text{total}} = \boldsymbol{\tau}_0 + \boldsymbol{\tau}_1 = \boldsymbol{\mu}_i \times \boldsymbol{H}_0 + \boldsymbol{\mu}_i \times \boldsymbol{H}_1 \tag{7-22}$$

由于 $\boldsymbol{\mu}_i$ 在这种合力作用下是一个复杂的运动合成，求解比较困难，一般引入一个旋转坐标系，使之容易求解。即固定坐标系 (x, y, z) + 旋转坐标系 (x', y', z')。选择一个虚构坐标系的 z' 与 z 轴重合，与 $\boldsymbol{\mu}$ 的拉莫进动同向旋转，而且频率等同的坐标空间系（图 7-7）。这时运动方程为

$$\frac{\mathrm{d}\boldsymbol{\mu}}{\mathrm{d}t} = \boldsymbol{\mu} \cdot \gamma \boldsymbol{H}$$

$$\boldsymbol{H} = \boldsymbol{H}_0 + \boldsymbol{H}_1 \tag{7-23}$$

如果在 (x', y', z') 坐标系中观察，$\boldsymbol{\mu}$ 所受到的磁场为 $\boldsymbol{H}_{\text{f}}$

$$\boldsymbol{H}_{\text{f}} = \frac{\overline{-(\omega_0 - \omega)}}{\gamma} \tag{7-24}$$

式中：$\boldsymbol{H}_{\text{f}}$ 为虚构场。当 $\omega = \omega_0$ 时（同时无 $\boldsymbol{H}_1$），$\boldsymbol{H}_{\text{f}} = 0$，在 (x', y', z') 坐标系中 $\boldsymbol{\mu}$ 是静止不动的。

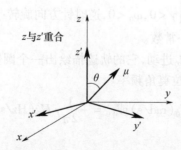

图 7-7　核磁矩在固定坐标系和旋转坐标系中的示意图

若在 x 方向加一个 $\boldsymbol{H}_1$，则在 (x', y', z') 坐标系中，仅有 H'_x 对 $\boldsymbol{\mu}$ 产生作用，此时 $\boldsymbol{\mu}$ 所受的磁场的三个分量为

$$\begin{cases} H'_x = \boldsymbol{H}_1 \\ H'_y = 0 \\ H'_z = \overline{\dfrac{\omega_0 - \omega}{\gamma}} \end{cases} \tag{7-25}$$

它们的合矢量磁场 $\boldsymbol{H}_\mathrm{e}$,称为有效磁场。由图 7 - 8 可得

$$\tan\theta = \frac{H_1}{\dfrac{(\omega_0 - \omega)}{\gamma}} \tag{7-26}$$

利用坐标变换关系式,把运动方程式转换到 (x', y', z') 旋转坐标系中,得到

$$\frac{\mathrm{d}\boldsymbol{\mu}}{\mathrm{d}t} = \frac{D\boldsymbol{\mu}}{Dt} + \boldsymbol{\omega} \times \boldsymbol{\mu} \tag{7-27}$$

式中:$\dfrac{D\boldsymbol{\mu}}{Dt}$ 为 (x', y', z') 坐标系中磁矩 $\boldsymbol{\mu}$ 对时间的导数。

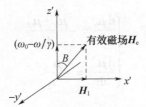

图 7 - 8　有效磁场示意图

将式 $\dfrac{\mathrm{d}\boldsymbol{\mu}}{\mathrm{d}t} = \boldsymbol{\mu} \cdot \gamma \boldsymbol{H}$ 代入式(7 - 27),整理得

$$\frac{D\boldsymbol{\mu}}{Dt} = \boldsymbol{\mu} \times \gamma\left(\boldsymbol{H} + \frac{\boldsymbol{\omega}}{\gamma}\right) = \boldsymbol{\mu} \times \gamma\left(\boldsymbol{H}_0 + \boldsymbol{H}_1 + \frac{\boldsymbol{\omega}}{\gamma}\right) = \boldsymbol{\mu} \times \gamma \boldsymbol{H}_\mathrm{e} \tag{7-28}$$

式(7 - 28)表示磁矩 $\boldsymbol{\mu}$ 在 (x', y', z') 系中受到一个有效磁场 $\boldsymbol{H}_\mathrm{e}$ 的作用,即

$$\boldsymbol{H}_\mathrm{e} = \boldsymbol{H}_0 + \boldsymbol{H}_1 + \frac{\boldsymbol{\omega}}{\gamma} \tag{7-29}$$

这时在 (x', y', z') 坐标系中观察者看到 $\boldsymbol{\mu}$ 绕 $\boldsymbol{H}_\mathrm{e}$ 做拉莫进动,进动角频率为

$$\Omega = \gamma \boldsymbol{H}_\mathrm{e} = \gamma \sqrt{\left(H_0 - \frac{\omega}{\gamma}\right)^2 + H_1^{\,2}} = \sqrt{(\omega_0 - \omega)^2 + \omega_1^2} \tag{7-30}$$

式中:$\omega_0 = \gamma H_0$;$\omega_1 = \gamma H_1$。

由上面式子可以推出以下结论。

(1)若 $\boldsymbol{H}_1 = 0$,即不加扰动的射频磁场,因 $\omega = \gamma H_0$,则有效磁场 $\boldsymbol{H}_\mathrm{e} = 0$。它表示磁矩在旋转坐标系中不受任何外力矩作用,在 (x', y', z') 坐标系中是处于静止状态,但对于实验室固定坐标系中的观察者,它仍以 ω 做拉莫进动,其能量状态保持不变。

(2)若 $H_1 \neq 0$,且 $\omega = \gamma H_0$,则得到 $\boldsymbol{H}_\mathrm{e} = \boldsymbol{H}_1$。这表示 $\boldsymbol{\mu}$ 在坐标系 (x', y', z') 中受到 x' 方向上的交变磁场 H_1 所产生的力矩作用,因此它将绕 x' 轴做进动,结果导致磁矩 $\boldsymbol{\mu}$ 和 z 轴之间的夹角发生改变。这意味着,磁矩的能量状态变化,即主要从射频场中吸收(或释放)能量。这就是核磁共振现象(或条件)。

3. 在实验室固定坐标系中观察核磁矩的运动

$\boldsymbol{\mu}$ 所受磁场作用力(矩)有两种类型、3 个作用力。

(1)静磁场 $\boldsymbol{H}_0$,z 轴方向,无 $\boldsymbol{H}_1$ 时,使 $\boldsymbol{\mu}$ 处于平衡态。

(2)射频磁场 $\boldsymbol{H}_1$,x' 轴方向,使 $\boldsymbol{\mu}$ 偏离角度 θ ,即

$$\theta = \frac{\Omega}{t_p} = \gamma \boldsymbol{H}_e = \gamma \boldsymbol{H}_1 \qquad (7-31)$$

在 $\boldsymbol{H}_1$ 对 $\boldsymbol{\mu}$ 在 t_p 作用时间内,$\boldsymbol{\mu}$ 转过的角度 $\theta = \gamma \boldsymbol{H}_1 t_p$,这就是脉冲核磁共振中最基本的公式。脉冲核磁共振中运动轨迹如图 7-9 所示。

(3)核自旋弛豫力,即 $\boldsymbol{\mu}_i$ 恢复到平衡态的力矩,在 y' 、z' 轴方向上。

把核自旋磁矩 $\boldsymbol{\mu}_i$ 从不平衡态向平衡态恢复的过程叫弛豫过程。其能量来源于自旋本身的特性和周围介质的影响。

如图 7-10 所示,核自旋磁矩 $\boldsymbol{\mu}_i$ 恢复到平衡态的快慢由时间常数 t_1 (在 z 轴方向)、t_2 (在 xy 平面内)决定,所以

$$\begin{cases} \dfrac{\mathrm{d}\boldsymbol{\mu}_z}{\mathrm{d}t} = -\dfrac{\boldsymbol{\mu}_z - \boldsymbol{\mu}_0}{t_1} \\ \dfrac{\mathrm{d}\boldsymbol{\mu}_\perp}{\mathrm{d}t} = -\dfrac{\boldsymbol{\mu}_\perp}{t_2} \end{cases} \qquad (7-32)$$

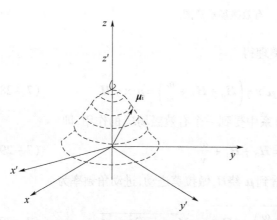

图 7-9　脉冲核磁共振中运动轨迹图

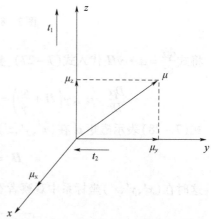

图 7-10　弛豫过程示意图

由于弛豫过程是矩变化的逆过程,所以前面加负号。t_1 、t_2 具有时间量纲,$\boldsymbol{\mu}_z$ 、$\boldsymbol{\mu}_\perp$ 的恢复过程应服从指数规律,即

$$\begin{cases} \boldsymbol{\mu}_z = \boldsymbol{\mu}_0 (1 - \mathrm{e}^{-t/t_1}) \\ \boldsymbol{\mu}_\perp = \boldsymbol{\mu}_{\perp \max} (\mathrm{e}^{-t/t_2}) \end{cases} \qquad (7-33)$$

7.1.7　稳态布洛赫方程

总结上面分析的 $\boldsymbol{\mu}_i$ 在磁场中所受的 3 种力(两类),这两类作用力可看作各组独立地起作用,可以将它们进行简单叠加,因此完整的布洛赫方程写为

$$\frac{\mathrm{d}\boldsymbol{\mu}_i}{\mathrm{d}t} = \gamma[\boldsymbol{\mu}_i + \boldsymbol{H}_0] + 核自旋弛豫过程 \tag{7-34}$$

写成分量形式为

$$\begin{cases} \dfrac{\mathrm{d}\mu_x}{\mathrm{d}t} = \gamma(\mu_y H_z - \mu_z H_y) - \dfrac{\mu_x}{t_2} \\[2mm] \dfrac{\mathrm{d}\mu_y}{\mathrm{d}t} = \gamma(\mu_z H_x - \mu_x H_z) - \dfrac{\mu_y}{t_2} \\[2mm] \dfrac{\mathrm{d}\mu_z}{\mathrm{d}t} = \gamma(\mu_x H_y - \mu_y H_x) - \dfrac{\mu_z - \mu_0}{t_1} \end{cases} \tag{7-35}$$

布洛赫的贡献就是引入了两个常数 t_1、t_2，并用经典的方法（公式）描述了核磁共振现象，从而避免了繁琐的计算，因此在液体高分辨 NMR 中广泛应用。但严格地说，两类力矩独立产生不完全正确，用量子力学方法可以找出它们之间存在相互作用项。

7.1.8　宏观物质的核自旋体系的布洛赫方程

宏观物体常用磁化（强度）矢量 $\boldsymbol{M}$ 来定义（图 7-11），为单位体积内核磁化强度矢量的总磁矩，即 $\boldsymbol{M} = \sum \boldsymbol{\mu}_i$，因此前面的各式子中可用 $\boldsymbol{M}$ 代替 $\boldsymbol{\mu}$。

布洛赫方程写作

$$\frac{\mathrm{d}\boldsymbol{M}}{\mathrm{d}t} = \gamma \boldsymbol{M} \cdot (\boldsymbol{B}_0 + \boldsymbol{B}_1) \tag{7-36}$$

这里 $\boldsymbol{B}$ 与前面 $\boldsymbol{H}$ 等同。如果 $\boldsymbol{B}$ 加在 x 轴，其 $\omega = \omega_0$ 时，$\boldsymbol{M}$ 将绕 $\boldsymbol{B}_1$ 做进动，于是 $\boldsymbol{M}$ 会偏离平衡位置，这时出现横向分量 $\boldsymbol{M}_\perp$，当微扰场 $\boldsymbol{B}_1$ 解除后，$\boldsymbol{M}$ 要向平衡位置恢复，即 $M_z \to M_0$、$M_\perp \to 0$。

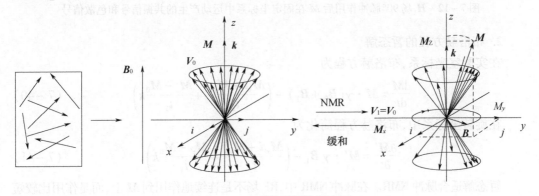

图 7-11　宏观物质磁化示意图

1. 布洛赫方程的稳态解

$$\frac{\mathrm{d}\boldsymbol{M}}{\mathrm{d}t} = \underbrace{\gamma(\boldsymbol{M} \times \boldsymbol{H}_e)}_{磁场力} - \underbrace{\left(\frac{M_x \boldsymbol{i} + M_y \boldsymbol{j}}{t_2} - \frac{M_z - M_0}{t_1}\boldsymbol{k}\right)}_{弛豫力} \tag{7-37}$$

稳态是指强大静磁场强度 $\boldsymbol{H}_0$ 始终保持不变，即将静磁场 $\boldsymbol{H}_0$ 停在共振点上不动，使核自旋 $\boldsymbol{M}$ 体系满足共振条件 $\omega_0 = \gamma \boldsymbol{H}_0$。这时 $\boldsymbol{M}$ 矢量有固定不变的长度，它在 $x'y'z'$ 坐标系中是固定不动的，即此时 $\boldsymbol{H}_1$ 对 $\boldsymbol{M}$ 的作用力与 $\boldsymbol{M}$ 自身的弛豫力达到平衡状态，因此 $\boldsymbol{M}$ 在 3

个轴上投影不变,为常数,即

$$\frac{\partial M_x}{\partial t} = \frac{\partial M_y}{\partial t} = \frac{\partial M_z}{\partial t} = 0 \tag{7-38}$$

因此,其稳态解为

$$\begin{cases} M'_x = \dfrac{\gamma H_1 t_2^2 (\omega - \omega_0)}{1 + t_2^2 (\omega - \omega_0)^2 + \gamma^2 H_1^2 t_1 t_2} M_0 \\[3mm] M'_y = \dfrac{\gamma H_1 t_2}{1 + t_2^2 (\omega - \omega_0)^2 + \gamma^2 H_1^2 t_1 t_2} M_0 \\[3mm] M'_z = \dfrac{1 + t_2^2 (\omega - \omega_0)}{1 + t_2^2 (\omega - \omega_0)^2 + \gamma^2 H_1^2 t_1 t_2} M_0 \end{cases} \tag{7-39}$$

由于$M_{x'}$与H_1平行,作用力矩$M_{x'} \cdot H_1 = 0$,无能量交换;$M_{x'}$与H_1垂直,H_1对$M_{y'}$有作用力矩,故有能量交换。$M_{y'}$正是磁矩M从交变场吸收能量后,共振产生跃迁形成的,所以称为吸收线型信号。$M_{y'}$就是通过y轴上感应线圈接收到的信号,如图7-12所示。

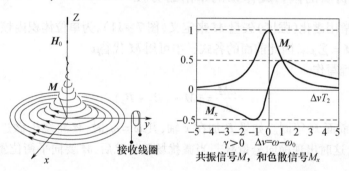

图7-12 H_1场90°脉冲作用后M在固定坐标系中运动产生的共振信号和色散信号

2. 布洛赫方程的暂态解

在实验室坐标系,布洛赫方程为

$$\frac{\mathrm{d}M}{\mathrm{d}t} = M \cdot \gamma (B_0 + B_1) - \left(\frac{M_x i + M_y j}{t_2} + \frac{M_z - M_0}{t_1} k \right) \tag{7-40}$$

在旋转坐标系中,布洛赫方程简化为

$$\frac{\partial M'}{\partial t} = M' \cdot \gamma B_1 - \left(\frac{M_{x'} i + M_{y'} j}{t_2} + \frac{M_{z'} - M_0}{t_1} k \right) \tag{7-41}$$

暂态解适合脉冲NMR。在脉冲NMR中,RF场不是连续地作用到M上,而是作用比较短的时间,其余时间则是弛豫,一般RF脉冲都比较强而短,所以RF作用期间弛豫可以忽略。

按分时作用,M有两种典型的运动方式:磁化强度M的绝热章动;自由感应衰减(free induction decay,FID)。

1)磁化强度的绝热章动

在x'轴上加频率为ω_0的短RF脉冲,绝热条件为

$$|\gamma B_1| \in \frac{1}{t_1}, \frac{1}{t_2} \tag{7-42}$$

脉冲宽度$t_p \in t_2, t_1$

在 t_p 时间内，$\boldsymbol{M}_z$ 只受到磁力矩的作用，忽略弛豫，$\boldsymbol{M}$ 的运动就只有章动（图 7－13），章动角为

$$\theta = -\omega_1 t_p = \gamma \boldsymbol{B}_1 t_p \tag{7－43}$$

此时，$\boldsymbol{M}_{y'} = \boldsymbol{M}_0 \sin\theta$，$\boldsymbol{M}_{z'} = \boldsymbol{M}_0 \cos\theta$。

θ 可取任意角度，条件是 $t_p \in t_2, t_1$。典型的情况是 θ 为 90° 和 180°，一般称为 90° 脉冲和 180° 脉冲。当 $\theta = 90°$ 时，$\boldsymbol{M}_{y'} = \boldsymbol{M}_0$、$\boldsymbol{M}_{z'} = 0$，可得到最大的 NMR 信号。与稳态相比，$\boldsymbol{M}_{y'}$ 强度至少可提高 1 倍，$\boldsymbol{M}_0$ 可充分利用。可见脉冲 NMR 具有明显的优势。当 $\theta = 180°$，即 $\boldsymbol{M}_0$ 反向，与 $-z$ 轴平行，这意味着塞曼能级上粒子数分布出现反转，这相应于一个"负自旋温度"。章动完成后，RF 脉冲关闭，此时取时间原点 $t = 0$，磁化强度矢量 $\boldsymbol{M}$ 自此开始受弛豫作用。

2）自由感应衰减

90°RF 脉冲之后，$\boldsymbol{M}_{y'} = \boldsymbol{M}_0$，核自旋开始自由进动和弛豫，这时的共振信号叫自由感应衰减 FID 信号（图 7－14），为指数衰减信号，在旋转坐标系中描写为

$$\begin{cases} \boldsymbol{M}_{y'} = \boldsymbol{M}_0 e^{-t/t_2} \\ \boldsymbol{M}_{z'} = \boldsymbol{M}_0 (1 - e^{-t/t_1}) \end{cases} \tag{7－44}$$

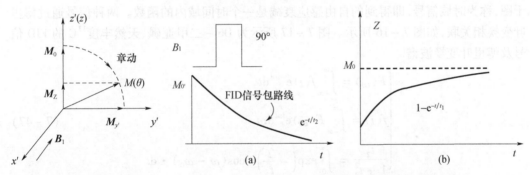

图 7－13　磁化强度的
绝热章动示意图

图 7－14　自由感应衰减信号示意图
（a）核弛豫是 FID 信号；（b）是 $\boldsymbol{M}_z$ 向 $\boldsymbol{M}_0$ 弛豫恢复。

横向弛豫由自旋－自旋相互作用决定，是自旋之间交换能量和角动量，引起相位发散的过程。t_2 是本征横向弛豫时间，又叫相位记忆时间，这是不可逆过程。纵向弛豫是由自旋－晶格相互作用决定的过程，t_1 描写了 $\boldsymbol{M}_z$ 向 $\boldsymbol{M}_0$ 恢复的速度。$\boldsymbol{M}_z$ 向 $\boldsymbol{M}_0$ 恢复总是比 $\boldsymbol{M}_\perp$ 向 0 的恢复速度要慢。一般来说 $\boldsymbol{M}_\perp \to 0$ 比较快，$\boldsymbol{M}_z \to \boldsymbol{M}_0$ 比较慢。在实际工作中，一般认为经过 $5T_1$ 时间，$\boldsymbol{M}_z \to \boldsymbol{M}_0$，$(\boldsymbol{M}_{x'}, \boldsymbol{M}_{y'}) \to 0$ 已经完全。

上述两种过程实际上是两个分时作用过程，条件为

$$t_p \in t_2, t_1 \tag{7－45}$$

式中：t_p 为 $\boldsymbol{B}_1$ 作用时间，是微秒级。

3）FID 信号产生的过程及其傅里叶变换

在 x' 上加一个磁场（90° 脉冲磁场）$\boldsymbol{B}_1$ 后，当 $\boldsymbol{B}_1$ 停止时，$\boldsymbol{M}$ 正好停在 y' 轴上（在 $z'y'$ 平面上看）。这时 $\boldsymbol{M}_{y'}$ 具有最大分量，并且不马上消失。在坐标系 $x'y'z'$ 中，由于弛豫作用，$\boldsymbol{M}_{y'}$ 将逐渐减少，最后 $\boldsymbol{M}_{y'}$ 回到平衡位置（$\boldsymbol{M}_{y'} = 0$），如图 7－15 所示。

在固定坐标系 xyz 中，y 轴上的线圈中接收到 $\boldsymbol{M}_{y'}$ 在上升和衰减过程中的信号，这个信

号是由于核磁矩(或磁化强度)进行自由进动而产生的,因此称为自由感应衰减信号。而 t_2 主要决定了 FID 信号衰减特征的时间,它是纯指数形式,可写成

$$\boldsymbol{M}_{y'}(t) = \boldsymbol{M}_{y'}(0) \mathrm{e}^{-\frac{t}{t_2}}$$

$$\boldsymbol{M}_{y'}(t) = \boldsymbol{M}_{y'}(0) \mathrm{e}^{-\frac{t}{t_2}} \cos[(\omega_0 - \omega)t + \varphi] \tag{7-46}$$

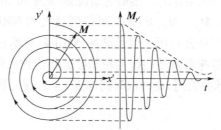

加 B_1 90°脉冲后的自由感应衰减信号

图 7-15　在旋转坐标系中 FID 信号产生的过程

在连续波的情况下,直接得到频谱,即吸收信号和色散信号,称为频域信号,得到的核磁共振波谱是频率域的函数。在脉冲的情况下得到的是不同共振频率自由感应衰减的相干图,称为时域信号,即得到的自由感应衰减是一个时间域内的函数。两种信号通过傅里叶变换相关联,如图 7-16 所示。图 7-17 所示为 D6-二甲亚砜、天然丰度 ^{13}C 的 FID 信号及傅里叶变换波谱。

$$\begin{cases} F(\boldsymbol{\omega}) = \displaystyle\int_{-\infty}^{\infty} f(t) \mathrm{e}^{-\mathrm{i}\omega t} \mathrm{d}t \\[2mm] f(t) = \displaystyle\int_{-\infty}^{\infty} F(\boldsymbol{\omega}) \mathrm{e}^{\mathrm{i}\omega t} \mathrm{d}\boldsymbol{\omega} \\[2mm] \dfrac{t_2}{1 + t_2^2} = \displaystyle\int_0^{\infty} \exp\left(-\dfrac{t}{t_2}\right) \cdot \cos(\omega - \omega_0) \cdot \mathrm{d}t \end{cases} \tag{7-47}$$

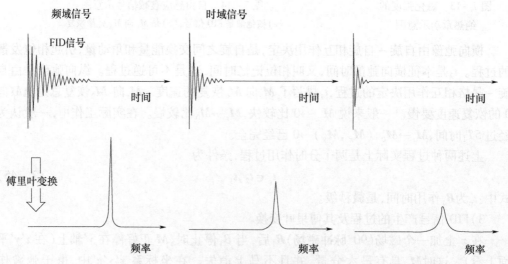

图 7-16　FID 信号傅里叶变换

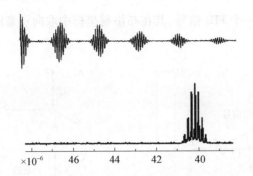

图 7 - 17 D6 - 二甲亚砜、天然丰度^{13}C 的 FID 信号及傅里叶变换波谱

4)共振峰的宽度

理论上,NMR 谱线应无限窄。谱线是与频率共振有关的具有一定形状的曲线。实际 NMR 谱线由于各种因素,总有一定宽度。一般要引入一个线型函数 $g(\nu)$ 来描述形状,$g(\nu)$ 表示在共振点附近样品对能量的吸收如何变化。

在 NMR 中,当饱和因子 $S \ll 1$ 时,有

$$M_{y'} = \frac{\gamma \boldsymbol{B}_1 t_2 \boldsymbol{M}_0}{1 + t_2^2 (\boldsymbol{\omega}_0 - \boldsymbol{\omega})^2} = \frac{1}{2} \gamma \boldsymbol{B}_1 \boldsymbol{M}_0 g(\nu) \tag{7-48}$$

式中:$g(\nu) = \dfrac{2 t_2}{1 + 4 \pi^2 t_2^2 (\nu_0 - \nu)^2}$ 为洛伦兹线型函数。一般 NMR 共振谱线为洛伦兹线型,如图 7 - 18 所示。图 7 - 19 所示为脉冲 - 傅里叶变换核磁共振波谱仪原理。

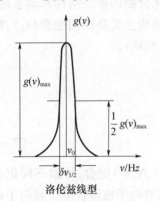

图 7 - 18 洛伦兹线型示意图

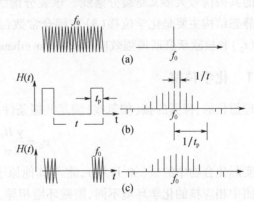

图 7 - 19 脉冲 - 傅里叶变换核磁共振波谱仪原理

(a)频率为 f_0 的连续、等幅射频波及其频谱;

(b)周期性的脉冲方波及其频谱;

(c)用(b)调制(a)所得的结果及其频谱。

适当取 $1/t_p$、$1/t$ 值可设定所需要的不同频率源,$f = f_0 \pm t_p^{-1}$。此时,可采用连续 NMR 同时激发门脉冲频率的产生或单脉冲激发一个 FID 信号。

(1)CW - NMR 中是逐个对不同共振频率的核扫描,现在多用 PFT - NMR 方法。方波脉冲调制频率为 f_0 的连续、等幅值射频波。方波周期为 t,宽度为 t_p,强度为 A,如图 7 - 20 所示。

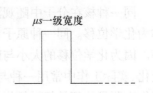

图 7 - 20 方波周期示意图

（2）单脉冲激发的一个 FID 信号,其在布洛赫坐标中取向示意图如图 7–21 所示。

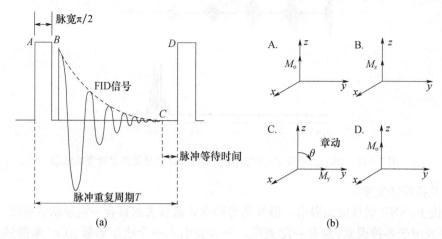

图 7–21   一个 FID 信号对于物质中的一类核自旋矢量在布洛赫坐标中取向示意图

🔲 7.2   核磁共振结果分析

核磁共振谱主要是研究磁性核在外加磁场作用下产生的微小变化,这些变化来源于核的磁屏蔽,起因于分子中电子环形运动所产生的次级磁场。而在高分辨 NMR 试验中所得到的共振信号大多又是裂分谱线。该裂分谱线反映了化合物的静态结构和动态结构,其中静态结构主要是化学位移(δ)和耦合常数(J),动态结构主要是纵向弛豫(t_1)、横向弛豫(t_2)和核欧沃豪斯增强效应(nuclear overhauser effect,NOE)。

7.2.1   化学位移

理想化的、裸露的核(如氢核)满足共振条件,即

$$\nu_0 = \frac{\gamma H_0}{2\pi} \tag{7–49}$$

实际化合物中的核(如^{1}H 核),常与其他原子(如 C、O、N 等)键合,导致不同化合物或基团中相应核的化学环境不同,则磁环境相异。同时,核外电子或键合电子倾向于在垂直外加磁场 H_0 的平面内作圆周运动,从而产生一比例于 H_0 的对抗性小磁场 σH_0,σ 称为屏蔽常数。此时

$$\nu_0 = \frac{\gamma}{2\pi} H_0 (1 - \sigma) \tag{7–50}$$

同一种核在分子中随观测核所在的化学环境改变,其共振频率发生改变,将这种改变称为化学位移。同一种原子核,由于旋磁比相同,因而在相同外磁场下只应有一个共振频率。因为化学位移的大小与磁场强度成正比,为了避免化学位移值随测定磁场的不同而变化,实际工作中常用一种与磁场强度无关的、无量纲的值来表示化学位移的大小。实际工作中测量的都是相对的化学位移,即以某一参考物的谱线为标准,最常用的参考物是四甲基硅$(CH_3)_4Si(TMS)$。

$$\delta = \frac{H_{\text{ref}} - H_{\text{sam}}}{H_0} \times \text{mg/L} \tag{7-51}$$

$$\delta = \frac{\nu_{\text{sam}} - \nu_{\text{ref}}}{\nu_0} \times \text{mg/L}$$

决定化合物中某核的化学位移的主要因素为该核及近邻核的轨道混合状态、电子密度及立体化学。除了结构因素外,还与测定条件有关,如温度效应、溶剂效应(^{1}H 核 $>$ ^{13}C 核)。

决定化学位移的是观测核外的电子屏蔽常数 σ,理论表达式为

$$\sigma = \sigma_d + \sigma_p + \sigma'$$

$$\sigma_d = \frac{e^2}{3m\,c^2} \sum\ <r_i^{-1}>$$

$$\sigma_p = \frac{e^2\,h^2}{2\,m^2\,c^2} <\Delta E>^{-1} <r_i^{-1}>_{2p} [Q_{\text{NN}} + \sum Q_{\text{NB}}] \tag{7-52}$$

式中:σ_d 为反磁性屏蔽项,对 ^{1}H 核为主要项,因为 s 电子存在,它总是与外磁场方向相反,形成一个次级磁场;σ_p 为顺磁性屏蔽项,对 ^{13}C 核为主要项,因 p 电子存在。这种化学键限制了核外电子在外场作用下的运动;σ' 为其他附加因素形成的屏蔽,如远程屏蔽,具各向异性;$<r^{-1}>$ 为电子基态与核距倒数的平均,r 值减小,则 $<r^{-1}>$ 增大;$<\Delta E>$ 为电子激发能;$<r^{-3}>$ 为电子轨道半径,为主要项,如 2p 轨道扩大,r 增大时,$<r^{-3}>$ 下降很快,引起 σ_p 减小结果 δ_c 增大;$Q_{\text{NN}} + \sum Q_{\text{NB}}$ 为分子轨道理论中的键序,与电子云分布形态有关。

1. 局部逆磁作用

s 电子对核的屏蔽。若电子密度增加,则 σ_d 增加,屏蔽增加,引起高场位移;若减少电子密度,则 σ_d 减少,屏蔽减少,引起低场位移。

(1)诱导效应。是通过成键电子传递,随着相连原子或基团的电负性增加化学位移增加,随着距离增加化学位移减小。通常在相隔 3 个以上的键后其影响可忽略不计。

(2)共轭效应。在具有多重键或共轭多重键的分子体系中,由于 π 电子的转移,导致某基团电子密度和磁屏蔽的改变。

苯环上的氢被取代后该作用明显。

2. 局部顺磁效应

当分子中具有不对称的电子云分布时,外加磁场引起激发态和基态波函数之间的混合,导致去屏蔽作用产生。一般 s 电子的电子云分布具有球对称性,没有这种作用,局部顺磁屏蔽项 σ_p 为零。

3. 邻近基团的磁各向异性

(1)杂化键效应。杂化键不同时,s 电子成分增加,电子云密度减小,化学位移增大。

(2)各向异性效应。邻近基团呈磁性各向异性屏蔽,随观测核所处位置而不同。

图 7-22 所示的乙炔分子位于正屏蔽区,其共振峰出现在高场区。

(3)环流效应。由于苯环 π 电子的离域性,在垂直于苯环平面的外磁场 H_0 的作用下,π 电子便沿着苯环碳链流动,形成环电流,从而产生方向与 H_0 相反的感应磁场,如图 7-23所示,图 7-24 所示为双键的屏蔽作用。

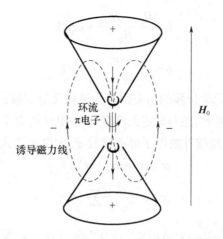

图 7 - 22 乙炔分子位于正屏蔽区,其共振峰出现在高场区(波度为 3mg/L)

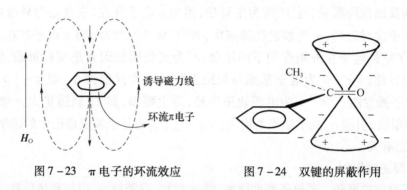

图 7 - 23 π 电子的环流效应   图 7 - 24 双键的屏蔽作用

4. 氢键的影响

对质子化学位移的影响不能简单予以解释。当 H 和 Y 形成氢键 X - H…Y 时,一方面 Y 的存在使 X - H 键的电子云受到畸变,使质子去屏蔽,化学位移增加;另一方面给体原子或基团的磁各向异性可能使质子受到屏蔽,化学位移减小。氢键的形成降低了核外电子云的密度,其中去屏蔽作用是主要的,所以以观测到的是氢键形成低场位移,即使得 δ_H 增加。

分子间氢键受环境影响较大,样品浓度(图 7 - 25)、温度均影响氢键质子的化学位移;分子内氢键的化学位移与溶液浓度无关,取决于分子本身结构。

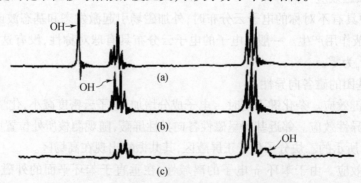

图 7 - 25 CCl_4 中不同质量分数乙醇的共振谱

(a)质量分数为 10% ;(b)质量分数为 5% ;(c)质量分数为 0.5%。

5. 溶剂效应

同一种样品使用不同溶剂，化学位移值可能不同。这种由于溶剂与溶质分子间的相互作用，使得在不同溶剂下的溶质分子的化学位移不同的效应称为溶剂效应。例如，吡啶核苯能引起化学位移 0.5 的变化，对于 OH^-、SH^-、NH_2^- 和 NH^{2-} 等活泼氢来说溶剂效应更为强烈。溶剂效应可以帮助推断化合物的分子结构。

6. 交换反应

使得 δ_H 不固定。

7. 取代基电负性

当取代基非常接近共振核而进入其范德瓦尔斯力半径区时，取代原子将对质子外围的电子产生排斥作用，从而使核周围的电子云密度减少，质子的屏蔽效应显著下降，信号向低场移动的效应称为范德瓦尔斯力效应。靠近的取代基电负性越大，对所观测核化学位移影响越大，如表 7－3 所列。

表 7－3　CH_3CH_2X 中不同取代基 X 对应的化学位移

CH_3CH_2X 的化学位移		
X	X 的电负性	$\delta(CH_2)$
SiEt3	1.9	0.6
H	2.2	0.75
CEt3	2.5	1.3
OEt3	3	2.4
Net3	3.5	3.3
F	4.0	4.0

利用化学位移的加和性经验式可对化学位移进行计算，可依据以下规则。

1）烷烃的加成规律

$$\delta_c = -2.5 + \sum nA \tag{7-53}$$

以 $CHCH_3(CH_2)_2(CH_3)_2$ 为例，其理论值与计算值如图 7－26 所示。

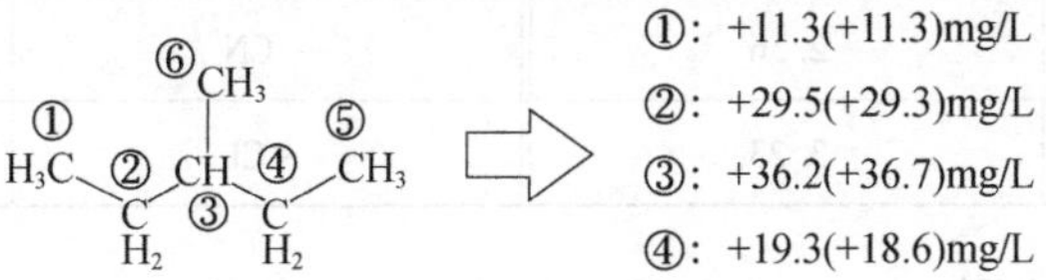
⑥CH₃
①
⑤
H₃C ② CH ④ CH₃
C ③ C
H₂ H₂
①: +11.3(+11.3)mg/L
②: +29.5(+29.3)mg/L
③: +36.2(+36.7)mg/L
④: +19.3(+18.6)mg/L

图 7－26　$CHCH_3(CH_2)_2(CH_3)_2$ 化学位移理论值与计算值

以 P 分直链或支化烃为例，其取代基位移如表 7－4 所列。

表 7－4　P 分直链或支化烃中取代基位移

^{13}C 原子	位移 A	^{13}C 原子	位移 A
α	+9.1	2°(3°)	−2.5
β	+9.4	2°(4°)	−7.2

续表

^{13}C 原子	位移 A	^{13}C 原子	位移 A
γ	+2.5	3°(2°)	-3.7
δ	+0.3	3°(3°)	-9.5
ε	+0.1	4°(1°)	-1.5
1°(3°)	-1.1	4°(2°)	-8.4
1°(4°)	-3.4		

2）$X-CH_3$、$X-CH_2-Y$、$X-CH(-Z)-Y$ 型化合物的化学位移加成规律

（1）Curphey 法则。

$$X—CH_3 \qquad\qquad \delta = 0.87 + \Delta\delta_X$$

$$X—CH_2—Y \qquad\qquad \delta = 1.20 + \Delta\delta_X + \Delta\delta_Y$$

$$\overset{\displaystyle Z}{\underset{\displaystyle |}{X—CH—Y}} \qquad\qquad \delta = 1.55 + \Delta\delta_X + \Delta\delta_Y + \Delta\delta_Z$$

（2）Shoolery 法则。

对 $X-CH_2-Y$、$X-CH(-Z)-Y$，有

$$\delta_H = 0.23 + \Delta\delta_X + \Delta\delta_Y + (\Delta\delta_Z) \qquad\qquad (7-54)$$

式中：0.23 代表 $-CH_2-$。

$X-CH(-Z)-Y$ 型化合物的化学位移如表 7-5 所列。

表 7-5　$X-CH(-Z)-Y$ 型化合物的化学位移

X,Y	定数	X,Y	定数
$-CH_3$	0.47	$-COR$	1.70
$-C_6H_5$	1.85	$-COOR$	1.55
$-CR^1CR^2R^3$	1.32	$-OCOR$	3.13
$-C\equiv CH$	1.44	$-SR$	1.64
$-OR$	2.36	$-CN$	1.70
$-OC_6H_5$	3.23	$-Cl$	2.53

3）Tobey-Simon 法则

$X-CH=CH-X'$ 型化合物，如图 7-27 所示，其化学位移表如表 7-6 所列。

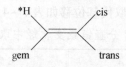

图 7-27　$X-CH=CH-X'$ 型化合物

表 7 - 6 $X - CH = CH - X'$ 型化合物化学位移

置换基	gem	cis	trans	置换基	gem	cis	trans
– H	0.00	0.00	0.00	– COOR	0.84	1.15	0.56
– R	0.44	– 0.26	– 0.29	– CHO	1.03	0.97	1.21
– Ar	1.35	0.30	– 0.10	– OR	1.18	– 1.06	– 1.28
– C = C –	0.98	– 0.04	– 0.21	– OCOR	2.09	– 0.40	– 0.67
(共轭)	1.26	0.08	– 0.01	– SR	1.00	– 0.24	– 0.04
– C = O	1.10	1.13	0.81	– Cl	1.00	0.19	0.03
(共轭)	1.06	1.01	0.95	– Br	1.04	0.40	0.55

7.2.2 自旋耦合

每一个质子看作一个自旋的小磁体,其自旋产生的磁场与外磁场方向一致或相反,且概率基本相等。由于两个或两个以上磁性不等同核间相互作用的结果,分别产生塞曼分裂,使得原处于同一化学位移的谱峰分裂成多重峰,这称为自旋 – 自旋偶合(spin – spin coupling)。它由 J(Hz)表示,J 值不依赖于测定磁场强度的大小。核的化学等同性与磁性等同性及对信号峰分裂的关系如表 7 – 7 所列。

表 7 – 7 核的化学等同性与磁性等同性对信号峰分裂关系

状态	δ	J	分裂或不分裂
化学等同核 $\delta_A = \delta_B$	磁等同	$J_{AXi} = J_{BXi}$	不分裂
	磁不等同	$J_{AXi} \neq J_{BXi}$	分裂
化学不等同核 $\delta_A \neq \delta_B$	磁不等同		分裂

1. 自旋耦合

(1)A 和 X 自旋耦合分裂。

$I = 1/2$ 的核 A 和核 X(δ 之差相当大的情形)间的简单耦合情况如图 7 – 28 所示。

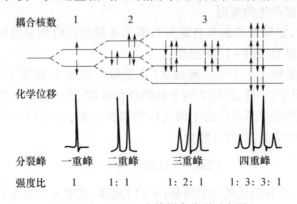

图 7 – 28 A 和 X 自旋耦合分裂示意图

(2)AMX 和 ABX 的分裂情况。

在 ABC 型的 3 自旋体系中,当相互间的化学位移隔开时,称 AMX 系,由 3 组四重峰组成(图7-29)。当 M 离 A 较近的称 ABX 系,这时共有八重峰。自旋系中每个核一般是从低场对应峰命名 A,B,C,$\cdots$,化学位移相隔较远的为 X;另外,在中间值时以 M 表示。而当化学位移相同,仅耦合常数不同的核,则用 AA'BB' 表示。

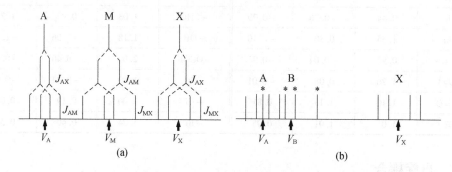

图7-29　AMX 系和 ABX 系分裂示意图

(a)AMX 系;(b)ABX 系。

(3)对一次耦合的情形($I=1/2$),其多重度与峰数如表7-8所列。

表7-8　$I=1/2$ 时多重度与峰数

自选体系	多重度	最大峰数	自选体系	多重度	最大峰数
A_n	1	1	ABCD	8,8,8,8	32
A_nB_m	$m+1$ / $n+1$	$m+n+2$	A_2B_2C	6,6,9	21
ABC	4,4,4	12	A_2BC_2	6,9,6	21
A_2BC	4,6,6	16	A_2BCD	8,12,12,12	44
AB_2C	6,4,6	16	A_2B_2CD	12,8,12,12	44
ABC_2	6,6,4	16	ABCDE	16,16,16,16,16	80

2. 一级分裂波谱产生的规则

对于 AX_n 体系,如果 X 核的核自旋为 I,那么 A 核共振峰的分裂服从($2nI+1$)规则,即将 A 核共振峰分裂为($2nI+1$)条谱线。

一个核 A 的共振峰在 n 个另一种核 X(自旋量子数为 I)作用下分裂成位置对称的 $2I+1$ 个峰,强度(积分)一样,间距为两个核的耦合常数;若还有 n' 个其他种核(自旋量子数为 I')与 A 作用,则刚才形成的每个峰均作类似的分裂,合并同一位置的峰(强度相应增强);以此类推。理论上,总的峰数为

$$(2nI+1)(2n'I'+1)\cdots \tag{7-54}$$

对于 AX_n 体系,A 核谱线的分裂服从($n+1$)规律,其中 n 为邻近基团的核子数(X 核的个数),此处 X 核的自旋 $I=1/2$;谱线强度之比服从二项式系数规则(宝塔规则),如图7-30所示。

n	$n+1$ 重吸收峰的相对强度					
0			1			
1			1　1			
2			1　2　1			
3		1　3　3　1				
4	1　4　6　4　1					
5	1　5　10　10　5　1					

图 7 – 30　AX_n 体系一级分裂宝塔规则

1）邻位 1H 间耦合常数

邻位 ^{1}H 间耦合常数的角度依赖性，此时 J 值满足 Karplus 公式：

$$\begin{cases} J = 8.5\cos^2\varphi - 0.28\,(0° \leqslant \varphi \leqslant 90°) \\ J = 9.5\cos^2\varphi - 0.28\,(90° \leqslant \varphi \leqslant 180°) \end{cases} \tag{7-56}$$

相邻 ^{1}H 间所形成二面角与耦合常数相关性如图 7 – 31 所示。在 $\varphi \approx 90°$ 时 J_{HH} 值最小。

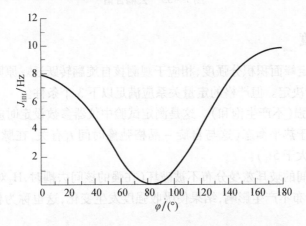

图 7 – 31　相邻 ^{1}H 间所形成二面角与耦合常数的关系

2）AX 系耦合常数

AX 系耦合常数 $J(J = 10\mathrm{Hz})$ 随化学位移之差的变化如图 7 – 32 所示。当 $\Delta\delta/J$ 小时有可能会不易分开。

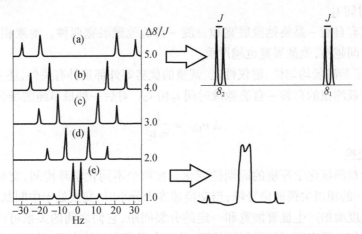

图 7 – 32　AX 型耦合谱

3）去耦合

以 H'_x 照射具有耦合作用核（频率与之等同），同时测定谱，这时被观测核将看不到耦合分裂，如图 7 - 33 所示。

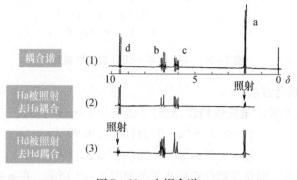

图 7 - 33　去耦合谱

7.2.3　积分强度

在 NMR 中测定峰面积积分强度，相应于观测核自旋翻转跃迁。原则上吸收谱的强度仅由该核种数目所决定。但严格的定量关系应满足以下 3 个条件。

（1）H_1 不能过强（不产生饱和）。这是测定试验中仪器参数设定时应注意的问题。

（2）体系应处于热平衡态（这与自旋 - 晶格弛豫时间 t_1 有关，在脉冲间隔设定时，脉宽为 90°条件下应大于 $5t_1$）。

（3）保持能级间的玻耳兹曼分布不被破坏（在强的核间去耦时，H_2 对自旋在 α、β 能级间的原玻耳兹曼分布不产生影响，结果使吸收强度发生变化，这也称为核的 Overhauser 效应（NOE））。

7.2.4　谱宽

根据共振条件，核磁共振谱线在理论上应是一个 δ 函数，具有无限狭窄的线宽，而实际上测得的谱线均有一定的线宽和线型，其影响因素如下。

1. 弛豫时间 t_2

弛豫展宽有自旋 - 晶格弛豫展宽和自旋 - 自旋弛豫展宽两种。弛豫相互作用越强，相应的弛豫时间越短，弛豫展宽也越严重。

$\Delta\nu_{1/2}$ 除了与磁场均匀性、谱仪性能、调整的优劣等外部条件有关外，还主要与试样本身的性质即所观测核的自旋 - 自旋弛豫时间 t_2 相关。对后一种最单纯的场合下，有

$$\Delta\nu_{1/2} = \frac{1}{\pi t_2} \tag{7-57}$$

2. 化学交换

产生于所观测核化学环境的周期性变化。在两个不同化学环境间，交换速度充分大时，只显示单一的相当尖锐的信号峰；当交换速度十分小时，交换处于中间状态的场合，谱峰将随交换速度增加产生显著加宽和一定的分裂间距，它们之间的关系可以根据计算求得。如果较详细地研究所观测谱图的外观，并综合考虑它们的来源，就可以得到有关试样

的物理、化学特性和微观结构信息。将此简单归纳如表 7-9 所列。

表 7-9　核磁共振谱的外观和结构信息

外观	信息
峰位置	化学位移 δ
峰的分裂	自旋耦合常数 J
峰的强度	定量
	NOE
峰宽	自旋-晶格弛豫时间 t_1
	自旋-自旋弛豫时间 t_2
	化学交换

7.2.5　NMR 的相对灵敏度

在一定磁场及温度条件下，NMR 能获得的最大值由下式决定，即

$$\frac{I+1}{I^2}\mu^3 N \propto I(I+1)v_0^3 N \propto \gamma^3(N_A) \qquad (7-58)$$

式中：N 为试样中核自旋数，它与天然存在同位素比（N_A）。

因此，式（7-58）可以作为 NMR 核测定容易程度的单纯尺度。但在实际测定中，还应考虑到其他重要因素的影响。

7.2.6　内部标准物质

内部标准物质用得较普遍的是 TMS，这主要是易于与大部分溶剂混溶。在 ^{13}C NMR 中，也有不少文献使用氘代溶剂本身的 ^{13}C 峰（如 CDCl$_3$ 中，三重峰的最中间一个峰）为基准（图 7-34）。

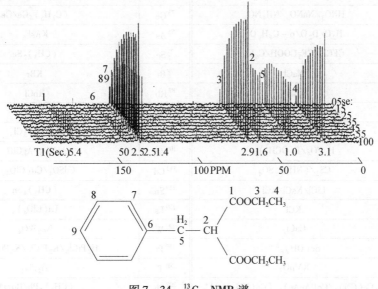

图 7-34　^{13}C-NMR 谱

但应注意,^{13}C 谱测定时往往浓度配得较高,溶质与溶剂的相互作用明显,有使溶剂峰产生位移的可能性。因此,在精确测定时必须用 TMS(表 7-10)。

在不能用 TMS 为内部标准物质的情况下,可以进行以下处理。

① 在 TMS 峰附近出现信号峰,可以加 TMS 和不加 TMS 测定比较。

② 在高温测定时,可根据内部标准物质表选用 HMDS 等。

③ TMS 不溶于溶剂时,一般为水溶剂,改用 DSS、TSP 等。

表 7-10　内部标准物质

分子式	简称	相对分子质量	沸点/K	$\delta_H(\delta_\tau)$	主要使用法
$(CH_3)_4Si$	TMS	88.2	299.5	0	普通
$[(CH_3)_3Si]_2$	HMDS	146.4	385.5	0.037	高温测定
$[(CH_3)_3Si]_2O$	HMDSO	162.4	373	0.055	高温测定
$(CH_3)_3Si(CH_3)_3SO_3Na$	DSS	218.3		0.015	水溶剂
$(CH_3)_3Si(CD_3)_2CO_2Na$	TSP	172.2		0.000	水溶剂
C_6H_{12}		84.2	80.7	1.4(27.5)	^{1}H NMR 溶剂效应用
1,4-二氧六环 (O连CH₂-CH₂,CH₂-CH₂)		88.1	101.3	3.7(67.4)	水溶剂
CH_3CN		41.1	81.6	2.0(-1.96,117.2)	^{13}C NMR 水溶剂

对 ^{1}H 和 ^{13}C 以外的核即多核,目前所用的内标物质还没有普及,如表 7-11 所列。

表 7-11　多核的标准物质选择表

核种	标准化合物分子式	核种	标准化合物分子式
^{7}Li	LiCl	^{63}Cu	$[Cu(CH_3CN)_4]PF_6/Cu(CH_3CN)_4ClO_4$
^{9}Be	$Be(H_2O)_4^{2+}$	^{67}Zn	$Zn(NO_3)_2$
^{11}B	$H_3BO_4/B(OCH_3)_3$	^{69}Ga	$GaCl_4/Ga(NO_3)_3$
^{14}N/^{15}N	$HNO_3/NaNO_3/NH_4NO_3$	^{73}Ge	$(C_2H_5)_4Ge/Ge$
^{17}O	$H_2O/D_2O/p-C_4H_8O_2$	^{75}As	$KAsF_6$
^{19}F	$CFCl_3/CF_3COOH/C_6F_6$	^{77}Se	$(CH_3)_2Se$
^{23}Na	NaCl	^{79}Br	KBr
^{25}Mg	$MgSO_4$	^{87}Rb	RbCl
^{27}Al	$NaAl(SO_4)_2 \cdot 12H_2O$	^{88}Y	$Y(NO_3)_3$
^{29}Si	$(CH_3)_4Si$	^{103}Rh	$Rh(en)_3Cl_3$
^{31}P	$H_3PO_4/P(OCH_3)_3$	^{109}Ag	$AgNO_3/AgClO_4$
^{33}S	$CS_2/(NH_4)_2SO_4$	^{113}Cd	$CdSO_4/Cd(ClO_4)_2$
^{35}Cl	LiCl/NaCl/KCl	^{119}Sn	$(CH_3)_4Sn$
^{39}K	KCl	^{139}La	$La(ClO_4)_3$
^{43}Ca	$CaCl_2$	^{183}W	Na_2WO_4
^{45}Sc	$Sc(OH)_6^{3-}$	^{195}Pt	$H_2PtCl_6/K_2PtCl_6/K_2Pt(CN)_4$
^{55}Mn	$KMnO_4$	^{205}Ti	Ti_2SO_4
^{59}Co	$K_3Co(CN)_6/Co(AcAc)_3/[Co(NH_3)_6]^{3+}$	^{207}Pb	$(CH_3)_4Pb/Bu_4Pb$

7.2.7 NMR 数据表示法

(1)规定无量纲的化学位移值以高频(低磁场)方向为正,以数量级表示,例如,$\delta = 7.11$,不写成 $\delta = 7.11 \times 10^{-4}\%$。

(2)自旋 - 自旋耦合常数单位为 Hz。

(3)谱图应注明以下内容。

① 溶剂名。

② 溶质浓度。

③ 内部标准物质和浓度。

④ 测试温度。

⑤ 测定的磁场频率或强度。

另外,必要时还应注明:H$_1$的大小;去耦条件;是否除氧。若需强调某部分谱,可适当扩大。对微细结构的线间隔,线宽可在相应位置上注明频率(Hz)数。

以 ^{1}H 谱和 ^{13}C 谱的结果说明它们的表示法。

乙基苯的 ^{1}H NMR 数据如图 7 - 35 所示。

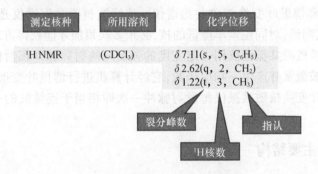

图 7 - 35 乙基苯的 ^{1}H NMR 数据

乙酸乙酯 ^{1}H NMR 及 ^{13}C NMR 数据如图 7 - 36 所示。

^{1}H NMR	(CDCl$_3$)	δ 4.09(q, 2, CH$_2$)
		δ 2.02(S, 3, CH$_3$C=O)
		δ 1.25(t, 3, CO$_2$CCH$_3$)
^{13}C NMR	(CDCl$_3$)	δ 170.7(s, C$_2$)
		δ 60.4(t, C$_3$)
		δ 20.9(q, C$_1$)
		δ 14.4(q, C$_4$)

图 7 - 36 乙酸乙酯 ^{1}H NMR 及 ^{13}C NMR 数据

◼ 7.3 核磁共振谱仪

核磁共振谱仪是检测固定能级状态之间电磁跃迁的设备,用来研究原子核对射频辐射的吸收,是对各种有机物和无机物的成分、结构进行定性分析的最强有力的工具之一,也可用于定量分析。

原子核进动频率与外加磁场的关系(图7-37)为

$$\omega_0 = \gamma B_0 = 2\pi \nu_0 \tag{7-59}$$

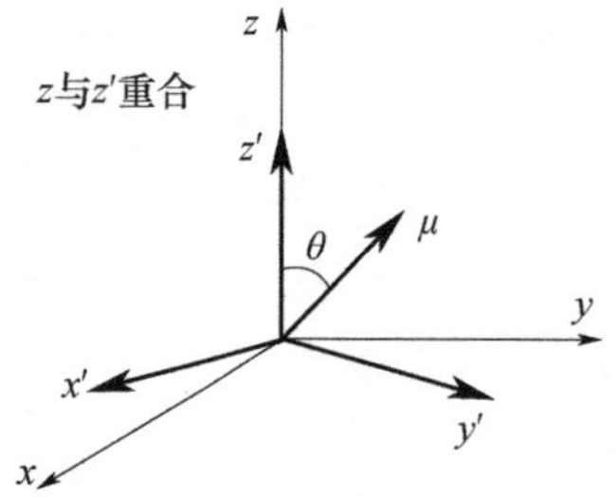

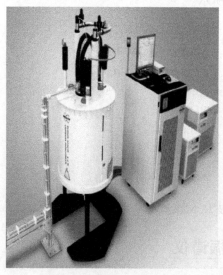

图7-37 $I=1/2$ 和 $-1/2$ 的核在磁场 B_0 中的运动

第一台核磁共振谱仪于1953年由美国瓦里安公司研制成功,使核磁共振谱仪进入实用化阶段,20世纪70年代以来,使用强磁场超导核磁共振谱仪大大提高了仪器灵敏度,在生物学领域的应用迅速扩展。脉冲傅里叶变换核磁共振仪使得 C、N 等的核磁共振得到了广泛应用。计算机解谱技术使复杂谱图的分析成为可能。1994年,德国布鲁克公司推出全数字化核磁共振谱仪,核磁共振谱仪的应用广泛进入实验室,是目前材料结构研究的重要手段之一。目前的核磁共振谱仪按应用范围可分为高分辨核磁共振谱仪和宽谱线核磁共振谱仪两类,前者只能测液体样品,主要用于有机分析,后者可直接测量固体样品,在物理学领域用得较多。按谱仪的工作方式可分为连续波核磁共振谱仪(普通谱仪)和傅里叶变换核磁共振谱仪。连续波核磁共振谱仪是改变磁场或频率记谱,按这种方式测谱,对同位素丰度低的核,必须多次累加才能获得可观察的信号,很费时间。傅里叶变换核磁共振谱仪用一定宽度的强而短的射频脉冲辐射样品,样品中所有被观察的核同时被激发并产生一响应函数,它经计算机进行傅里叶变换仍得到普通的核磁共振谱。傅里叶变换核磁共振仪每发射脉冲一次即相当于连续波的一次测量,因而测量时间大大缩短。

7.3.1 仪器的主要结构

图7-38所示为核磁共振谱仪的实物,通常由3个部分组成,即磁铁、探头和波谱仪,如图7-39所示。

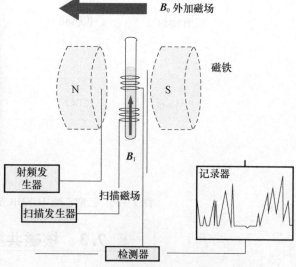

图7-38 核磁共振谱仪

图7-39 核磁共振谱仪结构的3部分

1. 磁铁

磁铁是核磁共振谱仪最基本的组成部件。磁铁能够提供一个稳定的高强度磁场,且磁场强度越强,核磁共振级的灵敏度越高。根据性质磁铁可分为永磁、电磁和超导磁体。超导磁体(图 7-40)是由铌钛或铌锡合金等超导材料制备的超导线圈,开始时大电流一次性激励后闭合线圈,产生稳定的磁场,常年保持不变;温度升高后"失超",需重新激励。通常在低温 4K 时处于超导状态,磁场强度大于 100kGs。

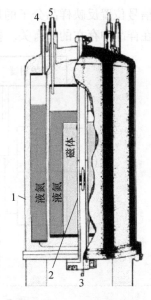

图 7-40　超导磁体结构
1—真空储罐;2—室温匀场线圈;
3—探头;4—液氮入口;5—液氦入口。

2. 探头

探头装在磁极间隙内,用来检测核磁共振信号,是仪器的心脏部分。探头除包括试样管外,还有发射线圈、接收线圈及预放大器等元件。试样管是直径为数毫米的玻璃管,样品装在其中,固定在磁场中的某一确定位置。为了使磁场的不均匀性产生的影响平均化,试样探头还装有一个气动涡轮机,使样品管能沿其纵轴以每分钟几百转的速度旋转。

3. 波谱仪

1)扫描发生器

在一对磁极上绕制的一组磁场扫描线圈,用以产生一个附加的可变磁场,叠加在固定磁场上,使有效磁场强度可变,以实现磁场强度扫描。核磁共振仪的扫描方式有两种:一种是保持频率恒定线性的改变磁场(扫场);另一种是保持磁场恒定线性的改变频率(扫频)。许多仪器同时具有这两种扫描方式。扫描速度的大小会影响信号峰的显示:速度太慢,不仅增加了试验时间,而且信号容易饱和;速度太快会造成峰形变宽,分辨率降低。

2)射频振荡器

高分辨 NMR 谱仪要求有稳定的射频频率和功能。为此仪器通常采用恒温下的石英晶体振荡器得到基频,再经过倍频、调频和放大后输入到探头调制线圈。为了提高基线的稳定性和磁场锁定能力,必须用音频调制磁场,为此从石英晶体振荡器中得到的音频调制信号,经功率放大后输入样品管外与扫描线圈和接收线圈相垂直的方向上绕上射频发射线圈,它可以发射频率与磁场强度相适应的无线电波。提供一束固定频率的电磁辐射,用以照射样品。

3)接收信号检测器和记录仪

检测器的接收线圈绕在试样管周围,当某种核的进动频率与射频频率匹配而吸收射频能量产生核磁共振时,便会产生一信号。记录仪自动描记图谱,即核磁共振波谱。

核磁共振谱来源于原子核能级间的跃迁。只有置于强磁场中的某些原子核才会发生能级分裂,当吸收的辐射能量与核能级差相等时,就发生能级跃迁而产生核磁共振信号。用一定频率的电磁波对样品进行照射,可使特定化学结构环境中的原子核实现共振跃迁,在照射扫描中记录发生共振时的信号位置和强度,就得到核磁共振谱。核磁共振谱上的共振信号位置反映样品分子的局部结构（如官能团、分子构象等），信号强度则往往与原子核在样品中存在的量有关。核磁共振谱仪工作原理示意图如图7－41所示。

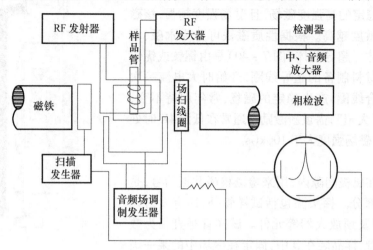

图7－41　核磁共振谱仪工作原理示意图

核磁共振谱仪特点如下。

（1）精密、准确、深入物质内部而不破坏被测样品。

（2）傅里叶变换中，在短时间内激发所有的检测对象，使它们都产生相应的信号，然后计算机把所有检测对象同时产生的信号转换为按频率分布的信号，即频谱。

（3）连续波 NMR 谱仪单频发射，单频接收；PFT－NMR 谱仪则强脉冲照射，测试所得自由感应衰减（FID）信号用计算机进行傅里叶变换 NMR 谱图。

（4）不需要液氮、液氦冷却，使用样品量少，不仅避免了高昂的仪器运行成本，而且解决样品制备问题。

4. 连续波 NMR 谱仪

连续波 NMR 谱仪把射频场连续不断地施加到试样上，发射的是单一频率，得到一条共振谱线。可通过扫场和扫频两种方式实现，扫场时频率不变改变磁场，扫频时磁场不变改变频率，实验室多用扫场法（图7－42）。

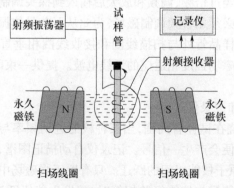

核磁共振仪原理示意图

图7－42　连续波 NMR 谱仪工作原理示意图

特点是时间长,通常扫描时间为 $200 \sim 300s$。灵敏度低、所需样品量大,对一些难以得到的样品,无法进行 NMR 分析。适用于大磁矩、自旋 $I=1/2$ 和高天然丰度的核的波谱测定,如 ^1H、^{19}F、^{31}P,而 ^{13}C 和 ^{15}N 均不属于此类核。

连续波 NMR 谱仪需要通过信号累加提高灵敏度,将试样重复扫描数次,并使各点信号在计算机中进行累加。当扫描次数为 N 时,信号强度正比于 N,而噪声强度正比于 $1/N$,因此信噪比扩大了 N^2 倍。考虑仪器难以在过长的扫描时间内稳定,一般 N 取 100 左右为宜。

5. 脉冲傅里叶变换 NMR 谱仪

外加恒定磁场,使用一个强而短的射频脉冲照射样品,激发全部欲观测核,得到全部的共振信号。当脉冲发射时,试样中每种核都对脉冲中单个频率产生接收,接收器得到 FID 信号,该信号产生与核激发态的弛豫过程。FID 信号是时间的函数,经滤波、数字转换后被计算机采集,再由计算机进行傅里叶变换转变成频率的函数,最后经过数/模转换器变成模拟量,显示在记录器上,得到通常的 NMR 谱。傅里叶变换核磁共振谱仪测定速度快,除可进行核的动态过程、瞬变过程、反应动力学等方面研究外,还易于实现累加技术。因此,从共振信号强的核到共振信号弱的核均能测定。其特点是灵敏度高(为连续谱 NMR 谱仪的 100 倍左右),测量速度快,样品量少。PFT – NMR 谱仪工作框图如图 7 – 43 所示。

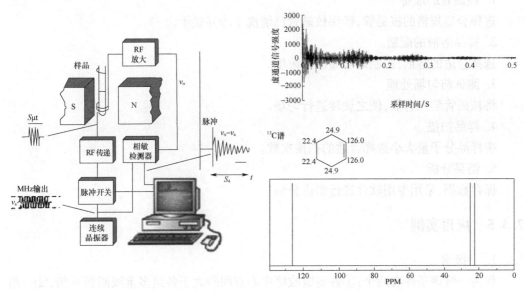

图 7 – 43　PFT – NMR 谱仪工作框图

7.3.2　变温系统

核磁共振谱仪必须保障磁场的稳定性和可控性,因此对超导线圈的控温要求较高。一般变温系统的控温范围是 $-150 \sim 180℃$,控温精度需达到 $\pm 0.1℃$。控温上限范围由探头指标决定(180℃),下限为当进气温度为 25℃ 时使用 BCU05 冷却器时的温度($-5℃$)。

7.3.3 技术参数

1. 分辨率

分辨率是核磁共振波谱仪的最主要性能指标,它表征了波谱仪辨别两个相邻共振信号的能力,以最小频率间隔表示。

2. 稳定性

稳定性分为频率稳定性和分辨率稳定性。频率稳定性通过连续记录相隔一定时间的两次扫描,测量其误差得到;分辨率稳定性通过观察峰宽随时间变化的速率来测量。可通过提高磁场本身空间分布的均匀性、用旋转试样方法平均磁场分布均匀来提高仪器的稳定性。

3. 灵敏度

灵敏度表征了核磁共振波谱仪检测弱信号的能力,取决于电路中随机噪声的涨落,一般定义为信号与噪声之比,即信噪比。可通过提高磁感应强度、应用双共振技术、信号累加等提高灵敏度。

7.3.4 核磁共振分析的一般步骤

1. 核磁管的准备

选择合适规格的核磁管,确保核磁管已清洗干净并烘干。

2. 样品溶液的配制

选择合适的溶剂,控制好样品溶液浓度。

3. 测试前匀场处理

将核磁管装入容器,使之旋转进行匀场。

4. 样品扫描

按样品分子量大小选择合适的扫描次数。

5. 结果分析

保存数据,采用专用软件进行图谱分析。

7.3.5 应用实例

1. 一级谱

作为一级谱条件有两个:①各组吸收峰中心点间距大于各组多重线间距6倍;②一组峰中的各个质子必须与另一组峰质子具有等同耦合。

以甲乙酮的^1H-NMR谱为例进行分析。此谱可满足两个条件:①吸收峰中心间距(85Hz)大于多重分裂线间距(7Hz)6倍;②由于$-CH_3$内旋转快,它与$-CH_2-$空间立构性等同的3个H无角度依存性,结果平均化等同耦合。图7-44所示为甲乙酮的^1H-NMR谱。

2. $(CH_3)_2CHOCH_2CH_2CH_2NH_2 + D_2O$ 的谱(图7-45)

多重线强度均向与之有自旋耦合作用的质子峰方向倾斜。例如,2与3或1(CH)与4的吸收带有耦合,与1无耦合。谱图中,峰4旁(低场侧)一尖峰消失即证明了NH_2由ND_2

替代,峰 3 的多重度分析:$(2+1)(2+1)=9$,实际见到 5 重线(quintet)峰并宽化,这是由于邻接的两个不同亚甲基的自旋耦合数稍有差别所致。

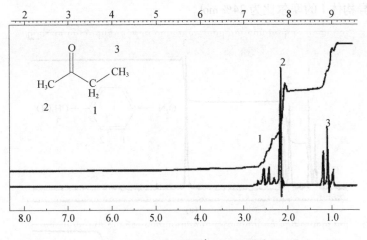

图 7-44　甲乙酮的^{1}H-NMR谱

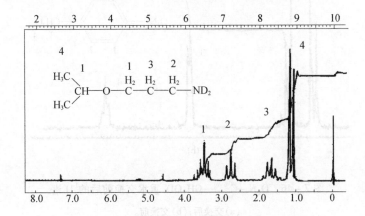

图 7-45　$(CH_3)_2CHOCH_2CH_2CH_2NH_2 + D_2O$ 谱

3. O_2N——CH$_2$OD 的^{1}H 谱(图 7-46)

$A_2'B_2'$中苯环上高场峰 2 宽度稍有增加,可能是上两个^{1}H 与 $-CH_2-$ 上的^{1}H 有较小的自旋耦合作用产生的。可以将两个亚甲基的^{1}H 用重水置换后形成的新化合物跟原含^{1}H化合物比较,其自旋耦合值减少为 1/6.55,因此宽度减少。这时,不出现 3 个峰($N+1$),但应出现 5 重峰,因 $D=1$,为$(2N+1)5$ 五重峰裂分,幅宽为 2/6.55,于是 $A_2'B_2'$峰形几乎呈对称形。

另外,如果对吸收峰 3 用强射频照射,再观测峰 2,呈单峰线,这叫双共振法,又叫去耦。

4. C_3H_7BrO 两种异构体混合物的^{1}H-NMR 谱(图 4-47)

异构体混合物分别由 I 为 25%、II 为 75% 组成。可以用以下方法计算。

方法 1:用峰 3 + 峰 4 的积分合计值除峰 3 积分值即为异构体 I 的摩尔分数,因峰 3、4 为其特征峰。

方法 2：总积分值表示有 7 个 H，则可求出每个单位相当^{1}H 当量数：7/200.5 = 0.035 个^{1}H。而峰 3 积分值为 20.5，则其甲基^{1}H 数为 0.035 × 20.5 = 0.716，其甲基数为 0.716/3 = 0.24。因此，异构体 I 的摩尔比为 24% mol。

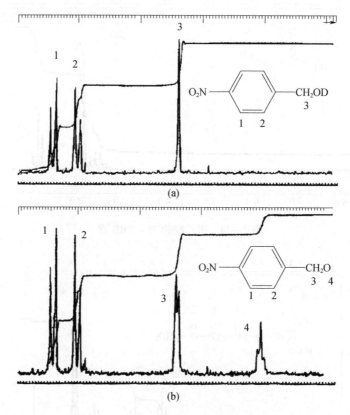

图 7 – 46 O_2N—⟨ ⟩—CH_2OD 重水交换前后的^{1}H 谱

（a）交换后；（b）交换前。

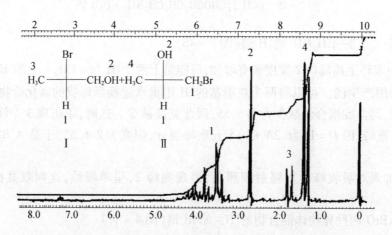

图 7 – 47 C_3H_7BrO 两种异构体混合物的^{1}H – NMR 谱

参考文献

[1] 王元戌. 傅里叶变换核磁共振波谱仪的新发展——介绍西德工展的 Sxp4 – 100 型谱仪[J]. 分析仪器,1975(4):58 – 59.

[2] 朱明凯. 核磁共振波谱仪的发展概况[J]. 中国仪器仪表,1982(2):18 – 19.

[3] 俞珺,杜泽涵. 核磁共振波谱仪发展新趋势[J]. 现代科学仪器,1995(3):9 – 10.

[4] 倪莹. 核磁共振谱仪及其实验室设计[C]. 第四届理化分析经验交流会论文集(下册),1990: 86 – 91.

[5] 郭全中,李子荣. NaCl 晶体中^{23}Na DLNMR 谱的各向异性[J]. 科学通报,1982(2):66.

[6] 商赟,周娟,雷都,等. 一体化核磁共振谱仪的软件系统设计[C]. 第十六届全国波谱学学术会议论文摘要集,2010:346 – 347.

[7] 侯旭,钟贵明,林晓琛,等. 钠离子电池正极材料 Na_2MnPO_4F 的^{23}Na MAS NMR 谱研究[J]. 电化学,2014(3):201 – 205.

[8] 裘晓俊. 核磁共振波谱仪检测灵敏度及其优化技术[D]. 厦门:厦门大学,2008.

[9] 侯旭. 氟代磷酸盐正极材料 $Na_2MPO_4F(M=Fe,Mn)$ 的固体核磁共振谱研究[D]. 厦门:厦门大学,2014.

[10] 裘鉴卿,张岩,曾凡明,等. 自制固体液体两用核磁共振波谱仪[C]. 第十届全国波谱学学术会议论文摘要集,1998:279 – 280.

[11] 王元戌. CH – 203 永磁型核磁共振波谱仪的研制[J]. 分析仪器,1984(4):3 – 10.

[12] 杨亮,鲍庆嘉,毛文平,等. 自主研制核磁共振波谱仪的性能评估[J]. 波谱学,2012,29(1): 85 – 92.

[13] 何永佳,胡曙光. ^{29}Si 固体核磁共振技术在水泥化学研究中的应用[J]. 材料科学与工程学报,2007,25(1):152 – 158.

[14] 冯春花,王希建,李东旭. ^{29}Si、^{27}Al 固体核磁共振在水泥基材料中的应用进展[J]. 核技术,2014,37(1):48 – 53.

[15] 闫丽,黄胜利,彭绍春,等. 硼氮络合物的变温核磁实验[J]. 实验技术与管理,2021,38(11): 51 – 54.

[16] TODA T,FUMIO K. Carbon – 13 NMR spectroscopy[M]. Boston:Academic Press,1972.

[17] JEENER J,MEIER B H,BACHMANN P,et al. Investigation of exchange processes by two - dimensional NMR spectroscopy[J]. Chemischer Informationsdienst,1979,71(11):4546 – 4553.

[18] BODENHAUSEN G,RUBEN D J. Natural abundance nitrogen – 15 NMR by enhanced heteronuclear spectroscopy[J]. Chemical Physics Letters,1980,69(1):185 – 189.

[19] STEIGEL A,SPIESS H W. Dynamic NMR spectroscopy[M]. Boston:Academic Press,1982.

[20] MARION D,DRISCOLL P C,KAY L E,et al. Overcoming the overlap problem in the assignment of 1H NMR spectra of larger proteins by use of three – dimensional heteronuclear ^{1}H – ^{15}N Hartmann – Hahn - multiple quantum coherence and nuclear Overhauser – multiple quantum coherence spectroscopy:application to interleukin 1 beta. [J]. Biochemistry,1989,28(15):6150 – 6156.

[21] CALDARELLI S,BUCHHOLZ A,HUNGER M,Investigation of sodium cations in dehydrated zeolites LSX,X,and Y by ^{23}Na off – resonance RIACT triple – quantum and high – speed MAS NMR spectroscopy[J]. Journal of the American Chemical Society,2001,123(29):7118 – 7123.

[22] ABIODUN S L,GEE M Y,GREYTAK A B,Combined NMR and isothermal titration calorimetry investigation resolves conditions for ligand exchange and phase transformation in $CsPbBr_3$ nanocrystals[J]. Journal of Physical Chemistry C,2021,125(32):17897 – 17905.

第❽章
分析测试方法知识体系再整合

■ **8.1 概　　述**

8.1.1　分析测试方法与分析测试项目

前面7章讲述了X射线衍射分析、电子显微分析、热分析、振动光谱分析、光电子能谱分析、核磁共振谱分析、发光材料光谱分析等系列分析测试方法。讲述这些材料分析测试方法时,以各种分析测试方法为知识模块的知识体系进行,即每种分析测试方法为一章,讲述各种分析测试方法的基本理论、使用仪器、测试技术、测试结果的分析处理以及每种分析测试方法的应用。

但是,在材料研究中往往需要根据材料的属性、材料研究的目的、材料研究的要求等,确定对材料进行分析测试的项目。通常,对材料进行分析测试的项目可概括为化学组成(元素组成)分析、物相分析、结构(无机材料晶体结构和有机材料分子结构)分析、显微结构分析以及热分析等。化学组成(元素组成)分析包括元素定性分析、定量分析、元素分布和元素价态等;物相分析包括物相定性分析、定量分析等;晶体结构分析包括晶体结构测定(晶系和空间群的测定)、点阵参数的测定,以及晶体取向、解理面、多晶材料织构的测定等;显微结构分析包括表面和断口形貌分析、晶粒形貌分析、晶粒尺寸分析、晶界形态观察和分析、结构缺陷分析等;热分析可以研究材料合成过程中发生的物理、化学变化,发生物理、化学变化的温度,反应热效应、热力学常数等。材料研究的分析测试项目还有很多,上面只列举了材料分析测试项目的一部分。

此外,有些分析测试项目可以采用几种测试方法来进行。例如,物相分析,XRD是最常用的方法,除XRD外,红外吸收光谱也可以进行物相分析,尤其是有机高分子材料,更习惯采用红外吸收光谱分析,还有透射电子显微镜的电子衍射,具有与XRD相同的物相分析功能,并且能够对微小晶粒或微小区域进行物相分析,对微小晶粒或微小区域进行电子衍射研究,是电子衍射的特点。另外,光电子能谱分析通过元素价态、元素的化学环境等分析,也可以研究材料的分子结构,进而确定物相。光电子能谱分析是一种表面分析方法,适合纳米材料、薄膜材料等材料的分析测试。所以,针对某些分析测试项目,选择合适的分析测试方法,对于材料的深入研究非常重要。

对于能否采用分析测试项目为知识模块的知识体系讲述材料分析测试技术和方法,答案是肯定的,但是我们认为,以分析测试项目为知识模块存在三个问题:一是材料分析测试项目只有几个大类是可以确定的,如材料化学组成(元素组成)分析、物相分析、晶体结构(或分子结构)分析、显微结构分析以及热分析等种类,不可能把材料研究中的分析测试项目全部列举出来,所以就不可能全部将分析测试项目的知识模块确定下来;二是很多分析测试项目涉及的分析测试方法存在交叉现象,会出现内容混乱问题,给材料分析测试方法和技术的学习带来很大困难;三是每种分析测试方法中讲述的该种分析测试方法的应用,是科学工作者们已经研究出的分析测试项目,而这些分析测试项目都是随着材料研究的发展逐步开发出来的,同样,随着材料科学的发展,各种分析测试方法也会继续发展,还会开发出新的分析测试项目,如果以测试项目为知识模块,会不利于各种分析测试方法的研究和发展。

8.1.2 分析测试方法知识体系再整合

采用分析测试方法为知识模块讲述材料分析测试技术,每一个模块专门讲述这种分析测试方法和技术的理论、仪器、方法及测试结果的分析处理,再讲述这种分析测试方法和技术在材料研究中的应用,使得材料分析测试方法知识体系结构简单、条理清晰,便于学习和掌握。但是,从材料分析测试方法的学习到材料研究中的应用需要有知识体系再整合过程,即先学习各种材料分析测试方法,掌握每种分析测试方法的应用(包括每种分析测试方法可分析测试的项目和特点),然后按材料所需的分析测试项目选择合适的分析测试方法。通过知识再整合,有助于研究人员快速选择合适的分析测试技术和手段,尤其是对刚开始接触材料研究的研究生和本科生来说更是如此。知识体系的整合过程如图 8-1 所示。

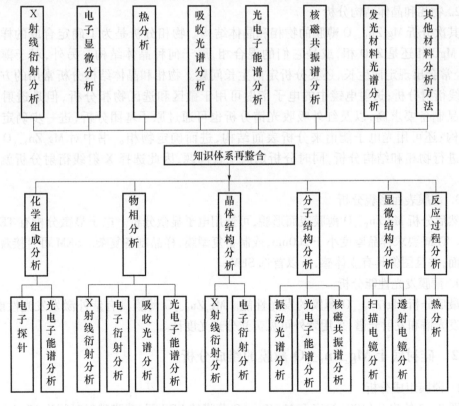

图 8-1 知识体系再整合框图

通过知识体系再整合，将前面所学的分析测试技术整合成不同类型的研究分析项目，再由研究项目推出可以采用的分析测试技术。下面以几种常见材料研究中的实例来说明分析测试方法的应用。

■ 8.2 宽带隙 $Mg_xZn_{1-x}O$ 薄膜的分析测试

8.2.1 分析测试方法选择

$Mg_xZn_{1-x}O$ 半导体材料是一种具有短波长紫外发光及日盲区紫外探测功能的紫外光电材料，书中采用磁控溅射法制备了 $Mg_xZn_{1-x}O$ 薄膜[1]。在此，首先确定要对 $Mg_xZn_{1-x}O$ 薄膜进行哪些项目的分析测试，然后确定各分析测试项目采用哪种分析测试方法。

1. 组成分析

首先分析测试 $Mg_xZn_{1-x}O$ 薄膜的元素组成。针对薄膜材料，元素组成的分析测试，一方面是分析测试样品中有哪些元素，各成分的比例是否符合化学计量比，更重要的是分析组成分布是否均匀，组成分布不均匀会严重影响薄膜性能。因此，对 $Mg_xZn_{1-x}O$ 薄膜进行的第一项是元素组成和元素分布的分析测试。确定组成分析后，选择合适的分析测试化学组成的方法。分析测试化学组成的方法有很多，本书中就有电子探针 X 射线显微分析、光电子能谱分析，考虑还要分析薄膜中组成分布，使用电子探针进行线扫描或面扫描。所以，$Mg_xZn_{1-x}O$ 薄膜的组成分析采用电子探针 X 射线显微分析中的 EDS。

2. 物相和晶体结构分析

其次分析 $Mg_xZn_{1-x}O$ 薄膜的物相和晶体结构。物相分析是为了确定合成的样品是属于 MgO 相还是 ZnO 相，或是它们的混合相，属于何种晶体结构。另外，对于薄膜材料，经常会出现定向生长，还要分析定向生长问题。物相和晶体结构分析常用的方法是 X 射线衍射分析；透射电镜中的电子衍射可用于微区和选区物相分析，但是透射电镜对样品制备要求高；以及红外吸收光谱分析也可通过原子基团分析，进一步确定物相和结构；还可用光电子能谱来分析表面结构，进而确定物相。书中对 $Mg_xZn_{1-x}O$ 薄膜主要进行物相和结构分析，同时分析定向生长问题，因此选择 X 射线衍射分析就可以完成。

3. 薄膜表面形貌分析

然后分析 $Mg_xZn_{1-x}O$ 薄膜表面形貌，可选用电子显微分析。电子显微分析有 TEM 和 SEM。TEM 要求样品厚度小于 200nm，或制备复型膜，样品制备复杂。SEM 可直接观察薄膜表面，并且图像具有立体感，所以首选 SEM。

4. 薄膜发光性能分析

最后分析 $Mg_xZn_{1-x}O$ 薄膜的发光性能。$Mg_xZn_{1-x}O$ 薄膜具有紫外激发发光性能，测试激发光谱和发射光谱，采用紫外可见荧光分光光度计。

8.2.2 硅衬底上 $Mg_xZn_{1-x}O$ 薄膜的组成分析

1. 薄膜组成分析

图 8-2 给出 Si(100)衬底上 $Mg_xZn_{1-x}O$ 薄膜的 EDS 图，薄膜溅射时间为 10min，由图

可以看出,薄膜样品中仅包含有 Mg、Zn、O 和 Si 元素,其中 Si 元素为衬底元素。测试时在薄膜样品上随机选取四点进行测试,分别记作 D、E、F、G 点,各点的测试结果如表 8 - 1 所列,表 8 - 1 中 $C_O/\%$ 、$C_{Zn}/\%$ 和 $C_{Mg}/\%$ 分别代表测试点的 O、Zn 和 Mg 的摩尔百分比。

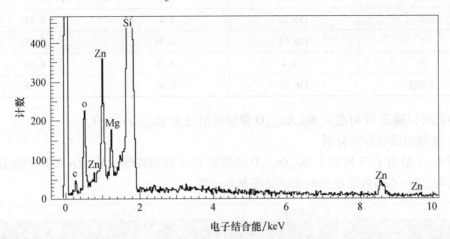

图 8 - 2　Si(100)衬底上 $Mg_xZn_{1-x}O$ 薄膜的 EDS 图

表 8 - 1　Si(100)衬底上 $Mg_xZn_{1-x}O$ 薄膜的 EDS 数据

测量点	$C_O/\%$	$C_{Zn}/\%$	$C_{Mg}/\%$
D	67. 31	14. 09	18. 60
E	67. 64	13. 94	18. 43
F	67. 99	12. 64	19. 37
G	69. 20	11. 81	19. 00

由表 8 - 1 可知,按照理论 1mol $Mg_xZn_{1-x}O$ 中,应该包含 1mol 的 O,Mg 和 Zn 的量也为 1mol,由于测试结果中 3 种元素的总摩尔量为 100%,薄膜中 O 的摩尔百分比大于 50%,可见,O 的摩尔百分比大于理论值,可能是衬底表面的氧化层导致。O 摩尔百分比高,则 Mg 和 Zn 的摩尔百分比相对就低,考虑 Mg 和 Zn 的摩尔百分比。将 Mg 和 Zn 的摩尔百分比看作 1,通过式(8 - 1)和式(8 - 2)可以分别计算得到 Mg 和 Zn 的摩尔百分比。同样薄膜中 O 的总摩尔百分比应为 1,即将能谱中的 50% 看作 1,则通过式(8 - 3)可以得到 O 的摩尔百分比,即

$$M_{Mg} = \frac{C_{Mg}}{C_{Mg} + C_{Zn}} \qquad (8-1)$$

$$M_{Zn} = \frac{C_{Zn}}{C_{Mg} + C_{Zn}} \qquad (8-2)$$

$$M_O = \frac{C_O}{0.5} \qquad (8-3)$$

式中:M_{Mg}、M_{Zn} 和 M_O 为薄膜中 Mg、Zn 和 O 的摩尔百分比。

各元素摩尔百分比的计算结果如表 8 - 2 所列。

表 8-2 Si(100)衬底上 $Mg_xZn_{1-x}O$ 薄膜中各元素的摩尔百分比

测量点	M_O/mol	M_{Zn}/mol	M_{Mg}/mol
A	134.62	0.43	0.57
B	135.28	0.43	0.57
C	135.98	0.39	0.61
D	138.4	0.38	0.62
平均值	136.07	0.41	0.59

由此可以确定 Si 衬底上 $Mg_xZn_{1-x}O$ 薄膜的组分为 $Mg_{0.59}Zn_{0.41}O$。

2. 薄膜的成分分布分析

图 8-3 给出了 Si 衬底上 $Mg_xZn_{1-x}O$ 薄膜的 EDS 面扫描图。Mg、Zn 和 O 的组分分布基本均匀,这一点与各点成分的测试结果基本一致。

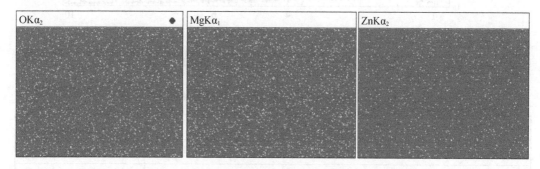

图 8-3 Si(100)衬底上 $Mg_{0.59}Zn_{0.41}O$ 薄膜的面扫描图

8.2.3 硅衬底上 $Mg_xZn_{1-x}O$ 薄膜物相和晶体结构分析

1. 物相和晶体结构分析

图 8-4 是 Si(100)衬底上不同溅射时间 $Mg_xZn_{1-x}O$ 薄膜的 XRD 图,其中图 8-4(a)和(b)对应的溅射时间分别为 10min 和 50min。图中在测试范围内仅有一个衍射峰,峰值位于 34.25°,对应于六方纤锌矿 ZnO 结构中(002)面的衍射,说明薄膜为六方晶系,具有明显的 c 轴取向性,薄膜沿 c 轴定向生长。另外,该衍射峰位较纯 ZnO 的衍射峰位向左移动,说明 $Mg_xZn_{1-x}O$ 薄膜中对应晶面的面间距增大。且衍射峰宽度明显减小,说明随着溅射时间的增加,薄膜发育逐渐完善,膜厚增加。另外 50min 溅射薄膜的衍射峰位较 10min 溅射薄膜的增大,说明随着膜厚的增加 $Mg_xZn_{1-x}O$ 薄膜的晶面面间距减小。由此可以认为 Si 衬底与 $Mg_xZn_{1-x}O$ 薄膜之间存在一定的晶格失配。

2. 晶粒尺寸计算

根据图中数据,采用高斯拟合方法计算了衍射峰的峰值半高宽 β,按照衍射方程式(8-4)和谢乐公式(8-5)分别计算了衍射面的面间距 d 和晶粒尺寸 D,计算结果如表 8-3 所列,表中样品 a、b 对应的溅射时间分别为 10min 和 50min。

$$2d\sin\theta = n\lambda \tag{8-4}$$

$$D = \frac{K\lambda}{\beta\cos\theta} \tag{8-5}$$

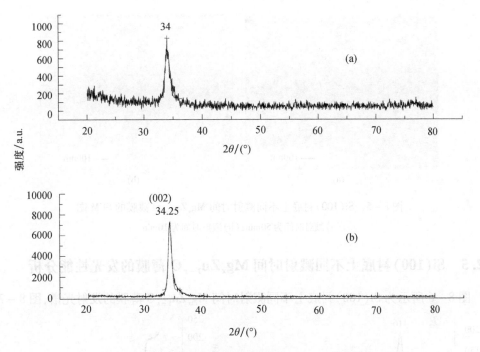

图 8 - 4 Si(100)衬底上不同溅射时间 $Mg_xZn_{1-x}O$ 薄膜的 XRD 图

(a)溅射时间为 10min;(b)溅射时间为 50min。

表 8 - 3 Si(100)衬底 $Mg_xZn_{1-x}O$ 薄膜的衍射数据

样品	ZnO PDF 卡 $2\theta/(°)$	样品 $2\theta/(°)$	衍射面	面间距/nm	平均粒径/nm
a	34.449	34.055	(002)	0.26325	16.99
b	34.449	34.250	(002)	0.2618	19.02

由表 8 - 3 可知,Si(100)衬底不同溅射时间 $Mg_xZn_{1-x}O$ 薄膜中(002)面的衍射峰位均比 ZnO(002)面的衍射峰小,随着溅射时间的增加,衍射角峰位增大,峰值半高宽减小,(002)晶面面间距减小,薄膜的平均粒径增大。衍射角峰位增大,说明薄膜的晶格失配减小,可见薄膜越厚,晶格失配越小。峰值半高宽减小,说明晶粒长大。(002)晶面面间距增大,说明薄膜在 c 轴方向晶面面间距增大。根据式(8 - 6)可以得到 10min 和 50min 薄膜晶格常数 c 分别为 0.5265nm 和 0.5236nm。

$$c = 2d \tag{8-6}$$

式中:c 为六方结构 c 轴晶格常数;d 为(001)面间距。

8.2.4 Si 衬底上不同溅射时间 $Mg_xZn_{1-x}O$ 薄膜的表面形貌分析

图 8 - 5 是 Si(100)衬底上不同溅射时间 $Mg_xZn_{1-x}O$ 薄膜的 SEM 图,其中图 8 - 5(a)和(b)对应的溅射时间分别为 50min 和 10min。由图可知,Si(100)衬底上不同溅射时间下 $Mg_xZn_{1-x}O$ 薄膜分布均匀,但粒径不同,50min 溅射薄膜的平均粒径约为 40nm,10min 溅射的薄膜平均粒径仅为 10nm。说明溅射时间增加,颗粒增大。

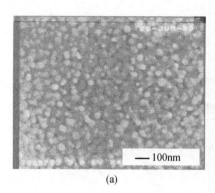 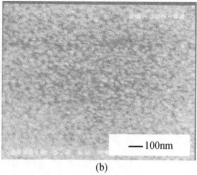

(a)　　　　　　　　　　(b)

图 8 – 5　Si(100)衬底上不同溅射时间 $Mg_xZn_{1-x}O$ 薄膜的 SEM 图

(a)溅射时间为50min;(b)溅射时间为10min。

8.2.5　Si(100)衬底上不同溅射时间 $Mg_xZn_{1-x}O$ 薄膜的发光性能分析

图 8 – 6 所示为 Si(100)衬底上不同溅射时间 $Mg_xZn_{1-x}O$ 薄膜的发射光谱,图 8 – 7 所

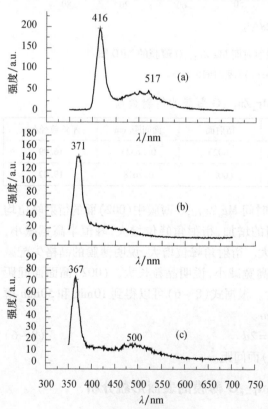 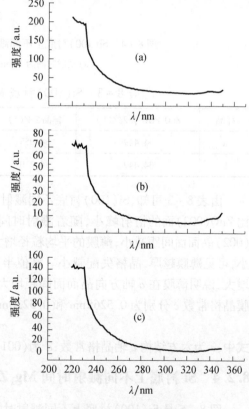

图 8 – 6　Si(100)衬底
不同溅射时间样品发射光谱

(a)溅射时间为10min;

(b)溅射时间为30min;(c)溅射时间为50min。

图 8 – 7　Si(100)衬底
不同溅射时间样品的激发光谱

(a)溅射时间为10min;

(b)溅射时间为30min;(c)溅射时间为50min。

示为 Si(100) 衬底上不同溅射时间 $Mg_xZn_{1-x}O$ 薄膜激发光谱，测试发射光谱时激发波长为
220nm，测试激发光谱时检测波长为 370nm。由图 8 - 6 可知，10min 溅射下 $Mg_xZn_{1-x}O$ 薄
膜在测试区域内包含两个发射峰，峰值分别位于 416nm 和 517nm，峰值位于 416nm 的蓝
紫光为窄带发射，强度较高，而峰值位于 517nm 附近的绿色发光相对较弱，且谱带较宽。
30min 溅射下 $Mg_xZn_{1-x}O$ 薄膜在相同的测试区域内仅包含峰值位于 371nm 的近紫外窄带
发射。50min 溅射下 $Mg_xZn_{1-x}O$ 薄膜在相同的测试区域内包含两个发射峰，峰值分别位
于 367nm 和 500nm，峰值位于 367nm 的近紫外发光为窄带发射，强度较高，而峰值位于
500nm 附近的绿色发光相对较弱，且谱带较宽。从 10min 和 50min 溅射的样品来看，随着
溅射时间的增加，薄膜样品的发射光谱向短波方向移动，即发生蓝移。分析认为，薄膜与
衬底之间距离增大，晶格失配减小，晶格失配导致的晶格畸变逐渐减小。由图 8 - 7 可知，
不同溅射时间下 $Mg_xZn_{1-x}O$ 薄膜的激发光谱相似，均为深紫外激发，说明溅射时间对薄膜
的激发特性没有影响，波长 200 ~ 230nm 激发最强，之后激发强度随着波长的增加迅速
降低。

8.3　YAG:Ce^{3+} 荧光粉超细粉体分析测试

8.3.1　分析测试方法选择

YAG:Ce^{3+} 荧光粉是目前具有实用价值的白光 LED 荧光粉，在此采用"溶胶 - 凝胶法
制备 YAG:Ce^{3+} 荧光粉超细粉体及光谱性能研究"[2]。书中以 YAG:Ce^{3+} 荧光粉超细粉体
的分析测试为例，说明分析测试方法的应用。

书中对 YAG:Ce^{3+} 荧光粉进行了物相和晶体结构分析、荧光粉颗粒形貌和粒径分析
和发光性能分析。

1. 物相和晶体结构分析

物相分析是分析所合成的样品是否是 YAG 物相，是何种晶体结构。物相和晶体结构
分析常采用 X 射线衍射分析法、透射电镜电子衍射法等，对溶胶 - 凝胶法制备的 YAG:
Ce^{3+} 荧光粉超细粉体样品进行物相和结构分析选择 XRD 分析。

2. 颗粒形貌和粒径分析

颗粒形貌和粒径分析采用电子显微分析。电子显微分析有 TEM 和 SEM，溶胶 - 凝胶
法合成的 YAG:Ce^{3+} 荧光粉样品一般在纳米级，TEM 和 SEM 都可以观察，只是样品必须
进行分散。一般选择 SEM 较好，样品制备简单，图像立体感强。

3. 发光性能分析

YAG:Ce^{3+} 荧光粉用于白光 LED，常用 460nm 蓝光激发，测试激发和发射光谱，采用
紫外 - 可见荧光分光光度计。

8.3.2　物相和晶体结构分析

图 8 - 8(a) ~ (d) 是经 850℃、900℃、1000℃、1100℃煅烧 3h 样品的 XRD 衍射图。前
驱体经 850℃煅烧后，XRD 图谱的每一条衍射峰都相应于 PDF 卡片(No.03 - 0040)YAG
的特征衍射峰，说明样品均为 YAG 相。

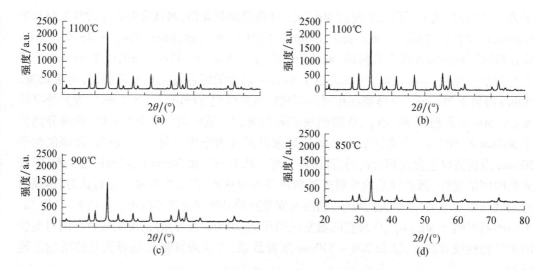

图 8 - 8　不同温度下煅烧样品的 XRD 图谱

随着煅烧温度的升高,衍射峰逐渐变强、变锐,粉体的结晶化程度也相应提高。根据式(8 - 5)可知,衍射峰强度增强,宽度减小,说明晶粒平均粒径逐渐长大。通过计算,随着煅烧温度的升高,晶粒的平均粒径从 25.09nm 增大到 37.29nm。该结果表明,柠檬酸溶胶 - 凝胶法可以得到结晶良好的单相立方 YAG 粉末。在相转变过程中没有发现 YAM、YAP 中间相产物生成。这是由于在柠檬酸溶胶 - 凝胶法中各元素已经达到离子级别的均匀混合,形成符合化学计量比的前驱体粉末,在适量柠檬酸的作用下,经热处理后直接形成了 YAG 相。用该法合成 YAG 粉体的温度远远低于固相反应法所需要的温度(大于 1600℃)。

8.3.3　YAG:Ce^{3+}荧光粉颗粒形貌分析

图 8 - 9 所示为柠檬酸溶胶 - 凝胶法合成粉体的 SEM 形貌图,由图可以发现,获得粉体颗粒呈球形,粒径在 100nm 左右。

8.3.4　Ce^{3+}的掺杂量对粉体发光性能的影响

图 8 - 10(a)是 1100℃煅烧 3h 得到的 $Y_{3-x}Al_5O_{12}:Ce_x(x=0.01\sim0.17)$荧光粉在监测波长为 529nm 得到的激发光谱。由图可以看出,YAG:Ce^{3+}荧光粉的激发光谱为双峰结构,较小激发峰位于近紫外 341nm 处,最大激发峰位于可见光区 469nm 处,且长波长激发峰强度明显高于短波长激发峰强度。Ce^{3+} 的 4f 能级因自旋耦合而劈裂为两个光谱支项$^2F_{7/2}$和$^2F_{5/2}$。341nm 处的激发峰是由$^2F_{5/2}\rightarrow5d$ 的跃迁产生,469nm 处的激发峰是由$^2F_{7/2}\rightarrow5d$ 的跃迁产生,且$^2F_{7/2}\rightarrow5d$ 跃迁概率大。

图 8 - 10(b)是 1100℃煅烧 3h 得到的 $Y_{3-x}Al_5O_{12}:Ce_x(x=0.01\sim0.17)$荧光粉在激发波长为 469nm 得到的发射光谱。发射光谱半峰宽约为 70nm,为可见光区内的宽带谱,最强发射峰位于 529nm,发黄绿光,属于 Ce^{3+} 的 5d→4f 特征跃迁发射。可见,YAG:Ce^{3+}荧光粉可被发射波长在 460nm 附近的 InGaN/GaN 蓝光 LED 有效激发,从而产生白光。

图 8 - 9　柠檬酸溶胶 - 凝胶法合成粉体的 SEM
(a)温度为 850℃;(b)温度为 900℃;(c)温度为 1000℃;(d)温度为 1100℃。

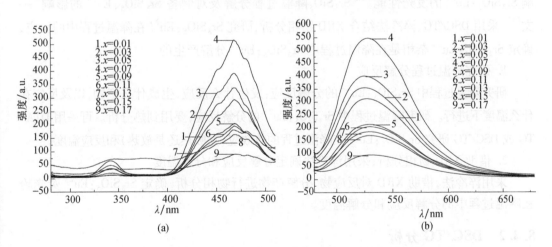

图 8 - 10　$Y_{3-x}Al_5O_{12}:Ce_x^{3+}$ 荧光粉的激发光谱和发射光谱
(a)激发光谱;(b)发射光谱。

由 $Y_{3-x}Al_5O_{12}:Ce_x$ ($x = 0.01 \sim 0.17$) 荧光粉的激发光谱和发射光谱图中可以发现:荧光粉的激发和发射光谱的峰形、峰值基本不随铈掺杂量的改变而变化,但相对强度随铈含量 x 的增加,先增强后减弱。当 $x = 0.07mol$ 时,相对强度达到最大值,然后出现衰减趋势。在 $Y_{3-x}Al_5O_{12}:Ce_x$ 荧光粉中 Ce^{3+} 为激活中心,当引入浓度较低时,随着 x 的增加,发光中心逐渐增加,相对强度逐渐增强;当引入过多的 Ce^{3+} 时,因 Ce^{3+} 的半径比 Y^{3+} 的半径大,取代反应较为困难,还可能引起浓度猝灭效应,降低荧光粉的发光强度。

由此可见,随着 Ce^{3+} 掺杂量的增加,$Y_{3-x}Al_5O_{12}:Ce_x^{3+}$ ($x = 0.01 \sim 0.17$) 荧光粉的发

光亮度并不会一直增大。作为 YAG 基质材料中的激活剂，Ce^{3+} 起到发光中心的作用。Ce^{3+} 与 Y^{3+} 半径相差较小，因此在一定条件下 Ce^{3+} 很容易进入 YAG 基质取代部分 Y^{3+}，从而形成发光中心。当 Ce^{3+} 掺杂量 x 由 0.01mol 逐渐增加到 0.07mol 时，荧光粉中的发光中心数量也不断增加，同时也增加了由电子陷阱上升到导带的电子碰撞与离化发光中心或发光中心复合的概率，因此当激活剂 Ce^{3+} 的掺杂量 $x \leqslant 0.07$mol，发光亮度随 x 的增大而增加。当 Ce^{3+} 的掺杂量 $x > 0.07$mol 时，尽管增加了发光中心的数目，增大了俘获电子的概率。但是电子由高能级向低能级跃迁的过程中，也可能发生俄歇过程，即多余的能量不是以发光的形式释放出来，而是传递给第二个载流子使其受激跃迁到更高能级。同时电子与空穴复合时，也可能将多余的能量转变为晶格振动的能量，即为无辐射复合跃迁。

◼ 8.4　$Sr_3SiO_5:Eu^{2+}$ 荧光粉的分析测试

8.4.1　分析测试方法选择

$Sr_3SiO_5:Eu^{2+}$ 荧光粉也是一种具有使用价值的白光 LED 荧光粉，通常采用高温固相反应法制备 $Sr_3SiO_5:Eu^{2+}$ 荧光粉，但难以获得纯相，往往会产生 $Sr_2SiO_4:Eu^{2+}$ 杂相，从而影响 $Sr_3SiO_5:Eu^{2+}$ 的发光性能。"Sr_3SiO_5 降温过程分解及对制备 $Sr_3SiO_5:Eu^{2+}$ 的影响"一文[3]，采用 DSC/TG、淬冷法结合 XRD 物相分析，研究 $Sr_3SiO_5:Eu^{2+}$ 在降温过程中的反应，确定 $Sr_2SiO_4:Eu^{2+}$ 杂相是在降温过程中 $Sr_3SiO_5:Eu^{2+}$ 分解产生的。

1. 研究降温过程分解反应

研究降温过程中 $Sr_3SiO_5:Eu^{2+}$ 的分解反应：发生什么反应，生成什么产物，以及反应在什么温度下进行。研究降温过程中 $Sr_3SiO_5:Eu^{2+}$ 的分解反应，要用到热分析。可采用 DTA/TG 或 DSC/TG 研究 $Sr_3SiO_5:Eu^{2+}$ 在降温过程的热效应（是吸热还是放热）和反应温度。

2. 借助 XRD 物相分析，采用淬冷法确定分解反应和分解温度

采用淬冷法，借助 XRD 对反应物、分解产物进行物相分析，确定 $Sr_3SiO_5:Eu^{2+}$ 荧光粉在降温过程中的分解反应和分解温度。

8.4.2　DSC/TG 分析

以 $SrCO_3$、SiO_2、Eu_2O_3 为原料，按照 $Sr_3SiO_5:0.07Eu^{2+}$ 荧光粉的化学计量比称量并混合，采用混合原料进行 DSC/TG 分析，DSC/TG 曲线如图 8-11 所示。由 TG 曲线可见原料在 850~1040℃ 范围内有明显失重，在 DSC 曲线上相应温度范围有吸热峰存在，分析认为在这个温度范围发生的是 $SrCO_3$ 分解反应。在 DSC 曲线上 1330~1370℃ 范围的放热峰，应是 SrO 与 SiO_2 反应生成 Sr_3SiO_5 的放热所致。在降温过程中，在 1250~1150℃ 范围有一吸热峰，说明在降温过程中 Sr_3SiO_5 在此温度范围有一吸热反应，仅根据 DSC/TG 分析还不能确定这一吸热反应是什么反应，因此，采用淬冷法结合 XRD 分析研究这一吸热反应。

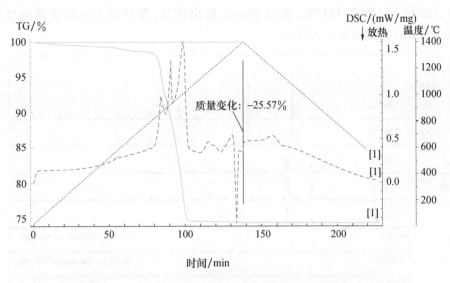

图 8 – 11 SrCO₃、SiO₂、Eu₂O₃混合原料的 DSC/TG 曲线

8.4.3 淬冷法研究 $Sr_3SiO_5:Eu^{2+}$ 降温过程分解反应和分解温度

先用固相反应法并快速降温制备 $Sr_3SiO_5:Eu^{2+}$，然后用制备出的 $Sr_3SiO_5:Eu^{2+}$ 降温到不同温度淬冷，研究 $Sr_3SiO_5:Eu^{2+}$ 在降温过程的吸热反应。取配制好的混合料，装入刚玉坩埚，在 95% N_2 和 5% H_2 的还原气氛中于 1360℃灼烧 6 h，保温结束后立刻取出样品，快速降温得到 1360℃灼烧的样品。图 8 – 12 是 1360℃灼烧的样品的 XRD 图。由图可知样品衍射图的衍射峰与 PDF 标准卡 No. 26 – 0984（Sr_3SiO_5相）的衍射峰相符，可以确定合成的样品为 Sr_3SiO_5相，属四方晶系，P4/ncc 空间群，晶格常数 $a = b = 6.9476\text{nm}$，$c = 10.753\text{nm}$。

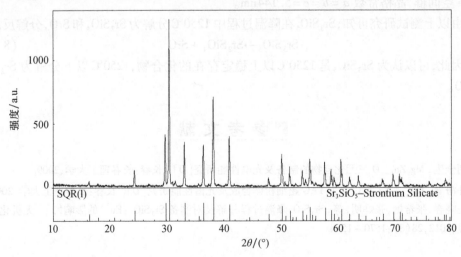

图 8 – 12 1360℃灼烧样品 XRD 图

根据混合原料 DSC/TG 曲线，降温过程的吸热峰在 1250℃开始，因此，将制备出的 $Sr_3SiO_5:Eu^{2+}$ 样品加热到 1300℃保温 10min，以 10℃/min 的速度分别降温到 1260℃、

1255℃、1250℃、1245℃、1240℃,保温30min,取出样品,得到以上各温度淬冷样品,作 XRD分析,XRD图如图8-13所示。

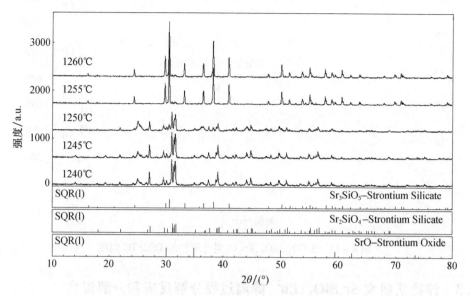

图8-13　1260~1240℃淬冷样品XRD图

由图可知1260℃、1255℃淬冷样品的衍射峰与PDF标准卡No. 26-0984(Sr_3SiO_5相)的衍射峰相符,可以确定淬冷样品为Sr_3SiO_5相;1250℃、1245℃、1240℃淬冷样品的衍射峰与PDF标准卡No. 39-1256(Sr_2SiO_4相)及No. 01-0886(SrO相)叠加后的衍射峰相符,由此可以确定1250℃、1245℃、1240℃淬冷样品为Sr_2SiO_4和SrO的混合物,Sr_2SiO_4为正交晶系,Pnma空间群,晶格常数$a = 7.079$nm,$b = 5.672$nm,$c = 9.743$nm。SrO立方晶系,Fm3m空间群,晶格常数$a = b = c = 5.144$nm。

由以上测试研究可知,Sr_3SiO_5在降温过程中1250℃分解为Sr_2SiO_4和SrO,分解反应为
$$Sr_3SiO_5 \rightarrow Sr_2SiO_4 + SrO \tag{8-7}$$

因此,可以认为Sr_3SiO_5是1250℃以上稳定存在的化合物,1250℃以下分解为Sr_2SiO_4和SrO。

参 考 文 献

[1] 刘全生. $Mg_xZn_{1-x}O$三元化合物的制备及光电性能研究[D]. 长春:长春理工大学,2009.
[2] 孙海鹰. $RE^{3+}(Nd^{3+},Ce^{3+})$:YAG超细粉体合成及光谱性能研究[D]. 长春:长春理工大学,2009.
[3] 王晓春,张希艳,张烨明,等. Sr_3SiO_5降温过程分解及对制备Sr_3SiO_5:Eu^{2+}的影响[J]. 无机化学学报,2012,28(8):1570-1574.